高等职业教育机械专业系列教材

机械设计基础

（第三版）

主　审　　胡细东

主　编　　夏罗生　　张艳芝

副主编　　欧学卫　　张加锋　　欧阳雪娟

　　　　　陈志强　　夏云霓

扫码加入学习圈　轻松解决重难点

 南京大学出版社

内容简介

全书共 15 个项目，每个项目分成若干个模块。这 15 个项目分别是机械设计概述，摩擦、磨损、润滑和密封，平面机构的结构分析，平面连杆机构，凸轮机构和间歇运动机构，带传动和链传动，齿轮传动，蜗杆传动，齿轮系，连接与螺旋传动，轴，轴承，联轴器、离合器和弹簧，机械传动设计，机械设计基础课程设计。

本书既可作为高等职业技术院校、大中专及职工大学机械类、机电类、材料类等相关专业的教材，也可作为相关技术人员的参考教材。

图书在版编目(CIP)数据

机械设计基础 / 夏罗生，张艳芝主编. — 3 版. —
南京：南京大学出版社，2021.6(2023.2 重印)
ISBN 978 - 7 - 305 - 24680 - 7

Ⅰ. ①机… Ⅱ. ①夏… ②张… Ⅲ. ①机械设计
Ⅳ. ①TH122

中国版本图书馆 CIP 数据核字(2021)第 132076 号

出版发行　南京大学出版社
社　　址　南京市汉口路 22 号　　　　邮　编　210093
出 版 人　金鑫荣
书　　名　机械设计基础
主　　编　夏罗生　张艳芝
责任编辑　吴　华　　　　　　编辑热线　025 - 83596997
照　　排　南京南琳图文制作有限公司
印　　刷　江苏苏中印刷有限公司
开　　本　787×1092　1/16　印张 23.5　字数 572 千
版　　次　2021 年 6 月第 3 版　2023 年 2 月第 2 次印刷
ISBN　978 - 7 - 305 - 24680 - 7
定　　价　59.80 元

网址：http://www.njupco.com
官方微博：http://weibo.com/njupco
微信服务号：njupyuexue
销售咨询热线：(025) 83594756

扫码教师可免费申
请教学资源

前　言

　　高等职业教育作为高等教育的一个重要组成部分，是以培养具有一定理论知识和较强实践能力，面向生产、服务和管理第一线职业岗位的高素质技术技能型专门人才为目的的职业教育。它的课程特色是在必需、够用的理论知识基础上进行系统的学习和专业技能的训练。

　　本教材在第二版的基础上，根据国发〔2019〕4号文件《国务院关于印发国家职业教育改革实施方案的通知》的精神及时对教材进行了改编，将机械设计基础课程设计内容与机械设计基础内容进行了整合，有机地融合起来，注重理论与实践的紧密结合，突出"实际性、实用性、实践性"，强化教育教学实践性和职业性，促进学以致用、用以促学、学用相长。教材按照基于工作过程的教育理论，以常用机械机构的"认识—设计—选择—装调"为主线，以提高学生的基本能力和素质为目标，按模块化结构组织教学内容，注重分析和解决问题的方法及思路的引导，旨在使学生通过学习了解机械设计的基本思想，掌握基本原理和基本方法，并把知识应用到实践中去，培养工程实践的基本素质，具备通用机构的设计、选择、维护和装调的基本能力。

　　全书共十五个项目，每个项目分成若干个模块，分别是机械设计概述，摩擦、磨损、润滑和密封，平面机构的结构分析，平面连杆机构，凸轮机构和间歇运动机构，带传动和链传动，齿轮传动，蜗杆传动，齿轮系，连接与螺旋传动，轴，轴承，联轴器、离合器和弹簧，机械传动设计，机械设计基础课程设计等内容。每个项目前都提出了学完本项目后应该达到的知识目标和技能目标，并提供了理实一体化的教学建议，每个项目后均附有思考题与技能训练项目。

　　本书由张家界航空工业职业技术学院夏罗生教授、湖南石油化工职业技术学院张艳芝担任主编；由张家界航空工业职业技术学院胡细东教授担任主审；由张家界航空工业职业技术学院欧学卫、长沙航空职业技术学院张加锋、江西应用工程职业学院欧阳雪娟、张家界航空工业职业技术学院陈志强、湖南农业大学夏云霓担任副主编；全书由夏罗生教授负责教材的总体框架并负责统稿。

　　本书既可作为高等职业技术院校、大中专及职工大学机械类、机电类、材料类等相关专业的教材，也可作为相关技术人员的参考教材。

　　由于编者水平有限，经验不足，书中的缺点和错误在所难免，恳请读者给予批评指正。

编　者
2021年5月于张家界

目　录

项目一 机械设计概述

学习目标

一、知识目标

1. 掌握机器、机构、机械、构件、零件、部件的概念。
2. 掌握机械设计、机械零件设计的基本要求及设计步骤。
3. 掌握机械零件设计计算准则。
4. 掌握机械零件常用材料及其选用原则。

二、技能目标

1. 能分辨机构、构件、零件、标准件。
2. 能完成材料选择、计算准则选择、设计要求及零件设计过程分析。
3. 通过完成上述任务,能够自觉遵守安全操作规范。

教学建议

教师在讲授基本知识后,将学生分组,安排在实验室完成以下两个工作任务:单缸发动机认识、发动机连杆材料选择及设计过程分析。工作任务完成后,由学生自评、学生互评、教师评价三部分汇总组成教学评价。

模块一 机器和机构

一、机器及其组成

机器是人类为了减轻体力劳动和提高劳动生产率而创造出来的主要工具,使用机器进行生产的水平是衡量一个国家的技术水平和现代化程度的重要标志之一。在人类历史上,机器的进步从来就是促进生产力发展的主要因素。以蒸汽机的发明和广泛使用为标志的第一次技术革命,为近代机械化大生产奠定了基础,使人类从手工生产进入到机械化生产。从20世纪40年代起,以原子能、空间技术和电子计算机为主要标志的一场新技术革命,促进了科学技术的重大变革和飞速发展,大量的新机器也从传统的纯机械系统演变成机电一体化的机械设备。机器设计、制造的手段得到根本的改变,新材料、新工艺的出现改变了机器原来单一钢铁之躯的面貌,机器中电子控制技术的应用,使机械进入人工智能化的新阶段。机器的设计制造周期越来越短,对机器的性能、质量的要求也越来越高,个性化要求越来越多,机械产品向着高速、精密、重载、智能等方向发展。

20世纪末期,以互联网技术为代表的信息技术革命深刻地影响着人们的生活和生产方式,基于互联网和信息融合的机器设计和制造技术得到迅速发展,跨地域协同设计和制造成为机器制造技术的发展趋势,使得传统设计制造流程发生了重大变革。

机械的种类繁多，从日常生活使用的洗衣机、自行车、摩托车、汽车、食品加工机械，到工业生产的机床、轧钢机、工程机械，再到飞机、火箭、坦克、战车等国防武器，其性能、用途各异，但是他们都有一些共同特征。

任何机器都是为实现某种功能而设计制造的。如图 1-1 所示的单缸内燃机，是由机架（气缸体）1、活塞 2、连杆 3、曲轴 4、齿轮 5 与 6、凸轮轴 7、顶杆 8、连气推杆 9、进气阀门 10 和排气阀门 11 等组成。其基本功能是使燃气在气缸内经过进气—压缩—做功—排气的循环过程，将燃气的热能不断地转换为机械能，从而使活塞的往复运动转换为曲轴的连续转动。为了保证曲轴连续转动，要求定时将燃气送入气缸并将废气排出气缸，这是通过进气阀和排气阀完成的，而进、排气阀的启闭则是通过齿轮、凸轮、顶杆、弹簧等各构件的协同运动来实现的。

图 1-2 所示的牛头刨床，由工作台 1、刀架 2、滑枕 3、电机 4、机身 5、工作台横向进给机构 6、横梁 7、丝杠 8 等组成，能加工长度较大的平面，并将电能转换为机械能。

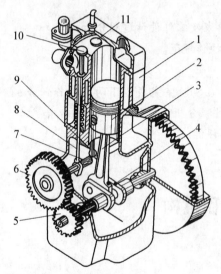

1—机架；2—活塞；3—连杆；4—曲轴；
5、6—齿轮；7—凸轮轴；8—顶杆；
9—连气推杆；10—进气阀门；11—排气阀门。

图 1-1　单缸内燃机

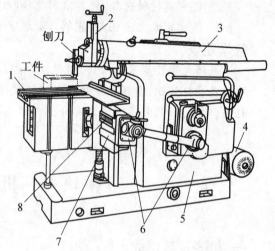

1—工作台；2—刀架；3—滑枕；4—电机；
5—机身；6—工作台横向进给机构；7—横梁；
8—丝杠。

图 1-2　牛头刨床

图 1-3 所示的颚式破碎机，其主体是由机架 1、偏心轴 2、动颚 3 和肘板 4 等组成。偏心轴 2 与带轮 5 固连，当电动机驱动带轮转动时，偏心轴则绕轴 A 转动，使动颚 3 做平面运动，轧碎动颚与定颚 6 之间的矿石，从而做有用的机械功。

由上述实例可知，一般机器主要包括四个基本组成部分。

（1）原动机

它是机器的动力来源，是将其他形式的能量转变为机

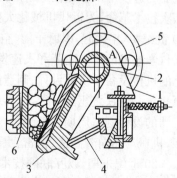

1—机架；2—偏心轴；3—动颚；
4—肘板；5—带轮；6—定颚。

图 1-3　颚式破碎机

械能,以供驱动机器运动和做功,如内燃机、电动机等。

（2）执行部分

它是直接完成机器预定功能的部分,也称工作部分,如仪表的指针、机床的刀架、机器人的手臂等。

（3）传动部分

它是将原动机的运动和动力传给工作部分的中间环节,可以在传递运动中改变运动速度、转换运动形式等,以满足执行部分的各种要求。

（4）控制部分

它是控制机器的其他基本部分,又称操纵部分。其作用是实现或终止各自预定的功能,如用机械或电子的方法控制机器的开、停、运动速度和换向等。

由此不难知道,机器具有以下共同特征:

（1）机器是人为的一种组合实体;

（2）各实体之间具有确定的相对运动;

（3）机器工作时,能实现能量转换或做有效的机械功。

二、机构

机构是人为的实物组成,其各个部分之间具有确定的相对运动,也就是它仅具有机器的前两个特征,在机器中起着改变运动形式、运动方向和改变速度大小的作用。机构有很多类型,常用的有连杆机构、齿轮机构、凸轮机构以及各种间歇运动机构等。从运动的角度来看,机构是一种执行机械运动的装置。例如,单缸内燃机中的齿轮机构由齿轮5、6和机架1构成,其作用是改变转速的大小和方向。

机构与机器的区别:机构是一个构件系统,而机器除构件系统外还包含电气、液压等其他装置;机构只用于传递运动和力,实现预期的机械运动,而机器除传递运动和力外,还具备传递和变换能量、物料和信息的功能。机构与机器的联系:机器是由几个机构组成的系统,最简单的机器只有一个机构。

若从运动观点出发,机构与机器并无区别,故通常将机构和机器统称为机械。组成机械的相对运动单元称为构件。构件可以是单一的零件,也可以是零件组成的刚性结构。构件是运动的单元,而零件则是制造的单元。

零件是机械中不可拆分的制造单元,它是组成机器或机构的基本单元。按照使用特点,零件有两类:一类是机械中普遍使用的零件,叫做通用零件,如螺钉、齿轮、轴承、弹簧等;另一类是在某一类型机械中使用的零件,叫做专用零件,如活塞、飞轮、螺旋桨等。此外,将一组协同工作的零件所组成的独立制造或独立装配的组合体叫做部件,如化油器、油泵、减速器、离合器等。

部件是为完成某项共同任务而在结构上组合在一起并协调工作的一组零件,它是机械中的装配单元,如滚动轴承、联轴器等,它们一般由专业化的制造厂成套生产、出售。

模块二　机械设计的基本要求和设计步骤

一、机械设计的基本要求

机械设计的目的是为了满足社会生产和生活需要,机械设计的任务是应用新技术、新工艺、新方法开发适应社会需求的各种新的机械产品以及对原有机械进行改造,从而改变或提高原有机械的性能。任何机械产品都始于设计,设计质量的高低直接关系到产品的功能和质量,关系到产品的成本和价格。由此可见,机械设计在产品开发中是至关重要的。为此,要在设计中合理确定机械系统功能,增强可靠性,提高经济性,确保安全性。

机械产品设计应满足以下几方面的基本要求:

1. 实现预定功能

设计的机器应能实现预定功能,并在规定的工作条件下和工作期限内正常运转。为此,必须正确选择机器的工作原理、机构的类型和机械传动方案,合理设计零件,满足强度、刚度、耐磨性等方面的要求。

2. 满足可靠性要求

机械产品的可靠性是由组成机械的零、部件的可靠性保证的。只有零、部件的可靠性高,才能使系统的可靠性高。机械系统的零、部件越多,其可靠度越低。为此,要尽量减少机械系统的零件数目,并且对系统可靠性有关键影响的零件,必须保证其必要的可靠性。

3. 符合经济合理性要求

设计的机械产品应先进、功能强、生产效率高、成本低、使用维护方便,在产品寿命周期内用最低的成本实现产品的预定功能。

4. 确保安全性要求

要能保证操作者的安全、机械设备的安全以及保证设备对周围环境无危害,要设置过载保护、安全互锁等装置。

5. 推行标准化要求

设计的机械产品规格、参数符合国家标准,零、部件应最大限度地与同类产品互换通用,产品应成系列发展,推行标准化、系列化、通用化,提高标准化程度和水平。

6. 体现工艺造型美观要求

注重产品的工艺造型设计,不仅要功能强、价格低,而且外形美观、实用,使产品在市场上富有竞争力。

二、机械设计的步骤

机械设计没有一成不变的程序,必须视具体情况而定。一般来说,机械产品的设计应按照以下的程序进行。

1. 产品规划

通常,设计者在深入调查研究的基础上,根据社会、市场的需求确定所设计机器的功能范围和性能指标;根据现有的技术、资料及研究成果分析其实现的可能性,明确设计中要解决的关键性问题；拟定设计工作计划和设计任务书。

2. 方案设计

按照设计任务书的要求，了解分析同类机械产品的设计、生产和使用情况以及制造厂的生产水平；在功能分析的基础上，提出可采用的实现功能的方案；拟定机器的组成、总体布置；确定有关的机构和传动方式。

3. 技术设计

技术设计是机器设计的核心。在技术设计过程中，要完成各种设计计算和校核计算，绘制总装配图、部件装配图和零件工作图。技术设计大致包括以下工作：① 机器的运动学设计；② 机器的动力学设计；③ 零件的工作能力设计；④ 总装配草图设计；⑤ 总装配图与零件工作图设计。

4. 技术文件编制

在完成技术设计之后，应编制用于说明产品性能、设计、制造、操作使用、维护或其他所有与产品相关的技术文件。该技术文件主要包括设计说明书、使用说明书、零件明细表、标准件汇总表、产品验收条件等。

5. 定型产品设计

在经过试验和鉴定，并对设计做出必要修改后，可以进行小批量的试生产。通过实际工况下的使用，将所取得的使用数据和用户意见反馈回来，再进一步修改设计，即定型产品设计，然后正式投产。

实际上，机械设计的各个阶段是相互联系的，在某一个阶段发现问题后，必须反馈到前面的有关阶段进行修改。因此，机械设计的过程是一个不断修改、不断完善、逐渐接近最优效果的过程。

模块三　机械零件设计的基本要求和设计计算准则

一、机械零件设计的基本要求

设计零件时应满足的基本要求是从设计机器的要求中提出来的，一般概括为以下两点。

（1）使用要求：设计的零件应在预定的使用寿命周期内按规定的工作条件可靠地工作。

（2）经济性要求：经济性要求贯穿于零件设计的全过程，零件成本低廉，关键要注意以下几点：

① 在满足强度条件时，合理选择材料；

② 合理确定精度等级；

③ 赋予零件良好的工艺性，降低装配费用；

④ 尽可能采用标准化的零、部件。

二、机械零件设计的基本步骤

通用机械零件设计的一般方法可概括如下：

（1）根据零件的功能及使用要求，选择零件的类型及结构形式；

(2) 分析零件的受力状况,考虑各种因素对载荷的影响,确定计算载荷;

(3) 根据零件的使用、工艺和经济等要求,选择其材料及热处理方法,并确定许用应力;

(4) 分析零件的主要失效形式,根据其计算准则,确定零件的基本尺寸;

(5) 根据零件的作用和制造、装配工艺等要求,设计零件的结构及其尺寸;

(6) 绘制零件工作图,编写技术说明书。

上述设计步骤,对于不同的零件和工作条件,可以有所不同。另外,在设计过程中有些步骤是相互交错、反复进行的。

三、机械零件的失效形式

机械零件丧失预定功能或预定功能指标降低到许用值以下的现象,称为机械零件的失效。由于强度不够引起的破坏是最常见的失效形式,但并不是零件失效的唯一形式。进行机械零件设计时必须根据零件的失效形式分析失效的原因,提出防止或减轻失效的措施,根据不同的失效形式提出不同的设计计算准则。

1. 断裂失效

零件在受拉、压、弯、剪、扭等外载荷作用时,由于某一危险截面上的应力超过零件的强度极限而发生的断裂,或者零件在受变应力作用时,危险截面上发生的疲劳断裂均为断裂失效,如螺栓的断裂、齿轮轮齿根部的折断等。断裂是严重的失效,有时会导致严重的人身和设备事故。

2. 变形失效

如果作用于零件上的应力超过了材料的屈服极限,零件将发生塑性变形。当零件的塑性变形量过大时,会造成零件的尺寸、形状和位置发生改变,破坏零件之间的相互位置或配合关系,导致零件乃至机器无法正常工作。

3. 表面失效

零件的表面失效主要有腐蚀、磨损和接触疲劳等。腐蚀是发生在金属表面的一种电化学或化学侵蚀现象。腐蚀的结果是使金属表面产生锈蚀,从而使零件表面遭到破坏。磨损是两个接触表面在相对运动过程中表面物质丧失或转移的现象。接触疲劳是受到接触变应力长期作用的表面产生裂纹或微粒剥落的现象。

4. 破坏正常工作条件引起的失效

有些零件只有在一定的工作条件下才能正常地工作。例如,液体摩擦的滑动轴承,只有存在完整的润滑油膜时才能正常地工作。如果破坏了这些必备的条件,将发生不同类型的失效。例如,滑动轴承将发生过热、胶合、磨损等形式的失效。

四、机械零件的设计计算准则

同一零件对于不同失效形式的承载能力也各不相同。根据不同的失效原因建立起来的工作能力判定条件,称为设计计算准则。机械零件的设计计算准则主要有以下几种:

1. 强度准则

强度准则是指零件的工作应力不超过零件材料的许用应力。对不同类型的载荷,在设计时需采用不同的强度计算准则。

（1）整体强度的判定准则

对静应力采用静强度判定；对变应力需采用疲劳强度判定。其表达式为

$$\sigma \leqslant [\sigma], \tau \leqslant [\tau]。$$

式中：σ 为零件的工作正应力，单位为 MPa；τ 为零件的工作切应力，单位为 MPa；$[\sigma]$ 为许用正应力，单位为 MPa；$[\tau]$ 为许用切应力，单位为 MPa。

另一种表达形式为：危险截面处的实际安全系数 S 应大于或等于许用安全系数$[S]$，即

$$S \geqslant [S]。$$

（2）表面接触强度的判定准则

在反复的接触应力作用下，零件在接触处的接触应力 σ_H 应小于或等于许用接触应力值$[\sigma_H]$，即 $\sigma_H \leqslant [\sigma_H]$。

（3）表面挤压强度的判定准则

对于受挤压的表面，挤压应力不能过大，否则会发生表面塑性变形、表面压溃等。因此，挤压应力 σ_P 应小于或等于许用挤压应力值$[\sigma_P]$，即

$$\sigma_P \leqslant [\sigma_P]。$$

2. 刚度准则

刚度是零件受载后抵抗弹性变形的能力。刚度准则是指零件在载荷作用下的弹性变形应小于或等于机器工作性能允许的极限值（许用变形量）。其表达式为

$$y \leqslant [y]; \theta \leqslant [\theta]; \varphi \leqslant [\varphi]。$$

式中：y、θ、φ 分别为零件工作时的挠度、偏转角和扭转角；$[y]$、$[\theta]$、$[\varphi]$ 分别为零件的许用挠度、许用偏转角和许用扭转角。

3. 耐磨性准则

耐磨性是指做相对运动的零件工作表面抵抗磨损的能力。磨性准则是指零件的磨损量在预定期限内不超过允许值。

由于磨损机理比较复杂，通常采用零件的压强不大于零件的许用压强，即

$$p \leqslant [p]。$$

4. 耐热性准则

耐热性是指零件在工作条件下抗氧化、抗热变形和抗蠕动的能力。零件工作时，如果温度过高，将导致润滑失效，材料的强度极限下降，引起热变形及附加热应力等，从而使零件不能正常工作。

耐热性准则一般是控制机械零件的工作温度不应超过许用工作温度值，其表达式为

$$t \leqslant [t]。$$

5. 可靠性准则

可靠性是指零件在规定的条件下和规定的时间内稳定工作的能力，通常用可靠度 R 表示。可靠度是指在规定的时间（寿命）内和预定的环境条件下，零件能够正常地完成其功能的概率，即用在规定的寿命时间内能连续工作的件数占总件数的百分比表示。

如有 N_T 个零件，在预期寿命内只有 N_S 个零件能连续正常工作，则可靠度为

$$R = N_S/N_T。$$

模块四 机械零件常用材料及其选用原则

一、机械零件常用材料

机械制造中最常用的材料是钢和铸铁,其次是有色金属合金,非金属材料(如塑料、橡胶等)在机械制造中也得到广泛的应用,如表 1-1 所示。

表 1-1 机械零件常用材料及应用举例

材料分类			应用举例
铸铁	灰铸铁(HT)	低牌号(HT100,HT150)	对力学性能无一定要求的材料,如机床床身、底座、手轮等
		高牌号(HT200~HT400)	承受中等载荷的零件,如床身、泵壳、联轴器、法兰、齿轮等
	可锻铸铁	铁素体型(KTH300-06~KTH370-12)	扳手、支座、弯头等
		珠光体型(KTZ450-06~KTZ700-02)	要求强度和耐磨性较高的零件,如曲轴、凸轮轴齿轮、轴套等
	球墨铸铁(QT)	铁素体型、珠光体型(QT400-18~QT900-2)	与可锻铸铁基本相同
	特殊性能铸铁	—	分别用于耐热、耐蚀和耐磨的场合
钢	碳素钢	低碳钢(碳的质量分数≤0.25%)	螺钉、铆钉、连杆、渗碳零件等
		中碳钢(碳的质量分数为0.25%~0.60%)	齿轮、轴、蜗杆、连接件、丝杆等
		高碳钢(碳的质量分数>0.60%)	工具、模具、弹簧等
	合金钢	低合金钢(合金元素总的质量分数≤5%)	较重要的钢结构和构件、渗碳零件、压力容器等
		中合金钢(合金元素总的质量分数5%~10%)	飞机构件、冲头等
		高合金钢(合金元素总的质量分数>10%)	航空工业蜂窝结构、液体火箭壳体、核动力装置等
	铸钢	一般铸钢 / 普通碳素铸钢	机座、箱壳、阀体、曲轴、大齿轮、棘轮等
		一般铸钢 / 低合金铸钢	水轮机叶片、水压机工作缸、齿轮、曲轴等
		特殊用途铸钢	用于耐蚀、耐热、无磁、电工材料
铜合金	铸造铜合金	铸造黄铜	轴瓦、衬套、船舶零件、管接头等
		铸造青铜	蜗轮、丝杆螺母、叶轮等

续表

材料分类		应用举例
变形铜合金	黄铜	管、销、螺母、铆钉、垫圈等
	青铜	弹簧、轴瓦、蜗轮、螺母等
轴承合金（巴氏合金）	锡基轴承合金（ZSnSb）	用于轴承衬,其摩擦因数小,减磨性、抗烧伤性、磨合性、耐蚀性、韧性、导热性良好
	铅基轴承合金（ZPbSb）	用于轴承衬,其摩擦因数小,减磨性、抗烧伤性、磨合性、导热性良好,但强度、韧性和耐蚀性稍差,价格较低
塑料	热塑性塑料（如聚乙烯、有机玻璃、尼龙等）	用于一般结构零件、减磨件、耐磨件、传动件、耐腐蚀件、绝缘件、密封件、透明件等
	热固性塑料（如酚醛塑料、氨基塑料等）	
橡胶	通用橡胶	用于密封件、减振件、防振件、传动带、运输带、软管、绝缘材料、轮胎等
	特种橡胶	

1. 金属材料

金属材料主要指铸铁和钢,它们都是铁碳合金,区别主要在于含碳量的不同。含碳量小于 2% 的铁碳合金称为钢,含碳量大于 2% 的称为铸铁。

（1）铸铁

常用的铸铁有灰铸铁、球墨铸铁、可锻铸铁、合金铸铁等。其中灰铸铁和球墨铸铁属脆性材料,不能辗压和锻造,不易焊接,但具有适当的易熔性和良好的液态流动性,因而可铸成形状复杂的零件。灰铸铁的抗压强度高,耐磨性、减振性好,对应力集中的敏感性小,价格便宜,但其抗拉强度较钢差。灰铸铁常用作机架或壳座。球墨铸铁强度较灰铸铁高且具有一定的塑性,球墨铸铁可代替铸钢和锻钢来制造曲轴、凸轮轴、油泵齿轮、阀体等。

（2）钢

钢的强度较高,塑性较好,可通过轧制、锻造、冲压、焊接和铸造方法加工各种机械零件,并且可以用热处理和表面处理方法提高机械性能,因此其应用极为广泛。

钢的类型很多,按用途可分为结构钢、工具钢和特殊用途钢。结构钢可用于加工机械零件和各种工程结构。工具钢可用于制造各种刀具、模具等。特殊用途钢（不锈钢、耐热钢、耐腐蚀钢）主要用于特殊的工况条件下。按化学成分钢可分为碳素钢和合金钢。碳素钢的性能主要取决于含碳量,含碳量越多,其强度越高,但塑性越低。碳素钢包括普通碳素结构钢和优质碳素结构钢。普通碳素结构钢（如 Q215、Q235）一般只保证机械强度而不保证化学成分,不宜进行热处理,通常用于不太重要的零件和机械结构中。碳素钢的性能主要取决于其含碳量。低碳钢的含碳量低于 0.25%,其强度极限和屈服极限较低,塑性很高,可焊性好,通常用于制作螺钉、螺母、垫圈和焊接件等。含碳量在 0.1%～0.2% 的低碳钢零件可通过渗碳淬火使其表面硬而心部韧,一般用于制造齿轮、链轮等要求表面耐磨而且耐冲击的零件。中碳钢的含碳量在 0.3%～0.5% 之间,它的综合力学性能较好,因此可用于制造受力较大的螺栓、螺母、键、齿轮和轴等零件。含碳量在 0.55%～0.7% 的高碳钢具有高的强度和刚性,通常用于制作普通的板弹簧、螺旋弹簧和钢丝绳。合金结构钢是在碳钢中加入某些合金元素冶炼而成的。加入不同的合金元素可改变钢的机械性能并具有各种特殊性质。例如,铬能提高钢的硬度,并在高温时防锈耐酸;镍使钢具有良好的淬透性和耐磨性。但合金钢零件一般都需经过热处理才能提高其机械性能;此外,合金钢较碳素钢价格高,对应力集中亦较敏感,因此只用于碳素钢难于胜任工作时才考虑采用。

用碳素钢和合金钢浇铸而成的铸件称为铸钢,通常用于制造结构复杂、体积较大的零件,但铸钢的液态流动性比铸铁差,且其收缩率的铸铁件大,故铸钢的壁厚常大于10 mm,其圆角和不同壁厚的过渡部分应比铸铁件大。

（3）有色金属

有色金属合金具有良好的减磨性、跑合性、抗腐蚀性、抗磁性、导电性等特殊的性能,在工业中应用最广的是铜合金、轴承合金和轻合金,但有色金属合金比黑色金属价格贵。铜合金有青铜与黄铜之分,黄铜是铜与锡的合金,它具有很好的塑性和流动性,能辗压和铸造各种机械零件。青铜有锡青铜和无锡青铜两类,它们的减摩性和抗腐蚀性均较好。轴承合金(即简称巴氏合金)为铜、锡、铅、锑的合金,其减磨性、导热性、抗胶合性较好,但强度低且较贵,主要用于制作滑动轴承的轴承衬。

2. 非金属材料

非金属材料是现代工业和高技术领域中不可缺少且占有重要地位的材料,非金属材料包括除金属材料以外几乎所有的材料。机械制造中应用的非金属材料种类很多,有塑料、橡胶、陶瓷、木料、毛毡、皮革、棉丝等。

（1）橡胶

橡胶富有弹性,有较好的缓冲、减振、耐热、绝缘等性能,常用做联轴器和减振器的弹性装置、橡胶带及绝缘材料等。

（2）塑料

塑料是合成高分子材料工业中生产最早、发展最快、应用最广的材料。塑料比重小,易制成形状复杂的零件,而且各种不同塑料具有不同的特点,如耐蚀性、减摩耐磨性、绝热性、抗震性等。常用塑料包括聚氯乙烯、聚烯烃、聚苯乙烯、酚醛和氨基塑料。工程塑料包括聚甲醛、聚四氟乙烯、聚酰胺、聚碳酸酯、ABS、尼龙、MC尼龙、氯化聚醚等。目前某些齿轮、蜗轮、滚动轴承的保持架和滑动轴承的轴承衬均有使用塑料制造的。一般工程塑料耐热性能较差,且易老化而使性能逐渐变差。

（3）复合材料

复合材料是将两种或两种以上不同性质的材料通过不同的工艺方法人工合成的材料,它既可以保持组成材料各自原有的一些最佳特性,又可具有组合后的新特性,这样就可根据零件对材料性能的要求进行材料配方的优化组合。复合材料主要由增强材料和基体材料组成。还有一类是通过加入各种短纤维等的功能复合材料,如导电性塑料、光导纤维、绝缘材料等。近年来以材料的功能复合目的出发,应用于光、热、电、阻尼、润滑、生物等方面新的复合材料的不断问世,使复合材料的应用范围得到不断地扩大。

（4）陶瓷

陶瓷材料具有高的熔点,在高温下有较好的化学稳定性,适宜用作高温材料。一般超耐热合金使用的温度界限为950～1 100 ℃,而陶瓷材料的使用温度界限为1 200～1 600 ℃,因此现代机械装置特别是高温机械部分,使用陶瓷材料将是一个重要的研究方向。此外,高硬度的陶瓷材料,具有摩擦系数小、耐磨、耐化学腐蚀、比重小、线膨胀系数小等特性,因此可应用于高温、中温、低温领域及精密加工的机械零件,也可以做电机零件。以机械装置为代表使用的陶瓷材料叫工程陶瓷。

二、机械材料选用的原则

从各种各样的材料中选出合用的材料是一项受到多方面因素制约的工作,通常应考虑下面的原则:

1. 应力的大小、性质及其分布状况

对于承受拉伸载荷为主的零件宜选用钢材,承受压缩载荷的零件应选铸铁。脆性材料原则上只适用于制造承受静载荷的零件,承受冲击载荷时应选择塑性材料。

2. 零件的工作条件

在腐蚀介质中工作的零件应选用耐腐蚀材料,在高温下工作的零件应选耐热材料,在湿热环境下工作的零件应选防锈能力好的材料,如不锈钢、铜合金等。零件在工作中有可能发生磨损之处,要提高其表面硬度,以增强耐磨性,应选择适于进行表面处理的淬火钢、渗碳钢、氮化钢。

金属材料的性能可通过热处理和表面强化(如喷丸、滚压等)来提高和改善,因此要充分利用热处理和表面处理的手段来发挥材料的潜力。

3. 零件的尺寸及质量

零件尺寸的大小及质量的好坏与材料的品种及毛坯制取方法有关,对外形复杂、尺寸较大的零件,若考虑用铸造毛坯,则应选用适合铸造的材料;若考虑用焊接毛坯,则应选用焊接性能较好的材料;尺寸小、外形简单、批量大的零件,适于冲压和模锻,所选材料就应具有较好的塑性。

4. 经济性

选择零件材料时,当用价格低廉的材料能满足使用要求时,就不应选择价格高的材料,这对于大批量制造的零件尤为重要。此外,还应考虑加工成本及维修费用。为了简化供应和储存的材料品种,对于小批量制造的零件,应尽可能减少同一部设备上使用材料的品种和规格,使综合经济效益最高。

模块五　机械零件设计的标准化、系列化及通用化

有不少通用零件,例如螺纹连接件、滚动轴承等,由于应用范围广、用量大,以及高度标准化而成为标准件。设计时只需根据设计手册或新产品目录选定型号和尺寸,向专业商店或工厂订购。此外,有很多零件虽使用范围极为广泛,但在具体设计时随着工作条件的不同,在材料、尺寸、结构等方面的选择也各不相同,这种情况则可对其某些基本参数规定标准的系列化数列,如齿轮的模数等。

按规定标准生产的零件称为标准件。标准化给机械制造带来的好处有:① 由专门化工厂大量生产标准件,能保证质量、节约材料、降低成本;② 选用标准件可以简化设计工作,缩短产品的生产周期;③ 选用参数标准化的零件,在机械制造过程中可以减少刀具和量具的

规格;④ 具有互换性,从而简化机器的安装和维修。设计中选用标准件时,由于要受到标准的限制而使选用不够灵活,若选用系列化产品则从一定程度上解决了这一问题。例如,对于同一类型、同一内径的滚动轴承,按照滚动体直径的不同使其形成各种外径、宽度的滚动轴承系列,从而使轴承的选用更方便、灵活。

系列化是指有很多零件适用范围极为广泛,但在具体设计时随着工作条件的不同,在材料、尺寸、结构等方面的选择也各不相同,这种情况则可对其某些基本参数规定标准的系列化数列。

通用化是在不同规格的同类产品或不同类产品中采用同一结构和尺寸的零、部件。

由于标准化、系列化、通用化具有明显的优越性,所以在机械设计中应大力推广"三化",贯彻采用各种标准。

我国现行标准分为国家标准(GB)、行业标准和专业标准等,国际上则推行国际标准化组织(ISO)的标准。

模块六 现代设计方法与创新设计

一、现代设计方法

自 20 世纪以来,由于科学和技术的发展与进步,对设计的基础理论研究得到加强,随着设计经验的积累,以及设计和工艺的结合,已形成了一套半经验半理论的设计方法。依据这套方法进行机电产品设计,称为传统设计。所谓"传统",是指这套设计方法已沿用了很长时间,直到现在仍被广泛地采用着。传统设计又称常规设计。

传统设计是以经验总结为基础,运用力学和数学而形成的经验、公式、图表、设计手册等作为设计的依据,通过经验公式、近似系数或类比等方法进行设计。传统设计在长期运用中得到不断地完善和提高,是符合当代技术水平的有效设计方法。但由于所用的计算方法和参考数据偏重于经验的概括和总结,往往忽略了一些难解或非主要的因素,因而造成设计结果的近似性较大,也难免有不确切和失误。此外,在信息处理、参量统计和选取、经验或状态的存储和调用等还没有一个理想的有效方法,解算和绘图也多用手工完成,所以不仅影响设计速度和设计质量的提高,也难以做到精确和优化的效果。传统设计对技术与经济、技术与美学也未能做到很好的统一,使设计带来一定的局限性。这些都是有待于进一步改进和完善的不足之处。

限于历史和科技发展的原因,传统设计方法基本上是一种以静态分析、近似计算、经验设计、手工劳动为特征的设计方法。显然,随着现代科技的飞速发展,生产技术的需要和市场的激烈竞争,以及先进设计手段的出现,这种传统设计方法已难以满足当今时代的要求,从而迫使设计领域不断研究和发展新的设计方法和技术。

现代设计是过去长期的传统设计活动的延伸和发展,它继承了传统设计的精华,吸收了当代科技成果和计算机技术。与传统设计相比,它则是一种以动态分析、精确计算、优化设计和 CAD 为特征的设计方法。

现代设计方法与传统设计方法相比,主要完成了以下几方面的转变:

（1）产品结构分析的定量化；

（2）产品工况分析的动态化；

（3）产品质量分析的可靠性化；

（4）产品设计结果的最优化；

（5）产品设计过程的高效化和自动化。

目前，我国设计领域正面临着由传统设计向现代设计过渡，广大设计人员应尽快适应这一新的变化。通过推行现代设计，尽快提高我国机电产品的性能、质量、可靠性和市场的竞争能力。

1. 现代设计理论和方法的主要内容

设计理论是对产品设计原理和机理的科学总结。设计方法是使产品满足设计要求以及判断产品是否满足设计原则的依据。现代设计方法是基于设计理论形成的，因而更具科学性和逻辑性。实质上，现代设计理论和方法更是科学方法论在设计中的应用，是设计领域中发展起来的一门新兴的多元交叉学科。

现代设计理论与方法是以研究产品设计为对象的科学。它以电子计算机为手段，运用工程设计的新理论和新方法，使计算结果达到最优化，使设计过程实现高效化和自动化。通过传统经验的吸收、现代科技的运用、科学方法论的指导与方法学的实现，从而形成和发展了现代设计理论与方法这门新学科。

从 20 世纪 60 年代末开始，设计领域中相继出现一系列新兴理论与方法。为区别过去常用的传统设计理论与方法，把这些新兴理论与方法统称为现代设计。表 1-2 列出了目前现代设计理论和方法的主要内容。不同于传统设计方法，在运用现代设计理论和方法进行产品及工程设计时，一般都以计算机作为分析、计算、综合、决策的工具。

表 1-2 设计的主要理论和方法

序号	理论和方法	序号	理论和方法	序号	理论和方法
1	设计方法学	9	绿色设计	17	三次设计
2	优化设计	10	模块化设计	18	健壮设计
3	可靠性设计	11	相似设计	19	设计专家系统
4	计算机辅助设计	12	疲劳设计	20	精度设计
5	动态设计	13	价值工程	21	人工神经元计算方法等
6	有限元法	14	虚拟设计	22	人机工程
7	反求工程设计	15	并行设计	23	工程遗传算法
8	工业艺术造型设计	16	智能工程	24	摩擦学设计

现代设计理论和方法的内容众多而丰富，它们是由既相对独立又有机联系的"十一论"方法学构成的，即功能论（可靠性为主体）、优化论、离散论、对应论、艺术论、系统论、信息论、控制论、突变论、智能论和模糊论。这十一论方法学的作用如下：

（1）信息论方法学（信号处理是现代设计的依据）；

（2）功能论方法学（功能实现是现代设计的宗旨）；

（3）系统论方法学（系统分析是现代设计的前提）；

(4) 突变论方法学(突变创造是现代设计的基石);

(5) 智能论方法学(智能运用是现代设计的核心);

(6) 优化论方法学(广义优化是现代设计的目标);

(7) 对应论方法学(相似模糊是现代设计的捷径);

(8) 控制论方法学(动态分析是现代设计的深化);

(9) 离散论方法学(离散处理是现代设计的细解);

(10) 艺术论方法学(悦心宜人是现代设计的美感);

(11) 模糊论方法学(模糊定量是现代设计的发展)。

综上所述,现代设计理论和方法的种类繁多,但并不是任何一件产品和一项工程的设计都需要采用全部设计方法,也不是每个产品零件或电子元件的设计均能采用上述每一种方法。由于不同的产品都有各自的特点,所以设计时常需综合运用上述设计方法。如突变论方法学中的各种创造性设计法;智能论方法学中的计算机辅助设计;优化论方法学中的优化设计法;信息论方法学中的预测技术法、信息处理技术;对应论方法学中的相似设计法、科学类比法、模拟设计法;艺术论方法学中的工业造型设计法、人机工程学等,都是经常需要用到的。

2. 现代设计方法的特点

现代设计方法的基本特点如下:

(1) 程式性:研究设计的全过程。要求设计者从产品规划、方案设计、技术设计、施工设计到试验、试制进行全面考虑,按步骤有计划地进行设计。

(2) 创造性:突出人的创造性,发挥集体智慧,力求探寻更多突破性方案,开发创新产品。

(3) 系统性:强调用系统工程处理技术系统问题。设计时应分析各部分的有机关系,力求系统整体最优。同时考虑技术系统与外界的联系,即人—机—环境的大系统关系。

(4) 最优性:设计的目的是得到功能全、性能好、成本低的价值最优的产品。设计中不仅考虑零部件参数、性能的最优,更重要的是争取产品的技术系统整体最优。

(5) 综合性:现代设计方法是建立在系统工程、创造工程基础上,综合运用信息论、优化论、相似论、模糊论、可靠性理论等自然科学理论和价值工程、决策论、预测论等社会科学理论,同时采用集合、矩阵、图论等数学工具和电子计算机技术,总结设计规律,提供多种解决设计问题的科学途径。

(6) 数字性:将计算机全面地引入设计。通过设计者和计算机的密切配合,采用先进的设计方法,提高设计质量和速度。计算机不仅用于设计计算和绘图,同时在信息储存、评价决策、动态模拟、人工智能等方面将发挥更大作用。

应该指出,设计是一项涉及多种学科、多种技术的交叉工程。它既需要方法论的指导,也依赖于各种专业理论和专业技术,更离不开技术人员的经验和实践。现代设计理论与方法是在继承和发展传统设计理论与方法的基础上融会新的科学理论和新的科学技术成果而形成的。因此,学习使用现代设计理论和方法,并不是要完全抛弃传统的方法和经验,而是要让广大设计人员在传统方法和实践经验的基础上掌握一把新的思想钥匙。所以,不能把现代设计与传统设计截然分开,传统设计方法在一些适合的工业产品设计中还在有效应用。

3. 设计技术的发展趋势

企业要在不断变化的产品需求和激烈的市场竞争中立于不败之地,就要不断地改进设计理念,使用先进设计制造技术,提高产品质量,降低成本,提高生产率,生产出符合用户需求的高科技产品,这也是现代设计技术的发展方向。具体来说,现代设计技术的发展趋势主要有:

(1) 设计过程的数字化,不仅要完善工程对象中确定性变量的数学描述和数学建模,而且更要研究非确定性变量,包括随机变量、随机过程、模糊变量(人的智能、经验、创造力、语言及政治、经济、人文等社会科学因素)等的数学描述和数学建模。

(2) 设计过程的自动化和智能化研究。健全、研究、发展各种类型的数据库、方法库和知识库,及自动编程、自学习、自适应等高级商品化软件的研制,如研究设计知识、数据、信息的获取与处理技术、智能 CAD 人工神经网络专家系统的模型和应用软件等。

(3) 动态多变量优化和工程不确定模型优化(模糊优化)、不可微模型优化及多目标优化等优化方法与程序的研究,并进一步发展到广义工程大系统的优化设计的研究。

(4) 网络化并行设计及协同设计技术、方法及软件的研究。

(5) 虚拟设计和仿真虚拟试验及快速成形技术的深入研究,是一种以计算机仿真为基础,集计算机图形学、智能技术、并行工程、人机工程、材料、成形工艺、光电传感技术和多媒体技术为一体的综合学科研究。

(6) 大力普及、推广与发展 CAD 技术的应用研究,其重点是研制开发功能强的商品化软件。

(7) 面向集成制造和分布式经营管理的设计方法、人员组织及规划的研究。近年来出现的并行工程(Concurrent engineering,CE)、精益生产(Lean production,LP)、灵捷制造(Agile manufacturing,AM)、准时生产(Just-in-time)、质量功能配置(Quality function deployment,QFD)等生产管理中的设计技术。

(8) 微型机电系统的设计理论及设计方法和技术的研究,如智能计算、纳米技术、微型机器人系统及微型机械系统的设计计算。

(9) 面向生态环境的绿色设计理论与方法的研究,如绿色产品的设计、清洁化生产过程的设计、产品的可回收性设计等。

(10) 注重基础性设计理论及共性设计技术的深层次研究。基础性设计技术,如动态设计、疲劳设计、防断裂设计、减摩和耐磨设计、防腐蚀性设计及运动学、动力学、传动技术、弹塑性理论等,是许多现代设计技术的知识源泉和数学建模的理论基础。美国的基础研究是当今世界领先的,为设计基础技术研究提供了丰富的元知识和领域知识,这是美国推出一代又一代产品参与市场竞争的支柱。例如,人们熟知的美国格利森公司对准双曲线齿轮的设计制造技术是一个看不见的"黑箱"(根据工况,算出机床调整参数,从而加工出齿轮),尽管人们渐渐掌握了格利森加工机床的内部构造,但格利森公司对"黑箱"采取了非公开政策,因而至今他们对准双曲线齿轮的设计制造技术仍然处于世界绝对领先地位。设计中的共性技术与方法,如数学描述、建模、仿真和优化及试验方法等,也是设计中的关键技术,它涉及CAD、可靠性设计、安全性设计、模糊设计、绿色设计、反求工程、图像处理、专家系统、人工神经网络等信息和知识的获取、组织、传递及使用共享。

二、创新设计

创新是技术和经济发展的原动力，是国民经济发展的重要因素。当今世界各国之间在政治、军事和科学技术方面的剧烈竞争，实质上是人才的竞争，而人才竞争的关键是人才创造能力的竞争。

创造强调新颖性和独特性，而创新是创造的某种实现。21世纪科技创新是社会和经济发展的主导力量。世界各国综合国力竞争的核心是知识创新、技术创新和高新技术产业化。加强技术创新、发展高科技、实现产业化是一项系统工程，对提高国民经济质量和效益、提高我国国际竞争力有决定性的意义。当前，我国正提倡和推进的"大众创业、万众创新"，就是要大力培养学生的创新能力、开拓学生的创新精神。

1. 创新设计

设计是为了满足人类和社会需求而进行创造性思维的实践过程。随着社会的发展，人们的需求将有所变化，原来那些能满足需求的产品，经过一段时间后可能会变成不能满足客观需要，因此需要对产品改进设计，不断更新老产品，创造新产品，要求设计师的设计成果前所未有，具有新颖性和独创性。

2. 创新设计的特点和类型

（1）创新设计的特点

① 独创性

独创性体现为敢于提出与前人、众人不同的见解，敢于打破一般思维的常规惯例，寻找更合理的新原理、新机构、新功能、新材料，独创性能使设计方案标新立异，不断创新。比如，人工洗衣通常用手搓、脚踩、刷子刷、棒槌打、流水冲等方法去除衣物的污垢，为了代替人的洗衣动作，可在洗衣机滚筒内放置衣物和鹅卵石，滚筒回转时鹅卵石反复挤压衣物，达到去污的目的。搅拌式洗衣机和波轮式洗衣机属机械式洗衣机。真空洗衣机用真空泵将洗衣机缸内抽成真空状态。衣物和水在缸内转动时，水在衣物表面产生气泡，气泡破裂产生爆破力将衣物的污垢微粒弹开并抛向水面。超声波洗衣机利用超声波使衣物上的污垢分解而离开衣物。电磁洗衣机利用高频振荡使污垢与衣物分离。此外，还有利用微型计算机与多种传感器控制的全自动洗衣机。从洗衣机的开发可以看出，设计人员发挥独创性，应用新技术，可开发出更多新产品。

② 实用性

实用性体现在对市场的适应性和可生产型两方面。创新设计必须针对社会的需要，满足用户对产品的需求。20世纪70年代，科学家发现氟里昂会破坏高空臭氧层对紫外线的吸收，并影响人类的生活。上海第一冷冻机厂抓住制冷设备中的这一关键问题，研制出溴化锂以代替原来大中型空调机上的氟里昂制冷设备，这一创新设计具有巨大的社会效益和经济效益。可生产性要求创新设计有较好的加工工艺性和装配工艺性，能以市场可接受的价格加工成产品，并投入使用。

③ 突破性

人们往往习惯于从已有的经验和知识中，从考虑某类问题获得成功的思维模式中寻求解题方案，受到"思维定势"的约束。突破性敢于克服心理上的惯性，从思维定势的框框中解脱出来，善于从新的技术领域中接受有用的事物，提出新原理、创造新模式、贡献新方法，为工程技术问题打开新局面。如对卫星天线的设计,不论是采用机、电还是液的方法都很复杂。近年来,人们发现镍钛合金具有记忆功能,即将这种记忆合金在某种温度下进行处理后,在其他温度环境中不论把元件弯成什么形状,但只要达到特定的处理温度时,元件会自动恢复原有形状。根据这一原理设计的记忆合金卫星天线,在发射卫星时,将天线卷曲成团塞在卫星的内部,到达轨道后,随着温度的变化,卫星天线就会自动恢复为预定形状。这种设计方案简单可靠,克服了必须用一机构打开天线的思维定势,具有突破性。

④ 多向性

善于从多种不同角度考虑问题,是创新设计的重要特征。据统计,设计活动中成功的几率与设想出供选择方案的多少是成正比的。多向性体现为扩散思维和多向思维。扩散思维以某一现实事物为起点,诱发出多种奇思异想,通过一个来源产生众多的输出。多向思维是对某一事物和问题从不同角度探索尽可能多的解法和思路。

⑤ 连动性

创造性思维也是一种连动思维,它引导人们由已知探索未知,开阔思路。连动思维包括纵向、横向、逆向思维。纵向思维针对某现象和问题进行纵深思考,探寻其本质而得到新的启示。横向思维通过某一现象联想到特点与它相似和相关的事物,从而发现新应用。逆向思维针对现象、问题和解法,分析其相反的方面,从另一角度探寻新的途径。

⑥ 突变型

直觉思维、灵感思维是在创造性思维中对问题产生的一种突如其来的领悟和理解。在思维过程中突然闪现出一种新设想、新观念,从而使问题得到解决。比如阿基米德从洗澡时浴缸中水的溢出产生灵感而得出浮力定律。又如美国工程师杜里埃研究如何使汽油和空气均匀混合以保证内燃机有效工作的问题时,他从妻子喷洒香水而受到启发,发明了发动机的汽化器。

(2)创新设计的类型

① 开发设计

在设计原理、设计方案全都未知的情况下,根据产品总功能和约束条件,提出新的原理、设计方案进行技术设计。

② 变异设计

在已有产品的基础上,针对产品的缺点和用户的要求,从工作原理、结构、尺寸参数等方面进行变型产品的开发,设计新产品以适应市场需要,提高竞争力。如双缸洗衣机变单缸洗衣机、电冰箱从单开门到双开门,轮径大小不同的自行车设计等。

③ 反求设计

针对已有的新产品和样机,分析其关键技术,在消化、吸收、引进先进技术的基础上,利用移植、组合、改造等方法,设计创新产品。如某单位在设计和研制 PHD-600 型液压平衡吊和 GY-20 随车吊时,参照外国产品样本的外形推测其结构形式,按照其性能参数探索其设计原理,从而研制出当时起重量属国内最大且结构新颖的液压平衡吊,以及轻便灵巧的液压随车吊。又如美国人发明的晶体管技术原来仅用于军事,日本索尼公司买到晶体管专利技术后,进行反求研究,移植于民用领域,开发出晶体管半导体收音机,占领了国际市场。

3. 创新设计方法

在国内外市场竞争激烈的形势下,技术创新是企业保持旺盛生命力的根本保证。在不断开发新产品的过程中,要求设计人员发挥创造性,提出新方案、探求新解法、开拓新局面。创新活动必须运用创新设计方法。创新方法的基本出发点是打破传统思维的习惯,克服思维定势和防碍创造性设想产生的各种消极的心理状态,应用创新设计方法以帮助人们在设计和开发产品时得到创造性的解法。创新设计方法有很多种,下面简单介绍智力激励法、提问追溯法、联想类推法、反向探求法、系统分析法、组合创新法六种。

（1）智力激励法

人的创造性思维特别是直觉思维在受激发情况下能得到较好的发挥。一批人集合在一起,针对某个问题进行讨论时,由于各人知识、经验不同,观察问题的角度和分析问题的方法各异,提出的各种主意能互相启发,填补知识空隙,启发、诱导出更多创造性思想,通过激励、智慧交流和集智达到创新的目的。

（2）提问追溯法

提问追溯法是有针对性地、系统地提出问题。在回答问题过程中,便可能产生各种解决问题的设想,使设计所需要的信息更充分,解法更完善。提问追溯法有奥斯本提问法、阿诺尔特提问法、希望点列举法、缺点列举法。

（3）联想类推法

通过由此及彼的联想和异中求同、同中求异的类比,寻求各种创新解法。利用联想进行发明创新是一种常用而且十分有效的办法。许多发明者都善于联想,许多发明创新也得益于联想的妙用。例如贝尔发明电话,开始没有成功,后来他从吉他的声音中想到了共鸣原理,改进了装置,终于使电话发明成功。类比联想是由一事物或现象联想到与其有类似特点（如性质、外形,结构,功能等）的其他事物或现象,从而找出创新解法。

（4）反向探求法

将人们通常思考问题的思路反转过来,从背逆常规的途径探寻新的解法,因此反向探求法亦称逆向思维法。例如,声音既然是振动,那么振动为什么不能复现原声呢? 通过这样的反问,发明了留声机。

（5）系统分析法

对于技术系统,根据其组成和影响其性能的全部参量,系统地依次分析搜索,以探索更多解决问题的途径。

（6）组合创新法

组合创新法是将现有技术和产品通过功能、原理、结构等方面的组合变化形成新的技术思想和新产品。组合法应用的技术单元一般是已经成熟和比较成熟的技术,不需要从头开始,因而可以最大限度地节约人力、物力和财力。在现代社会中,大量已经开发出来的技术,只要合理组合,就能创造出适合人们需要的技术系统。组合创新的类型很多,常用的有性能组合、原理组合、功能组合、结构重组、模块组合等。

性能组合:将若干产品的优良性能组合起来,使之形成一种全新的产品。例如,铁心铜线电缆的制造就是组合了铜线导电性能好、耐腐蚀,而铁线成本低,强度高的优点,这样便可以达到性能互补的目的。

原理组合:将两种或两种以上的技术原理有机地组合起来,组合成一种新的复合技术性能或技术系统。

功能组合:将具有不同功能的技术手段或产品组合到一起,使之形成一个技术型更优或具有多功能的技术实体的方法。例如计算机和机床组合在一起成为数控机床。

模块组合:把产品看成是若干模块(标准、通用零部件)的有机组合。按照一定的工作原理

选择不同的模块或不同的组合方式,从而得到多种不同的设计方案。例如各种专用机床的组合。

运用创新思维和创新设计方法,必将在技术领域中有更多的创新发展。

思考题

1-1　什么是机构、机器及机械？各举例说明。

1-2　什么是零件及构件？各举例说明。

1-3　指出下列机器的原动机、传动部分、执行部分和控制部分:(1)汽车;(2)自行车;(3)缝纫机;(4)牛头刨床。

1-4　构件与部件都可以由若干个零件组成,故构件和部件是一样的。这种说法对吗？

1-5　机械设计的基本要求有哪些？列举你所熟悉的机械产品说明这些要求。

技能训练

1-1　说出五种常用机器,并以单缸发动机为载体,认识机构、构件、零件、标准件。

1-2　以单缸发动机连杆为载体进行材料选择、计算准则选择、设计要求及零件设计过程分析。

项目二　摩擦、磨损、润滑和密封

学习目标

一、知识目标

1. 掌握摩擦的类型及其特点、磨损的三个阶段及磨损的类型。
2. 掌握润滑的目的、润滑剂的性能与选择方法、润滑方法和润滑装置。
3. 掌握常用密封方法、密封装置类型及特点。

二、技能目标

1. 能针对摩擦的不同情况,确定合适的润滑剂、润滑方法和润滑装置。
2. 能针对不同的密封要求,选择合适的密封方法及密封装置。
3. 通过完成上述任务,能够自觉遵守安全操作规范。

教学建议

教师在讲授基本知识后,将学生分组,安排在实验室完成以下两个工作任务:润滑剂、润滑方法和润滑装置的认识和选择,密封方法及密封装置认识和选择。工作任务完成后,由学生自评、学生互评、教师评价三部分汇总组成教学评价。

模块一　摩擦与磨损

各类机器在工作时,零件相对运动的接触部分都存在着摩擦,摩擦是机器运转过程中不可避免的物理现象。摩擦不仅消耗能量,而且使零件发生磨损,甚至导致零件失效。据统计,世界上每年使用的能源中 1/3～1/2 消耗在摩擦上,而各种机械零件因磨损失效的也占全部失效零件的一半以上。磨损是摩擦的结果,润滑则是减少摩擦和磨损的有力措施,这三者是相互联系、不可分割的。

一、摩擦及其分类

在外力作用下,一物体相对于另一物体运动或有运动趋势时,两物体接触面间产生的阻碍物体运动的切向阻力称为摩擦力。这种在两物体接触区产生阻碍运动并消耗能量的现象,称为摩擦。摩擦会造成能量损耗和零件磨损,在一般情况下是有害的,因此应尽量减少摩擦。但有些情况下却要利用摩擦工作,如带传动、摩擦制动器等。

根据摩擦副表面间的润滑状态将摩擦状态分为 4 种:干摩擦、液体摩擦、边界摩擦和混合摩擦(见图 2-1)。

1. 干摩擦

如果两物体的滑动表面为无任何润滑剂或保护膜的纯金属,这两个物体直接接触时的摩擦称为干摩擦,如图 2-1(a)所示。干摩擦状态产生较大的摩擦功耗及严重的磨损,因此应严禁出现这种摩擦。

2. 液体摩擦

两摩擦表面不直接接触,被油膜隔开的摩擦称为液体摩擦,如图 2-1(b)所示。

3. 边界摩擦

两摩擦表面被吸附在表面的边界膜(油膜厚度小于 1 μm)隔开,使其处于干摩擦与液体摩擦之间的状态,这种摩擦称为边界摩擦,如图 2-1(c)所示。

4. 混合摩擦

在实践中有很多摩擦副处于干摩擦、液体摩擦与边界摩擦的混合状态,称为混合摩擦,如图 2-1(d)所示。

由于液体摩擦、边界摩擦、混合摩擦都必须在一定的润滑条件下才能实现,因此这三种摩擦又分别称为液体润滑、边界润滑和混合润滑。

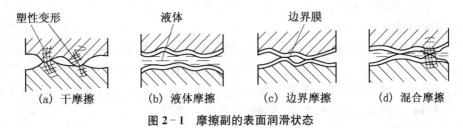

图 2-1　摩擦副的表面润滑状态

二、磨损及其过程

运动副之间的摩擦将导致零件表面材料的逐渐损失,这种现象称为磨损。单位时间内材料的磨损量称为磨损率。磨损量可以用体积、质量或厚度来衡量。

机械零件严重磨损后,将降低机器的工作效率和可靠性,使机器提早报废。因此,预先考虑如何避免或减轻磨损,是设计、使用、维护机器的一项重要内容。但另一方面,磨损也并非全都是有害的,工程上常利用磨损的原理来减小零件表面的粗糙值,如磨削、研磨、抛光以及跑合等。

在机械的正常运转中,磨损过程大致可分为以下三个阶段。

1. 跑合(磨合)磨损阶段

在这一阶段中,磨损速度由快变慢,而后逐渐减小到一稳定值。这是由于新加工的零件表面呈尖峰状态,使运转初期摩擦副的实际接触面积较小,单位接触面积上的压力较大,因而磨损速度较快,如图 2-2 中磨损曲线的 Oa 段。跑合磨损到一定程度后,尖峰逐渐被磨平,磨损速度即逐渐减慢。

2. 稳定磨损阶段

在这一阶段中磨损缓慢、磨损率稳定,零件以平稳而缓慢的磨损速度进入零件正常工作阶段,如图 2-2 中的 ab 段,这个阶段的长短即代表零件使用寿命的长短,磨损曲线的斜率即

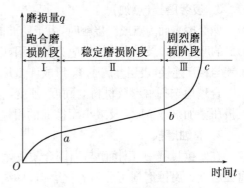

图 2-2　零件的磨损过程

为磨损率,斜率愈小磨损率就愈低,零件的使用寿命就愈长。经此磨损阶段后零件进入剧烈磨损阶段。

3. 剧烈磨损阶段

此阶段的特征是磨损速度及磨损率都急剧增大。当工作表面的总磨损量超过机械正常运转要求的某一允许值后,摩擦副的间隙增大,零件的磨损加剧,精度下降,润滑状态恶化,温度升高,从而产生振动、冲击和噪声,导致零件迅速失效,如图 2-2 中的 bc 段。

上述磨损过程中的三个阶段,是一般机械设备运转过程中都存在的。必须指出的是,在跑合阶段结束后应清洗零件,更换润滑油,这样才能正常地进入稳定磨损阶段。

三、磨损分类

按照磨损的机理以及零件表面磨损状态的不同,一般工况下把磨损分为磨粒磨损、粘着磨损、疲劳磨损、腐蚀磨损等。

1. 磨粒磨损

由于摩擦表面上的硬质突出物或从外部进入摩擦表面的硬质颗粒,对摩擦表面起到切削或刮擦作用,从而引起表层材料脱落的现象,称为磨粒磨损。这种磨损是最常见的一种磨损形式,应设法减轻这种磨损。为减轻磨粒磨损,除注意满足润滑条件外,还应合理地选择摩擦副的材料、降低表面粗糙度值以及加装防护密封装置等。

2. 粘着磨损

当摩擦副受到较大正压力作用时,由于表面不平,其顶峰接触点受到高压力作用而产生弹塑性变形,附在摩擦表面的吸附膜破裂,温升后使金属的顶峰塑性面牢固地粘着并熔焊在一起形成冷焊结点。在两摩擦表面相对滑动时,材料便从一个表面转移到另一个表面,成为表面凸起,促使摩擦表面进一步磨损。这种由于粘着作用引起的磨损,称为粘着磨损。

粘着磨损按程度不同可分为 5 级:轻微磨损、涂抹、擦伤、撕脱和咬死。如气缸套与活塞环、曲轴与轴瓦、轮齿啮合表面等,皆可能出现不同粘着程度的磨损。涂抹、擦伤、撕脱又称为胶合,往往发生于高速、重载的场合。

合理地选择配对材料(如选择异种金属),采用表面处理(如表面热处理、喷镀、化学处理等)限制摩擦表面的温度,控制压强及采用含有油性极压添加剂的润滑剂等,都可减轻粘着磨损。

3. 疲劳磨损(点蚀)

两摩擦表面为点或线接触时,由于局部的弹性变形形成了小的接触区。这些小的接触区形成的摩擦副如果受变化接触应力的作用,则在其反复作用下,表层将产生裂纹。随着裂纹的扩展与相互连接,表层金属脱落,形成许多月牙形的浅坑,这种现象称为疲劳磨损,也称点蚀。

合理地选择材料及材料的硬度(硬度高则抗疲劳磨损能力强),选择黏度高的润滑油,加入极压添加剂或 MoS_2 及减小摩擦面的粗糙度值等,可以提高抗疲劳磨损的能力。

4. 腐蚀磨损

在摩擦过程中,摩擦面与周围介质发生化学或电化学反应而产生物质损失的现象,称为腐蚀磨损。腐蚀磨损可分为氧化磨损、特殊介质腐蚀磨损、气蚀磨损等。腐蚀也可以在没有摩擦的条件下形成,这种情况常发生于钢铁类零件,如化工管道、泵类零件、柴油机缸套等。

自然现象中,大多数磨损是以上述 4 种磨损形式的复合形式出现的。

模块二 润 滑

在摩擦副间加入润滑剂,以降低摩擦、减轻磨损,这种措施称为润滑。润滑的主要作用是:(1) 减小摩擦系数,提高机械效率;(2) 减轻磨损,延长机械的使用寿命。此外,润滑还可起到冷却、防尘以及吸振等作用。

一、润滑剂的性能与选择

常用的润滑剂除了润滑油和润滑脂外,还有固体润滑剂(如石墨、二硫化钼等)、气体润滑剂(如空气、氢气、水蒸气等)。

1. 润滑油

润滑油是目前使用最多的润滑剂,主要有矿物油、合成油、有机油等,其中应用最广泛的为矿物油。

润滑油的最重要的一项物理性能指标为黏度,它是选择润滑油的主要依据。黏度的大小表示了液体流动时其内摩擦阻力的大小,黏度愈大,内摩擦阻力就愈大,液体的流动性就愈差。

黏度可用动力黏度、运动黏度、条件黏度(恩氏黏度)等表示。我国的石油产品常用运动黏度来标定。

(1) 动力黏度 η。对于 $1\,m^3$ 的液体,如果其上下表面发生相对速度为 $1\,m/s$ 的相对运动时所需切向力为 $1\,N$,则称该液体的黏度为 $1\,Pa\cdot s$(或 $1\,N\cdot s/m^2$)。

(2) 运动黏度 ν。液体的动力黏度与液体在相同温度下密度 ρ 的比值称为该液体的运动黏度。

$$\nu=\frac{\eta}{\rho}。 \qquad (2-1)$$

一般润滑油的牌号就是该润滑油在 40 ℃(或 100 ℃)时运动黏度(以 mm^2/s 为单位)的平均值,如 L - AN46 全损耗系统用油在 40 ℃时的运动黏度为 41.4~50.6 mm^2/s。

(3) 条件黏度。在规定的温度下从恩氏黏度计流出 200 mL 样品所需的时间与同体积蒸馏水在 20 ℃时流出所需的时间之比值称为该液体的条件黏度,以 η_E 表示,单位为 $°E_t$。国际上有许多国家采用恩氏黏度(即为条件黏度)。

运动黏度和恩氏黏度之间可通过下式进行换算:

$$\nu=8.0\eta_E-\frac{8.64}{\eta_E} \quad (1.35\leqslant\eta_E\leqslant3.2); \qquad (2-2)$$

$$\nu=7.6\eta_E-\frac{4.0}{\eta_E} \quad (\eta_E>3.2)。 \qquad (2-3)$$

润滑油的主要物理性能指标还有凝点、闪点、燃点和油性等。润滑油的黏度并不是固定不变的,而是随着温度和压强而变化的。黏度随温度的升高而降低,而且变化很大。因此,在注明某种润滑油的黏度时,必须同时标明它的测试温度,否则便毫无意义。黏度随压强的升高而加大,但当压强小于 20 MPa 时,其影响甚小,可不予考虑。常用润滑油的性能和用途列于表 2-1 中。

表 2-1 常用润滑油的主要性质和用途

名称	代号	运动黏度/(mm² · s⁻¹)		凝点/℃ 不高于	闪点/℃ (开口) 不低于	主要用途
		40 ℃	100 ℃			
全损耗系统用油 (GB 443—89)	L-AN5	4.14~5.06			80	用于各种高速轻载机械轴承的润滑和冷却(循环式或油箱式),如转速在 10 000 r/min 以上的精密机械、机床及纺织纱锭的润滑和冷却
	L-AN7	6.12~7.48			110	
	L-AN10	9.00~11.0			130	
	L-AN15	13.5~16.5			150	用于小型机床齿轮箱、传动装置轴承,中小型电机,风动工具等
	L-AN22	19.8~24.2				
	L-AN32	28.8~35.2	—	−5		用于一般机床齿轮变速箱、中小型机床导轨及 100 kW 以上电机轴承
	L-AN46	41.4~50.6			160	主要用在大型机床、大型刨床上
	L-AN68	61.2~74.8				
	L-AN100	90.0~110			180	主要用在低速重载的纺织机械及重型机床、锻压、铸工设备上
	L-AN150	135~165				
工业闭式齿轮油 (GB 5903—95)	L-CKC68	61.2~74.8			180	适用于煤炭、水泥、冶金工业部门大型封闭式齿轮传动装置的润滑
	L-CKC100	90.0~110				
	L-CKC150	135~165				
	L-CKC220	198~242	—	−8		
	L-KC320	288~352			220	
	L-KC460	414~506				
	L-CKC680	612~748		−5		
液压油 (GB11118.1—94)	L-HL15	13.5~16.5		−12	140	适用于机床和其他设备的低压齿轮泵,也可以用于使用其他抗氧防锈型润滑油的机械设备(如轴承和齿轮等)
	L-HL22	19.8~24.2		−9		
	L-HI32	28.8~35.2	—		160	
	L-HIA6	41.4~50.6		−6		
	L-HL68	61.2~74.8			180	
	L-HL100	90.0~110				
汽轮机油 (GB 11120—89)	L-TSA32	28.8~35.2			180	适用于电力、工业、船舶及其他工业汽轮机组、水轮机组的润滑和密封
	L-TSA46	41.4~50.6				
	L-TSA68	61.2~74.8	—	−7		
	L-TSA100	90.0~110			195	

续表

名称	代号	运动黏度/(mm² · s⁻¹)		凝点/℃ 不高于	闪点/℃ (开口) 不低于	主要用途
		40 ℃	100 ℃			
QB 汽油机 润滑油 (CB 485—84) (1988 年确认)	20 号		6～9.3	−20	185	用于汽车、拖拉机汽化器、发动机汽缸活塞的润滑,以及各种中、小型柴油机等动力设备的润滑
	30 号		10～12.5	−15	200	
	40 号		12.5～16.3	−5	210	
L - CPE/P 蜗轮蜗杆油 (SH 0094—91)	220	198～242		−12		用于铜-钢配对的圆柱形、承受重负荷、传动中有振动和冲击的蜗轮蜗杆副
	320	288～352				
	460	414～506				
	680	612～748				
	1 000	900～1 100				
仪表油 (GB 487—84)		12～14		−60 (凝点)	125	适用于各种仪表(包括低温下操作)的润滑

2. 润滑脂

润滑脂是在润滑油中加入稠化剂(如钙、钠、锂等金属皂基)而形成的脂状润滑剂,又称为黄油或干油。

润滑脂的主要物理性能指标为滴点、锥入度和耐水性等。润滑脂的流动性小,不易流失,所以密封简单,不需经常补充。润滑脂对载荷和速度变化不是很敏感,有较大的适应范围,但因其摩擦损耗较大、机械效率较低,故不宜用于高速传动的场合。润滑脂多半用于低速、受冲击或间歇运动处。

(1) 滴点是指润滑脂受热后从标准测量杯的孔口滴下第一滴油时的温度。滴点标志着润滑脂的耐高温能力,润滑脂的工作温度应比滴点低 20～30 ℃。润滑脂的号数越小,表明滴点越低。

(2) 锥入度,即润滑脂的稠度。将重 1.5 N 的标准锥体在 25 ℃ 恒温下,由润滑脂表面自由沉下,经 5 s 后该锥体可沉入的深度值(以 0.1 mm 为单位)即为润滑脂的锥入度。锥入度表明润滑脂内阻力的大小和流动性的强弱。锥入度越小,表明润滑脂越稠,承载能力越强,密封性越好,但摩擦阻力也越大,流动性越差,因而不易填充较小的摩擦间隙。

目前使用最多的是钙基润滑脂,其耐水性强,但耐热性差,常用于在 60 ℃ 以下工作的各种轴承的润滑,尤其适用于在露天条件下工作的机械轴承的润滑。钠基润滑脂的耐热性好,可用于 115～145 ℃ 以下工作的情况,但其耐水性差。锂基润滑脂的性能优良,耐水耐热性均好,可以在 −20～150 ℃ 的范围内广泛使用。

常用润滑脂的主要性能和用途列于表 2-2。

3. 固体润滑剂

摩擦面间的固体润滑剂呈粉末或薄膜状态,隔离摩擦表面以达到降低摩擦、减少磨损的目的。常用的固体润滑剂有石墨、二硫化钼、聚四氟乙烯、尼龙、软金属(铅、铟、镉)及复合材料。

粉末状润滑剂是将石墨和二硫化钼利用气流输送到摩擦表面上,充填不平表面的波谷,增大了接触面积,减小了压强,层间抗剪强度低,易于滑动。

表 2-2　常用润滑脂的主要性质和用途

名称	代号	滴点/℃ 不低于	工作锥入度 (25 ℃,150 g)/ (1/10 mm)	主要用途
钙基润滑脂 (GB 491—87)	L-XAAMHA1	80	310~340	有耐水性能。用于工作温度低于 55~60 ℃的各种工农业、交通运输机械设备的轴承润滑,特别是有水或潮湿处
	L-XAAMHA2	85	265~295	
	L-XAAMHA3	90	220~250	
	L-XAAMHA4	95	175~205	
钠基润滑脂 (GB 492—89)	L-XACMGA2	160	265~295	不耐水(或潮湿)。用于工作温度在 -10~110 ℃的一般中负荷机械设备轴承润滑
	L-XACMGA3		220~250	
通用锂基润滑脂 (GB7324—87)	ZL-1	170	310~340	有良好的耐水性和耐热性。适用于 -20~120 ℃范围内各种机械的滚动轴承、滑动轴承及其他摩擦部位的润滑
	ZL-2	175	265~295	
	ZL-3	180	220~250	
钙钠基润滑脂 (ZBE36001—88)	ZGN-1	120	250~290	用于工作温度在 80~100 ℃、有水分或较潮湿环境中工作的机械润滑,多用于铁路机车、列车、小电动机、发电机滚动轴承(温度较高者)的润滑。不适于低温工作
	ZGN-2	135	200~240	
石墨钙基润滑脂 (ZBE 36002—88)	ZG-S	80		人字齿轮,起重机、挖掘机的底盘齿轮,矿山机械、绞车钢丝绳等高负荷、高压力、低速度的粗糙机械润滑及一般开式齿轮润滑。能耐潮湿
滚珠轴承脂 (SY 1514—82)	ZGN69-2	120	250~290 (-40 ℃ 时为 30)	用于机车、汽车、电机及其他机械的滚动轴承润滑
7407 号齿轮 润滑脂 (SY 4036—84)		160	75~90	适用于各种低速,中、重载荷齿轮、链和联轴器等的润滑,使用温度≤120 ℃,可承受冲击载荷
高温润滑脂 (GB 11124—89)	7014-1 号	280	62~75	适用于高温下各种滚动轴承的润滑,也可用于一般滑动轴承和齿轮的润滑。使用温度为 -40~200 ℃
工业用凡士林 (GB 6731—86)I		54		适用于作金属零件、机器的防锈,在机械温度不高和负荷不大时,可用作减摩润滑脂

摩擦面间的润滑剂薄膜是将固体润滑粉末用粘结剂(如环氧树脂、酚醛树脂等)经喷镀、烧结或化学反应使它在摩擦表面上形成一层薄膜,膜的牢固性不好。振动涂膜和物理溅射法可形成牢固薄膜。

复合材料是将固体润滑剂粉末和其他固体粉末,如塑料粉、金属粉混合、压制、烧结制成自润滑复合材料,具有低摩擦、少磨损的特性。

固体润滑剂还可用作添加剂以改善润滑油、润滑脂的性能。

4. 气体润滑剂

空气、氢气、氦气、水蒸气及液态金属蒸气等都可作为气体润滑剂。常用的为空气,它价廉、无污染,适用于高速、高温、低温场合。

5. 润滑剂的选择

据统计,机械设备事故中由于润滑不当造成的事故占很大比重,润滑不良使机械精度降低也较严重,其中润滑剂选择不当是主要因素。应该根据摩擦副的工作情况来选择适宜的润滑剂。

润滑剂选用的基本原则是:在低速、重载、高温和间隙大的情况下,应选用黏度较大的润滑油;高速、轻载、低温和间隙小的情况下应选黏度较小的润滑油。润滑脂主要用于速度低、载荷大,不需经常加油、使用要求不高或灰尘较多的场合。气体、固体润滑剂主要用于高温、高压、防止污染等一般润滑剂不能适用的场合。润滑剂的具体选用可参阅有关手册。

二、润滑方法和润滑装置

机械设备的润滑,主要集中在传动件和支承件上,各零部件(齿轮、蜗轮、链、轴承等)的润滑将在相关模块中介绍,这里仅就常见的润滑方法和润滑装置作简略介绍。

机器的润滑方法有分散润滑和集中润滑两大类。分散润滑是各个润滑点各自单独润滑,这种润滑可以是间断的或连续的,压力润滑或无压力润滑。集中润滑是一台机器的许多润滑点由一个润滑系统同时润滑。

1. 油润滑装置

油润滑方法的优点是油的流动性较好、冷却效果好,易于过滤除去杂质,可用于所有速度范围的润滑,使用寿命较长,容易更换,油可以循环使用。其缺点是密封比较困难。

现将油润滑方法的常用装置分述如下:

(1) 手工给油润滑装置。这种润滑装置是最简单的,只要在需要润滑的部位上开个加油孔即可用油壶、油枪进行加油。这种方法一般只能用于低速、轻负荷的简易小型机械,如各种小型电动机和缝纫机等。

(2) 滴油润滑装置。滴油润滑装置主要是滴油式油杯,图 2-3 所示为依靠油的自重向润滑部位滴油。这种润滑装置构造简单,使用方便,其缺点是给油量不易控制,机械的振动、温度的变化和液面的高低都会改变滴油量。

图 2-3 滴油式油杯

(3) 油浴润滑装置。油浴润滑是将需要润滑的部件设置在密封的箱体中,使需要润滑零件的一部分浸在油池中。采用油浴润滑的零件有齿轮、滚动轴承和止推滑动轴承、链轮、凸轮、钢丝绳等。油浴润滑的优点是自动可靠,给油充足,缺点是油的内摩擦损失较大,且引起发热,油池中可能积聚冷凝水。

(4) 飞溅润滑装置。当回转件的圆周速度较大(5~12 m/s)时,润滑油飞溅雾化成小滴飞起,直接散落到需要润滑的零件上,或先溅到集油器中,然后经油沟流入润滑部位,这种润滑方式称为飞溅润滑。齿轮减速器中的轴承常采用这种润滑方法。这种润滑装置简单,工作可靠。

(5) 油绳、油垫润滑装置。这种润滑装置是用油绳、毡垫或泡沫塑料等浸在油中,利用毛细管的虹吸作用进行供油。图2-4所示为油绳式油杯,图2-5所示为采用油绳润滑的推力轴承,图2-6所示为采用毡垫润滑的滑动轴承,毡垫靠弹簧压力或自身弹性紧靠所润滑的表面。

油绳和油垫本身可起过滤作用,因此能使油保持清洁,而且是连续均匀的,其缺点是油量不易调节。另外,当油中的水分超过0.5%时,油绳就会停止供油。

油绳不能与运动表面接触,以免被卷入摩擦面间。为了使给油量比较均匀,油杯中的油位应保持在油绳全高的3/4,最低也要在1/3以上。这种装置多用在低、中速的机械上。

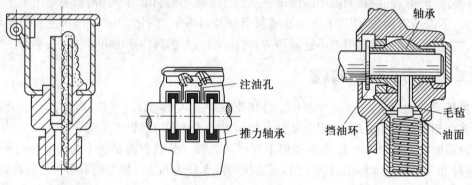

图2-4　油绳式油杯　　图2-5　用油绳润滑的推力轴承　　图2-6　用毡垫润滑的滑动轴承

(6) 油环、油链润滑装置。油环或油链润滑是依靠套在轴上的环或链把油从油池中带到轴上再流向润滑部位。如能在油池中保持一定的油位,这种方法是非常简单和可靠的,其示意图如图2-7和2-8所示。

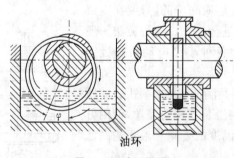
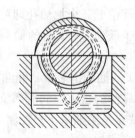

图2-7　油环润滑　　　　　　　　　图2-8　油链润滑

油环最好做成整体,为了便于装配也可做成拼凑式的,但接头处一定要平滑以免妨碍转动,油环的直径一般比轴大1.5~2倍,通常采用矩形断面。如果想增大给油量,可以在内表面车几个圆槽,当需油量较少的情况下也可以采用圆形断面。

油环润滑适合于转速为50~3 000 r/min的水平轴,如转速过高,环将在轴上激烈地跳动,而转速过低时油环所带的油量将不足,甚至油环将不能随轴转动。

由于链子与轴、油的接触面积都较大,所以在低速时也能随轴转动和带起较多的油,因此油链润滑最适于低速机械。但在高速运转时油被激烈地搅拌,内摩擦增大,且链易脱节,所以不适于高速机械。

(7) 喷油润滑装置。当回转件的圆周速度超过 12 m/s 时,采用喷油润滑装置。它是用喷嘴将压力油喷到摩擦副上,由油泵以一定的压力供油。

(8) 油雾润滑装置。油雾润滑是利用压缩空气将油雾化,再经喷嘴(缩喉管)喷射到所润滑表面。由于压缩空气和油雾一起被送到润滑部位,因此有较好的冷却效果。而且由于压缩空气具有一定的压力,可以防止摩擦表面被灰尘所污染,其缺点是排出的空气中含有油雾粒子,造成污染。油雾润滑主要用于高速(速度因素 $dn > 600\,000$)滚动轴承及封闭的齿轮、链条等。

2. 脂润滑装置

润滑脂是非牛顿型流体,与油相比较,脂的流动性、冷却效果都较差,杂质也不易除去。因此,脂润滑多用于低、中速机械。但如果密封装置或罩的设计比较合理并采用高速型润滑脂,也可以用于高速部位的润滑。

(1) 手工润滑装置。手工润滑主要是利用脂枪把脂从注油孔注入或者直接用手工填入润滑部位。这种润滑方法也属于压力润滑方法,可用于高速运转而又不需要经常补充润滑脂的部位。

(2) 滴下润滑装置。滴下润滑是将脂装在脂杯里向润滑部位滴下润滑脂进行润滑。脂杯可分为两种形式:一种是受热式,一种是压力式。

(3) 集中润滑装置。集中润滑是由脂泵将脂罐里的脂输送到各管道,再经过分配阀将脂定时定量地分送到各润滑点去。这种润滑方法主要用于润滑点很多的车间或工厂。

3. 固体润滑装置

固体润滑剂通常有 4 种类型:整体润滑,覆盖膜润滑,组合、复合材料润滑,粉末润滑。

如果固体润滑剂以粉末形式混在油或脂中,则其所采用的润滑装置可选用相应的油、脂润滑装置。如果采用覆盖膜,组合、复合材料或整体零部件润滑剂,则不需要借助任何润滑装置来实现其润滑作用。

4. 气体润滑装置

气体润滑一般是一种强制供气润滑系统,例如气体轴承系统,其整个润滑系统是由空气压缩机、减压阀、空气过滤器和管道等组成。

供气系统必须保证将空气中所有会影响轴承性能的任何固体、液体和气体杂质去除干净,因此常常要装设油水分离器和排泄液体杂质的阀门以及冷却器等。此外,还要设置防止供气故障的安全设备,因为一旦中断供气或气压过低,都会引起轴承的损坏。

在润滑工作中对润滑方法及其装置的选择必须从机械设备的实际情况出发,即从设备的结构、摩擦副的运动形式、速度、载荷,精密程度和工作环境等条件来综合考虑。

模块三　密封方法及装置

在机械设备中,为了阻止润滑剂泄漏及防止灰尘、水分进入润滑部位,必须采用相应的密封装置,以保证持续、清洁的润滑,使机器正常工作,并减少对环境的污染,提高机器工作效率,降低生产成本。目前,机器密封性能的优劣已成为衡量设备质量的重要指标之一。

密封装置是一种能保证密封性的零件组合。它一般包括被密封表面(例如轴的圆柱表面)、密封件(例如 O 形密封圈、毡圈等)和辅助件(例如副密封件、受力件、加固件等)。

一、密封装置的分类

根据密封处的零件之间是否有相对运动,密封可分为两大类:静密封和动密封。密封后密封件之间固定不动的称为静密封,如管道与管道连接处结合面间的密封;密封后两密封件之间有相对运动的称为动密封,如旋转轴与轴承盖之间的密封。动密封又可分为接触式动密封和非接触式动密封。其中应用较广的是接触式动密封,它主要利用各种密封圈或毡圈密封。

密封件分类如图 2-9 所示。

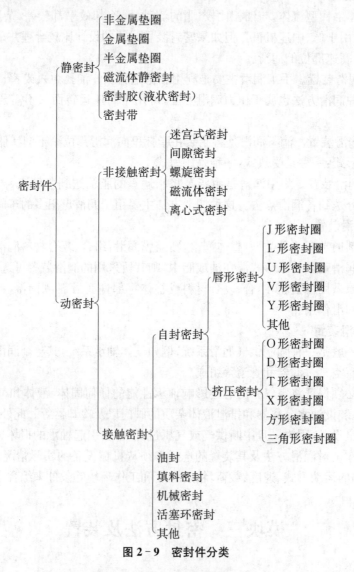

图 2-9 密封件分类

各种密封件都已标准化,可查阅有关手册选取适当的形式。

二、常用密封装置

1. 回转运动密封装置

回转轴与固定件之间的密封,既要保证密封效果,又要减少相对运动元件间的摩擦、磨损,其密封件有接触式和非接触式两类。

(1) 密封圈密封装置

密封圈用耐油橡胶、皮革或塑料制成,它是靠材料本身的弹力或弹簧的作用以一定的压力紧压在轴上起密封作用的。密封圈已标准化、系列化,有不同的剖面形状。常用的有以下几种。

① O 形密封圈(图 2-10,2-11)。它靠材料本身的弹力起密封作用,一般用于转速不高的旋转运动($v<2\sim4$ m/s)中。

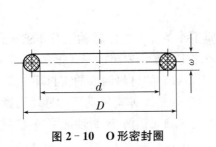

图 2-10 O 形密封圈

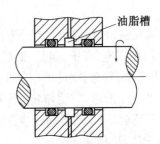

图 2-11 O 形密封圈的润滑

② J 形、U 形密封圈。J 形、U 形密封圈具有唇形开口,并带有弹簧箍以增大密封压力,使用时将开口面向密封介质。有的圈带有金属骨架,可与机座较精确地配装,可单独使用;如成对使用,则密封效果更好,如图 2-12 和 2-13 所示,可用于较高转速时的密封。密封圈与其相配的轴颈应有较低的表面粗糙度值(Ra 为 0.32~1.25),表面应硬化(表面硬度40 HRC 以上)或镀铬。

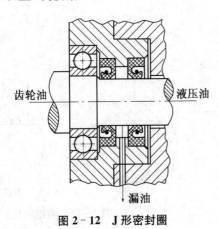

图 2-12 J 形密封圈

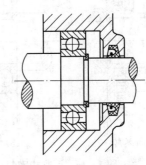

图 2-13 U 形密封圈

③ 毡圈密封圈。毡圈密封属填料密封的一种,毡圈的断面为矩形,使用时在端盖上开梯形槽。应按标准尺寸开槽,使其填满槽并产生径向压紧力。密封效果较差,主要起防尘作用,一般只用在低速脂润滑处,如图 2-14 所示。

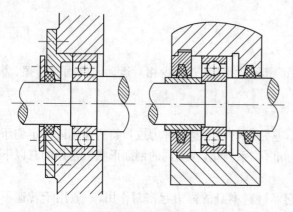

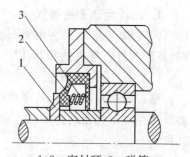

1,2—密封环;3—弹簧。

图 2-14　毡圈密封　　　　　　　图 2-15　端面密封

（2）端面密封（机械密封）装置

它常用在高速、高压、高温、低温或腐蚀介质工作条件下的回转轴以及要求密封性能可靠、对轴无损伤、寿命长、功率损耗小的机器设备之中。端面密封的形式很多,最简单的端面密封如图 2-15 所示,它由塑料、强化石墨等摩擦系数小的材料制成的密封环 1、2 及弹簧 3 等组成。1 是动环,随轴转动;2 是静环,固定于机座端盖。弹簧使动环和静环压紧,起到很好的密封作用,故称端面密封。端面密封的特点是对轴无损伤,密封性能可靠,使用寿命长。机械密封组件已标准化,需较高的加工精度。

（3）曲路密封（迷宫式密封）装置

曲路密封为非接触式密封,它由旋转的和固定的密封件之间拼合成的曲折的隙缝所形成,隙缝中可填入润滑脂。曲路布置可以是径向的,也可以是轴向的,这种装置密封效果好,适用于环境差、转速高的轴,如图 2-16 所示。

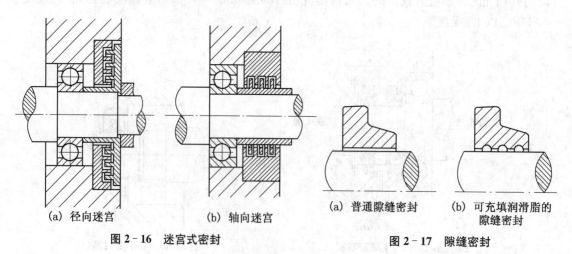

（a）径向迷宫　　　　　　（b）轴向迷宫　　　　　（a）普通隙缝密封　　（b）可充填润滑脂的
　　　　　　　　　　　　　　　　　　　　　　　　　　　　　　　　　　　隙缝密封

图 2-16　迷宫式密封　　　　　　　图 2-17　隙缝密封

（4）隙缝密封

在轴和轴承盖之间留 0.1～0.3 mm 的隙缝,或在轴承盖上车出环槽（图 2-17）,在槽中充填润滑脂,可提高密封效果。

2. 移动运动密封装置

机器中相对移动的零件间的密封称为移动密封。移动密封多采用密封圈密封。

（1）O形密封圈（图2-18,2-19）

如用于气动、水压机等处。在O形密封圈的两侧开油脂槽可提高密封效果,如图2-19所示。

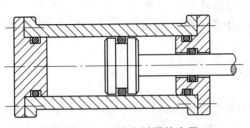 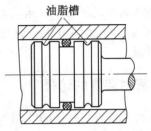

图2-18　O形密封圈的应用　　　　图2-19　O形密封圈的润滑

（2）V形密封圈

V形密封圈由支承环、密封圈及压环三部分组成,如图2-20所示。根据压力不同可重叠使用多个,如图2-21所示。其中图(a)用于单向作用的油缸中,图(b)用于双向作用的油缸中。

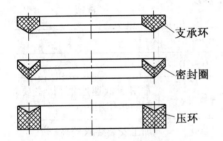

图2-20　V形密封圈的组成

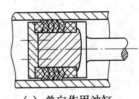 

（a）单向作用油缸　　　　（b）双向作用油缸

图2-21　V形密封圈的应用

（3）Y形和U形密封圈

这种密封圈的密封性能较好,摩擦阻力小,可用于高、低压的液压、水压和气动机械的移动密封,也可用于内、外径密封,如图2-22和2-23所示。

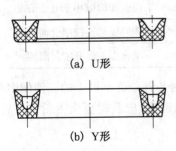

（a）U形

（b）Y形

图2-22　Y形和U形密封圈

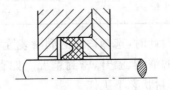 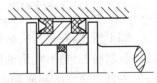

图2-23　U形密封圈的应用

（4）L形密封圈（图2-24）

安装在活塞前端以防泄漏的L形密封圈，可用于往复、旋转运动密封。小直径的可用于高压密封，大直径的只能用于低压密封。

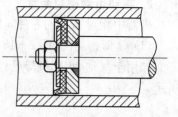

3. 静密封装置

当两密封件之间无相对运动时，箱盖与箱体间可涂密封胶，轴承盖与箱体间可用金属垫片，放油螺塞处可选用O形密封圈。

图2-24　L形密封圈的应用

三、密封装置的选择

前面已述各种密封件的使用条件，可参考表2-3选择适用的密封装置。静密封较简单，可根据压力、温度选择不同材料的垫片、密封胶。回转运动密封装置较多，要根据工作速度、压力大小、温度高低选择适当的密封形式和装置，使用较普遍的是O形、J形密封圈，低速时毡圈应用较多。毡圈和密封圈使用前应浸油或涂脂，以便工作时起润滑作用。移动运动密封装置可选用适用的密封圈。

表2-3　各种密封装置的性能

密封形式		工作速度 $v/(\text{m} \cdot \text{s}^{-1})$	压力/ MPa	温度/ ℃	备注
动密封（回转轴）	O形橡胶密封圈	≤2~3	35	−60~200	
	J形橡胶密封圈	≤4~12	1	−40~100	
	毡圈	≤5	低压	≤90	常用于低速脂润滑，主要起防尘作用
	迷宫式密封	不限	低压	600	加工安装要求较高
	机械密封	≤18~30	3~8	−196~400	
静密封	垫片　橡胶		1.6	−70~200	不同工作条件用不同材料，如腐蚀介质用聚四氟乙烯，高温用石棉
	垫片　塑料		0.6	−180~250	
	垫片　金属		20	600	
	液态密封胶		1.2~1.5	140~220	结合面间隙小于0.2 mm
	厌氧密封胶		5~30	100~150	同时能起连接结合面作用
	O形橡胶密封圈		100	−60~200	结合面上要开密封圈槽

综上所述，在进行机械设计时，选择适当的润滑装置和密封装置是必不可少的。使用中应注意机械的维护，润滑油的清洁、温升、密封情况。如有漏油现象，应及时更换密封件，以确保机器在良好的润滑和密封状态下工作。

思考题

2-1 按摩擦副表面间的润滑状态,摩擦可分为哪几类? 各有何特点?

2-2 磨损过程分几个阶段? 各阶段的特点是什么?

2-3 按磨损机理的不同,磨损有哪几种类型?

2-4 哪种磨损对传动件来说是有益的? 为什么?

2-5 如何选择适当的润滑剂?

2-6 油润滑的方法有哪些?

2-7 接触式密封中常用的密封件有哪些?

2-8 非接触式密封是如何实现密封的?

技能训练

2-1 以减速器为载体,对其中的齿轮和轴承进行润滑。

2-2 以减速器为载体,对其中的轴承端盖及传动轴进行密封。

项目三　平面机构的结构分析

学习目标

一、知识目标
1. 掌握运动副的概念及分类。
2. 掌握平面机构运动简图的正确绘制方法及绘制步骤。
3. 掌握平面机构自由度的计算方法。

二、技能目标
1. 能分析常用机构的运动副:转动副、移动副、高副。
2. 能绘制简单机构的平面运动简图,计算其自由度,分析是否有确定的运动。
3. 通过完成上述任务,能够自觉遵守安全操作规范。

教学建议

　　教师在讲授基本知识后,将学生分组,安排在实验室完成以下两个工作任务:常用机构的运动副认识、常见机构的平面运动简图绘制及自由度计算。工作任务完成后,由学生自评、学生互评、教师评价三部分汇总组成教学评价。

　　若机构中所有构件都在同一平面或相互平行平面内运动,则这种机构称为平面机构;否则为空间机构。本项目主要分析平面机构运动简图的绘制及平面机构自由度的计算。

模块一　机构的组成

一、运动副的概念

1. 运动副

　　当由构件组成机构时,为了使各构件间具有一定的相对运动,需要以一定的方式把各个构件彼此连接起来,而且每个构件至少与另一构件相连接。这种使两构件直接接触并能产生一定形式的相对运动的连接称为运动

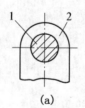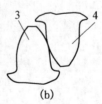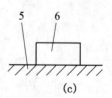

　　(a)　　　　　　(b)　　　　　　(c)

1—轴;2—轴承;3,4—齿轮;5—导轨;6—滑块。

图 3-1　运动副

副。如:轴 1 与轴承 2 的配合[图 3-1(a)],齿轮 3 与齿轮 4 的轮齿间的啮合[图 3-1(b)],滑块 6 与导轨 5 的接触[图 3-1(c)]等,都构成了运动副。

2. 运动副分类

运动副根据两构件间的接触特性可分为高副和低副。高副指两构件通过点接触或线接触组成的运动副,如图 3-2 中齿轮 1 与 2、凸轮 3 与从动杆 4、车轮 5 与轨道 6 分别在 A 处组成高副。这时,两构件的相对运动是绕 A 点的转动和沿切线方向的移动,而沿法线方向的移动被运动副限制了。低副指两构件通过面接触组成的运动副,如图 3-3 所示。

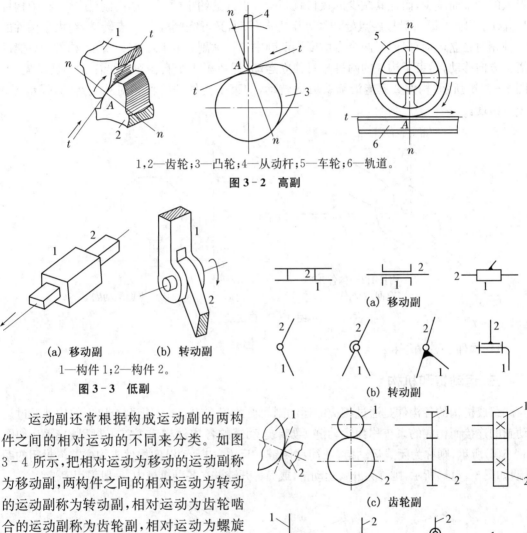

1,2—齿轮;3—凸轮;4—从动杆;5—车轮;6—轨道。

图 3-2 高副

(a) 移动副   (b) 转动副

1—构件 1;2—构件 2。

图 3-3 低副

运动副还常根据构成运动副的两构件之间的相对运动的不同来分类。如图 3-4 所示,把相对运动为移动的运动副称为移动副,两构件之间的相对运动为转动的运动副称为转动副,相对运动为齿轮啮合的运动副称为齿轮副,相对运动为螺旋运动的运动副称为螺旋副,相对运动为球面运动的运动副称为球面副等。此外,运动副根据两构件之间的相对运动为平面运动还是空间运动分为平面运动副和空间运动副。

二、自由度和运动副约束

如图 3-5(a)所示,设有任意两个构

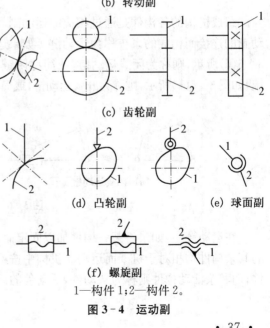

(a) 移动副

(b) 转动副

(c) 齿轮副

(d) 凸轮副   (e) 球面副

(f) 螺旋副

1—构件 1;2—构件 2。

图 3-4 运动副

件,当构件 1 尚未与构件 2 构成运动副之前,即构件 1 相对于构件 2 共有 6 个相对独立的运动。构件的这种独立运动的可能性称为构件的自由度。可见,空间自由运动的构件具有 6 个自由度。而做平面自由运动的构件 S 可随任一点 A 沿 x 轴、y 轴方向移动或绕 A 点转动,因而具有 3 个自由度,如图 3-5(b)所示。若将两构件以某种方式相连接而构成运动副,则两者间的相对运动便受到一定的限制,这种限制称为运动副约束。自由度将因运动副引入的约束而减少,而且其减少的数目就等于其引入的约束数目。如高副(图 3-2)中构件 1 相对于构件 2 既可沿接触点处切线 t-t 方向移动,又可绕接触点 A 点转动,约束了构件的一种相对独立运动,保留了两个自由度。低副中的移动副,如图 3-3(a)所示,构件 2 只能沿箭头方向移动,约束了构件的两种相对独立运动,保留了 1 个自由度。低副中的转动副,如图 3-3(b)所示,构件 2 只能沿箭头方向转动,约束了构件的两种相对独立运动,保留了 1 个自由度。

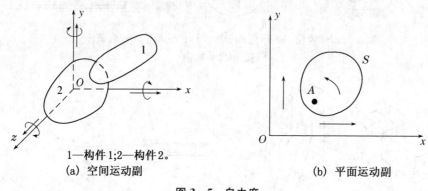

1—构件 1;2—构件 2。
(a) 空间运动副　　　　　　　　　　(b) 平面运动副

图 3-5　自由度

1—构件 1;2—构件 2。

三、运动链和机构

组成机构的各构件是通过相应的运动副而彼此相连的。我们把两个以上的构件通过运动副的连接而构成的系统称为运动链。如果运动链的各构件构成了首末封闭的系统,如图 3-6(a)所示,则称为闭式运动链,或简称闭链。反之,如运动链的构件未构成首末封闭的系统,如图 3-6(b)所示,则称为开式运动链,或简称开链。在各种机械中,一般采用闭链。

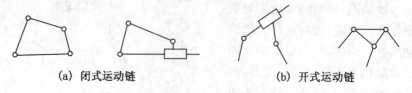

(a) 闭式运动链　　　　　　　　　(b) 开式运动链

图 3-6　运动链

在运动链中,如果将某一构件加以固定而成为机架,则这种运动链便成为机构。机构中的其余构件均相对于机架而运动。机构中按给定的已知运动规律独立运动的构件称为原动件;而其余活动构件则称为从动件,从动件的运动规律由原动件的运动规律决定。

模块二　平面机构的运动简图

一、平面机构运动简图的概念

实际机构的外形和结构都很复杂。为了便于分析和设计,通常不考虑构件的外形、截面尺寸以及运动副的实际结构,而用简单的线条和规定的符号(如小方块)表示构件(图3-7)和运动副(图3-4),并按一定的比例画出各运动副间的相对运动关系的简图称为机构运动简图。

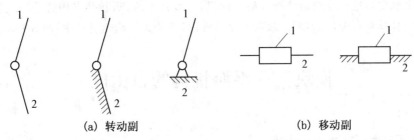

(a) 转动副　　　　　　　　　　(b) 移动副

1—构件1;2—构件2。

图3-7　构件的表示法

二、平面机构运动简图的绘制

在绘制机构运动简图时,首先要分析机构的运动,确定原动件、机架和从动件,分析原动件的运动如何传递给从动件,搞清构件数及各构件的相对运动;其次要明确运动副的类型、数目和各运动副的相对位置;然后选择一个与各构件运动平面相平行的平面作为视图平面,选择适当的比例尺 μ_L,画出机构运动简图。

长度比例尺 μ_L＝实际长度(mm)/图示长度(mm)。

例3-1　试绘制图3-8(a)所示货车翻斗自动卸料机构的运动简图。

解:(1)分析机构运动,确定构件数目。

货车翻斗自动卸料机构是利用油压推动活塞杆3撑起翻斗2,使翻斗绕支点 B 翻转,物料便自动卸下。机构工作时,液压缸缸体4能绕支点 C 摆动。该机构中车体1是固定件、活塞杆3是原动件,翻斗2和液压缸缸体4为从动件,共有4个构件。

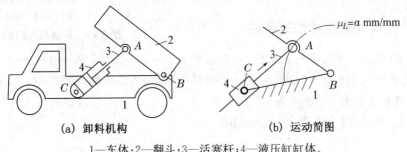

(a) 卸料机构　　　　　　　　　　(b) 运动简图

1—车体;2—翻斗;3—活塞杆;4—液压缸缸体。

图3-8　卸料机构

（2）确定运动副的类型、数目。

活塞杆 3 与液压缸缸体 4 的连接是移动副，活塞杆 3 与翻斗 2、翻斗 2 与车体 1 及液压缸缸体 4 与车体 1 的连接分别是 A、B、C 处的转动副。

（3）测量各运动副间的相对位置，测量 L_{AB}、L_{BC} 及 BC 与水平线间的夹角。

（4）选择翻斗 2 的运动平面为视图平面。

（5）确定长度比例尺 $\mu_L = a$ mm/mm。

（6）绘制机构运动简图。

先画车体上两个转动副 B 和 C 的位置（图示 BC 长度为 L_{BC}/μ_L）；以 B 为圆心、以 L_{AB}/μ_L 为半径作弧，得 A 点运动轨迹；选定原动件的初始位置，例如活塞杆 3 与车体 BC 成 30°角位置（可以自由取定）；过 C 点作活塞杆 3 的方向线，与弧交于 A 点；按规定的符号和线条画简图；标注构件号、转动副代号（A、B、C）、原动件运动方向，便绘成机构运动简图[图 3-8(b)]。

模块三　平面机构的自由度

一、平面机构自由度的计算

平面机构自由度是指平面机构具有独立运动参数的数目。设一个平面由 N 个构件组成，其中必有一个构件为机架，此时活动构件数为 $n = N - 1$。这些构件在未组合成运动副之前共有 $3n$ 个自由度，在连接成运动副之后便引入了约束，减少了自由度。设机构共有 P_L 个低副、P_H 个高副。在平面机构中，每个低副和高副分别限制 2 个和 1 个自由度，故平面机构的自由度为 F 可按式（3-1）计算

$$F = 3n - 2P_L - P_H。 \tag{3-1}$$

式中：n 为活动构件数，$n = N - 1$（N 为机构中的构件总数）；P_L 为机构中的低副数目；P_H 为机构中的高副数目。

例 3-2　试计算图 3-9 所示铰链四杆机构的自由度。

解：此机构有 3 个活动构件（构件 1、2、3）、4 个低副（转动副 A、B、C、D），没有高副。按式（3-1）求得机构自由度为

$$F = 3n - 2P_L - P_H = 3 \times 3 - 2 \times 4 - 0 = 1。$$

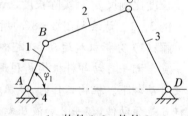

1—构件 1；2—构件 2；
3—构件 3；4—构件 4。

图 3-9　铰链四杆机构的自由度

二、机构具有确定运动的条件

图 3-10 所示的平面三杆机构中，其自由度为 $F = 3n - 2P_L - P_H = 3 \times 2 - 2 \times 3 - 0 = 0$，这表明各构件间无相对运动，因此它是一个刚性桁架，而不是机构。图 3-11 所示的平面四杆机构中，其自由度为 $F = 3n - 2P_L - P_H = 3 \times 3 - 2 \times 5 - 0 = -1$，这表明各构件间无相对运动，因此它是一个超静定桁架，也不是机构。

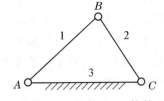

1—构件1;2—构件2;3—构件3。

图3-10 平面三杆机构

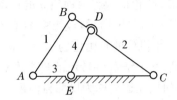

1—构件1;2—构件2;3—构件3;4—构件4。

图3-11 平面四杆机构

由以上分析可知,机构具有确定运动的首要条件是机构的自由度必须大于零。但自由度大于零的条件只表明机构能运动,并不能说明机构运动是否确定。

图3-12(a)所示五杆铰链机构,其自由度为 $F=3n-2P_L-P_H=3\times4-2\times5-0=2$,该机构中只有一个原动件1,当构件1绕 A 点均匀转动且处于 AB 位置时,构件2、3、4可处于不同的位置,即这三个构件的运动不确定。但若给定两个原动件,如构件1和构件4分别绕点 A 和点 E 转动,则构件2和构件3的运动就能完全确定,如图3-12(b)所示。

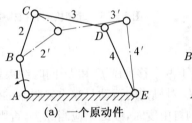
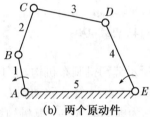

(a) 一个原动件 　　　　(b) 两个原动件

1—构件1;2—构件2;3—构件3;4—构件4;5—构件5。

图3-12 五杆铰链机构

综上所述,机构具有确定相对运动的条件为:机构的自由度数大于零,且机构的原动件的个数等于自由度数。

三、计算机构自由度的注意事项

使用式(3-1)计算机构自由度时,对于下列情况应给予注意、处理,才能使计算结果与实际一致。

1. 复合铰链

图3-13(a)为三个构件在 A 处组成转动副。由俯视图3-13(b)中可以看出,A 处实际上存在两个转动副。这种由两个以上的构件在一处组成的转动副,称为复合铰链,其转动副的数目应是在该处汇交构件(包括固定件)的数目减1。

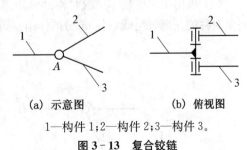

(a) 示意图　　(b) 俯视图

1—构件1;2—构件2;3—构件3。

图3-13 复合铰链

2. 局部自由度

图3-14(a)所示的凸轮机构中,在构件3的端部装有滚子2,滚子的作用是将 B 处的滑动摩擦变为滚动摩擦,从而减少功率损耗,降低磨损。由 $F=3n-2P_L-P_H=3\times3-2\times3-$

1＝2 可知,凸轮机构有两种独立的运动,这与实践相矛盾。

如图 3-14(b)所示,设想将滚子 2 与安装滚子的构件 3 焊成一体,此时,$n＝2$,$P_L＝2$,$P_H＝1$,凸轮机构的自由度为 $F＝3×2-2×2-1＝1$,计算结果与实际情况相符。

可见,滚子绕 C 轴转动的自由度对构件 3 的运动没有影响。这种不影响整个机构运动的、局部的独立运动称为局部自由度。计算机构自由度时,应将局部自由度除去不计,否则计算结果与实际情况不相符。

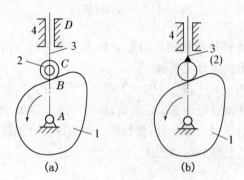
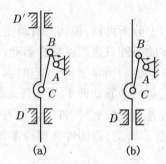

1—凸轮;2—滚子;3,4—构件。

图 3-14 凸轮机构

图 3-15 缝纫机刺布机构中移动副导路重合

3. 虚约束

图 3-15(a)所示缝纫机刺布机构,上下两个移动副 D 和 D' 同时约束针杆的上下移动,其约束效果与图 3-15(b)一样。移动副 D' 对机构的运动只起重复限制的作用,这种起重复限制作用的约束称为虚约束。在计算机构自由度时,虚约束应当除去,否则计算结果与实际情况不相符。图 3-15(b)中,$n＝3$,$P_L＝4$,$P_H＝0$,得 $F＝3×3-2×4-0＝1$。

平面机构的虚约束常出现于下列情况中:

(1) 被连接件上点的轨迹与机构上连接点的轨迹重合时,这种连接将出现虚约束,如图 3-16 所示。

(2) 机构运动时,如果两构件上两点间的距离始终保持不变,将此两点用构件和运动副连接,则会带进虚约束,如图 3-17 所示的 A、B 两点。

(3) 如果两个构件组成的移动副(图 3-15)相互平行,或两个构件组成多个轴线重合的转动副时(图 3-18),只需考虑其中一处,其余各处带进的约束均为虚约束。

(4) 机构中起重复作用的对称部分是虚约束。如图 3-19 所示的行星轮系中,由与中心完全对称的三部分组成,每一部分的作用相同。因此,可以认为其中两个部分的约束为虚约束。

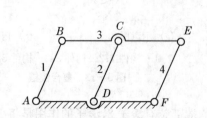
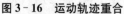

1—构件 1;2—构件 2;3—构件 3;4—构件 4。

图 3-16 运动轨迹重合

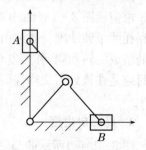

图 3-17 两点距离不变

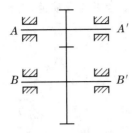

图 3-18　轴线重合

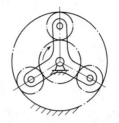

图 3-19　行星轮系

虚约束虽然对机构的运动没有影响,但可以改善机构的受力情况,增加构件的刚度。虚约束是在特定的几何条件下存在的,否则,虚约束将会变为实际约束,并将阻碍机构的正常运动。

例 3-3　图 3-20 所示为筛料机构,曲轴 1、凸轮 6 为原动件(标有箭头),迫使筛 5(滑块)抖动筛料。试计算机构自由度,检查机构是否具有确定运动。

解:(1) 处理特殊情况。

首先处理局部自由度,图中滚子 7 绕 E 轴转动的自由度为局部自由度,采用滚子 7 与构件 8 焊化处理;其次判定并去除虚约束,构件 8 与机架 9 形成导路重合的左右两个移动副中的一个是虚约束,计算时应去除。最后判断复合铰链,图中构件 2、3、4 在 C 处组成复合铰链,C 处含两个转动副。

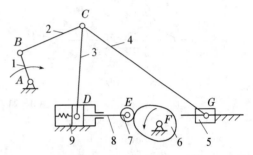

1—曲轴;2,3,4,8—构件;5—筛;
6—凸轮;7—滚子;9—机架。

图 3-20　筛料机构

(2) 计算机构自由度,$n=7$,$P_L=9$,$P_H=1$。按式(3-1)计算,得

$$F=3\times7-2\times9-1=2.$$

(3) 检查机构运动是否确定。由于原动件数 $W=2=F$,所以机构的运动确定。

思考题

3-1　什么叫运动副? 它在机构中起何作用? 高副、转动副和移动副各限制哪些相对运动,保留哪些相对运动?

3-2　机构方案设计中用机构运动简图,而不使用机械部件和总装图,是否只是为了简便? 机构运动简图着重表达机构的什么特点?

3-3　绘制机构运动简图应注意哪些事项?

3-4　简述区别高副和低副的依据。

3-5　计算机构自由度时,需注意哪些情况?

3-6　根据构成运动副的两构件之间的相对运动,运动副可分为哪几类? 哪些是平面运动副,哪些是空间运动副?

3-7　试计算图3-21所示各机构的自由度。若含有复合铰链、局部自由度或虚约束，请逐一指出。

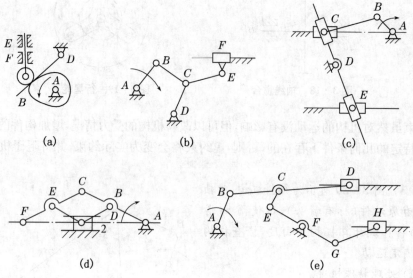

图3-21　自由度计算

技能训练

3-1　熟悉常用机构的运动副。

3-2　绘制图3-22所示压力机和柱塞式液压泵的机构运动简图，分析是否有确定运动。

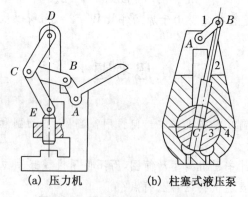

(a) 压力机　　　　　(b) 柱塞式液压泵

图3-22　压力机和柱塞式液压泵

项目四　平面连杆机构

学习目标

一、知识目标

1. 掌握铰链四杆机构的基本形式、演化形式及应用。
2. 掌握铰链四杆机构有曲柄的条件。
3. 掌握平面四杆机构的运动特性。
4. 掌握平面四杆机构的设计方法。

二、技能目标

1. 能够分析惯性筛四杆机构的基本组成。
2. 能够对惯性筛四杆机构是否有曲柄进行分析,能够分析平面四杆机构的运动特性。
3. 能够按给定连杆位置设计四杆机构。
4. 通过完成上述任务,能够自觉遵守安全操作规范。

教学建议

教师在讲授基本知识后,将学生分组,安排在实验室完成以下两个工作任务:常用四杆机构的认识及类型分析、按给定连杆位置设计一四杆机构。工作任务完成后,由学生自评、学生互评、教师评价三部分汇总组成教学评价。

由若干构件通过低副连接,且所有的构件在相互平行的平面内运动的机构称为平面连杆机构,平面连杆机构也称为平面低副机构。由四个构件通过低副连接而成的平面连杆机构称为平面四杆机构,是平面连杆机构中最常见的形式,是构成多杆机构的基础。

平面连杆机构的主要优点:由于低副为面接触,故传力时压强小、磨损少,且易于加工和保证较高的制造精度;能方便地实现转动、摆动和移动等基本运动形式及其相互转换;能实现多种运动轨迹和运动规律,以满足不同的工作要求。

平面连杆机构的主要缺点:由于低副中存在间隙,机构将不可避免地产生运动误差,设计计算比较复杂,不易实现精确、复杂的运动规律;连杆机构运动时产生的惯性力使其不适用于高速的场合。

模块一　铰链四杆机构

一、铰链四杆机构的基本形式

各构件之间都是以转动副连接的平面四杆机构称为铰链四杆机构,它是平面四杆机构

的基本形式,如图 4-1 所示。固定不动的构件 4
称为机架;与机架相连的两个构件 1 和 3 称为连架
杆,分别绕 A、D 做定轴转动,其中能绕机架做 360°
整周转动的连架杆称为曲柄,只能在一定角度内摆
动的连架杆称为摇杆;与机架相对的构件 2 称为连
杆,连杆做复杂的平面运动。

根据两连架杆运动形式的不同,铰链四杆机构
可分为曲柄摇杆机构、双曲柄机构以及双摇杆机构
三种基本形式。

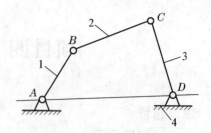

1,3—连架杆;2—连杆;4—机架。

图 4-1　铰链四杆机构

1. 曲柄摇杆机构

两连架杆中一个为曲柄,另一个为摇杆的铰链四杆机构,称为曲柄摇杆机构。曲柄摇杆
机构中,当以曲柄为原动件时,可将匀速转动变成从动件的摆动,如图 4-2(a)所示的雷达
天线俯仰角调整机构;或利用连杆的复杂运动实现所需的运动轨迹,如图 4-2(b)所示的搅
拌器机构。当以摇杆为原动件时,可将往复摆动变成曲柄的整周转动,如图 4-2(c)所示的
脚踏砂轮机机构。

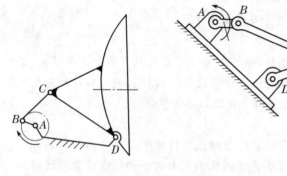 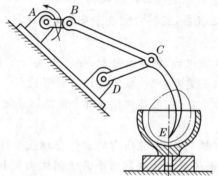 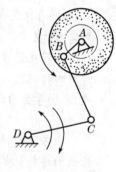

(a) 雷达天线俯仰角调整机构　　　　(b) 搅拌器机构　　　　(c) 脚踏砂轮机机构

图 4-2　曲柄摇杆机构的应用

2. 双曲柄机构

两连架杆均为曲柄的铰链四杆机构,称
为双曲柄机构。双曲柄机构中,通常主动曲
柄做匀速转动,从动曲柄做同向变速转动。
如图 4-3 所示的惯性筛机构,当曲柄 1 做
匀速转动时,曲柄 3 做变速转动,通过构件
5 使筛子 6 产生变速直线运动,筛子内的物
料因惯性而来回抖动,从而达到筛选的
目的。

在双曲柄机构中,若相对的两杆长度分
别相等,则称为平行双曲柄机构或平行四边
形机构。它有如图 4-4(a)所示的正平行

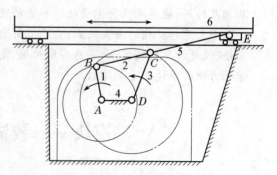

1,3—曲柄;2—连杆;4—机架;5—构件;6—筛子。

图 4-3　惯性筛机构

双曲柄机构和如图4-4(b)所示的反平行双曲柄机构两种形式。前者的运动特点是两曲柄的转向相同且角速度相等,连杆做平动,因此应用较为广泛;后者的运动特点是两曲柄的转向相反且角速度不等。图4-5(a)所示的机车驱动轮联动机构和图4-5(b)所示的摄影车座斗机构,是正平行双曲柄机构的应用实例。图4-5(c)所示为车门启闭机构,是反平行双曲柄机构的一个应用,它使两扇车门朝相反的方向转动,从而保证两扇门能同时开启或关闭。

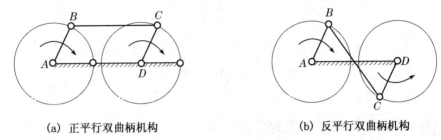

(a) 正平行双曲柄机构   (b) 反平行双曲柄机构

图 4 - 4   平行双曲柄机构

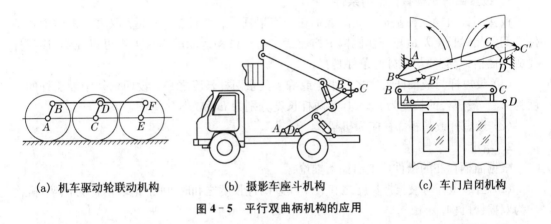

(a) 机车驱动轮联动机构   (b) 摄影车座斗机构   (c) 车门启闭机构

图 4 - 5   平行双曲柄机构的应用

平行双曲柄机构中,当各构件共线时,可能出现从动曲柄与主动曲柄转向相反的现象,即运动不确定现象,成为反平行双曲柄机构。为克服这种现象,可采用辅助曲柄或错列机构等措施解决,如机车联动机构中采用三个曲柄的目的就是为了防止其反转。

另外,对平行双曲柄机构,无论以哪个构件为机架都是双曲柄机构。但若取较短构件为机架,则两曲柄的转动方向始终相同。

3. 双摇杆机构

两连架杆均为摇杆的铰链四杆机构称为双摇杆机构。一般情况下,两摇杆的摆角不等,常用于操纵机构、仪表机构等。

图4-6(a)所示为飞机起落架机构,ABCD为双摇杆机构,当摇杆AB摆动时,可使另一摇杆CD带动飞机轮子收进机舱,以减少空气阻力。

图4-6(b)所示为汽车、拖拉机中的前轮转向机构,它是具有等长摇杆的双摇杆机构,又称等腰梯形机构。它能使与摇杆固联的两前轮轴转过的角度β、δ不同,使车辆转弯时每一瞬时都绕一个转动中心P点转动,保证四个轮子与地面之间做纯滚动,从而避免了轮胎由于滑拖所引起的磨损,增加了车辆转向的稳定性。

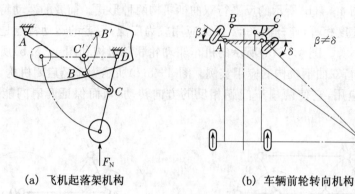

(a) 飞机起落架机构　　　　(b) 车辆前轮转向机构

图 4 - 6　双摇杆机构的应用

二、铰链四杆机构存在曲柄的条件

1. 铰接四杆机构有曲柄的条件

铰接四杆机构三种基本形式的区别在于连架杆是否为曲柄,它主要取决于机构中各构件之间的相对长度及最短杆在机构中的位置。通过机构运动的集合关系可以证明,连架杆要成为曲柄,其必要与充分的条件是:

(1) 最短杆与最长杆长度之和小于或等于其余两杆长度之和。设四构件中最长杆的长度为 L_{max},最短杆的长度为 L_{min},其余两杆长度分别为 L' 和 L'',$L_{max}+L_{min} \leqslant L'+L''$。

(2) 最短杆或其相邻杆应为机架。

2. 结论

根据曲柄存在的条件可得出如下推论:

(1) 当最短杆与最长杆长度之和大于其余两杆长度之和时,则不论取何杆为机架,机构均为双摇杆机构。

(2) 当最短杆与最长杆长度之和小于或等于其余两杆长度之和时:

① 若最短杆的相邻杆为机架,则机构为曲柄摇杆机构;

② 若最短杆为机架,则机构为双曲柄机构;

③ 若最短杆的对边杆为机架,则机构为双摇杆机构。

例 4 - 1　铰链四杆机构 ABCD 的各杆长度如图 4 - 7 所示。说明机构分别以 AB、BC、CD 和 AD 各杆为机架时,属何种机构?

解:由于 $L_{max}+L_{min}=50+20=70<L'+L''=30+45=75$,所以:以 AB 杆或 CD 杆(最短杆 AD 的邻杆)为机架,机构为曲柄摇杆机构;以 BC 杆(最短杆 AD 的对边杆)为机架,机构为双摇杆机构;以 AD 杆(最短杆)为机架,机构为双曲柄机构。

例 4 - 2　设铰链四杆机构各杆长 $a=120$、$b=10$、$c=50$、$d=60$。问:以哪个构件为机架时才会有曲柄?

解:由于 $L_{max}+L_{min}=120+10=130>L'+L''=50+60=$

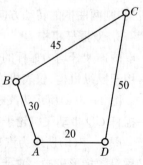

图 4 - 7　例 4 - 1 示意图

110,故四个转动副均不能整周转动,无论以哪个构件为机架,均无曲柄(或者说均为双摇杆机构)。

模块二　铰链四杆机构的其他形式

在实际应用中还广泛采用着滑块四杆机构,它是由铰链四杆机构演化而来的。含有移动副的四杆机构,称为滑块四杆机构,常用的有曲柄滑块机构、导杆机构、摇块机构和定块机构等几种形式。

一、曲柄滑块机构

由图4-8可知,当曲柄摇杆机构的摇杆长趋于无穷大时,C点的轨迹将从圆弧演变为直线,摇杆CD转化为沿直线导路m-m移动的滑块,成为图示曲柄滑块机构。曲柄转动中心距导路的距离e,称为偏距。若$e=0$,如图4-8(a)所示,称为对心曲柄滑块机构;若$e\neq0$,如图4-8(b)所示,称为偏置曲柄滑块机构。

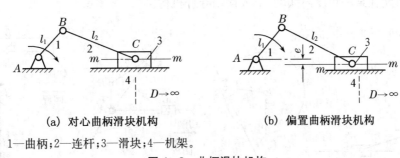

(a) 对心曲柄滑块机构　　　　(b) 偏置曲柄滑块机构

1—曲柄;2—连杆;3—滑块;4—机架。

图4-8　曲柄滑块机构

曲柄滑块机构用于转动与往复移动之间的转换,广泛应用于内燃机、空压机和自动送料机等机械设备中。图4-9(a,b)所示分别为内燃机和自动送料机中曲柄滑块机构的应用。

对于图4-10(a)所示对心曲柄滑块机构,由于曲柄较短,曲柄结构形式较难实现,故常采用图4-10(b)所示的偏心轮结构形式,称为偏心轮机构,其偏心圆盘的偏心距e即等于原曲柄长度。这种结构增大了转动副的尺寸,提高了偏心轴的强度和刚度,并使结构简化和便于安装,多用于承受较大冲击载荷的机械中,如破碎机、剪床及冲床等。

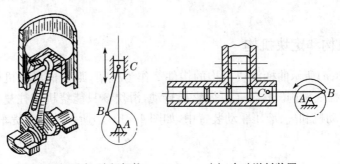

(a) 内燃机活塞-连杆机构　　　　(b) 自动送料装置

图4-9　曲柄滑块机构的应用

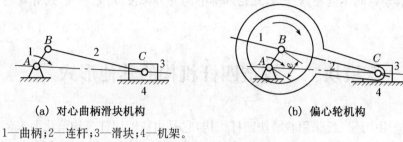

(a) 对心曲柄滑块机构   (b) 偏心轮机构

1—曲柄；2—连杆；3—滑块；4—机架。

图 4-10 偏心轮机

二、导杆机构

若将图 4-8(a)所示的曲柄滑块机构的构件 1 作为机架，则曲柄滑块机构就演化为导杆机构，它包括转动导杆机构[图 4-11(a)]和摆动导杆机构[图 4-11(b)]两种形式。一般用连架杆 2 作为原动件，连架杆 4 对滑块 3 的运动起导向作用，称为导杆。当杆长 $l_1 < l_2$ 时，杆 2 和导杆 4 均能绕机架做整周转动，形成转动导杆机构；当杆长 $l_1 > l_2$ 时，杆 2 能整周转动，导杆 4 只能在某一角度内摆动，形成摆动导杆机构。

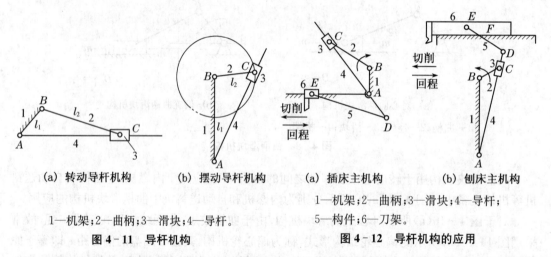

(a) 转动导杆机构   (b) 摆动导杆机构   (a) 插床主机构   (b) 刨床主机构

1—机架；2—曲柄；3—滑块；4—导杆；
5—构件；6—刀架。

1—机架；2—曲柄；3—滑块；4—导杆。

图 4-11 导杆机构   图 4-12 导杆机构的应用

导杆机构具有很好的传力性能，常用于插床、牛头刨床和送料装置等机器中。图 4-12 (a,b)所示分别为插床和刨床主运动机构，其中 ABC 部分分别为转动导杆机构和摆动导杆机构。

三、摇块机构和定块机构

若将图 4-8(a)所示曲柄滑块机构的构件 2 作为机架，则曲柄滑块机构就演化为如图 4-13(a)所示的摇块机构。构件 1 可做整周转动，滑块 3 只能绕机架往复摆动。这种机构常用于摆缸式原动机和气、液压驱动装置中，如图 4-13(b)所示的自动货车翻斗机构。

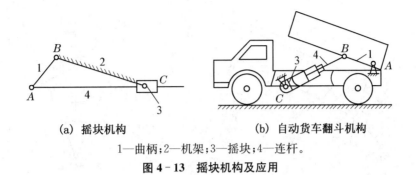

(a) 摇块机构　　　　　　　(b) 自动货车翻斗机构

1—曲柄；2—机架；3—摇块；4—连杆。

图 4-13　摇块机构及应用

若将图 4-8(a)所示曲柄滑块机构的滑块 3 作为机架，则曲柄滑块机构就演化为如图 4-14(a)所示的定块机构。这种机构常用于抽油泵和手摇抽水唧筒[图 4-14(b)]。

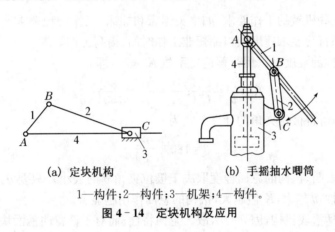

(a) 定块机构　　　　　　　(b) 手摇抽水唧筒

1—构件；2—构件；3—机架；4—构件。

图 4-14　定块机构及应用

模块三　平面四杆机构的运动特性

一、急回特性

在曲柄摇杆机构、摆动导杆机构和曲柄滑块机构中，当曲柄为原动件时，从动件做往复摆动或往复移动，存在左、右两个极限位置，称为极位。极位可以用几何作图法作出。如图 4-15(a)所示曲柄摇杆机构，摇杆处于 C_1D 和 C_2D 两个极位的几何特点是曲柄与连杆共线，图中 $l_{AC_1} = l_{BC} - l_{AB}$，$l_{AC_2} = l_{BC} + l_{AB}$；图 4-15(b)所示为摆动导杆机构，导杆的两个极位是 B 点轨迹圆的两条切线 Cm 和 Cn。从动件处于两个极位时，两个极位间的夹角 ψ，称为最大摆角；曲柄对应两位置所夹的锐角 θ，称为极位夹角；对摆动导杆机构，$\theta = \psi$。

在图 4-15(a)中，主动曲柄 AB 顺时针匀速转动，从动摇杆 CD 在两个极位间做往复摆动，设从 C_1D 到 C_2D 的行程为工作行程——该行程克服生产阻力对外做功；从 C_2D 到 C_1D 的行程为空回行程——该行程只克服运动副中的摩擦力，C 点在工作行程和空回行程的平均速度分别为 v_1 和 v_2。由于曲柄 AB 在两行程中的转角分别为 $\varphi_1 = 180° + \theta$ 和 $\varphi_2 = 180° - \theta$，所对应时间 $t_1 > t_2$，因而 $v_2 > v_1$。机构空回行程速度大于工作行程速度的特性称为急回

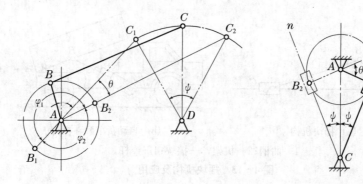

(a) 曲柄摇杆机构　　　　　　(b) 摆动导杆机构

图 4-15 平面四杆机构的极位

特性,它能满足某些机械的工作要求,如牛头刨床和插床,工作行程要求速度慢而均匀以提高加工质量,空回行程要求速度快以缩短非工作时间,提高工作效率。

急回运动特性的程度可以用行程速比系数 K 表示,即

$$K=\frac{v_2}{v_1}=\frac{C_1C_2/t_2}{C_1C_2/t_1}=\frac{t_1}{t_2}=\frac{180°+\theta}{180°-\theta}° \tag{4-1}$$

由式(4-1),可得极位夹角的计算公式为

$$\theta=180°\frac{K-1}{K+1}° \tag{4-2}$$

由式(4-1)表明,机构的急回程度取决于极位夹角 θ 的大小。只要 $\theta\neq0°$,总有 $K>1$,机构具有急回特性;θ 越大,K 值越大,机构的急回作用越显著。

对于对心曲柄滑块机构,因 $\theta=0°$,故无急回特性;而对于偏置曲柄滑块机构和摆动导杆机构,由于不可能出现 $\theta=0°$ 的情况,所以恒具有急回特性。

设计新机械时,可根据该机械的急回要求先确定 K 值,然后由式(4-2)求出 θ,最后再设计各构件的尺寸。

二、传力特性

在生产实际中,不仅要求铰链四杆机构能满足机器的运动要求,而且希望运转轻便、效率较高,即具有良好的传力性能。

1. 压力角和传动角

衡量机构传力性能的特性参数是压力角。在不计摩擦力、惯性力和重力时,从动件上受力点的速度方向与所受作用力方向之间所夹的锐角,称为机构的压力角,用 α 表示。

图 4-16 所示为以曲柄 AB 为原动件的曲柄摇杆机构,摇杆 CD 为从动件。由于不计摩擦,连杆 BC 为二力杆,任一瞬时曲柄通过连杆作用于从动件上的

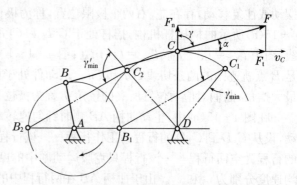

图 4-16 曲柄摇杆机构的压力角和传动角

驱动力 F 均沿 BC 方向。受力点 C 的速度 v_C 的方向垂直于 CD 杆。力 F 与速度 v_C 之间所夹的锐角 α 即为机构该位置的压力角。力 F 可分解为沿 v_C 方向的有效分力 $F_t = F\cos\alpha$ 和有害分力 $F_n = F\sin\alpha$。显然，压力角 α 越小，有效分力 F_t 越大，对机构传动越有利。因此，压力角 α 是衡量机构传力性能的重要指标。

在具体应用中，为度量方便和更为直观，通常以连杆和从动件所夹的锐角 γ 为判断机构的传力性能，γ 称为传动角，它是压力角 α 的余角。显然，传动角 γ 越大，机构的传力性能越好。

在机构运动过程中，压力角和传动角的大小是随机构位置而变化的。为保证机构传力良好，设计时须限定最小传动角 γ_{min}。通常取 $\gamma_{min} \geqslant 40° \sim 50°$。

可以证明，图 4-16 所示曲柄摇杆机构的 γ_{min} 必出现在曲柄 AB 与机架 AD 两次共线位置之一。

图 4-17 所示为以曲柄为原动件的曲柄滑块机构，其传动角 γ 为连杆与导路垂线的夹角，最小传动角 γ_{min} 出现在曲柄垂直于导路时的位置。对偏置曲柄滑块机构，如图中所示，γ_{min} 出现在曲柄与偏距方向相反一侧的位置。

图 4-18 所示为以曲柄为原动件的摆动导杆机构，因滑块对导杆的作用力始终垂直于导杆，故其传动角恒等于 90°，说明导杆机构具有最好的传力性能。

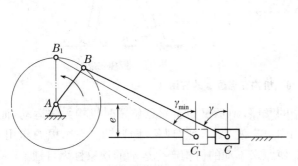

图 4-17　曲柄滑块机构的传动角

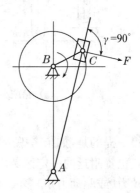

图 4-18　摆动导杆机构的传动角

三、死点位置

在图 4-19 机构中，摇杆 CD 为原动件，曲柄 AB 为从动件。当摇杆摆到极限位置 C_1D 和 C_2D 时，连杆与从动曲柄共线，机构两位置的压力角 $\alpha_1 = \alpha_2 = 90°$，此时有效驱动力矩为零，不能使从动曲柄转动，机构处于停顿状态。

平面连杆机构压力角 $\alpha = 90°$、传动角 $\gamma = 0°$ 的位置，称为死点位置。在死点位置时，机构"卡死"或运动不确定（即工作件在该位置可能向反方向转动）。对具有极位的

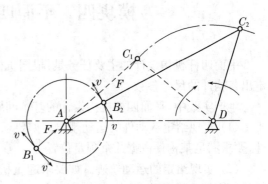

图 4-19　曲柄摇杆机构的死点位置

四杆机构，当以往复运动构件为主动件时，机构均有两个死点位置。对传动而言，死点的存

在是不利的,它使机构处于停顿或运动不确定状态。例如,脚踏式缝纫机,有时出现踩不动或倒转现象,就是踏板机构处于死点位置的缘故。为克服这种现象,使机构正常运转,一般可在从动件上安装飞轮,利用其惯性顺利通过死点位置,如缝纫机上的大带轮即起了飞轮的作用。

但在工程实践中,也常常利用机构的死点来实现一些特定的工作要求。如图 4 - 20(a) 所示的工件夹紧装置,当工件 5 需要被夹紧时,就是利用连杆 BC 与摇杆 CD 形成的死点位置,这时工件经杆 1、杆 2 传给杆 3 的力,通过杆 3 的传动中心 D。此力不能驱使杆 3 转动。故当撤去主动外力 P 后,在工作反力 N 的作用下,机构不会反转,工件依然被可靠地夹紧。图 4 - 20(b)所示的折叠式靠椅,靠背 AD 可视为机架,靠背脚 AB 可视为主动件,使用时,机构处于图示死点位置,因而人坐、靠在椅子上,椅子不会自动松开或合拢;另外,图 4 - 6(a) 所示的飞机起落架机构也是利用死点位置来承受降落时的地面冲击力的。

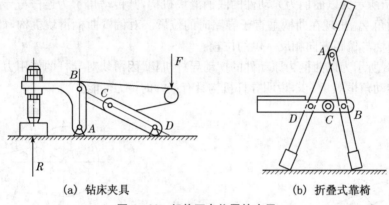

(a) 钻床夹具   (b) 折叠式靠椅

图 4 - 20 机构死点位置的应用

值得一提的是,如果考虑运动副中的摩擦,则不仅处于死点位置时机构无法运动,而且处于死点位置附近的一定区域内,机构同样会发生"卡死"现象,即自锁。在摩擦的作用下,无论驱动力(或驱动力矩)多大,都不能使原来不动的机构产生运动的现象称为自锁。

四杆机构死点位置附近区域一定是自锁位置,该区域的大小取决于摩擦的性质及摩擦因数的大小。

模块四 平面四杆机构的设计

平面四杆机构设计的主要任务是:根据机构的工作要求和设计条件选定机构形式,并确定出各构件的尺寸参数。

生产实践中,平面四杆机构设计的基本问题可归纳为两类:

(1)实现给定从动件的运动规律。如要求从动件按某种速度运动或具有一定的急回特性,要求满足某构件占据几个预定位置等。

(2)实现给定的运动轨迹。如要求起重机中吊钩的轨迹为一直线,搅拌机中搅拌杆端能按预定轨迹运动等。

四杆机构运动设计的方法有图解法、实验法和解析法三种。图解法和实验法直观、简明,但精度较低,可满足一般设计要求;解析法精度高,适于用计算机计算。随着计算机应用的普及,计算机辅助设计四杆机构已成必然趋势。本节着重介绍图解法,对实验法和解析法只作简单介绍。

一、按给定连杆位置设计四杆机构

在生产实践中,经常要求所设计的四杆机构在运动过程中连杆能达到某些特殊位置。这类机构的设计属于实现构件预定位置的设计问题。

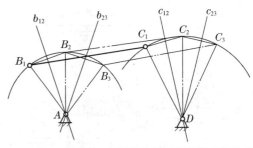

图 4-21 按连杆三个预定位置图解设计四杆机构

如图 4-21 所示,设已知连杆 BC 的长度 l_{BC} 及三个预定位置 B_1C_1、B_2C_2、B_3C_3,试设计此四杆机构。

设计分析:此设计的主要问题是根据已知条件确定固定铰链中心 A、D 的位置。由于连杆上 B、C 两点的运动轨迹分别是以 A、D 两点为圆心,以 l_{AB}、l_{CD} 为半径的圆弧,所以 A 即为过 B_1、B_2、B_3 三点所作圆弧的圆心,D 即为过 C_1、C_2、C_3 三点所作圆弧的圆心。此设计的实质已转化为已知圆弧上三点确定圆心的问题。

具体设计步骤如下:

(1) 选取比例尺 μ_1,按预定位置画出 B_1C_1、B_2C_2、B_3C_3。

(2) 连接 B_1B_2、B_2B_3、C_1C_2 和 C_2C_3,并分别作 B_1B_2 的中垂线 b_{12}、B_2B_3 的中垂线 b_{23}、C_1C_2 的中垂线 c_{12}、C_2C_3 的中垂线 c_{23},b_{12} 与 b_{23} 的交点即为圆心 A,c_{12} 与 c_{23} 的交点即为圆心 D。

(3) 以点 A、D 作为两固定铰链中心,连接 AB_1C_1D,则 AB_1C_1D 即为所要设计的四杆机构,各杆长度按比例尺计算即可得出。

由以上分析可知,已知连杆的两个预定位置时,如图 4-22 所示,A 点可在 B_1B_2 中垂线 b_{12} 上的任一点,D 点可在 C_1C_2 中垂线 c_{12} 上的任一点,故有无数个解。实际设计时,一般考虑辅助条件,如机架位置、结构紧凑等,则可得唯一解。

如图 4-23 所示加热炉门的启闭机构,要求加热时炉门(连杆)处于关闭位置 B_1C_1,加热后炉门处于开启位置 B_2C_2。图 4-24 所示铸造车间造型机的翻台机构,要求翻台(连杆)在实线位置时填砂造型,翻台在双点画线位置时托台上升起模,也即要求翻台能实现 B_1C_1、B_2C_2 两个位置。又如图 4-25 所示的可逆式座椅机构,也是要求椅背(连杆)能到达图中左、右两个位置。显然,这些都属于按连杆的两个预定位置设计四杆机构的问题。

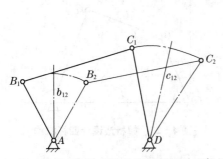

图 4-22 按连杆两个预定位置图解设计四杆机构

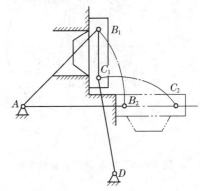

图 4-23 炉门启闭

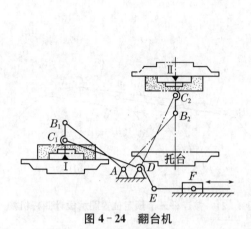

图 4‑24 翻台机

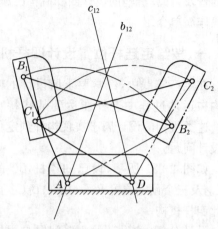

图 4‑25 可逆式座椅机

二、按给定的行程速比系数 K 设计四杆机构

设计具有急回特性的四杆机构，一般是根据实际运动要求选定行程速比系数 K 的数值，然后根据机构极位的几何特点，结合其他辅助条件进行设计。具有急回特性的四杆机构有曲柄摇杆机构、偏置曲柄滑块机构和摆动导杆机构等，其中以典型的曲柄摇杆机构设计为基础。

设已知行程速比系数 K、摇杆长 l_{CD}、最大摆角 ψ，试用图解法设计此曲柄摇杆机构。

设计分析：由曲柄摇杆机构处于极位时的几何特点[图 4‑15(a)]可知，在已知 l_{CD}、ψ 的情况下，只要能确定固定铰链中心 A 的位置，则可由 $l_{AC_1}=l_{BC}-l_{AB}$ 确定出曲柄长度 l_{AB} 和连杆长度 l_{BC}，也即设计的实质是确定固定铰链中心 A 位置。已知 K 后，由式(4‑2)可求得极位夹角 θ 的大小，这样就可把 K 的要求转换成几何要求了。假设图 4‑26 为已经设计出的该机构的运动简图，铰链 A 的位置必须满足极位夹角 $\angle C_1AC_2=\theta$ 的要求。若能过 C_1、C_2 两点作出一辅助圆，使 C_1C_2 所对的圆周角等于 θ，那么铰链 A 只要在这个圆上，就一定能满足 K 的要求了。显然，这样的辅助圆是容易作出的。

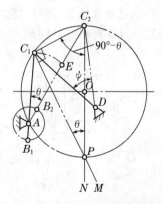

图 4‑26 按 K 值图解设计曲柄摇杆机构

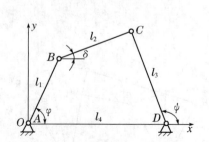

图 4‑27 解析法设计四杆机构

如图 4‑26 所示，具体设计步骤如下：

（1）按 $\theta=180°\dfrac{K-1}{K+1}$ 计算出极位夹角 θ。

（2）任取固定铰链中心 D 的位置，选取适当的长度比例尺 μ_l，根据已知摇杆长度 l_{CD} 和摆角 ψ，作出摇杆的两个极限位置 C_1D 和 C_2D。

（3）连接 C_1、C_2 两点，作 $C_1M\perp C_1C_2$，$\angle C_1C_2N=90°-\theta$，直线 C_1M 与 C_2N 交于 P 点，显然 $\angle C_1PC_2=\theta$。

（4）以 PC_2 为直径作辅助圆。在该圆周上任取一点 A，连接 AC_1、AC_2，则 $\angle C_1AC_2=\theta$。

（5）量出 AC_1、AC_2 的长度 l_{AC_1} 和 l_{AC_2}。由此，可求得曲柄和连杆的长度：

$$l_{AB}=\mu_l\frac{l_{AC_2}-l_{AC_1}}{2}; \qquad l_{BC}=\mu_l\frac{l_{AC_2}+l_{AC_1}}{2}。$$

（6）机架的长度 l_{AD} 可直接量得，再按比例尺 μ_l 计算即可得出实际长度。

由于 A 为辅助圆上任选的一点，所以可有无穷多的解。当给定一些其他辅助条件，如机架长度 l_{AD} 最小传动角 $\gamma_{\min}$ 等，则有唯一解。

同理，可设计出满足给定行程速比系数 K 值的偏置曲柄滑块机构、摆动导杆机构等。

三、用解析法设计四杆机构

在图 4-27 所示铰链四杆机构中，设已知连架杆 AB 和 CD 的三组对应位置 φ_1、ψ_1、φ_2、ψ_2、φ_3、ψ_3，要求用解析法确定各构件的长度。

如图 4-27 所示选取直角坐标系 xOy，将各杆分别向 x 轴和 y 轴投影，得

$$l_1\cos\varphi+l_2\cos\delta=l_4+l_3\cos\psi;$$
$$l_1\sin\varphi+l_2\sin\delta=l_3\sin\psi。 \tag{4-3}$$

将方程组（4-3）中的 δ 消去，可得

$$R_1+R_2\cos\varphi+R_3\cos\psi=\cos(\varphi-\psi)。 \tag{4-4}$$

式中

$$R_1=(l_4^2+l_1^2+l_3^2-l_2^2)/(2l_1l_3);$$
$$R_2=-l_4/l_3; \tag{4-5}$$
$$R_3=l_4/l_1。$$

式（4-4）为两连架杆转角 φ、ψ 之间的关系式，将已知的三组对应位置 φ_1、ψ_1、φ_2、ψ_2、φ_3、ψ_3 分别代入，可得到线性方程组：

$$R_1+R_2\cos\varphi_1+R_3\cos\psi_1=\cos(\varphi_1-\psi_1);$$
$$R_1+R_2\cos\varphi_2+R_3\cos\psi_2=\cos(\varphi_2-\psi_2); \tag{4-6}$$
$$R_1+R_2\cos\varphi_3+R_3\cos\psi_3=\cos(\varphi_3-\psi_3)。$$

由方程组可解出 R_1、R_2、R_3，然后根据具体情况选定机架长度 l_4，则可由式（4-5）求出各杆长度为

$$l_1=l_4/R_3;$$
$$l_2=\sqrt{l_1^2+l_3^2+l_4^2-2l_1l_3R_1^2}; \tag{4-7}$$
$$l_3=-l_4/R_2。$$

用解析法设计四杆机构可以得到较精确的设计结果，但计算工作量大。随着计算机应用的普及，解析法设计四杆机构目前已进入实用阶段。

<h1 style="text-align:center">思考题</h1>

4-1 什么是平面连杆机构？它有哪些优缺点？

4-2 铰链四杆机构有哪几种类型,如何判别？它们各有什么运动特点？

4-3 什么是平面连杆机构的压力角、传动角、极位夹角？如何在机构运动简图上正确地作出这些角？

4-4 加大原动件上的驱动力,能否使机构超越死点？有人说,死点位置就是采用任何方法都不能使机构运动的位置,对吗？

4-5 何为急回特性？如何判别平面四杆机构有急回特性？

4-6 判断图4-28所示中各铰链四杆机构的类型,并说明判定依据。

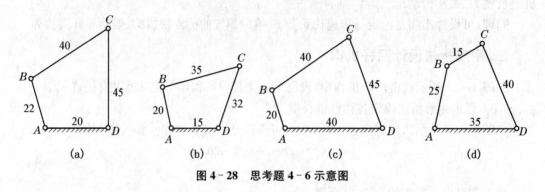

图4-28 思考题4-6示意图

4-7 在图4-29所示铰链四杆机构 ABCD 中,AB 长为 a。欲使该机构成为曲柄摇杆机构、双摇杆机构,a 的取值范围分别为多少？

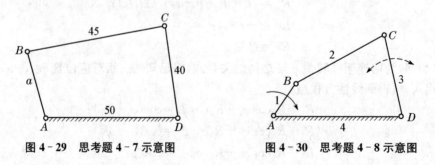

图4-29 思考题4-7示意图   图4-30 思考题4-8示意图

4-8 图4-30所示曲柄摇杆机构,曲柄 AB 为原动件,摇杆 CD 为从动件,已知四杆长为:$l_{AB}=0.5\,\text{m}$,$l_{BC}=2\,\text{m}$,$l_{CD}=3\,\text{m}$,$l_{AD}=4\,\text{m}$。用长度比例尺 $\mu_l=0.1\,\text{m/mm}$ 绘出机构运动简图两个极位的位置图,量出极位夹角 θ 值,计算行程速比系数 K,并绘出最大压力角的机构位置图。

4-9 图4-31所示曲柄滑块机构,以曲柄为原动件,已知曲柄 AB 长 $a=20\,\text{mm}$,连杆 BC 长 $b=100\,\text{mm}$,偏距 $e=5\,\text{mm}$。(1)试标出图示位置的压力角 α_1。(2)该机构的最大压力角 $\alpha_{\max}$ 应在什么位置？并求出 $\alpha_{\max}$ 值(提示:如图加辅助线 AD,找出 φ 与 α 的关系)。(3)

若以滑块为主动件,曲柄 AB 为从动件,试标出图示位置的压力角 α_2。

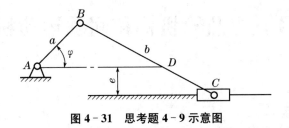

图 4-31 思考题 4-9 示意图

技能训练

4-1 熟悉常用四杆机构的组成,分析其是否存在曲柄及其运动特性。

4-2 按给定连杆位置设计一炉门启闭四杆机构。

项目五　凸轮机构和间歇运动机构

学习目标

一、知识目标

1. 掌握凸轮机构的类型、特点及应用范围。
2. 掌握凸轮机构从动件常用的运动规律。
3. 掌握图解法绘制盘形凸轮轮廓的方法及凸轮机构基本尺寸的确定。
4. 掌握棘轮机构、槽轮机构的作用、主要类型及特点。

二、技能目标

1. 熟悉凸轮机构的类型及作用。
2. 能用图解法绘制盘形凸轮轮廓及确定凸轮机构的基本尺寸。
3. 熟悉棘轮机构、槽轮机构主要类型及其作用。
4. 通过完成上述任务,能够自觉遵守安全操作规范。

教学建议

教师在讲授基本知识后,将学生分组,安排在实验室完成以下两个工作任务:认识常用凸轮机构、棘轮机构及槽轮机构,用图解法绘制盘形凸轮轮廓。工作任务完成后,由学生自评、学生互评、教师评价三部分汇总组成教学评价。

凸轮是一种具有曲线轮廓或凹槽的构件,它通过与从动件的高副接触,在运动时能使从动件获得连续或不连续的任意预期运动。在机器工作时,当主动件做连续运动时,常需要从动件产生周期性的运动和停歇,实现这种运动的机构,称为间歇运动机构。

模块一　凸轮机构概述

在机械装置中,尤其是在自动控制机械中,为实现某些特殊或复杂的运动规律,广泛地应用着各种凸轮机构。

一、凸轮机构的应用、组成和特点

凸轮机构是由凸轮 1、从动件 2 和机架 3 组成的高副机构,如图 5 - 1 所示。其中,凸轮是一个具有控制从动件运动规律的曲线轮廓或凹槽的主动件,通常做连续等速转动(也有做往复移动的);从动件则在凸轮轮廓驱动下按预定运动规律做往复直线运动或摆动。

图 5 - 2 所示为内燃机配气机构。当凸轮 1 等速转动时,由于其轮廓向径不同,迫使从动件 2(气门推杆)上、下往复移动,从而控制气阀的开启或闭合。气阀开启或闭合时间的长短及运动的速度和加速度的变化规律,则取决于凸轮轮廓曲线的形状。

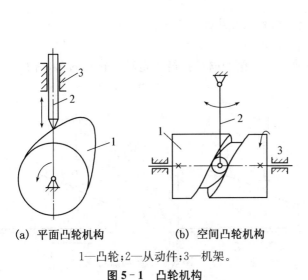

| (a) 平面凸轮机构　　(b) 空间凸轮机构 |
| 1—凸轮;2—从动件;3—机架。 |
| **图 5‑1　凸轮机构** |

1—凸轮;2—从动件。

图 5‑2　内燃机配气机构

图 5‑3 所示为自动车床的横向进给机构(凸轮轴 1、复位弹簧 2),由两个凸轮机构组成,分别控制前、后刀架的运动。当凸轮等速转动一周时,可使从动件带动车刀快速接近工件,等速进给切削,切削结束快速退回,停留一段时间再进行下一个运动循环。

图 5‑4 所示为缝纫机拉线机构。当圆柱凸轮 1 转动时,嵌在槽内的滚子 A 迫使从动件 2 绕轴 O 摆动,从而在 B 处拉动缝线工作。

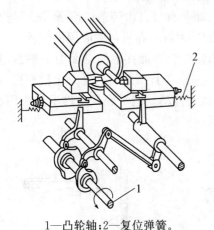

1—凸轮轴;2—复位弹簧。

图 5‑3　自动车床中的凸轮机

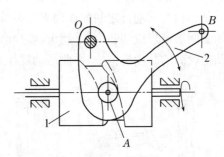

1—凸轮;2—从动件。

图 5‑4　缝纫机拉线机构

由以上例子可见,凸轮机构的主要优点是:只要适当地设计凸轮轮廓曲线,即可使从动件实现各种预期的运动规律。凸轮机构的结构简单、紧凑,工作可靠,应用广泛;其主要缺点是:由于凸轮与从动件间为高副接触,易于磨损,磨损后会影响运动规律的准确性,因而只适用于传递动力不大的场合。

二、凸轮机构的分类

凸轮机构类型繁多,常见的分类方法有以下几种:

1. 按凸轮形状分类

(1) 盘形凸轮。盘形凸轮是一种具有变化的向径并绕固定轴线转动的盘形构件,如图5-1(a)所示。

(2) 圆柱凸轮。圆柱凸轮是一种在圆柱面上开有曲线凹槽或在圆柱端面上制出曲线轮廓的构件,如图5-1(b)所示。

(3) 移动凸轮。移动凸轮可视为回转中心在无穷远处的盘形凸轮,相对机架做往复直线运动,如图5-5所示。

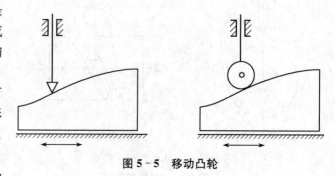

图 5-5　移动凸轮

盘形凸轮和移动凸轮与从动件之间的相对运动为平面运动,属于平面凸轮机构;而圆柱凸轮与从动件之间的相对运动不在平行平面内,故属于空间凸轮机构。

2. 按从动件形式分类

(1) 尖顶从动件。如图5-6(a)所示,这种从动件结构简单,尖顶能与任意复杂的凸轮轮廓保持接触,从而保证从动件实现复杂的运动规律。但尖顶与凸轮是点接触,磨损快,故只适宜受力小、低速和运动精确的场合,如仪器仪表中的凸轮控制机构等。

(2) 滚子从动件。如图5-6(b)所示,从动件的一端装有可自由转动的滚子,滚子与凸轮之间由滑动摩擦变为滚动摩擦,故耐磨损,可以承受较大载荷,在机械中应用最广泛。

(3) 平底从动件。如图5-6(c)所示,从动件与凸轮轮廓表面接触的端面为一平面,其优点是凸轮与从动件之间的作用力始终垂直于平底的平面(不计摩擦时),受力比较平稳,且接触面间易于形成油膜,利于润滑,减少磨损,适用于高速传动。但平底从动件不能应用在有凹槽轮廓的凸轮机构中,因此运动规律受到一定的限制。

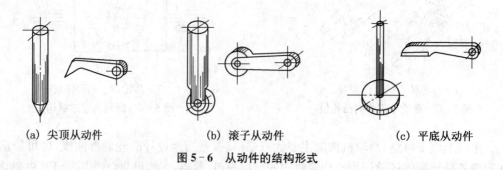

　　(a) 尖顶从动件　　　　　(b) 滚子从动件　　　　　(c) 平底从动件

图 5-6　从动件的结构形式

以上三种从动件均可做往复直线运动和往复摆动,前者称为直动从动件,后者称为摆动从动件。直动从动件的导路中心线通过凸轮的回转中心时,称为对心从动件,否则称为偏置从动件。

3. 按凸轮与从动件的锁合方式分类

凸轮机构工作时,必须保证从动件与凸轮轮廓始终保持接触,这种作用称为锁合。

(1) 力锁合。利用弹簧力或从动件自身重力使从动件与凸轮轮廓始终保持接触。图5-2所示为利用弹簧力实现力锁合的实例。

(2) 形锁合。利用凸轮与从动件的特殊结构形状使从动件与凸轮轮廓始终保持接触。图5-1(b)所示圆柱凸轮机构,是利用滚子与凸轮凹槽两侧面的配合来实现形锁合的;再如,图5-7所示等宽凸轮机构和图5-8所示等径凸轮机构,均为形锁合的实例。

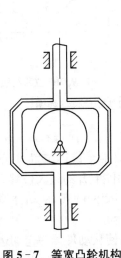

图 5-7　等宽凸轮机构

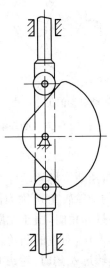

图 5-8　等径凸轮机构

三、凸轮和滚子的材料

凸轮机构的主要失效形式为磨损和疲劳点蚀,这就要求凸轮和滚子的工作表面硬度高、耐磨并且有足够的表面接触强度。对于经常受到冲击的凸轮机构还要求凸轮心部有较强的韧性。

一般凸轮的材料常采用 40Cr 钢(经表面淬火,硬度为 40~50HRC),也可采用 40Cr、20CrMnTi(经表面渗碳淬火,表面硬度为 56~62HRC)。

滚子材料可采用 20Cr(经渗碳淬火,表面硬度为 56~62HRC),也有的用滚动轴承作为滚子。

模块二　从动件常用的运动规律

一、凸轮机构的工作过程与从动件的运动关系

图5-9(a)所示为一尖顶对心直动从动件盘形凸轮机构。在凸轮上,以凸轮轮廓的最小向径 r_b 为半径所作的圆称为基圆,r_b 称为基圆半径,点 A 为基圆与凸轮轮廓线的交点。在

图示位置,从动件与凸轮在 A 点相接触。

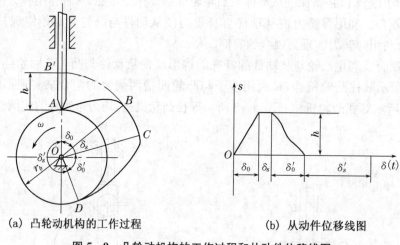

| (a) 凸轮动机构的工作过程 | (b) 从动件位移线图 |

图 5-9 凸轮动机构的工作过程和从动件位移线图

当凸轮逆时针转动时,从动件处于上升的起始位置。当凸轮以等角速度 ω 转过 δ_0 角时,其轮廓 AB 段向径渐增将从动件按一定的运动规律推至最远位置 B' 点。这个过程称为推程或升程,对应的凸轮转角 δ_0 称为推程运动角;从动件上升的最大位移 h,称为行程。

当凸轮继续转过 δ_s 角时,由于轮廓 BC 段为向径不变的圆弧,从动件停留在最远位置不动。此过程称为远停程,对应的凸轮转角 δ_s 称为远停程角。

当凸轮又继续转过 δ_0' 角时,轮廓 CD 段向径渐减,使从动件以一定的运动规律由最远位置回到最近位置(从动件与凸轮在 D 点接触)。此过程称为回程,对应的凸轮转角 δ_0' 称为回程运动角。

当凸轮继续转过 δ_s' 角时,由于轮廓 DA 段为向径不变的基圆圆弧,从动件又在最近位置停止不动。此过程称为近停程,对应的凸轮转角 δ_s' 称为近停程角。这时 $\delta_0+\delta_s+\delta_0'+\delta_s'=2\pi$,凸轮刚好转过一圈,机构完成了一个工作循环。凸轮继续转动,从动件又开始下一轮升—停—降—停的运动循环。

以从动件的位移 s 为纵坐标,对应的凸轮转角 δ 为横坐标,则可以逐点画出从动件的位移 s(等于凸轮轮廓接触点到基圆的向径长)与凸轮转角 δ 或时间 t(凸轮通常以等角速度 ω 转动,$\delta=\omega t$)之间的关系曲线,如图 5-9(b)所示,称为位移线图。此曲线表明了从动件位移 s 与凸轮转角 δ 或时间 t 之间的函数关系。

从动件在运动过程中,其位移 s、速度 v、加速度 a 随时间 t(或凸轮转角 δ)的变化规律,称为从动件的运动规律。由上述可见,从动件的运动规律完全取决于凸轮的轮廓形状;反之,设计凸轮轮廓时,必须首先根据工作要求确定从动件的运动规律,并按此运动规律——位移线图设计凸轮轮廓,以实现从动件预期的运动规律。

二、从动件常用的运动规律

1. 等速运动规律

从动件推程或回程的运动速度为定值的运动规律,称为等速运动规律。以推程为例,设凸轮以等角速度 ω 转动,当凸轮转过推程角时,从动件升程为 h,则从动件运动方程为

$$\begin{cases} s = \dfrac{h}{\delta_0}\delta; \\[2mm] v = \dfrac{h}{\delta_0}\omega = 常数; \\[2mm] a = 0。 \end{cases} \qquad\qquad (5-1)$$

根据上述运动方程,可作出如图 5-10 所示从动件推程的运动线图。

由图可知,从动件在推程(或回程)开始和终止的瞬时,速度有突变,其加速度和惯性力在理论上为无穷大(实际上由于材料的弹性变形,其加速度和惯性力不可能达到无穷大),致使凸轮机构产生强烈的冲击、噪声和磨损,这种冲击称为刚性冲击。因此,等速运动规律只适用于低速、轻载的场合。

2. 等加速等减速运动规律

从动件在一个行程 h 中,前半行程做等加速运动,后半行程做等减速运动,这种运动规律称为等加速等减速运动规律。通常取加速度和减速度的绝对值相等,因此,从动件做等加速和等减速运动所经历的时间相等;又因凸轮做等速转动,所以与各运动段对应的凸轮转角也相等,同为 $\delta_0/2$ 或 $\delta_0'/2$。由匀变速运动的加速度、速度、位移方程,不难得到推程中从动件的运动方程。

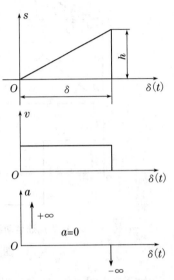

图 5-10　等速运动规律线图

等加速段:

$$\begin{cases} s = \dfrac{2h}{\delta_0}\delta^2; \\[2mm] v = \dfrac{4h\omega}{\delta_0^2}\delta; \qquad\quad \left(0 \leqslant \delta \leqslant \dfrac{\delta_0}{2}\right) \\[2mm] a = \dfrac{4h\omega^2}{\delta_0^2} = 常数。 \end{cases} \qquad [5-2(a)]$$

等减速段:

$$\begin{cases} s = h - \dfrac{2h}{\delta_0^2}(\delta_0 - \delta)^2; \\[2mm] v = \dfrac{4h\omega}{\delta_0^2}(\delta_0 - \delta); \qquad \left(\dfrac{\delta_0}{2} \leqslant \delta \leqslant \delta_0\right) \\[2mm] a = -\dfrac{4h\omega^2}{\delta_0^2} = 常数。 \end{cases} \qquad [5-2(b)]$$

根据上述方程,可以作出如图 5-11(a)所示的从动件推程时做等加速等减速运动的运动线图。由位移方程可知,其位移曲线为两条光滑相接的反向抛物线,所以等加速等减速运动规律又称为抛物线运动规律。当凸轮转角 δ 处在相同等分转角 1,2,3,… 各位置时,从动件相应的位移量 s 的比值为 1:4:9:… 据此,位移线图可以方便地用作图法画出,如图 5-11(a)所示。同理,不难作出回程时做等加速等减速运动从动件的运动线图,如图

5-11(b)所示。

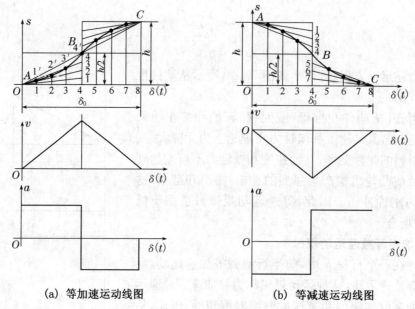

(a) 等加速运动线图　　　　　(b) 等减速运动线图

图 5-11　等加速等减速运动规律线图

由运动线图可知,这种运动规律的加速度在 A、B、C 三处存在有限的突变,因而会在机构中产生有限值的冲击力,这种冲击称为柔性冲击。与等速运动规律相比,其冲击程度大为减小。因此,等加速等减速运动规律适用于中速、中载的场合。

3. 简谐运动规律

当一质点在圆周上做匀速运动时,它在该圆直径上投影所形成的运动称为简谐运动。从动件做简谐运动时,其推程的运动方程为

$$\begin{cases} s = \dfrac{h}{2}\left[1-\cos\left(\dfrac{\pi}{\delta_0}\delta\right)\right]; \\ v = \dfrac{\pi h\omega}{2\delta_0}\sin\left(\dfrac{\pi}{\delta_0}\delta\right); \\ a = \dfrac{\pi^2 h\omega^2}{2\delta_0^2}\cos\left(\dfrac{\pi}{\delta_0}\delta\right). \end{cases} \quad (5-3)$$

由方程可知,从动件做简谐运动时,其加速度按余弦曲线变化,故又称余弦加速度运动规律,其运动线图如图5-12所示。从图中可见其位移线图的作图方法。

由加速度线图可知,此运动规律在行程的始末两点加速度存在有限突变,故也存在柔性冲击,只适用于中速场合。但当从动件做无停歇的升—降—升连续往复运动时,则得到连续的余弦曲线,运动中完全消除了柔性冲击,这种情况下

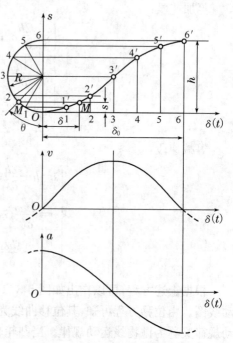

图 5-12　简谐运动规律线图

可用于高速传动。

随着生产技术的进步,工程中所采用的从动件运动规律越来越多,如摆线运动规律、复杂多项式运动规律及改进型运动规律等。设计凸轮机构时,应根据机器的工作要求,恰当地选择合适的运动规律。

模块三　图解法绘制盘形凸轮轮廓

根据机器的工作要求,在确定了凸轮机构的类型,选定了从动件的运动规律、凸轮的基圆半径和凸轮的转动方向后,便可设计凸轮的轮廓曲线了。凸轮轮廓设计的方法有图解法和解析法。图解法简单易行而且直观,但精度有限,只适用于一般场合。本节介绍图解法设计的原理和方法。

图解法绘制凸轮轮廓曲线是利用相对运动原理完成的。当凸轮机构工作时,凸轮和从动件都是运动的,而绘制凸轮轮廓时,应使凸轮相对静止。如图 5-13 所示,如设想给整个机构加一个与凸轮角速度 ω 大小相等、方向相反的公共角速度"$-\omega$",则凸轮处于相对静止状态,而从动件一方面按原定运动规律相对于机架导路做往复移动,另一方面随同机架以"$-\omega$"角速度绕 O 点转动。由于从动件尖顶始终与凸轮轮廓保持接触,所以从动件在反转行程中,其尖顶的运动轨迹就是凸轮的轮廓曲线。这就是凸轮轮廓设计的"反转法"原理。根据这一原理便可作出各种类型凸轮机构的凸轮轮廓曲线。

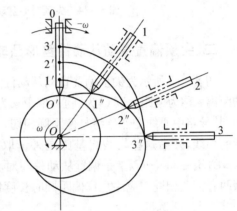

图 5-13　"反转法"原理

一、尖顶对心直动从动件盘形凸轮

图 5-14(a)所示为尖顶对心直动从动件盘形凸轮机构。设已知条件为从动件的运动规律、凸轮的基圆半径 r_b 及转动方向 ω,则凸轮轮廓的作图步骤如下:

(1) 选取适当的比例尺 μ_l,作出从动件的位移线图,如图 5-14(b)所示。

(2) 取与位移线图相同的比例,以 r_b 为半径作基圆。基圆与导路的交点 $B_0(C_0)$ 即为从动件尖顶的起始位置。

(3) 在基圆上,自 OC_0 开始,沿"$-\omega$"方向依此取 $\delta_0,\delta_s,\delta_0',\delta_s'$,并将 δ_0、δ_0' 分成与位移线图对应的若干等份,得 $C_1,C_2,C_3,\cdots$ 各点,连接 $OC_1,OC_2,OC_3,\cdots$ 各径向线并延长,便得从动件导路在反转过程中的一系列位置线。

(4) 沿各位置线自基圆向外量取 $C_1B_1=11'$,$C_2B_2=22'$,$C_3B_3=33'$,$\cdots$ 由此得尖顶从动件反转过程中的一系列位置 $B_1,B_2,B_3,\cdots$。

(5) 将 $B_1,B_2,B_3,\cdots$ 连接成光滑的曲线,即得到所求的凸轮轮廓曲线。

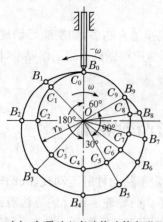

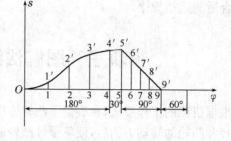

(a) 尖顶对心直动从动件盘形凸轮机构　　　　(b) 从动件位移线图

图 5-14　尖顶对心直动从动件盘形凸轮轮廓图解设计

二、尖顶偏置直动从动件盘形凸轮

图 5-15 所示为尖顶偏置直动从动件盘形凸轮机构,其从动件导路偏离凸轮回转中心的距离 e 称为偏距。以 O 为圆心、偏距 e 为半径所作的圆称为偏距圆。从动件在反转过程中,其导路中心线必然始终与偏距圆相切。如图所示,过基圆上各分点 C_1,C_2,C_3,…作偏距圆的切线,并沿这些切线自基圆向外量取从动件相应位置的位移,即 $C_1B_1 = 11'$,$C_2B_2 = 22'$,$C_3B_3 = 33'$,…以上是偏置从动件与对心从动件凸轮轮廓作法的不同之处,其余作图步骤两者完全相同。应注意作偏距圆时长度比例尺必须与基圆、位移一致。

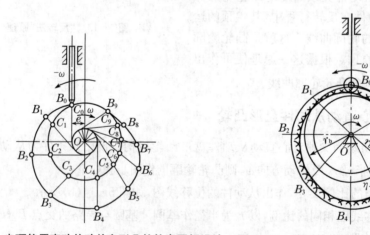

图 5-15　尖顶偏置直动从动件盘形凸轮轮廓图解设计　图 5-16　滚子从动件盘形凸轮轮廓图解设计

三、滚子从动件

图 5-16 所示为滚子对心直动从动件盘形凸轮机构。由于滚子中心是从动件上的一个固定点,该点的运动就是从动件的运动,而滚子始终与凸轮轮廓保持接触,沿法线方向的接触点到滚子中心的距离恒等于滚子半径 r_T,由此可得作图步骤如下:

(1) 把滚子中心看作尖顶从动件的尖顶,按设计尖顶从动件凸轮轮廓的方法作出一条

轮廓曲线 η_0。η_0 称为凸轮的理论轮廓曲线,是滚子中心相对于凸轮的运动轨迹。

（2）以理论轮廓曲线 η_0 上的点为圆心、以滚子半径 r_T 为半径作一系列滚子圆(取与基圆相同的长度比例尺),再作这些圆的内包络线 η。η 称为凸轮的实际轮廓曲线,是凸轮与滚子从动件直接接触的轮廓(工作轮廓)。

应当指出,凸轮的实际轮廓曲线与理论轮廓曲线间的法线距离始终等于滚子半径,它们互为等距曲线。此外,凸轮的基圆指的是理论轮廓线上的基圆。

四、尖顶摆动从动件盘形凸轮

图 5-17(a)所示为一尖顶摆动从动件盘形凸轮机构。设已知条件:从动件运动规律 $\psi-\delta$ 角位移线图[图 5-17(b)],凸轮基圆半径 r_b,凸轮与摆动从动件的中心距 l_{OA},摆杆长度 l_{AB},凸轮以等角速度 ω 顺时针转动,推程时从动件做逆时针摆动。根据反转法,其轮廓曲线的作图步骤如下:

（1）选取适当比例尺 μ_l。根据给定的 l_{OA} 定出 O、A_0 的位置;以 O 为圆心、r_b 为半径作基圆;再以 A_0 为圆心、l_{AB} 为半径作圆弧交基圆于 B_0(C_0)点。该点即是从动件尖顶的起始位置。注意,若要求从动件推程中顺时针摆动,则 B_0 应在图中 OA_0 的左侧。

（2）以 O 为圆心、OA_0 为半径作圆。自 OA_0 开始,沿“$-\omega$”方向依此取 δ_0,δ_s,δ_0',δ_s',并将 $\delta_0\delta_0'$ 分成与角位移线图对应的若干等份,得 A_1,A_2,A_3,…各点,便得从动件回转中心在反转过程中的一系列位置点。

（3）分别以 A_1,A_2,A_3,…为圆心、l_{AB} 为半径作一系列圆弧与基圆交于 C_1,C_2,C_3,…并作 $\angle C_1A_1B_1$,$\angle C_2A_2B_2$,$\angle C_3A_3B_3$,…分别等于从动件相应位置的摆角 ψ_1,ψ_2,ψ_3,…各角边 A_1B_1,A_2B_2,A_3B_3,…与相应圆弧的交点为 B_1,B_2,B_3,…。

（4）将 B_1,B_2,B_3,…连接成光滑的曲线,即得到所求的凸轮轮廓曲线。

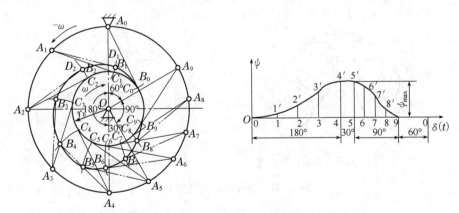

(a) 尖顶摆动从动件盘形凸轮机构　　　　　(b) 从动件位移线图

图 5-17 尖顶摆动从动件盘形凸轮轮廓图解设计

模块四　凸轮机构基本尺寸的确定

设计凸轮机构时,除了根据工作要求合理地选择从动件运动规律外,还必须保证从动件准确地实现预期的运动规律,且具有良好的传力性能和紧凑的结构。下面讨论与此相关的几个问题。

一、滚子半径的选择

采用滚子从动件时,应选择适当的滚子半径,要综合考虑滚子的强度、结构及凸轮轮廓曲线的形状等多方面的因素。

为了减小滚子与凸轮间的接触应力和考虑安装的可能性,应选取较大的滚子半径;但滚子半径的增大,将影响凸轮的实际轮廓。

（1）当理论廓线内凹时,如图 5 - 18(a)所示,实际轮廓的曲率半径 ρ' 等于理论轮廓线曲率半径 ρ 与滚子半径 r_T 之和,即 $\rho'=\rho+r_T$。此时,不论滚子半径的大小,其实际轮廓线总可以作出。（2）当理论轮廓线外凸时,$\rho'=\rho-r_T$。若 $\rho>r_T$,则 $\rho'>0$,如图 5 - 18(b)所示,实际轮廓线为一光滑曲线;若 $\rho=r_T$,则 $\rho'=0$,如图 5 - 18(c)所示,实际廓线出现尖点,尖点极易磨损,磨损后就会改变从动件原有的运动规律;若 $\rho<r_T$,则 $\rho'<0$,如图 5 - 18(d)所示,实际轮廓线出现交叉,交点 K 以外部分在实际制造时将被切去,致使从动件不能实现预期的运动规律,这种现象称为运动失真。

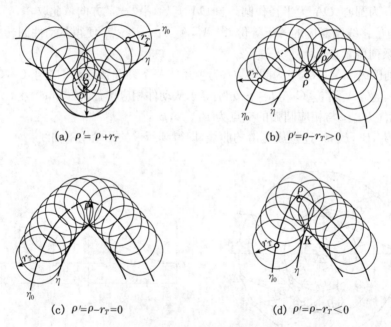

(a) $\rho'=\rho+r_T$　　　　　　(b) $\rho'=\rho-r_T>0$

(c) $\rho'=\rho-r_T=0$　　　　　　(d) $\rho'=\rho-r_T<0$

图 5 - 18　滚子半径的选择分析

因此,对于外凸的凸轮轮廓,应使滚子半径 r_T 小于理论轮廓线的最小曲率半径 ρ_{min},通常取 $r_T \leqslant 0.8\rho_{min}$。当 r_T 太小而不能满足强度和结构要求时,应适当加大基圆半径 r_b 以增大理论轮廓线的 ρ_{min}。

为防止凸轮磨损过快,工作轮廓线上的最小曲率半径 $\rho'_{min}>1\sim5$ mm。

在实际设计凸轮机构时,一般可按基圆半径 r_b 来确定滚子半径 r_T,通常取 $r_T=(0.1\sim0.5)r_b$。

二、压力角及其许用值

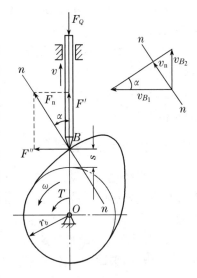

图 5 - 19 所示为尖顶对心直动从动件盘形凸轮机构在推程某个位置的受力情况。F_Q 为作用在从动件上的载荷(包括工作阻力、重力、弹簧力和惯性力等)。若不计摩擦,凸轮作用于从动件上的力 F_n 将沿接触点的法线 n-n 方向,图中 α 角即为该位置的压力角。F_n 可分解为沿从动件运动方向的有效分力 F' 和垂直于导路方向的有害分力 F'',F'' 使从动件压紧导路而产生摩擦力,F' 推动从动件克服载荷 F_Q 及导路间的摩擦力向上移动。其大小分别为

$$F' = F_n\cos\alpha;$$
$$F'' = F_n\sin\alpha.$$

图 5 - 19　凸轮机构受力分析

显然,α 角越小,有效分力 F' 越大,凸轮机构的传力性能越好。反之,α 角越大,有效分力 F' 越小,有害分力 F'' 越大,机构的摩擦阻力增大、效率降低。当 α 增大到某一数值,有效分力 F' 会小于由 F'' 所引起的摩擦阻力,此时无论凸轮给从动件多大的作用力,都无法驱动从动件运动,即机构处于自锁状态。因此,为保证凸轮机构正常工作,并具有良好的传力性能,必须对压力角的大小加以限制。一般凸轮轮廓线上各点的压力角是变化的,设计时应使最大压力角不超过许用压力角 $[\alpha]$。一般设计中,推程压力角许用值 $[\alpha]$ 推荐如下:

移动从动件 $[\alpha]=30°$,摆动从动件 $[\alpha]=45°$。

机构在回程时,从动件实际上不是由凸轮推动,而是在锁合力作用下返回的,发生自锁的可能性很小。为减小冲击和提高锁合的可靠性,回程压力角推荐许用值 $[\alpha]=80°$。

对平底从动件凸轮机构,凸轮对从动件的法向作用力始终与从动件的速度方向平行,故压力角恒等于 0,机构的传力性能最好。

凸轮机构的最大压力角 α_{max},一般出现在理论轮廓线上较陡或从动件最大速度的轮廓附近。校验压力角时,可在此选取若干个点,作出这些点的压力角,测量其大小;也可用图 5 - 20 所示的方法用万能角度尺直接量取检查。

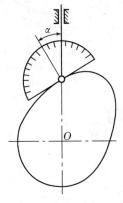

图 5 - 20　压力角的直接测

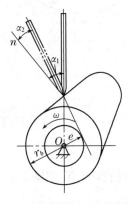

图 5 - 21　偏置从动件可减少压力角

如果 $\alpha_{\max} > [\alpha]$，可采用增大基圆半径或改对心凸轮机构为偏置凸轮机构的方法来进行调整，以达到 $\alpha_{\max} < [\alpha]$ 的目的。

如图 5-21 所示，同样情况下，偏置式凸轮机构比对心式凸轮机构有较小的压力角，但应使从动件导路偏离的方向与凸轮的转动方向相反。若凸轮逆时针转动，则从动件导路应偏向轴心的右侧；若凸轮顺时针转动，则从动件导路应偏向轴心的左侧。偏距 e 的大小，一般取 $e \leqslant r_b/4$。

三、基圆半径的选择

基圆半径是凸轮设计中的一个重要参数，它对凸轮机构的结构尺寸、运动性能、受力性能等都有重要影响。设计出凸轮轮廓后，为确保传力性能，通常需进行推程压力角的校核，检验是否满足 $\alpha_{\max} \leqslant [\alpha]$ 的要求。

1. 根据凸轮的结构确定 r_b

若凸轮与轴做成一体（凸轮轴），$r_b = r + r_T + 2 \sim 5 \text{ mm}$；若凸轮单独制造，$r_b = (1.5 \sim 2)r + r_T + 2 \sim 5 \text{ mm}$。其中，$r$ 为轴的半径；r_T 为滚子半径，若为非滚子从动件凸轮机构，则上式中 r_T 可不计。这是一种较为实用的方法，确定 r_b 后，再对所设计的凸轮轮廓校核压力角。

2. 根据 $\alpha_{\max} \leqslant [\alpha]$，确定最小基圆半径 $r_{b\min}$

对于对心直动从动件盘形凸轮机构，工程上已制备了几种从动件基本运动规律的诺模图，如图 5-22 所示。图中上半圆的标尺代表凸轮的推程运动角 δ_0，下半圆的标尺代表最大压力角 $\alpha_{\max}$，直径标尺代表各种运动规律的 h/r_b 值。由图上 δ_0、$\alpha_{\max}$ 两点连线与直径的交点，可读出相应运动规律的 h/r_b 值，从而确定最小基圆半径 $r_{b\min}$。基圆半径可按 $r_b \geqslant r_{b\min}$ 选取。

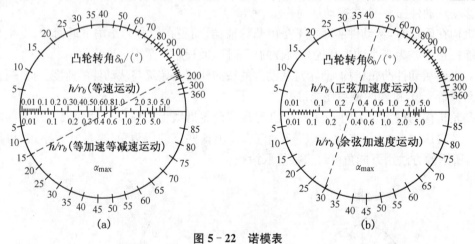

(a)　　　　　　　　　　　　(b)

图 5-22　诺模表

模块五　棘轮机构

一、棘轮机构的工作原理

图 5-23 所示为棘轮机构，它主要由摇杆1、驱动棘爪 2、棘轮 3、制动爪 4 和机架 5 等组

成。弹簧 6 用来使制动爪 4 和棘轮 3 保持接触。摇杆 1 和棘轮 3 的回转轴线重合。

当摇杆 1 逆时针摆动时,驱动棘爪 2 插入棘轮 3 的齿槽中,推动棘轮转过一定角度,而制动爪 4 则在棘轮的齿背上滑过。当摇杆顺时针摆动时,驱动棘爪 2 在棘轮的齿背上滑过,而制动爪 4 则阻止棘轮做顺时针转动,使棘轮静止不动。因此,当摇杆做连续的往复摆动时,棘轮将做单向间歇转动。

图 5-24 所示为双动式棘轮机构,可使棘轮在摇杆往复摆动时都能做同一方向转动。驱动棘爪可做成钩头[图 5-24(a)]或直头[图 5-24(b)]。

图 5-25 所示为双向棘轮机构,可使棘轮做双向间歇运动。图 5-25(a)采用具有矩形齿的棘轮,当棘爪 1 处于实线位置时,棘轮 2 做逆时针间歇转

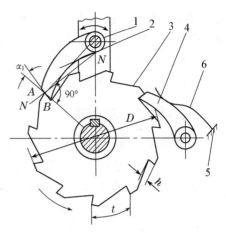

1—摇杆;2—驱动棘爪;3—棘轮;
4—制动爪;5—机架;6—弹簧。

图 5-23　棘轮机构

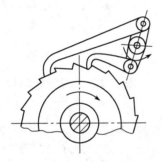

（a）钩头双动式棘爪

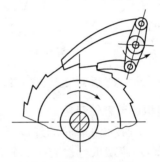

（b）直头双动式棘爪

图 5-24　双动式棘轮机构

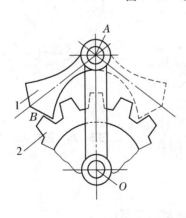

（a）矩形齿双向棘轮机构

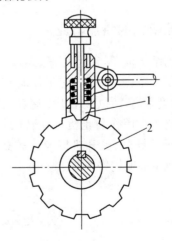

（b）回转棘爪双向棘轮机构

1—棘爪;2—棘轮。

图 5-25　双向棘轮机构

动;当棘爪 1 处于虚线位置时,棘轮则做顺时针间歇运动。图 5-25(b)采用回转棘爪,当棘爪 1 按图示位置放置时,棘轮 2 将做逆时针间歇转动。若将棘爪提起,并绕本身轴线转 180°后再插入棘轮齿槽时,棘轮将做顺时针间歇转动。若将棘爪提起并绕本身轴线转动 90°,棘爪将被架在壳体顶部的平台上,使轮与爪脱开,此时棘轮将静止不动。

二、棘轮转角的调节

1. 调节摇杆摆动角度的大小,控制棘轮的转角

图 5-26 所示的棘轮机构是利用曲柄摇杆机构带动棘轮做间歇运动的,可利用调节螺钉改变曲柄长度 r,以实现摇杆摆角大小的改变,从而控制棘轮的转角。

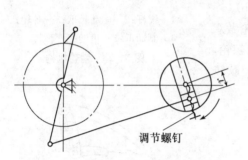

图 5-26 改变曲柄长度调节棘轮转角

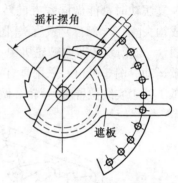

图 5-27 用遮板调节棘轮转角

2. 用遮板调节棘轮转角

如图 5-27 所示,在棘轮的外面罩一遮板(遮板不随棘轮一起转动),使棘爪行程的一部分在遮板上滑过,不与棘轮的齿接触,通过变更遮板的位置即可改变棘轮转角的大小。

三、棘轮机构的特点与应用

棘轮机构结构简单、制造容易、运动可靠,而且棘轮的转角可在很大范围内调节,但工作时有较大的冲击与噪声、运动精度不高,所以常用于低速轻载的场合。

棘轮机构还常用作防止机构逆转的停止器,这类停止器广泛用于卷扬机、提升机以及运输机中。图 5-28 所示为提升机中的棘轮停止器。

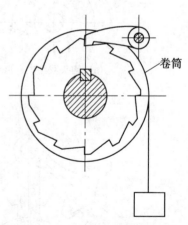

图 5-28 提升机的棘轮停止器

模块六 槽轮机构

一、槽轮机构的工作原理

图 5-29 所示为槽轮机构(又称马氏机构),它由主动拨盘 1、从动槽轮 2 及机架 3 等组

成。拨盘1以等角速度 ω_1 做连续回转,槽轮2做间歇运动。当拨盘上的圆柱销 A 没有进入槽轮的径向槽时,槽轮2的内凹锁止弧面被拨盘1上的外凸锁止弧面卡住,槽轮2静止不动。当圆柱销 A 进入槽轮的径向槽时,锁止弧面被松开,则圆柱销 A 驱动槽轮2转动。当拨盘上的圆柱销离开径向槽时,下一个锁止弧面又被卡住,槽轮又静止不动。由此将主动件的连续转动转换为从动槽轮的间歇转动。

二、槽轮机构的类型、特点及应用

槽轮机构有外啮合槽轮机构(图5-29)和内啮合槽轮机构(图5-30),前者拨盘与槽轮的转向相反,后者拨盘与槽轮的转向相同,它们均为平面槽轮机构。此外还有空间槽轮机构,如图5-31所示。

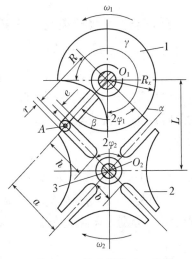

1—拨盘;2—从动槽轮;3—机架。

图 5-29　槽轮机构

图 5-30　内啮合槽轮机构

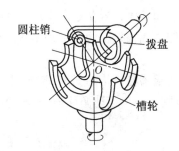

图 5-31　空间槽轮机构

槽轮机构中拨盘(杆)上的圆柱销数、槽轮上的径向槽数以及径向槽的几何尺寸等均可视运动要求的不同而定。圆柱销的分布和径向槽的分布可以不均匀,同一拨盘(杆)上若干个圆柱销离回转中心的距离也可以不同,同一槽轮上各径向槽的尺寸也可以不同。

槽轮机构的特点是结构简单、工作可靠、机械效率高,能较平稳、间歇地进行转位。但因圆柱销突然进入与脱离径向槽,传动存在柔性冲击,不适用于高速场合。此外槽轮的转角不可调节,故只能用于定转角的间歇运动机构中。六角车床上用来间歇地转动刀架的槽轮机构(图5-32)、电影放映机中用来间歇地移动胶片的槽轮机构及化工厂管道中用来开闭阀门等的槽轮机构都是其具体应用的实例。

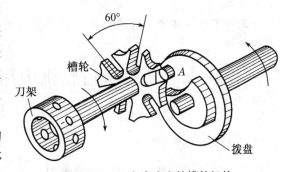

图 5-32　六角车床上的槽轮机构

三、槽轮槽数和拨盘圆柱销数的选择

槽轮槽数 z 和拨盘圆柱销数 k 是槽轮机构的主要参数。如图 5-29 所示，为了使槽轮在开始转动和终止转动时的瞬时角速度为零，以避免刚性冲击，在圆柱销开始进入径向槽及自径向槽脱出时，槽的中心线 O_2A 应垂直于 O_1A。设 z 为均匀分布的径向槽数目，则当槽轮 2 转过 $2\varphi_2$ 时，拨盘 1 的转角 $2\varphi_1$ 为

$$2\varphi_1 = \pi - 2\varphi_2 = \pi - \frac{2\pi}{z}。 \tag{5-4}$$

在一个运动循环内，槽轮 2 的运动时间 t_m 与拨盘 1 的运动时间 t 之比称为运动系数，用 τ 表示。当拨盘 1 做等速转动时，τ 也可用转角之比来表示。对于只有一个圆柱销的槽轮机构来说，t_m 和 t 分别为拨盘 1 转过角度 $2\varphi_1$ 和 2π 所用的时间，因此这种槽轮机构的运动系数 τ 为

$$\tau = \frac{t_m}{t} = \frac{2\varphi_1}{2\pi} = \frac{\pi - \dfrac{2\pi}{z}}{2\pi} = \frac{z-2}{2z}。 \tag{5-5}$$

由式(5-5)可知：

(1) 因运动系数 τ 必须大于零（$\tau = 0$ 表示槽轮始终不动），故径向槽数 z 应大于或等于 3。

(2) 单圆柱销槽轮机构的运动系数 τ 总小于 0.5，也就是说槽轮的运动时间总小于其静止时间。

(3) 如要求槽轮机构的 $\tau > 0.5$，则可在拨盘上安装多个圆柱销。设拨盘 1 上均匀分布 k 个圆柱销，则在一个运动循环内，槽轮的运动时间为只有一个圆柱销时的 k 倍。因此

$$\tau = \frac{k \cdot t_m}{t} = \frac{k \cdot 2\varphi_1}{2\pi} = \frac{k\left(\pi - \dfrac{2\pi}{z}\right)}{2\pi} = \frac{k(z-2)}{2z}。 \tag{5-6}$$

由于运动系数 τ 应当小于 1，故由式(5-6)得

$$k < \frac{2z}{z-2}。 \tag{5-7}$$

由式(5-7)可知：当 $z = 3$ 时，k 可取 1~5；当 $z = 4$ 或 5 时，k 可取 1~3；当 $z \geqslant 6$ 时，则 k 可取 1 或 2。

有关棘轮机构和槽轮机构的设计，可参阅机械设计手册等。

模块七　不完全齿轮机构和凸轮式间歇运动机构

一、不完全齿轮机构

1. 不完全齿轮机构的工作原理和类型

不完全齿轮机构是由普通渐开线齿轮机构演化而成的间歇运动机构，其基本结构形式分为外啮合与内啮合两种，如图 5-33 和图 5-34 所示。不完全齿轮机构的主动轮 1 只有一个或几个齿，从动轮 2 具有若干个与主动轮 1 相啮合的轮齿及锁止弧，可实现主动轮的连续转动和从动轮的有停歇转动。在图 5-33 所示的机构中，主动轮 1 每转 1 转，从动轮 2 转

$\frac{1}{4}$转,从动轮转 1 转停歇 4 次。停歇时从动轮上的锁止弧与主动轮上的锁止弧密合,保证了从动轮停歇在确定的位置上而不发生游动现象。

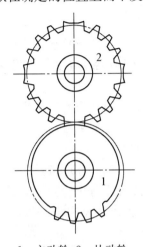
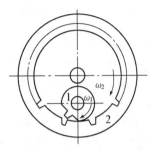

1—主动轮;2—从动轮。　　　　　　　　　　1—主动轮;2—从动轮。

图 5-33　外啮合不完全齿轮机构　　　　　图 5-34　内啮合不完全齿轮机构

2. 不完全齿轮机构的特点及用途

不完全齿轮机构结构简单、制造方便,从动轮的运动时间和静止时间的比例不受机构结构的限制。但因为从动轮在转动开始及终止时速度有突变,冲击较大,一般仅用于低速、轻载场合,如计数机构及在自动机、半自动机中用作工作台间歇转动的转位机构等。

二、凸轮式间歇运动机构

凸轮式间歇运动机构是利用凸轮的轮廓曲线,推动转盘上的滚子,将凸轮的连续转动变换为从动转盘的间歇转动的一种间歇运动机构。它主要用于传递轴线互相垂直交错的两部件间的间歇转动。图 5-35 所示为凸轮式间歇运动机构的一种形式。

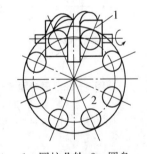

1—圆柱凸轮;2—圆盘。

图 5-35　凸轮式间歇运动机构

图 5-35 所示为圆柱凸轮式间歇运动机构,主动件是带有螺旋槽的圆柱凸轮 1,从动件是端面上装有若干个均匀分布的滚子的圆盘 2,其轴线与圆柱凸轮的轴线垂直交错。

凸轮式间歇运动机构的优点是结构简单、运转可靠、传动平稳、无噪声,适用于高速、中载和高精度分度的场合,故在轻工机械、冲压机械和其他自动机械中得到了广泛应用;其缺点是凸轮加工比较复杂,装配与调整要求也较高,因而使它的应用受到了限制。

思考题

5-1　为什么凸轮机构广泛应用于自动、半自动机械的控制装置中?比较尖顶、滚子和平底从动件的优缺点及其应用场合。

5-2 本项目中介绍的三种基本运动规律各有何特点？各适用于何种场合？何谓刚性冲击和柔性冲击？如何避免刚性冲击？

5-3 凸轮轮廓的反转法设计依据的是什么原理？

5-4 何谓凸轮的理论轮廓线和实际轮廓线？当已知滚子从动件盘形凸轮机构的理论轮廓线要求实际轮廓线时，能否直接由理论轮廓线上各点的向径减去滚子半径来求得？为什么？

5-5 何谓凸轮的基圆？滚子从动件盘形凸轮机构的基圆半径是否就是实际轮廓曲线的最小向径？为什么基圆半径不能太小？应以什么原则决定基圆半径？

5-6 什么是凸轮的压力角？它对凸轮机构有何影响？

5-7 滚子半径的选择原则是什么？在什么情况下会出现"运动失真"？

5-8 图5-36所示一偏心圆凸轮机构，O为偏心圆的几何中心，偏心距$e=15$ mm，$d=60$ mm。试在图中标出：(1) 该凸轮的基圆半径、从动件的最大位移h和推程运动角δ_0的值；(2) 凸轮转过$90°$时从动件的位移s。

5-9 图5-37所示为一滚子对心直动从动件盘形凸轮机构。试在图中画出该凸轮的基圆、理论轮廓曲线、推程最大位移h和图示位置的凸轮机构压力角。

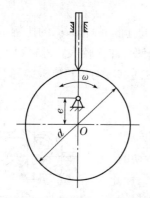

图5-36 思考题5-8示意图

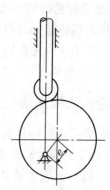

图5-37 思考题5-9示意图

5-10 标出图5-38中各凸轮机构图示A位置的压力角α_A和再转过$45°$时的压力角$\alpha_{A'}$。

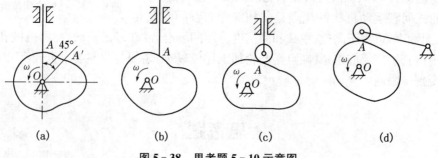

(a)   (b)   (c)   (d)

图5-38 思考题5-10示意图

5-11 已知从动件的升程 $h=50$ mm，推程运动角 $\delta_0=150°$，远停程角 $\delta_s=30°$，回程运动角 $\delta_0'=120°$，近停程角 $\delta_s'=60°$。试绘制从动件的位移线图，其运动规律如下：

(1) 以等加速等减速运动规律上升，以等速运动规律下降。

(2) 以简谐运动规律上升，以等加速等减速运动规律下降。

5-12 设计一尖顶摆动从动件盘形凸轮机构。凸轮转动方向和从动件初始位置如图 5-39 所示。已知 $l_{OA}=70$ mm、$l_{AB}=75$ mm、基圆半径 $r_b=30$ mm，从动件运动规律如下：当凸轮匀速转动 120° 时，从动件以简谐运动规律向上摆动 $\psi_{max}=30°$；当凸轮从 120° 转到 180° 时，从动件停止不动，然后以等速运动规律回到原处。试用图解法绘制凸轮轮廓曲线。

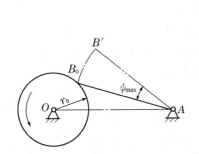

图 5-39 思考题 5-12 示意图

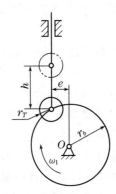

图 5-40 思考题 5-13 示意图

5-13 设计一偏置直动滚子从动件盘形凸轮机构。凸轮转动方向和从动件初始位置如图 5-40 所示。已知 $e=10$ mm、$r_b=40$ mm、$r_T=10$ mm，从动件运动规律如下：$\delta_0=180°$，$\delta_s=30°$，$\delta_0'=120°$，$\delta_s'=30°$，从动件推程以等加速等减速运动规律上升，升程 $h=30$ mm，回程以简谐运动规律回到原处。试用图解法绘制凸轮轮廓曲线。

5-14 某牛头刨床工作台横向进给丝杆的导程为 5 mm，与丝杆联动的棘轮齿数为 40。求：此牛头刨床工作台的最小横向进给量是多少？若要求此牛头刨床工作台的横向进给量为 0.5 mm，则棘轮每次转过的角度应为多少？

5-15 某外啮合槽轮机构中槽轮的槽数 $z=6$，圆销的数目 $k=1$。若槽轮的静止时间 $t_1=2$ s/r，试求主动拨盘的转速 n。

5-16 在六角车床上六角刀架转位用的外啮合槽轮机构中，已知槽轮槽数 $z=6$，槽轮停歇时间 $t_1=\dfrac{5}{6}$ s/r，运动时间 $t_m=\dfrac{5}{3}$ s/r。求槽轮机构的运动系数 τ 及所需的圆柱销数目。

技能训练

5-1 认识常用凸轮机构、棘轮机构及槽轮机构。

5-2 按给定要求，用图解法绘制一盘形凸轮轮廓。

项目六　带传动和链传动

学习目标

一、知识目标

1. 掌握带传动的类型、特点及应用范围。

2. 掌握普通V带的构造及规格，带轮的材料，带传动的工作能力、弹性滑动和打滑的原因。

3. 掌握普通V带传动的失效形式及其设计计算方法。

4. 掌握同步带传动、链传动的类型、特点及应用。

5. 掌握滚子链的结构、规格，链传动的运动特性，失效形式及主要参数。

6. 掌握带传动、链传动的张紧维护与安装方法。

二、技能目标

1. 能分清带传动、链传动的类型及各部件。

2. 能根据要求设计一普通V带传动。

3. 能对普通V带传动进行张紧、维护与安装。

4. 能对链传动进行张紧、维护与安装。

5. 通过完成上述任务，能够自觉遵守安全操作规范。

教学建议

教师在讲授基本知识后，将学生分组，安排在实验室完成以下四个工作任务：常用带传动、链传动认识，设计一减速器上的普通V带传动，普通V带传动的张紧、维护与安装，链传动进行张紧、维护与安装。工作任务完成后，由学生自评、学生互评、教师评价三部分汇总组成教学评价。

模块一　带传动概述

带传动是一种应用很广泛的机械传动。当主动轴和从动轴相距较远时，常采用这种传动方式。带传动由主动带轮1、从动带轮2和挠性带3组成，借助带与带轮之间的摩擦或相互啮合，将主动轮1的运动传给从动轮2，如图6-1所示。

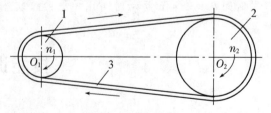

1—主动带轮；2—从动带轮；3—挠性带。

图6-1　带传动工作原理图

一、带传动的类型

根据工作原理不同，带传动可分为摩擦带传动和啮合带传动两类。

1. 摩擦带传动

摩擦带传动是依靠带与带轮之间的摩擦力传递运动的。按带的横截面形状不同可分为四种类型,如图 6-2 所示。

(1)平带。平带的横截面为扁平矩形,其工作面为内表面[图 6-2(a)]。常用的平带为橡胶帆布带。

平带传动的形式一般有三种:最常用的是两轴平行,转向相同的开口传动[图 6-3(a)];还有两轴平行,转向相反的交叉传动[图 6-3(b)]和两轴在空间交错 90°的半交叉传动[图 6-3(c)]。

(2)V 带。V 带的横截面为梯形,其工作面为两侧面。V 带传动由一根或数根 V 带和带轮组成[图 6-2(b)]。

V 带与平带相比,由于正压力作用在楔形截面的两侧面上,在同样的张紧力条件下,V 带传动的摩擦力约为平带传动的三倍,能传递较大的载荷,故 V 带传动应用很广泛。

(3)多楔带。多楔带相当于若干根 V 带的组合[图 6-2(c)]。多楔带传动的传递功率大、传动平稳、结构紧凑,常用于要求结构紧凑的场合,特别是需要 V 带根数多的场合。

(4)圆带。圆带的横截面为圆形,一般用皮革或棉绳制成[图 6-2(d)]。圆带传动只能传递较小的功率,如缝纫机、真空吸尘器、磁带盘的机械传动等。

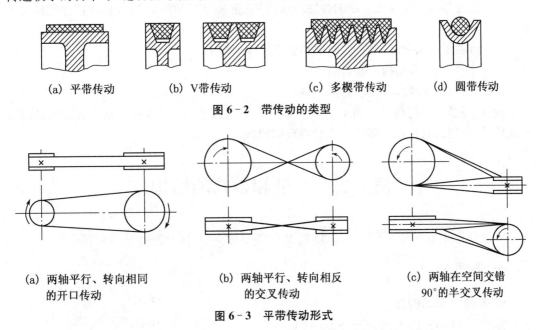

(a) 平带传动　　(b) V 带传动　　(c) 多楔带传动　　(d) 圆带传动

图 6-2　带传动的类型

(a) 两轴平行、转向相同　　　(b) 两轴平行、转向相反　　　(c) 两轴在空间交错
　　的开口传动　　　　　　　　的交叉传动　　　　　　　　90°的半交叉传动

图 6-3　平带传动形式

2. 啮合带传动

(1)同步带传动。工作时,带上的齿与带轮上的齿相互啮合,以传递运动和动力[图 6-4(a)]。同步带传动可避免带与轮之间产生滑动,以保证两轮圆周速度同步,常用于数控机床、纺织机械、医用机械等需要速度同步或传动功率较大的场合。

(2)齿孔带传动。工作时,带上的孔与轮上的齿相互啮合,以传递运动[图 6-4(b)]。如放映机、打印机采用的是齿孔带传动,被输送的胶片和纸张就是齿孔带。

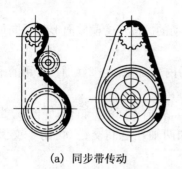

(a) 同步带传动　　　　　　　　　　　　(b) 齿孔带传动

图 6-4　啮合带传动

二、带传动的特点

与其他机械传动相比,摩擦带传动具有以下特点:

(1) 结构简单,制造、安装和维护方便;适宜用于两轴中心距较大的场合。

(2) 胶带富有弹性,能缓冲吸振,传动平稳、噪声小。

(3) 过载时可产生打滑、能防止薄弱零件的损坏,起安全保护作用。

(4) 带与带轮之间存在一定的弹性滑动,但不能保持准确的传动比,传动精度和传动效率较低。

(5) 传动带需张紧在带轮上,对轴和轴承的压力较大。

(6) 外廓尺寸大,结构不够紧凑。

(7) 带的寿命较短,需经常更换。

根据上述特点,带传动多用于中小功率传动(通常不大于 100 kW)、原动机输出轴的第一级传动(高速级)、传动比要求不十分准确的机械。

模块二　V 带和带轮的结构

V 带分为普通 V 带、窄 V 带、大楔角 V 带等多种类型,其中普通 V 带应用最广。

一、普通 V 带

1. 普通 V 带的构造

标准 V 带都制成无接头的环形,截面形状为等腰梯形,两侧面的夹角 $\theta=40°$,其横截面由强力层、伸张层、压缩层和包布层构成,如图 6-5 所示。

强力层是承受载荷的主体,分为帘布结构和线绳结构两种。帘布结构抗拉强度高,制造方便。线绳结构比较柔软,弯曲性能较好,但拉伸强度低,常用于载荷不大、

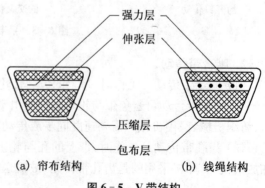

(a) 帘布结构　　　　　　(b) 线绳结构

图 6-5　V 带结构

直径较小的带轮和转速较高的场合。伸张层和压缩层均由胶料组成,包布层由橡胶帆布组成,是带的保护层。

2. 普通 V 带规格

普通 V 带的尺寸已标准化,按截面尺寸由小到大分为 Y、Z、A、B、C、D、E 七种型号。各种型号的普通 V 带的尺寸见表 6-1。

表 6-1　普通 V 带的型号及剖面尺寸

带形	节宽 b_p/mm	顶宽 b/mm	高度 h/mm	质量 m/ (kg·m⁻¹)	楔角 θ/ (°)
Y	5.3	6	4	0.03	
Z	8.5	10	6	0.06	
A	11.0	13	8	0.11	
B	14.0	17	11	0.19	40
C	19.0	22	14	0.33	
D	27.0	32	19	0.66	
E	32.0	38	23	1.02	

V 带弯绕在带轮上产生弯曲,外层受拉伸变长,内层受压缩变短,两层之间存在一层长度不变的中性层,中性层面称为节面,如图 6-6 所示。

节面的周长为带的基准长度 L_d,节面的宽度称为节宽 b_p。普通 V 带的截面高度 h 与节宽 b_p 的比值已标准化(约为 0.7)。节面位置对应带轮的直径为带轮的基准直径 d_d。

带的型号和标准长度都压印在胶带的外表面上,以供识别和选用。例如,B2240 GB/T11544—97,表示 B 型 V 带,带的基准长度为 2 240 mm。

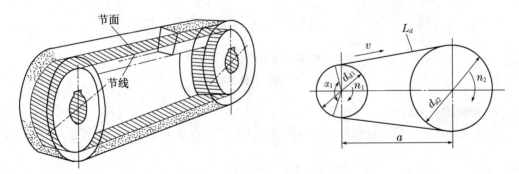

图 6-6　V 带的节面和节线

二、V 带带轮

1. 带轮的材料

带轮材料常采用 HT150、HT200 等灰铸铁制造。带速较高、功率较大时宜采用铸钢或钢板冲压后焊接,小功率传动时可采用铸铝或塑料。

2. 带轮的结构

V 带轮按轮辐结构不同分为四种形式,如图 6-7 所示。设计时,可根据带轮的基准直径来确定其结构形式。

当 $d_d \leqslant (1.5 \sim 3) d_0$($d_0$ 为轴的直径)时,可采用实心带轮[图 6-7(a)];

当 $d_d \leqslant 300$ mm 时,可采用辐板带轮[图 6-7(b)];

当 $d_d \leqslant 400$ mm 时,可采用孔板带轮[图 6-7(c)];

当 $d_d > 400$ mm 时,可采用椭圆剖面的轮辐带轮[图 6-7(d)]。

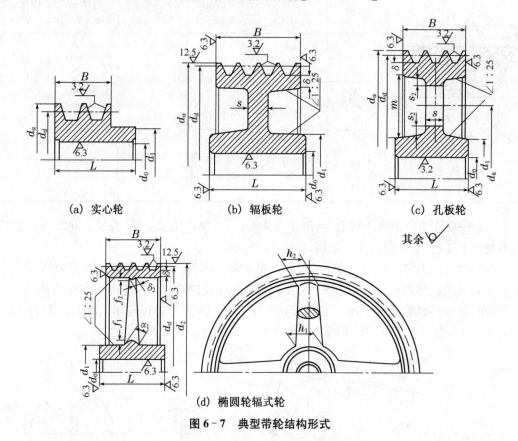

(a) 实心轮　　　　　(b) 辐板轮　　　　　(c) 孔板轮

其余 ∀

(d) 椭圆轮辐式轮

图 6-7 典型带轮结构形式

3. 带轮的基本尺寸

带轮的基本尺寸分为轮槽尺寸和结构尺寸两部分。参见表 6-2、6-3 和图 6-7、6-8。

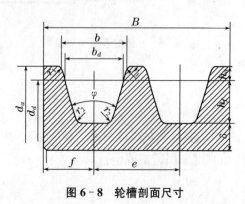

图 6-8 轮槽剖面尺寸

表 6-2　V 带轮轮槽尺寸　　　　　　　　　　　　　　mm

槽形			Y	Z	A	B	C	D	E
基准宽度 b_d			5.3	8.5	11.0	14.0	19.0	27.0	32.0
顶宽 b			6.3	10.1	19.2	17.2	23	32.7	38.7
基准线上槽深 $h_{a\,min}$			1.6	2.0	2.75	3.5	4.8	8.1	9.6
基准线下槽深 $h_{f\,min}$			4.7	7.0	8.7	10.8	14.3	19.9	23.4
槽间距 e			8±0.3	12±0.3	15±0.3	19±0.4	25.5±0.5	37±0.6	44.5±0.7
槽中心至轮端面间距 f_{min}			6	7	9	11.5	16	23	28
最小轮缘厚度 δ_{min}			5	5.5	6	7.5	10	12	15
轮缘宽度 B			$B=(z-1)e+2f$　（z—轮槽数）						
r_1			0.2~0.5						
r_2			0.5~1.0				1.0~1.6	1.6~2.0	1.6~2.0
轮槽角 $\varphi/(°)$	32	对应基准直径 d_d	≤60	—	—	—	—	—	—
	34		—	≤80	≤118	≤190	≤315	—	—
	36		>60	—	—	—	—	≤475	≤600
	38		—	>80	>118	>190	>315	>475	>600

注：① 轮槽角 φ＜V 带楔角 α 是为了保证 V 带绕在带轮上工作时能与轮槽侧面紧密贴合。

　　② 槽间距 e 的极限偏差适用于任何两个轮槽对称中心面的距离,不论相邻与否。

表 6-3　V 带轮结构尺寸

		L	d_1	d_a
带轮外形结构尺寸		$(1.5~2)d_0$	$(1.8~2)d_0$	d_d+2h_a
		d_0 由轴的设计确定		
辐板、孔板结构尺寸	m	$(d_a-2(H+\delta)-d_1)/2$；式中 $H=h_1+h_2$		
	d_k	$m+d_1$		
	s	$(0.2~0.3)B$		
	s_1	≥1.5s		
	s_2	≥0.5s		
椭圆轮辐结构尺寸	h_1	$200\sqrt[3]{\dfrac{P}{nA}}$；式中：$P$ 为功率(kW)；A 为轮辐数；n 为转速(r/min)	h_2	$0.8h_1$
	α_1	$0.4h_1$	α_2	$0.8\alpha_1$
	f_1	$0.2h_1$	f_2	$0.2h_2$

注：B 为轮缘宽度,L 为带轮轮毂宽度,其他参数意义见图 6-7 所示。

模块三　带传动的工作能力分析

一、带传动的受力分析

1. 有效拉力 F_e

为保证带传动正常工作,带传动须以一定的张紧力套在带轮上。带传动静止时,带两边承受的拉力相等,称为初拉力 F_0[图 6-9(a)]。当带工作时,由于带与带轮间摩擦力的作用,带两边的拉力不再相等。进入主动轮的一边被拉紧,称为紧边,拉力由 F_0 增大到 F_1[图 6-9(b)];而另一边被放松,称为松边,其拉力由 F_0 减小到 F_2。

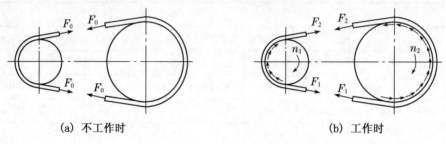

(a) 不工作时　　　　　　　　　　　　　(b) 工作时

图 6-9　传动带承受的拉力

紧边与松边拉力的差值(F_1-F_2)为带传动中起传递力矩作用的拉力,称为有效拉力 F_e,即

$$F_e = F_1 - F_2。 \tag{6-1}$$

有效拉力 F_e 等于带与带轮接触弧上的摩擦力总和。由摩擦的特点可知,在初拉力一定的情况下,带与带轮之间的摩擦力是有限的。当所要传递的圆周力超过摩擦力总和的极限值时,带将沿带轮产生明显的相对滑动,这种现象称为打滑。打滑时从动轮转速急剧下降,以至丧失工作能力,同时也加剧了带的磨损,因此应尽量避免出现打滑现象。

2. 最大有效拉力

在带传动中,当带与带轮表面间即将打滑时,摩擦力达到极限值,带所能传递的有效拉力也达到最大值。由欧拉公式,可得 F_1 与 F_2 之间的关系为

$$F_1 = F_2 e^{f\alpha}。 \tag{6-2}$$

式中:f 为带和带轮接触面间的摩擦系数;α 为带在带轮上的包角(rad);e 为自然对数的底。

另外,带在工作前后的长度可以认为近似相等,则传动带工作时紧边拉力的增加量等于松边拉力的减少量,即

$$F_1 - F_0 = F_0 - F_2。 \tag{6-3}$$

由式(6-1~6-3),可解得传动带所能传递的最大有效拉力

$$F_e = 2F_0 \frac{e^{f\alpha}-1}{e^{f\alpha}+1}。 \tag{6-4}$$

由式(6-4)表明,带传动不发生打滑时所能传递的最大有效拉力(即最大有效圆周力)

与摩擦系数 f、包角 α 和初拉力 F_0 有关。f、α 和 F_0 越大,带所能传递的有效圆周力 F_e 也越大。

二、带的应力分析

1. 带传动时将产生的三种应力

（1）由拉力产生的应力 σ_1、σ_2

紧边拉应力：
$$\sigma_1 = \frac{F_1}{A};$$

松边拉应力：
$$\sigma_2 = \frac{F_2}{A}。$$

（2）离心拉应力 σ_c

带在传动时,绕在带轮上的传动带随带轮做圆周运动,产生的离心拉力 F_c(N)应为
$$F_c = qv^2。$$
式中:q 为带每米带长的质量;v 为带速;F_c 作用于带的全长上,产生的离心拉应力为
$$\sigma_c = \frac{F_c}{A} = \frac{qv^2}{A}。$$

（3）弯曲应力 σ_b

传动带绕过带轮时,将产生弯曲应力。带的最外层弯曲应力(最大弯曲应力)为
$$\sigma_b = E\frac{2h_a}{d} \approx E\frac{h}{d}。$$
式中:h_a 为带的节面到最外层的垂直距离(mm),一般可近似取 $h_a = \frac{h}{2}$(mm);E 为带材料的弹性模量(MPa);d 为带轮基准直径(mm);h 为带的高度(mm)。

以上各式中,A 为带的横截面积(mm^2)。

2. 应力分布情况

三种应力分布如图 6-10 所示。带在工作过程中,其应力是不断变化的,最大应力发生在紧边开始进入小带轮处,其值为
$$\sigma_{\max} = \sigma_1 + \sigma_{b1} + \sigma_c。 \quad (6-5)$$
带在交变应力状态下工作时,经长期运行后会产生疲劳破坏。为保证带具有足够的疲劳强度,应满足
$$\sigma_{\max} = \sigma_1 + \sigma_{b1} + \sigma_c \leqslant [\sigma]。 (6-6)$$
式中 $[\sigma]$ 为带的许用应力(MPa)。

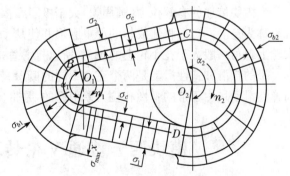

图 6-10 传动带工作时的应力分布

三、弹性滑动和打滑

1. 带的弹性滑动

带是弹性体,受到拉力作用后将产生弹性变形。由于紧边和松边的拉力不同,弹性变形量也不同。

如图 6-11 所示,在主动轮上,当带从紧边 A 点转到松边 B 点的过程中,拉力由 F_1 逐渐降至 F_2,带因弹性变形渐小而回缩,由 B 点缩回至 E 点,于是带与带轮之间产生了向后的相对滑动,带的圆周速度滞后于带轮的圆周速度。这种现象也同样发生在从动轮上,但情况相反,带将逐渐伸长,这时带的圆周速度超前于带轮的圆周速度。

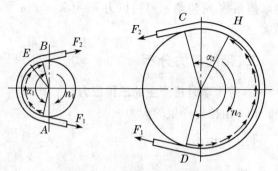

图 6-11　带传动的弹性滑动

这种由于带的弹性变形而引起的带与带轮之间的相对滑动,称为弹性滑动。在摩擦带传动中,弹性滑动是不可避免的。

带传动中,由于弹性滑动而引起的从动轮圆周速度 v_2 低于主动轮圆周速度 v_1 的相对比率称为滑动率,用 ε 表示,即

$$\varepsilon = \frac{v_1 - v_2}{v_1} = \frac{\pi d_{d1} n_1 - \pi d_{d2} n_2}{\pi d_{d1} n_1}。 \tag{6-7}$$

引入 $i = n_1/n_2$。由式(6-7),得

$$i = \frac{n_1}{n_2} = \frac{d_{d2}}{d_{d1}(1-\varepsilon)}。 \tag{6-8}$$

式中:n_1、n_2 分别为主、从动轮的转速(r/min);d_{d1}、d_{d2} 分别为主、从动轮的直径(mm)。

在正常传动中,滑动率 $\varepsilon = 0.01 \sim 0.02$,故在一般计算中可忽略不计。此时传动比计算公式可简化为

$$i = \frac{n_1}{n_2} = \frac{d_{d2}}{d_{d1}}。 \tag{6-9}$$

2. 打滑

当需要传递的有效拉力(圆周力)大于极限摩擦力时,带与带轮间将发生全面滑动,这种现象称为打滑。打滑将造成带的严重磨损并使从动轮转速急剧降低,致使传动失效。带在大轮上包角一般大于在小轮上的包角,所以打滑总是先在小轮上开始。

带的打滑和弹性滑动是两个完全不同的概念。打滑是因为过载引起的,因此可以避免。而弹性滑动是由于带的弹性和拉力差引起的,是带传动正常工作时不可避免的现象。

模块四　普通 V 带传动的设计计算

一、带传动的失效形式及设计准则

由带传动的工作情况分析可知,带传动的主要失效形式为带的过度磨损、打滑和带的疲劳破坏等。因此,带传动的设计准则为:在保证带传动不打滑的条件下,具有一定的疲劳强度的寿命。

二、单根 V 带的基本额定功率和许用功率

在包角 $\alpha = 180°$、特定带长、工作平稳的条件下,单根普通 V 带的基本额定功率 P_0 见表 6-4。

表 6-4　单根 V 带的基本额定功率 P_0(kW)(摘自 GB/T13575.1—1992)

带形	小带轮基准直径 d_d/mm	小带轮转速 n_1/(r·min⁻¹)									
		100	200	300	400	500	600	730	980	1 200	1 460
Z	50				0.06			0.09	0.12	0.14	0.16
	56				0.06			0.11	0.14	0.17	0.19
	63				0.08			0.19	0.18	0.22	0.25
	71				0.09			0.17	0.23	0.27	0.31
	80				0.14			0.20	0.26	0.30	0.36
	90				0.14			0.22	0.28	0.33	0.37
A	75		0.16	0.27				0.42	0.52	0.60	0.68
	80		0.18	0.31				0.49	0.61	0.71	0.81
	90		0.22	0.39				0.63	0.79	0.93	1.07
	100		0.26	0.47				0.77	0.97	1.14	1.32
	112		0.31	0.56				0.93	1.18	1.39	1.62
	125		0.37	0.67				1.11	1.40	1.66	1.93
	140		0.43	0.78				1.31	1.66	1.96	2.29
B	125		0.48	0.84				1.34	1.67	1.93	2.20
	140		0.59	1.05				1.69	2.19	2.47	2.83
	160		0.74	1.32				2.16	2.72	3.17	3.64
	180		0.88	1.59				2.61	3.30	3.85	4.41
	200		1.02	1.85				3.06	3.86	4.50	5.15
C	200		1.39	1.92	2.41	2.87	3.30	3.80	4.66	5.29	5.86
	244		1.70	2.37	2.99	3.58	4.12	4.78	5.89	6.71	7.47
	250		2.03	2.85	3.62	4.32	5.00	5.82	7.18	8.21	9.06
	280		2.42	3.40	4.32	5.19	6.00	6.99	8.65	9.81	10.74
	315		2.86	4.04	5.14	6.17	7.14	8.34	10.23	11.53	12.48
D	355	3.01	5.31	7.35	9.24	10.90	12.39	14.04	16.30	17.25	16.70
	400	3.66	6.52	9.19	11.45	19.55	15.42	17.58	20.25	21.20	20.03
	450	4 037	7.90	11.02	19.85	16.40	18.67	21.12	24.16	24.84	22.42
	500	5.08	9.21	12.88	16.20	19.17	21.78	24.52	27.60	27.61	23.28
	560	5.91	10.76	15.07	18.95	22.38	25.32	28.28	31.00	29.67	22.08

当实际使用条件与特定条件不同时,应对 P_0 进行修正。修正后即得与实际条件相符的单根 V 带所能传递的功率,称为许用功率,用 $[P_0]$ 表示:

$$[P_0] = (P_0 + \Delta P_0)K_\alpha K_L \tag{6-10}$$

式中:ΔP_0 为功率增量,考虑传动比 $i \neq 1$ 时,带绕大带轮时的弯曲应力较小,可使带的疲劳强度提高,即传递的功率增大,ΔP_0 值见表 6-5;K_α 为包角修正系数,见表 6-6;K_L 为带长修正系数,见表 6-7。

表 6-5　考虑 $i \neq 1$ 时，单根 V 带的额定功率增量 ΔP_0(kW)(摘自 GB/T13575.1—1992)

带形	传动比 i	小带轮转速 n_1/(r·min⁻¹)												
		200	400	730	800	980	1 200	1 460	1 600	2 000	2 400	2 800	3 200	3 600
A	1.00~1.01	0.00												
	1.02~1.04						0.02	0.02	0.02	0.03	0.03	0.04	0.04	0.05
	1.05~1.08		0.01	0.02	0.02	0.03	0.03	0.04	0.04	0.06	0.07	0.08	0.09	0.10
	1.09~1.12		0.02	0.03	0.03	0.04	0.05	0.06	0.06	0.08	0.10	0.11	0.13	0.15
	1.13~1.18		0.02	0.04	0.04	0.05	0.07	0.08	0.09	0.11	0.13	0.15	0.17	0.19
	1.19~1.24		0.03	0.05	0.05	0.06	0.08	0.09	0.11	0.13	0.16	0.19	0.22	0.24
	1.25~1.34	0.02	0.03	0.06	0.06	0.07	0.10	0.11	0.13	0.16	0.19	0.23	0.26	0.29
	1.35~1.51	0.02	0.04	0.07	0.08	0.08	0.11	0.13	0.15	0.19	0.23	0.26	0.30	0.34
	1.52~1.99	0.02	0.04	0.08	0.09	0.10	0.13	0.15	0.17	0.22	0.26	0.30	0.34	0.39
	≥2.0	0.03	0.05	0.09	0.10	0.11	0.15	0.17	0.19	0.24	0.29	0.34	0.39	0.44
B	1.00~1.01	0.00	0.00	0.00	0.00	0.00	0.00	0.00	0.00	0.00	0.00	0.00	0.00	0.00
	1.02~1.04	0.01	0.01	0.02	0.02	0.03	0.04	0.05	0.06	0.07	0.08	0.10	0.11	0.13
	1.05~1.08	0.01	0.03	0.05	0.06	0.07	0.08	0.10	0.11	0.14	0.17	0.20	0.23	0.25
	1.09~1.12	0.02	0.04	0.07	0.08	0.09	0.13	0.15	0.17	0.21	0.25	0.29	0.34	0.38
	1.13~1.18	0.03	0.06	0.10	0.11	0.13	0.17	0.20	0.23	0.28	0.34	0.39	0.45	0.51
	1.19~1.24	0.04	0.07	0.12	0.14	0.17	0.21	0.25	0.28	0.35	0.42	0.49	0.56	0.63
	1.25~1.34	0.04	0.08	0.15	0.17	0.20	0.25	0.31	0.34	0.42	0.51	0.59	0.68	0.76
	1.35~1.51	0.05	0.10	0.17	0.20	0.23	0.30	0.36	0.39	0.49	0.59	0.69	0.79	0.89
	1.52~1.99	0.06	0.11	0.20	0.23	0.26	0.34	0.40	0.45	0.56	0.68	0.79	0.90	1.01
	≥2.0	0.06	0.13	0.22	0.25	0.30	0.38	0.46	0.51	0.63	0.76	0.89	1.01	1.14
C	1.00~1.01	—	0.00	0.00	0.00	0.00	0.00	0.00	0.00	0.00	0.00	0.00	0.00	0.00
	1.02~1.04	—	0.02	0.03	0.04	0.05	0.06	0.07	0.09	0.12	0.14	0.16	0.18	0.20
	1.05~1.08	—	0.04	0.06	0.08	0.10	0.12	0.14	0.19	0.24	0.28	0.31	0.35	0.39
	1.09~1.12	—	0.06	0.09	0.12	0.15	0.18	0.21	0.27	0.35	0.42	0.47	0.53	0.59
	1.13~1.18	—	0.08	0.12	0.16	0.20	0.24	0.27	0.37	0.47	0.58	0.63	0.71	0.78
	1.19~1.24	—	0.10	0.15	0.20	0.24	0.29	0.34	0.47	0.59	0.71	0.78	0.88	0.98
	1.25~1.34	—	0.12	0.18	0.23	0.29	0.35	0.41	0.56	0.70	0.85	0.94	1.06	1.17
	1.35~1.51	—	0.14	0.21	0.27	0.34	0.41	0.48	0.65	0.82	0.99	1.10	1.23	1.37
	1.52~1.99	—	0.16	0.24	0.31	0.39	0.47	0.55	0.74	0.94	1.14	1.25	1.41	1.57
	≥2.0	—	0.18	0.26	0.35	0.44	0.53	0.62	0.83	1.06	1.27	1.41	1.59	1.76
D	1.00~1.01	0.00	0.00	0.00	0.00	0.00	0.00	0.00	0.00	0.00	0.00	0.00	0.00	—
	1.02~1.04	0.03	0.07	0.10	0.14	0.17	0.21	0.24	0.33	0.42	0.51	0.56	0.63	—
	1.05~1.08	0.07	0.14	0.21	0.28	0.35	0.42	0.49	0.66	0.84	1.01	1.11	1.24	—
	1.09~1.12	0.10	0.21	0.31	0.42	0.52	0.62	0.73	0.99	1.25	1.51	1.67	1.88	—
	1.13~1.18	0.14	0.28	0.42	0.56	0.70	0.83	0.97	1.32	1.67	2.02	2.23	2.51	—
	1.19~1.24	0.17	0.35	0.52	0.70	0.87	1.04	1.22	1.60	2.09	2.52	2.78	3.13	—
	1.25~1.34	0.21	0.42	0.62	0.83	1.04	1.25	1.46	1.92	2.50	3.02	3.33	3.74	—
	1.35~1.51	0.24	0.49	0.73	0.97	1.22	1.46	1.70	2.31	2.92	3.52	3.89	4.98	—
	1.52~1.99	0.28	0.56	0.83	1.11	1.39	1.67	1.95	2.64	3.34	4.03	4.45	5.01	—
	≥2.0	0.31	0.63	0.94	1.25	1.56	1.88	2.19	2.97	3.75	4.53	5.00	5.62	—

表 6-6 包角修正系数 K_α (摘自 GB/T 13575.1—1992)

小轮包角 $\alpha_1/(°)$	180	175	170	165	160	155	150	145	140	195	190	125	120	110	100	90
K_α	1	0.99	0.98	0.96	0.95	0.93	0.92	0.91	0.89	0.88	0.86	0.84	0.82	0.78	0.74	0.69

表 6-7 普通 V 带的基准长度 L_d 及带长修正系数

基准长度 L_d/mm	带长修正系数 K_L							基准长度 L_d/mm	带长修正系数 K_L						
	Y	Z	A	B	C	D	E		Y	Z	A	B	C	D	E
200	0.81							2 000		1.03	0.98	0.88			
224	0.82							2 240		1.06	1.00	0.91			
250	0.84							2 500		1.09	1.03	0.93			
280	0.87							2 800		1.11	1.05	0.95	0.83		
315	0.89							3 150		1.19	1.07	0.97	0.86		
355	0.92							3 550		1.17	1.09	0.99	0.89		
400	0.96	0.87						4 000		1.19	1.19	1.02	0.91		
450	1.00	0.89						4 500			1.15	1.04	0.93	0.90	
500	1.02	0.91						5 000			1.18	1.07	0.96	0.92	
560		0.94						5 600				1.09	0.98	0.95	
630		0.96	0.81					6 300				1.12	1.00	0.97	
710		0.99	0.83					7 100				1.15	1.03	1.00	
800		1.00	0.85					8 000				1.18	1.06	1.02	
900		1.03	0.87	0.82				9 000				1.21	1.08	1.05	
1 000		1.06	0.89	0.84				10 000				1.23	1.11	1.07	
1 120		1.08	0.91	0.86				11 200					1.14	1.10	
1 250		1.11	0.93	0.88				12 500					1.17	1.12	
1 400		1.14	0.96	0.90				14 000					1.20	1.15	
1 600		1.16	0.99	0.92	0.83			16 000					1.22	1.18	
1 800		1.18	1.01	0.95	0.86										

三、普通 V 带传动的设计步骤和参数选择

设计 V 带传动,通常应已知传动用途、工作条件、传递功率、带轮转速(或传动比)及外廓尺寸等。

设计的主要内容有:V 带的型号、长度和根数、中心距、带轮的基准直径、材料、结构以及作用在轴上的压力等。

(1) 确定设计功率 P_d

设计功率 P_d 按式(6-11)计算

$$P_d = K_A P。 \qquad (6-11)$$

式中:P 为所需传递的功率(kW);K_A 为工况系数,按表 6-8 选取。

（2）选择 V 带的型号

根据设计功率 P_d 及主动带轮转速 n_1，由选型图（图 6 - 12）初选带的型号。

若选点落在两种型号交界附近，则可以对两种型号同时进行计算，最后择优选定。

表 6 - 8　工况系数 K_A

工况		K_A					
		空、轻载启动			重载启动		
		每天工作小时数/h					
		<10	10～16	>16	<10	10～16	>16
载荷变动微小	液体搅拌机；通风机和鼓风机（≤7.5 kW）；离心式水泵和压缩机；轻型运输机	1.0	1.1	1.2	1.1	1.2	1.3
载荷变动小	带式输送机（不均匀载荷）；通风机（>7.5 kW）旋转式水泵和压缩机；发电机；金属切削机床；印刷机；旋转筛；锯木机和木工机械	1.1	1.2	1.3	1.2	1.3	1.4
载荷变动较大	制砖机；斗式提升机；往复式水泵和压缩机；超重机；磨粉机；冲剪机床；橡胶机械；振动筛；纺织机械；重载输送机	1.2	1.3	1.4	1.4	1.5	1.6
载荷变动很大	破碎机（旋转式、颚式等）；磨碎机（球磨、棒磨、管磨）	1.3	1.4	1.5	1.5	1.6	1.8

注：空、轻载启动-电动机（交流启动、三角启动、直流并励）、四缸以上的内燃机、装有离心式离合器、液力联轴器的动力机。重载启动-电动机（联机交流启动、直流复励或串励）、四缸以下的内燃机。

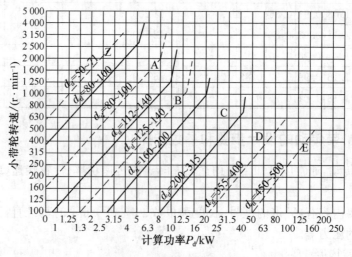

图 6 - 12　普通 V 带选型图

（3）确定带轮基准直径 d_{d1}、d_{d2}

带轮直径小，可使传动结构紧凑，但小带轮直径 d_{d1} 越小，带在轮上弯曲加剧，弯曲应力也越大,会使带的寿命降低,因此应对 d_{d1} 作必要的限制。

表 6-9 给出各型号普通 V 带许用最小带轮直径 d_{dmin}。一般应使 $d_{d1} \geqslant d_{dmin}$,并从表 6-10 确定标准直径。

忽略弹性滑动的影响,大带轮直径 $d_{d2} = \dfrac{n_1}{n_2} d_{d1}$。$d_{d2}$ 也应符合带轮直径系列尺寸,见表 6-10。

表 6-9　带轮最小基准直径　mm

槽形	Y	Z	A	B	C	D	E
d_{dmin}	20	50	75	125	200	355	500

表 6-10　普通 V 带轮基准直径系列　mm

槽形	基准直径 d_d													
Y	20 100	22.4 112	25 125	28	31.5	35.5	40	45	50	56	63	71	80	90
Z	50 180	56 200	63 224	71 250	75 280	80 315	90 355	100 400	112 500	125 560	192 630	140	150	160
A	75 180	80 200	(85) 224	90 (250)	(95) 280	100 315	(106) (355)	112 400	(118) (450)	125 500	(192) 560	140 630	150 710	160 800
B	125 450	(192) 500	140 560	150 (600)	160 630	(170) 710	180 (750)	200 800	224 (900)	250 1 000	280 1 120	315	355	400
C	200 560	212 600	224 630	236 710	250 750	(265) 800	280 900	300 1 000	315 1 120	(335) 1 250	355 1 400	400 1 600	450 2 000	500
D	355 1 000	(375) 1 060	400 1 120	425 1 250	450 1 250	(475) 1 400	500 1 500	560 1 600	(600) 1 800	630 2 000	710	750	800	900
E	500 1 600	530 1 800	560 2 000	600 2 240	630 2 500	670	70	800	900	1 000	1 120	1 250	1 400	

注:括号内的数值尽量不选用。

(4) 验算带速 v

$$v = \frac{\pi d_{d1} n_1}{60 \times 1\ 000}。 \tag{6-12}$$

带速太高会使离心力增大,从而使带与带轮间的摩擦力减小,容易打滑;带速太低,传递功率一定时所需的有效拉力过大,也会打滑,一般应使 v 在 5~25 m/s 范围内。如果带速超过上述范围,应重选小带轮直径。

(5) 确定中心距 a 及带的基准长度 L_d

带传动的特点是适用于较大中心距的传动,但也不宜过大,否则将由于载荷变化而引起带的颤动。同时也不宜过小,中心距过小,在同一转速下,单位时间内带的绕转次数增多,降低带的寿命,且包角减小,传动能力降低。

设计 V 带传动时,推荐按式(6-13)初定中心距 a_0:

$$0.7(d_{d1}+d_{d2}) \leqslant a_0 \leqslant 2(d_{d1}+d_{d2})。 \tag{6-13}$$

由带传动的几何关系,可得带的基准长度计算公式:

$$L_{d0}=2a_0+\frac{\pi}{2}(d_{d1}+d_{d2})+\frac{(d_{d2}-d_{d1})^2}{4a_0}。 \tag{6-14}$$

根据带基准长度的计算值 L_{d0},查表 6-7 选取与之相近的基准长度 L_d。

实际中心距的近似计算为

$$a \approx a_0+\frac{L_d-L_{d0}}{2}。 \tag{6-15}$$

考虑安装及补偿初拉力的要求,中心距的变动范围为

$$a_{\min}=a-0.015L_d;$$
$$a_{\max}=a+0.03L_d。$$

(6) 验算小带轮包角 α_1

小带轮上包角 α_1 应满足

$$\alpha_1=180°-\frac{d_{d2}-d_{d1}}{a} \times 57.3° \geqslant 120°。 \tag{6-16}$$

(7) 确定带的根数 z

$$z \geqslant \frac{P_c}{[P_0]}=\frac{P_c}{(P_0+\Delta P_0)K_a K_L}。 \tag{6-17}$$

带的根数应取整数。为使各带受力均匀,带的根数 z 不宜过多,一般 $z<10$。

(8) 计算初拉力 F_0

适当的初拉力 F_0 是保证带传动正常工作的重要因素。F_0 过小,摩擦力小,容易打滑。F_0 过大,不仅使轴及轴承受力过大,并使带的寿命降低。

通常单 V 带的初拉力可按式(6-18)计算:

$$F_0=\frac{500P_d}{zv}\left(\frac{2.5}{K_a}-1\right)+mv^2。 \tag{6-18}$$

(9) 计算带对轴的压力 F_Q

为了设计支承带轮的轴和轴承,需先计算带作用于轴上的压力 F_Q。F_Q 可按图 6-13,并用式(6-19)计算:

$$F_Q=2zF_0\sin\frac{\alpha_1}{2}。 \tag{6-19}$$

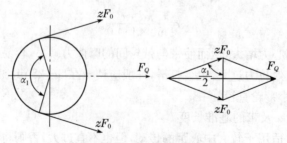

图 6-13 带对轴的压力

（10）带轮的结构设计

带轮的结构设计包括：根据带轮的基准直径选择结构形式；根据带的型号确定轮槽尺寸；根据经验公式确定辐板、轮毂等结构尺寸；绘制带轮工作图，并标注技术要求等。

例 6 - 1　设计某搅拌机用普通 V 带传动。已知电动机额定功率 $P = 3 \text{ kW}$，转速 $n_1 = 1\,420 \text{ r/min}$，$n_2 = 340 \text{ r/min}$，两班制工作。

解：（1）求设计功率 P_d

由表 6 - 8 查得重载启动 $K_A = 1.2$。由式（6 - 15），得
$$P_d = K_A P = 1.2 \times 3 = 3.6 \text{ (kW)}。$$

（2）选择 V 带型号

根据 $P_d = 3.6 \text{ kW}$，$n_1 = 1\,420 \text{ r/min}$，由图 6 - 12 确定为 A 型 V 带。

（3）确定带轮基准直径

由表 6 - 9、6 - 10 选带轮基准直径，小带轮 $d_{d1} = 90 \text{ mm}$，大带轮
$$d_{d2} = \frac{n_1}{n_2} d_{d1} = \frac{1\,420}{340} \times 90 \approx 375.88 \text{ (mm)}。$$

由表 6 - 10 取 $d_{d2} = 400 \text{ mm}$。

（4）验算带速 v

由式（6 - 16），得 $v = \dfrac{\pi d_{d1} n_1}{60 \times 1\,000} = \dfrac{\pi \times 90 \times 1\,420}{60 \times 1\,000} \approx 6.69 \text{ (m/s)}。$

带速 v 在 5～25 m/s 之间，合适。

（5）验算带的基准长度 L_d 及中心距 a

由式（6 - 17）　　　　　$0.7(d_{d1} + d_{d2}) \leqslant a_0 \leqslant 2(d_{d1} + d_{d2})$，

得　　　　　　　　　　　　$311.5 \leqslant a_0 \leqslant 890$。

初取中心距 $a_0 = 500 \text{ mm}$。由下式计算带的基准长度 L_{d0}：
$$L_{d0} = 2a_0 + \frac{\pi}{2}(d_{d1} + d_{d2}) + \frac{(d_{d2} - d_{d1})^2}{4a_0};$$

$$L_{d0} = 2 \times 500 + \frac{\pi}{2} \times (90 + 400) + \frac{(400 - 90)^2}{4 \times 500} = 1\,817.35 \text{ (mm)}。$$

由表 6 - 7 查得相近的基准长度 $L_d = 1\,800 \text{ mm}$。

按式（6 - 19）计算实际中心距 a：
$$a \approx a_0 + \frac{L_d - L_{d0}}{2} = 500 + \frac{1\,800 - 1\,817.35}{2} \approx 491.33 \text{ (mm)}。$$

（6）验算小带轮的包角 α_1
$$\alpha_1 = 180° - \frac{d_{d2} - d_{d1}}{a} \times 57.3° = 180° - \frac{400 - 90}{491.33} \times 57.3° \approx 143.85°。$$

包角 $\alpha_1 = 143.85° > 120°$，合适。

（7）计算 V 带的根数 z

查表 6 - 4，用插值法求单根 V 带的基本额定功率 $P_0 = 1.05 \text{ kW}$；

查表 6 - 5，查得功率增量 $\Delta P_0 = 0.17 \text{ kW}$；

查表 6 - 6，用插值法求得包角系数 $K_\alpha = 0.907$；

查表 6 - 7，带长修正系数 $K_L = 1.01$。

由式(6-23),得

$$z \geqslant \frac{P_d}{(P_0 + \Delta P_0)K_a K_L} = \frac{3.6}{(1.05 + 0.17) \times 0.907 \times 1.01} \approx 3.22。$$

取 $z = 4$。

(8) 计算初拉力 F_0

由式(6-22),得

$$F_0 = \frac{500 P_d}{zv}\left(\frac{2.5}{K_a} - 1\right) + mv^2 = \frac{500 \times 3.6}{4 \times 6.69} \times \left(\frac{2.5}{0.907} - 1\right) + 0.1 \times 6.69^2 \approx 122.62 \ (\text{N})。$$

式中 m 由表 6-1 查得 $m = 0.1 \ \text{kg/m}$。

(9) 计算带对轴的压力 F_Q

由式(6-23),得

$$F_Q = 2z F_0 \sin\frac{\alpha_1}{2} = 2 \times 4 \times 122.62 \times \sin\frac{143.85°}{2} \approx 931.2 \ (\text{N})。$$

(10) 带轮的结构设计

按照本项目的模块二进行设计(设计过程及带轮工作图略)。

模块五 窄 V 带传动

一、窄 V 带的结构、特点和应用

窄 V 带传动是近年来国际上普遍应用的一种 V 带传动。带的强力层采用高强力低收缩聚酯线绳,其高(h)与节宽(b_p)比为 0.9。

窄 V 带的强力层是采用高强度绳心,能承受较大的预紧力,当带高与普通 V 带相同时,其带宽较普通 V 带小约 1/3,而承载能力可提高 1.5~2.5 倍。

窄 V 带传动适用于大功率且结构要求紧凑的传动,如发动机上的带传动等。

二、窄 V 带和窄 V 带带轮尺寸

窄 V 带有两种类型:一种为基准制,截型分为 SPZ、SPA、SPB、SPC 四种;另一种为有效制,截型分为 9 N、15 N、25 N 三种型号,其结构和有关尺寸已标准化,见表 6-11,基准制窄 V 带带轮轮槽的尺寸见表 6-12。

表 6-11 窄 V 带的截面尺寸

	基准制				有效制		
	SPZ	SPA	SPB	SPC	9 N	15 N	25 N
顶宽 b/mm	10.0	13.0	17.0	22.0	9.5	16.0	25.5
节宽 b_p/mm	8	11	14	19	—	—	—
高度 h/mm	8.0	10.0	14.0	18.0	8.0	13.5	23.0
楔角/(°)				40			

表 6-12　V带轮的轮缘尺寸　　mm

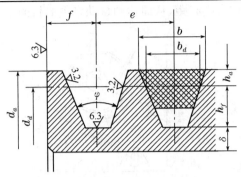

项目		符号	槽形			
			SPZ	SPA	SPB	SPC
基准宽度		b_d	8.5	11.0	14.0	19.0
基准线上槽深		$h_{a min}$	2.0	2.75	3.5	4.8
基准线下槽深		$h_{f min}$	9.0	11.0	14.0	19.0
槽间距		e	12±0.3	15±0.3	19±0.4	25.5±0.5
槽边距		f_{min}	7	9	11.5	16
最小轮缘厚		δ_{min}	5.5	6	7.5	10
带轮宽		B	$B=(z-1)e+2f$　　z—轮槽数			
外径		d_a	$d_a=d_d+2h_a$			
轮槽角 φ	32°	相应的基准直径 d_d	—	—	—	—
	34°		≤80	≤118	≤190	≤315
	36°		—	—	—	—
	38°		>80	>118	>190	>315
偏差			±30′			

模块六　带传动的张紧、维护与安装

一、带传动的张紧

　　带传动工作一段时间后会由于塑性变形而松弛,使初拉力减小、传动能力下降。为了保证带的传动能力,必须重新张紧。常用的张紧装置有:

　　(1) 调整中心距法

　　① 定期张紧。如图 6-14(a)所示,将装有带轮的电动机 1 装在滑道 2 上,旋转调节螺钉 3,以增大或减小中心距,从而达到张紧或松开的目的。图 6-14(b)为把电动机装在一摆动底座 2 上,通过调节螺钉 3 来调节中心距,从而达到张紧的目的。

② 自动张紧。把电动机1装在如图6-14(c)所示的摇摆架2上,利用电动机的自重,使其轴心绕铰点 A 摆动,拉大中心距,从而达到自动张紧的目的。

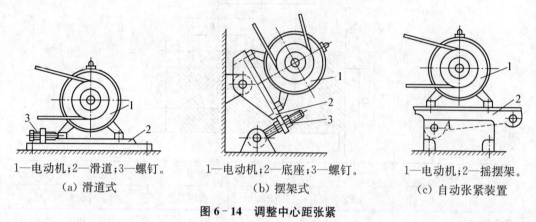

1—电动机;2—滑道;3—螺钉。　　　　1—电动机;2—底座;3—螺钉。　　　　1—电动机;2—摇摆架。
　　（a）滑道式　　　　　　　　　　　　（b）摆架式　　　　　　　　　　（c）自动张紧装置

图6-14　调整中心距张紧

（2）使用张紧轮

图6-15(a)所示为定期张紧装置,定期调整张紧轮的位置可达到张紧的目的。图6-15(b)所示为摆锤式自动张紧装置,依靠摆锤重力可使张紧轮自动张紧。

V 带和同步带张紧时,张紧轮一般放在带的松边内侧并应尽量靠近大带轮一边,这样可使带只受单向弯曲,且小带轮的包角不致过分减小,如图6-15(a)所示。

平带传动时,张紧轮一般应放在松边外侧,并要靠近小带轮处。这样小带轮包角可以增大,提高了平带的传动能力,如图6-15(b)所示。

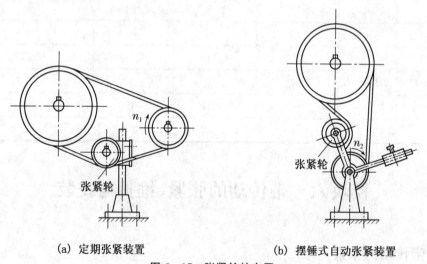

　　（a）定期张紧装置　　　　　　　　　　（b）摆锤式自动张紧装置

图6-15　张紧轮的布置

二、带传动的安装与维护

正确的安装和维护是保证带传动正常工作、延长胶带使用寿命的有效措施。一般应注意以下几点:

（1）选用 V 带时要注意型号和长度,型号要和带轮轮槽尺寸相符合。新旧不同的 V 带不同时使用。

（2）安装 V 带时，两轴线应平行，两轮相对应轮槽的中心线应重合，以防带侧面磨损加剧；应按规定的初拉力张紧，也可凭经验，对于中心距不太大的带传动，带的张紧程度以手按下 15 mm 为宜，见图 6‑16。水平安装应保证带的松边在上、紧边在下，以增大围包角。

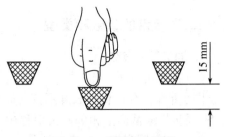

图 6‑16　带张紧度判定

（3）多根 V 带传动应采用配组带，以免受力不均。使用中应定期检查，如发现有的 V 带损坏时，应及时全组更换。

（4）装拆时不能硬撬，应先缩短中心距后再装拆胶带。装好后再调到合适的张紧程度。

（5）带传动装置必须安装安全防护罩，这样既可防止绞伤人，又可以防止灰尘、油及其他杂物飞溅到带上影响传动。

模块七　同步带简介

一、同步带传动的特点和应用

同步带综合了带传动和链传动的特点，它由强力层 1、带齿 2、带背 3 组成，如图 6‑17 所示。同步带的强力层为多股绕制的钢丝绳或玻璃纤维绳，基体为氯丁橡胶或聚氨酯橡胶，带内环表面成齿形，如图 6‑18 所示。工作时，带内环表面上的齿与带轮外缘上的齿槽相啮合而进行传动。带的强力层承载后变形小，其周节保持不变，所以带与带轮之间没有相对滑动，保证了同步传动。

同步带的优点是：（1）无相对滑动，带长不变，传动比稳定；（2）带薄而轻，强度高，适合高速传动，速度可达 40 m/s；（3）带的柔性好，可用直径较小的带轮，传动结构紧凑，能获得较大的传动比；（4）传动效率高，可达 0.98～0.99，因而应用日益广泛；（5）初拉力较小，故轴和轴承上所受的载荷小。同步带的主要缺点是制造、安装精度要求高、成本高。

同步带主要用于要求传动比准确的中、小功率传动中，如数控设备、计算机、录音机、磨床和纺织机械等。

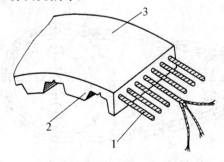

1—强力层；2—带齿；3—带背。

图 6‑17　同步齿形带的结构

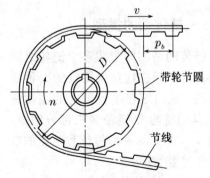

图 6‑18　同步齿形带传动

二、同步带的参数和类型

1. 同步带的参数

（1）节距 p_b

同步带中工作时保持长度不变的周线称为节线，节线长 L_p 为公称长度。在规定的张紧力下，同步带纵截面上相邻两齿对称中心线间沿节线测量的距离称为同步带的节距，如图 6-18 示，它是同步带的最基本参数。

（2）模数 m

$$m = \frac{p_b}{\pi}。$$

2. 同步带的形式

同步带的工作齿面分为梯形齿和弧齿两类。从结构上同步带又分为单面齿和双面齿两种，分别称为单面带和双面带。双面带的带齿排列分为 DA 型和 DB 型两种形式。DA 型双面同步带两面的齿呈对称排列，DB 型双面同步带两面的齿呈交错排列，如图 6-19 所示。此外，还有用于特殊用途的特殊结构同步带，如图 6-20 所示。

梯形同步带有周节制和模数制两种。周节制梯形齿同步带已标准化，因此称其为标准同步带。标准同步带有七种型号，分别是 MXL（最轻型）、XXL（超轻型）、XL（特轻型）、L（轻型）、H（重型）、XH（特重型）、XXH（超重型）。

有关同步带的其他内容可参考相关手册。

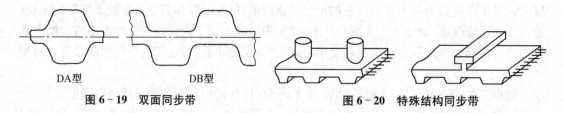

DA型　　　　　　DB型

图 6-19　双面同步带　　　　　　　　图 6-20　特殊结构同步带

模块八　链传动的类型、特点及应用

一、链传动的类型

链传动是在两个或多个链轮之间以链作为中间挠性拉曳零件的一种啮合传动。它由装在平行轴上的主动链轮 1、从动链轮 2、链条 3 三部分组成，如图 6-21 所示，并通过链和链轮的啮合来传递运动和动力。

按用途的不同，链传动分为传动链、起重链和牵引链。起重链和牵引链

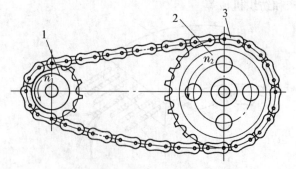

1—主动链轮；2—从动链轮；3—链条。

图 6-21　链传动的组成

用于起重机械和运输机械。由于传动链在机械传动中应用广泛,此处主要介绍传动链。

在传动链中,又分为短节距精密滚子链(简称滚子链)、短节距精密套筒链(简称套筒链)、齿形链和成形链,如图6-22所示。

套筒链的结构比滚子链简单,也已标准化,但因套筒较易磨损,故只用于 $v<2$ m/s 的低速传动;齿形链传动平稳,振动与噪声较小,亦称为无声链,但因其结构比滚子链复杂,制造较难且成本高,故多用于高速或运动精度要求较高的传动装置中;成形链结构简单、装拆方便,常用于 $v<3$ m/s 的一般传动及农业机械中。

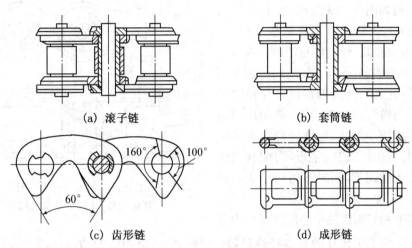

(a) 滚子链　　　　　　　　　　(b) 套筒链

(c) 齿形链　　　　　　　　　　(d) 成形链

图6-22　传动链的类型

二、链传动的特点和应用

链传动与其他传动相比,主要有以下特点:

(1) 与带传动相比:① 链传动没有弹性滑动和打滑,所以平均传动比准确,效率较高;② 对轴的作用力较小;③ 尺寸较紧凑,装拆方便;④ 能在恶劣的环境下工作,诸如高温、油污、粉尘和泥沙等场合。

(2) 与齿轮传动相比:① 制造和安装精度要求低;② 链轮轮齿受力较小,强度较高,磨损也较轻;③ 传动中心距大。

(3) 链传动的主要缺点是:瞬时链速和瞬时传动比是变化的,故传动不平稳,振动冲击和噪声较大,不适于载荷变化很大和急速反转的传动。

链传动适用于两轴线平行且距离较远、瞬时传动比无严格要求以及工作环境恶劣的场合,广泛用于农业、采矿、冶金、石油化工及运输等各种机械中。通常链传动所能传递的功率在100 kW以下,链速 $v\leqslant15$ m/s;现代先进的链传动技术已使优质滚子链传动功率达5 000 kW,链速可达 $30\sim40$ m/s。常用传动比最大可达15,一般 $i\leqslant8$;效率 $\eta=0.95\sim0.98$。

模块九 滚子链传动和链轮

一、滚子链的结构和规格

滚子链分单排、双排和多排 3 种。单排滚子链的结构如图 6‑23 所示,它由滚子 1、套筒 2、销轴 3、内链板 4 和外链板 5 构成。其中,内链板与套筒、外链板与销轴均为过盈配合,套筒与销轴、滚子与套筒之间分别采用间隙配合,因此,内、外链板在链节屈伸时可相对转动。当链与链轮啮合时,链轮齿面与滚子之间形成滚动摩擦,可减轻链条与链轮轮齿的磨损。链板制成∞字形,可使其剖面的抗拉强度大致相等,同时亦可减小链条的自重和惯性力。

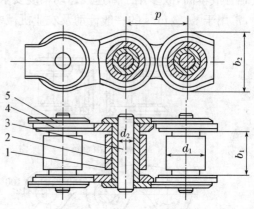

1—滚子;2—套筒;3—销轴;4—内链板;5—外链板。

图 6‑23 单排滚子链的结构

滚子链上相邻两销轴中心的距离称为节距,用 p 表示,它是链传动的基本特性参数。节距越大,链传动的功率也越大,但链的各元件的尺寸也越大,且当链轮齿数确定后,节距大会使链轮直径增大。

滚子链的基本参数与尺寸见表 6‑13。表内的链号数乘以 25.4/16 mm 即为节距值。链号中的后缀表示系列。其中,A 系列是我国滚子链的主体,供设计用;B 系列主要供维修用。

滚子链的标记规定为:链号—排数×整链链节数 国标编号。如,B 系列、节距 12.7 mm、单排、86 个链节长滚子链的标记为:08B—1×86 GB1243.1—83。

滚子链的接头形成如图 6‑24 所示。当链条的链节数为偶数时,连接方式采用可拆卸的外链板连接,接头处用开口销或弹簧卡固定[图 6‑24(a,b)];当链条的链节数为奇数时,须采用过渡链节[图 6‑24(c)]。由于过渡链板是弯的,承载后其承受附加弯矩,所以链节数尽量不用奇数。

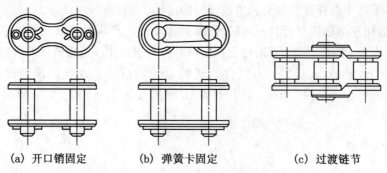

(a) 开口销固定　　　　(b) 弹簧卡固定　　　　(c) 过渡链节

图 6‑24 滚子链的接头形式

表 6-13 滚子链的基本参数与尺寸

链号	节距 p/mm	排距 p_t/mm	滚子外径 d_1/mm	内链节内宽 b_1/mm	销轴直径 d_2/mm	内链节外宽 b_2/mm	销轴长度		内链板高度 h_2/mm	极限拉伸载荷 F_{Qmin}/N		单排质量 q/(kg·m^{-1})（概略值）
							单排 b_4/mm	双排 b_5/mm		单排	双排	
05B	8.00	5.64	5.00	3.00	2.31	4.77	8.6	14.3	7.11	4 400	7 800	0.18
06B	9.252	10.24	6.35	5.72	3.28	8.53	13.5	23.8	8.26	8 900	16 900	0.40
08B	12.7	13.92	8.51	7.75	4.45	11.30	17.01	31.0	11.81	17 800	31 100	0.6
08A	12.7	14.38	7.95	7.85	3.96	11.18	17.8	32.3	12.07	13 800	27 600	0.6
10A	15.875	18.11	10.16	9.40	5.08	13.84	21.8	39.9	15.09	21 800	43 600	1.0
12A	19.05	22.78	11.91	12.57	5.94	17.75	26.9	49.8	18.08	31 100	62 300	1.5
16A	25.4	29.29	15.88	15.75	7.92	22.61	33.5	62.7	24.13	55 600	112 100	2.6
20A	31.75	35.76	19.05	18.90	9.53	27.46	41.1	77	30.18	86 700	173 500	3.8
24A	38.10	45.44	22.23	25.22	11.10	35.46	50.8	93.3	36.20	124 600	249 100	5.6
28A	44.45	48.87	25.4	25.22	12.70	37.19	54.9	103.6	42.24	16 900	338 100	7.5
32A	50.8	58.55	28.58	31.55	14.27	45.21	65.5	124.2	48.26	22 400	444 800	10.1
40A	63.5	71.55	39.68	37.85	19.54	54.89	80.5	151.9	60.33	34 700	693 900	16.1
48A	76.2	87.83	47.63	47.35	23.80	67.82	95.5	183.4	72.39	500 400	1 000 800	22.6

注：使用过渡链节时，其极限拉伸载荷按表列数值的 80% 计算。

二、滚子链链轮

滚子链链轮是链传动的主要零件。链轮齿形满足下列要求：① 保证链条能平稳而顺利地进入和退出啮合；② 受力均匀，不易脱链；③ 便于加工。

GB 1244—85 规定了滚子链链轮的端面齿槽形状，如图 6-25 所示，即为三圆弧（dc、ba、aa'）和一直线（cb）齿形。

由于链轮采用标准齿形，所以在链轮工作图上不必绘制其端面齿形，只需在图的右上角注明基本参数和"齿形按 GB1244—85 制造"字样即可。

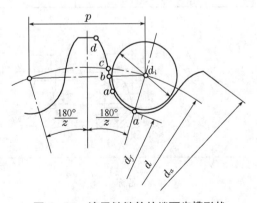

图 6-25 滚子链链轮的端面齿槽形状

链轮的主要尺寸及计算公式见表 6 - 14。链轮的轴向齿廓可查表 6 - 15。

表 6 - 14 滚子链链轮主要尺寸

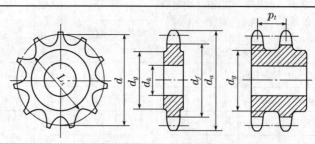

名称	符号	公式	说明
分圆直径	d	$d = p/\sin(180°/z)$	
齿圆直径	d_a	$d_{amax} = d + 1.25p - d_i$ $d_{amin} = d + (1 - 1.6/z)p - d_i$	可在 d_{amax} 与 d_{amin} 范围内选取,但当选择 d_{amax} 时,应注意,当用展成法加工时有可能发生顶切
分度圆弦齿高	h_a	$h_{amax} = (0.625 + 0.8/z)p - 0.5d_i$ $h_{amin} = 0.5(p - d_i)$	h_a 是为简化放大齿形图的绘制而引入的辅助尺寸。h_{amax} 相应于 d_{amax},h_{amin} 相应于 d_{amin}
齿根圆直径	d_f	$d_f = d - d_i$	
最大齿根距离	L_x	奇数齿: $L_x = d\cos(180°/z) - d_i$ 偶数齿: $L_x = d_f = d - d_i$	
齿侧凸缘(或间排槽)直径	d_g	$d_g < p\cos(180°/z) -$ $1.04h_2 - 0.76$	h_2 为内链板高度,d_g 要取整数

注:d_x 为链轮的轴孔,根据轴的强度计算确定。

表 6 - 15 轴向齿廓(摘自 GB1244—85)

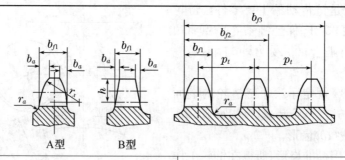

名称		计算公式	
		$p \leqslant 12.7$	$p > 12.7$
齿宽	单排	$0.93b_1$	$0.95b_1$
	双排、三排	$0.91b_1$	$0.93b_1$
	四排以上	$0.88b$	$0.93b_1$
倒角宽 b_a		$b_a = (0.1 \sim 0.15)p$	
倒角半径 r_z		$r_x \geqslant p$	

续表

名称	计算公式	
	$p \leqslant 12.7$	$p > 12.7$
倒角深 h	$h = 0.5p$	
齿侧缘（或排间槽）圆角半径 r_a	$r_a \approx 0.04p$	
链轮齿总宽 b_{fm}	$b_{fm} = (m-1)p_i + b_{f1}$（$m$ 为排数）	

链轮的结构如图 6-26 所示，小直径链轮可制成实心式[图 6-26(a)]，中等直径可制成孔板式[图 6-26(b)]，较大直径（大于 200 mm）时，可用焊接式结构[图 6-26(c)]或组合式结构[图 6-26(d)]。

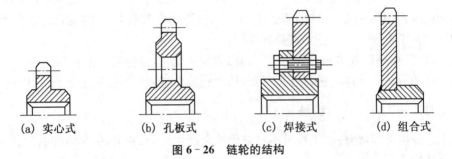

(a) 实心式　　　(b) 孔板式　　　(c) 焊接式　　　(d) 组合式

图 6-26　链轮的结构

模块十　链传动的运动特性

链条绕上链轮后形成折线，因此链传动的运动情况和绕在多边形轮子上的带传动很相似（图 6-27）。设 n_1、n_2 为两链轮的转速（r/min），则链的平均速度为

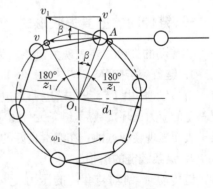

$$v = \frac{z_1 p n_1}{60\,000} = \frac{z_2 p n_2}{60\,000} \text{(m/s)} 。 \quad (6-20)$$

式中：z_1、z_2 为两链轮的齿数；p 为节距（mm）。

由式（6-24）求得链传动的传动比为

$$i_{12} = \frac{n_1}{n_2} = \frac{z_2}{z_1} 。 \quad (6-21)$$

图 6-27　链传动的运动分析

由式（6-20,6-21）求得的链速和传动比均为平均值。实际上，由于多边形效应，链速和传动比在每一瞬时都是变化的，而且是按每一链节的啮合过程做周期性变化。在图 6-27 中，假设链条的上边始终处于水平位置，铰链 A 已进入啮合。主动轮以角速度 ω_1 回转，其圆周速度 $v_1 = d_1 \cos \beta = \frac{d_1 \omega_1}{2} \cos \beta$，将其分解为沿链条前进方向的分速度 v 和垂直方向的分速度 v'，则 v 和 v' 的值分别为

$$v = v_1 \cos\beta = \frac{d_1\omega_1}{2}\cos\beta; \qquad\qquad (6-22)$$

$$v' = v_1 \sin\beta = \frac{d_1\omega_1}{2}\sin\beta. \qquad\qquad (6-23)$$

式中 β 为主动轮上铰链 A 的圆周速度方向与链条前进方向的夹角。每一链节自啮入链轮后,在随链轮的转动沿圆周方向送进一个链节的过程中,每一铰链转过 $\frac{360°}{z_1}$。当铰链中心转至链轮的垂直中心线位置时,其链速达最大值,$v_{\max} = v_1 = d_1\omega_1/2$;当铰链处于 $-\frac{180°}{z_1}$ 和 $+\frac{180°}{z_1}$ 时链速为最小,$v_{\min} = d_1\omega_1/2 \cdot \cos\frac{180°}{z_1}$。由此可见,链轮每送进一个链节,其链速 v 经历"最小—最大—最小"的周期性变化。这种由于链条绕在链轮上形成多边形啮合传动而引起传动速度不均匀的现象,称为多边形效应。当链轮齿数较多、β 的变化范围较小时,其链速的变化范围也较小,多边形效应相应减弱。

此外,链条在垂直方向上的分速度 v' 也做周期性变化,使链条上下抖动。

用同样的方法对从动轮进行分析可知,从动轮的角速度 ω_2 也是变化的,所以链速和链传动的瞬时传动比 $\left(i_{12} = \frac{\omega_1}{\omega_2}\right)$ 也是变化的。

由上述分析可知,链传动工作时不可避免地会产生振动、冲击,引起附加的动载荷,因此链传动不适用于高速传动。

模块十一　链传动的设计计算

一、链传动的主要失效形式

链传动的失效主要表现为链条的失效,具体有以下几方面。

1. 链条疲劳破坏

链传动时,由于链条在松边和紧边所受的拉力不同,故链条工作在交变拉应力状态。经过一定的应力循环次数后,链条元件由于疲劳强度不足而破坏,链板将发生疲劳断裂,或套筒、滚子表面出现疲劳点蚀。在润滑良好的链传动时,疲劳强度是决定链传动能力的主要因素。

2. 链条铰链的磨损

链传动时,销轴与套筒的压力较大,彼此又产生相对转动,因而导致铰链磨损,使链的实际节距变长(内、外链节的实际节距 p_1、p_2 是指相邻两滚子间的中心距,它随使用中磨损情况不同而变化),如图 6-28 所示。铰链磨损后,由于实际节距的增长主要出现在外链节,

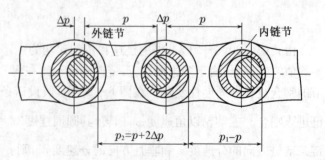

图 6-28　链条磨损后的实际节距

内链节的实际节距几乎不受磨损影响而保持不变,因而增加了各链节的实际节距的不均匀性,使传动更不平稳。链的实际节距因磨损而伸长到一定程度时,链条与轮齿的啮合情况变坏,从而发生爬高和跳齿现象。磨损是润滑不良的开式链传动的主要失效形式,造成链传动寿命大大降低。

3. 链条铰链的胶合

在高速重载时,销轴与套筒接触表面间难以形成润滑油膜,金属直接接触导致胶合。胶合限制了链传动的极限转速。

4. 链条冲击破断

对于因张紧不好而有较大松边垂度的链传动,在反复启动、制动或反转时所产生的巨大冲击,将会使销轴、套筒、滚子等元件不到疲劳时就产生冲击破断。

5. 链条的过载拉断

低速重载的链传动在过载时,因静强度不足而被拉断。

二、链传动的设计计算

1. 主要参数的确定

链传动各参数对传动的影响及确定如下:

(1)齿数 z_1、z_2 和传动比 i

小链轮齿数越少,动载荷越大,传动平衡性越差。因此需要限制小链轮的最少齿数,一般 $z_{1\min}=17$。链速很低时,z_1 可取 9,z_1 也不宜过多,以免增大传动尺寸。$z_2=iz_1$,链轮齿数 $z_{\max}=120$,因为链轮齿数过多时,链的使用寿命将缩短,链条稍有磨损即从链轮上脱落。

另外,为避免使用过度,链节数一般为偶数。考虑到均匀磨损,链轮齿数 z_1、z_2 最好选用与链节数互为质数的奇数,并优先选用数列 17、19、21、23、25、38、57、76、85、114。

(2)链节距 p

链节距 p 越大,承载能力越大,但引起的冲击、振动和噪音也越大。为使传动平稳和结构紧凑,应尽量选用节距较小的单排链,高速重载时,可选用小节距的多排链。

(3)中心距 a 和链节数 L_p

中心距 a 取大些,链长度增加,链条应力循环次数减少,疲劳寿命增加,同时,链的磨损较慢,有利于提高链的寿命;中心距 a 取大些,则小链轮上包角增大,同时啮合轮齿多,对传动有利。但中心距过大时,松边也易于上、下颤动,使传动平稳性下降,因此一般取初定中心距 $a_0=(30\sim50)p$,最大中心距 $a_{\max}=80p$,且保证小链轮包角 $\alpha\geqslant120°$。

链条长度常用链节数 L_p 来表示,L_p 可按式(6-24)计算:

$$L_p=2\frac{a_0}{p}+\frac{z_1+z_2}{2}+\left(\frac{z_2-z_1}{2\pi}\right)^2\frac{p}{a_0}。 \tag{6-24}$$

L_p 计算后圆整为偶数。然后根据 L_p 计算理论中心距 a:

$$a=\frac{p}{4}\left[\left(L_p-\frac{z_1+z_2}{2}\right)+\sqrt{\left(L_p-\frac{z_1+z_2}{2}\right)^2+8\left(\frac{z_2-z_1}{2\pi}\right)^2}\right]。 \tag{6-25}$$

为保证链条松边有适当垂度 $f=(0.01\sim0.02)a$,实际中心距 a' 要比理论中心距 a 略小些。$\Delta a=a-a'=(0.002\sim0.004)a$,中心距可调时取较大值,否则取较小值。

(4)链速 v

链速的提高受到动载荷的限制,一般不宜超过 12 m/s。如果链和链轮制造质量很高、链节距较小、链轮齿数较多、安装精度很高以及采用合金钢制造链,链速可以达到 20～30 m/s。

2. 额定功率和计算功率

（1）额定功率

在规定试验条件下,把标准中不同节距的链条在不同转速时所能传递的功率称为额定功率 P_0。链传动的试验条件为:① 两链轮安装在水平轴上并共面;② 小链轮齿数 $z_1=19$,链长 $L_p=100$ 节;③ 单排链,载荷平稳;④ 按规定润滑方式润滑;⑤ 满载荷连续运转 15 000 h;⑥ 链条因磨损而引起的相对伸长不超过 3%;⑦ 链速 $v>0.6$ m/s。滚子链额定功率曲线如图 6-29 所示。

（2）计算功率

由于实际工作条件与试验条件不同,因此设计计算时应引入若干修正系数修正传递功率 P,由此得到计算功率 P_d,并应使计算功率 P_d 不超过额定功率 P_0,即

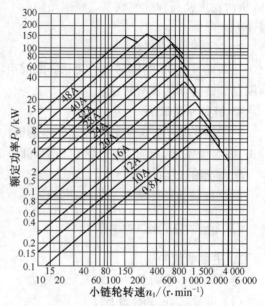

图 6-29　滚子链额定功率曲线

$$P_d = \frac{K_A P}{K_z K_L K_m} \leqslant P_0。 \tag{6-26}$$

式中:P 为名义传递功率(kW)。K_A 为工况系数,查表 6-16。K_z 为小链轮齿数系数,查表 6-17,当工作点落在图 6-29 的曲线顶点左侧时(属于链板疲劳),查表中 K_z;当工作点落在图 6-29 的曲线右侧时(属于套筒、滚子冲击疲劳),查表中 K_z'。K_L 为链长系数,查表 6-18。K_L、K_L' 的查法同 K_z。K_m 为多排链排数系数,查表 6-19。

表 6-16　工况系数 K_A

工况		原动机		
		电动机	内燃机	
载荷情况	工作机种类		液力传动	机械传动
平稳	离心式鼓风机,压缩机,带式、板式输送机;发电机;均匀负载不反转的一般机械	1.0	1.0	1.2
中等冲击	多缸往复式压缩机;干燥机;粉碎机;空压机;机床;一般工程机械;中等载荷有变化不反转的一般机械	1.3	1.2	1.4
严重冲击	单双缸往复式压缩机;压力机;破碎机;矿山机械;石油钻机;锻压机械;冲床;严重冲击有反转的机械	1.5	1.4	1.7

表 6-17　小链轮齿数系数 K_z

Z_1	9	10	11	12	13	14	15	16	17	18	19	20	21	22	23	24	25
K_z	0446	0500	0554	0609	0664	0719	0775	0831	0887	0943	1.00	1.06	1.11	1.17	1.23	1.29	1.34
K_z'	0326	0382	0441	0502	0566	0633	0701	0773	0846	0922	1.00	1.08	1.16	1.25	1.33	1.42	1.51

表 6 - 18　链长系数 K_L

链节数 L_0	50	60	70	80	90	100	110	120	130	140	150	180	200
K_L	0.835	0.87	0.92	0.945	0.97	1.00	1.03	1.055	1.07	1.10	1.135	1.175	1.215
K_L'	0.70	0.76	0.83	0.90	0.95	1.00	1.055	1.10	1.15	1.175	1.26	1.34	1.415

表 6 - 19　多排链排数系数 K_m

排数 m	1	2	3	4	5	6
排数系数 K_m	1	1.7	2.5	3.3	4.0	4.6

3. 链传动的设计计算

设计已知条件一般应有：传动功率、小链轮和大链轮转速（或传动比）、原动机种类载荷性质以及传动用途等。

式（6-30）适用于一般 $v > 0.6$ m/s 的中、高速链传动，其主要失效形式为疲劳破坏。对于 $v < 0.6$ m/s 的低速链传动，其主要失效形式为过载拉断，按静强度计算，请查阅有关设计手册，在此不再讨论。

良好的润滑是保证链传动正常工作的重要条件，当链传动实际润滑方式与规定润滑方式（图 6-30）不符时，将影响链传动所能传递的功率或降低使用寿命。必要时应进行链传动的耐磨损计算。

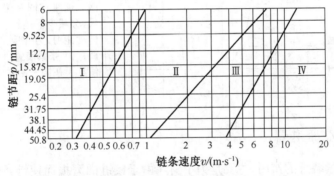

Ⅰ—油刷或油壶人工定期润滑；Ⅱ—滴油润滑；Ⅲ—油浴或飞溅润滑；Ⅳ—油泵压力喷油润滑。

图 6 - 30　润滑方式的选用

模块十二　链传动的布置、张紧及润滑

一、链传动的布置

链传动的两轴应平行，两链轮应位于同一平面；一般宜采用水平或接近水平、松边在下边布置，参看表 6-20。

表 6 - 20   链传动的布置

传动参数	正确布置	不正确布置	说明
$i>2$ $a=(30\sim50)p$			两轮轴线在同一水平面,紧边在上、在下均不影响工作
$i>2$ $a<30p$			两轮轴线不在同一平面上,松边应在下面,否则松边下垂量增大后,链条易与链轮卡死
$i>1.5$ $a>60p$			两轮轴线在同一水平面,松边应在下面,否则下垂量增大后,松边会与紧边相碰,需经常调整中心距
i,a 为任意值			两轮轴线在同一铅垂面内,下垂量增大,会减少下链轮有效啮合齿数,降低传动能力,为此应采用:(a) 中心距可调;(b) 张紧装置;(c) 上下两轮错开,使其不在同一铅垂面内

二、链传动张紧装置

链传动中张紧装置的作用,主要是为了消除由于铰链的磨损而使链条长度增长时出现的松弛现象,防止在传动时产生振动甚至脱链。张紧的方法可以将两个链轮中的一个做成可调节的,以便调整中心距,或者采用如图 6 - 31 所示的压紧轮进行张紧。

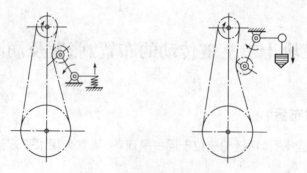

图 6 - 31   链传动的张紧装置

三、链传动的润滑

链传动润滑的好坏是影响其工作能力和使用寿命的重要因素之一。链条铰链内部润滑油的存在有利于缓和冲击,降低铰链的磨损和链条的伸长。

润滑的方法(图 6 - 32)可以分为:

(1) 人工定期润滑。用油壶或油刷给油[图 6 - 32(a)],每班注油一次,适用于链速 $v \leqslant$ 4 m/s 的不重要传动。

(2) 滴油润滑。用油杯通过油管向松边的内、外链板间隙处滴油,用于链速 $v \leqslant 10$ m/s 的传动[图 6 - 32(b)]。

(3) 油浴润滑。链从密封的油池中通过,链条浸油深度以 6~12 mm 为宜,适用于链速 $v = 6 \sim 12$ m/s 的传动[图 6 - 32(c)]。

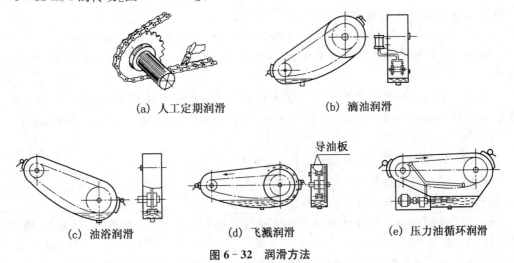

(a) 人工定期润滑　　　　(b) 滴油润滑

(c) 油浴润滑　　　(d) 飞溅润滑　　　(e) 压力油循环润滑

图 6 - 32　润滑方法

(4) 飞溅润滑。在密封容器中,用甩油盘将油甩起,经由壳体上的集油装置将油导流到链上。甩油盘速度应大于 3 m/s,浸油深度一般为 12~15 mm[图 6 - 32(d)]。

(5) 压力油循环润滑。用油泵将油喷到链上,喷口应设在链条进入啮合之处,适用于链速 $v \geqslant 8$ m/s 的大功率传动[图 6 - 32(e)]。

链传动常用的润滑油有 L - AN32、L - AN46、L - AN68、L - AN100 等全损耗系统用油。温度低时,黏度宜低;功率大时,黏度宜高。在一般情况下,润滑应在链条的松边进行,使润滑油容易进入铰链。

思考题

6-1　摩擦带传动按胶带截面形状有哪几种?各有什么特点?为什么传递动力多采用 V 带传动?按国标规定,普通 V 带横截面尺寸有哪几种?

6-2　带传动的主要失效形式有哪些?设计计算准则是什么?

6-3　带传动工作时,带截面上产生哪些应力?应力沿带全长是如何分布的?最大应力在何处?

6-4 带传动的弹性滑动和打滑是怎样产生的?两者有何区别?它们对传动有何影响?是否可以避免?带传动的设计准则是什么?

6-5 设计 V 带传动时,如果根数过多,应如何处理?如果小带轮围包角 α_1 太小,又该如何处理?

6-6 带传动张紧的目的是什么?张紧轮应安放在松边还是紧边上?内张紧轮应靠近大带轮还是小带轮?外张紧轮又该怎样?并分析说明两种张紧方式的利弊。

6-7 已知 V 带传动的主动轮直径 $d_{d1}=100$ mm,转速 $n_1=1\,450$ r/min,从动轮直径 $d_{d2}=400$ mm,采用两根(A1800)V 带传动,三班制工作,载荷较平稳。试求该传动所能传递的功率以及对轴的压力。

6-8 某 V 带传动传递的功率 $P=5.5$ kW,带速 $v=10$ m/s,紧边拉力 F_1 是松边拉力 F_2 的 2 倍,求该带传动的有效拉力及紧边拉力 F_1。

6-9 已知普通 V 带传动的 $n_1=1\,450$ r/min,$n_2=400$ r/min,$d_{d1}=180$ mm,中心距 $a=1\,600$ mm,使用两根 B 型普通 V 带,载荷变动小,两班制工作。试求该传动所能传递的功率 P_d。

6-10 试设计一液体搅拌机用的 V 带传动。已知电动机功率 $P=1.5$ kW,小带轮转速 $n_1=940$ r/min,大带轮转速 $n_2=290$ r/min,两班制工作,要求中心距不超过 500 mm。

6-11 链传动与带传动相比有哪些特点?

6-12 链传动的瞬时传动比是否恒定,为什么?

6-13 滚子链的链板为何制成 ∞ 字形?

6-14 为何滚子链的链节数要尽量取偶数?

6-15 将链传动与带传动在以下几方面进行分析比较:传动原理、应用特点、运动特性、初拉力、张紧装置、松紧边位置。

6-16 自行车、摩托车的链传动是增速传动还是减速传动?为什么自行车用链传动而不用带传动?

6-17 为什么链条节数常取偶数,而链轮齿数常取奇数?

6-18 链运动一定时,链轮齿数的多少和链节距 p 的大小对链传动各有何影响?

6-19 试分析链传动运动不平稳的原因。

6-20 滚子链传动的失效形式有哪些?

6-21 在链传动、齿轮传动、皮带传动组成的多级传动中,链传动宜布置在哪一级?为什么?

技能训练

6-1 熟悉带传动、链传动的常见类型及其部件。

6-2 设计一减速器上的普通 V 带传动,绘制零件图。

6-3 对一普通 V 带传动进行安装、张紧与维护。

6-4 对一链传动进行安装、张紧与维护。

项目七　齿轮传动

学习目标

一、知识目标

1. 掌握齿轮传动的类型、特点及渐开线的性质。
2. 掌握渐开线标准直齿、斜齿圆柱齿轮几何尺寸的计算方法。
3. 掌握渐开线直齿圆柱齿轮的正确啮合条件。
4. 掌握渐开线齿轮的加工方法。
5. 掌握齿轮常见的失效形式、设计准则及齿轮常用材料。
6. 掌握渐开线标准直齿圆柱齿轮传动的强度计算。
7. 掌握齿轮的结构设计及齿轮传动的润滑方法。

二、技能目标

1. 认识常见齿轮传动。
2. 能根据条件选择齿轮传动类型。
3. 能根据条件设计一对直齿圆柱齿轮传动。
4. 能根据条件设计一对斜齿圆柱齿轮传动。
5. 能测绘圆柱齿轮,并绘制零件图。
6. 能对齿轮传动进行拆装、固定、调整及润滑。
7. 通过完成上述任务,能够自觉遵守安全操作规范。

教学建议

　　教师在讲授基本知识后,将学生分组,安排在实验室完成以下四个工作任务:常见齿轮传动认识,直齿圆柱齿轮传动的设计,圆柱齿轮的测绘,齿轮传动的拆装、固定、调整及润滑。工作任务完成后,由学生自评、学生互评、教师评价三部分汇总组成教学评价。

模块一　齿轮传动的特点和基本类型

　　齿轮传动用来传递任意两轴之间的运动和动力,其圆周速度可达到 300 m/s,传递功率可达 10^5 kW,齿轮直径可从 1 mm 到 150 m,是现代机械中应用最广的一种机械传动。齿轮传动与摩擦轮和带轮传动相比主要有以下优点:(1) 传递动力大、效率高;(2) 寿命长,工作平稳,可靠性高;(3) 能保证恒定的传动比,能传递成任意夹角两轴间的运动。它的主要缺点有:(1) 制造、安装精度要求较高,因而成本也较高;(2) 不宜做轴间距离过大的传动。

　　按照一对齿轮传动的角速比是否恒定,可将齿轮传动分为非圆齿轮传动(角速比变化)及圆形齿轮传动(角速比恒定)两大类。本项目只研究圆形齿轮传动。齿轮的具体分类方法见图7-1和表7-1。

 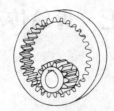 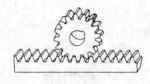

(a) 直齿圆柱齿轮传动外啮合　(b) 直齿圆柱齿轮传动内啮合　(c) 直齿圆柱齿轮传动齿轮齿条

 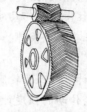

(d) 斜齿圆柱齿轮传动外啮合　(e) 人字齿轮传动　(f) 传递相交轴运动直齿　(g) 传递相交轴运动斜齿

(h) 传递相交轴运动曲线齿

(i) 交错轴斜齿轮传动　(j) 蜗杆蜗轮

(k) 准双曲面齿轮

图7-1 齿轮传动的分类

表7-1 齿轮传动的分类

角速比为常数的圆形齿轮传动

- 平面齿轮传动（相对运动为平面运动,传递平行轴间的运动）
  - 直齿圆柱齿轮传动（轮齿与轴平行）
    - 外啮合
    - 内啮合
    - 齿轮齿条
  - 斜齿圆柱齿轮传动（轮齿与轴不平行）
    - 外啮合
    - 内啮合
    - 齿轮齿条
  - 人字齿轮传动（轮齿成人字形）
- 空间齿轮传动（相对运动为空间运动,传递不平行轴间的运动）
  - 传递相交轴运动（锥齿轮传动）
    - 直齿
    - 斜齿
    - 曲线齿
  - 传递交错轴运动
    - 交错轴斜齿轮传动
    - 蜗杆蜗轮
    - 准双曲面齿轮

按照轮齿齿廓曲线的不同齿轮又可分为渐开线齿轮、圆弧齿轮、摆线齿轮等,本项目仅讨论制造、安装方便,应用最广的渐开线齿轮。

按照工作条件的不同,齿轮传动又可分为开式齿轮传动和闭式齿轮传动两种。前者轮齿外露,灰尘易落于齿面,后者轮齿封闭在箱体内。

按照齿廓表面的硬度可分为软齿面(硬度≤350 HBS)齿轮传动和硬齿面(硬度>350 HBS)齿轮传动两种。

模块二　渐开线齿轮的齿廓及传动比

一、渐开线的形成

如图 7 - 2(a)所示,一条直线 nn 沿一个半径为 r_b 的圆的圆周做纯滚动,该直线上任一点 K 的轨迹 AK 称为该圆的渐开线。这个圆称为基圆,该直线称为渐开线的发生线。渐开线上任一点 K 的向径 OK 与起始点 A 的向径 OA 间的夹角 $\angle AOK(\angle AOK = \theta_K)$ 称为渐开线(AK 段)的展角。

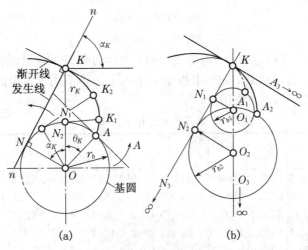

图 7 - 2　渐开线的形成

二、渐开线的性质

根据渐开线的形成,可知渐开线具有如下性质:

(1) 发生线在基圆上滚过的长度等于基圆上被滚过的弧长,即 $NK = \overset{\frown}{NA}$。

(2) 因为发生线在基圆上做纯滚动,所以它与基圆的切点 N 就是渐开线上 K 点的瞬时速度中心,发生线 NK 就是渐开线在 K 点的法线,同时它也是基圆在 N 点的切线。

(3) 切点 N 是渐开线上 K 点的曲率中心,NK 是渐开线上 K 点的曲率半径。离基圆越近,曲率半径越小,如图 7 - 2(a)所示,$N_1 K_1 < N_2 K_2$。

(4) 渐开线的形状取决于基圆的大小。如图 7 - 2(b)所示,基圆越大,渐开线越平直,当基圆半径无穷大时,渐开线为直线。

(5) 基圆内无渐开线。

三、渐开线方程

如图 7-2(a)所示,渐开线上任一点 K 的位置可用向径 r_K 和展角 θ_K 来表示。若以此渐开线作为齿轮的齿廓,当两齿轮在 K 点啮合时,其正压力方向沿着 K 点的法线(NK)方向,而齿廓上 K 点的速度垂直于 OK 线。K 点的受力方向与速度方向之间所夹的锐角称为压力角 α_K。由图可知,$\angle NOK = \alpha_K$。由此可见,渐开线齿廓上各点的压力角值不同。在 $\triangle NOK$ 中可得出

$$\cos\alpha_K = \frac{ON}{OK} = \frac{r_b}{r_K}。$$

向径 r_K 越大,压力角 α_K 也越大。

又在 $\triangle NOK$ 中可得出

$$\tan\alpha_K = \frac{NK}{ON} = \frac{\widehat{NA}}{ON} = \frac{r_K(\alpha_K + \theta_K)}{r_b} = \alpha_K + \theta_K,$$

即

$$\theta_K = \tan\alpha_K - \alpha_K。$$

渐开线的极坐标方程为

$$\begin{cases} r_K = r_b/\cos\alpha_K; \\ \theta_K = \tan\alpha_K - \alpha_K。 \end{cases} \tag{7-1}$$

式(7-1)表明,θ_K 随压力角 α_K 而改变,称 θ_K 为压力角 α_K 的渐开线函数,记作 $\mathrm{inv}\alpha_K$,即 $\theta_K = \mathrm{inv}\alpha_K = \tan\alpha_K - \alpha_K$,$\theta_K$ 以弧度(rad)度量。工程上已将不同压力角的渐开线函数 $\mathrm{inv}\alpha_K$ 的值列成表格(表 7-2),以备查用。

表 7-2　渐开线函数 $\mathrm{inv}\alpha_K = \tan\alpha_K - \alpha_K$

$\alpha_K/(°)$		0′	5′	10′	15′	20′	25′	30′	35′	40′	45′	50′	55′
10	0.00	1 794 1	1 839 7	1 886 0	1 933 2	1 981 2	2 029 9	2 079 5	2 129 9	2 181 0	2 233 0	2 285 9	2 339 6
11	0.00	2 394 1	2 449 5	2 505 7	2 562 8	2 620 8	2 679 7	2 739 4	2 800 1	2 861 6	2 924 1	2 987 5	3 051 8
12	0.00	3 117 1	3 183 2	3 250 4	3 318 5	3 387 5	3 457 5	3 528 5	3 600 5	3 673 5	3 747 4	3 822 4	3 898 4
13	0.00	3 975 4	4 053 4	4 132 5	4 212 6	4 293 8	4 376 0	4 459 3	4 543 7	4 629 1	4 715 7	4 803 3	4 892 1
14	0.00	4 981 9	5 072 9	5 165 0	5 258 2	5 352 6	5 448 2	5 544 8	5 642 7	5 741 7	5 842 0	5 943 4	6 046 0
15	0.00	6 149 4	6 254 8	6 361 1	6 468 6	6 577 3	6 687 3	6 798 5	6 911 0	7 024 8	7 139 8	7 256 1	7 373 8
16	0.0	07 493	07 613	07 735	07 857	07 982	08 107	08 234	08 362	08 492	08 623	08 756	08 889
17	0.0	09 025	09 161	09 299	09 439	09 580	09 722	09 866	10 012	10 158	10 307	10 456	10 608
18	0.0	10 760	10 915	11 071	11 228	11 387	11 547	11 709	11 873	12 038	12 205	12 373	12 543
19	0.0	12 715	12 888	13 063	13 240	13 418	13 599	13 779	13 963	14 148	14 334	14 523	14 713
20	0.0	14 904	15 098	15 293	15 490	15 689	15 890	16 092	16 296	16 502	16 710	16 920	17 132
21	0.0	17 345	17 560	17 777	17 996	18 217	18 440	18 665	18 891	19 120	19 350	19 583	19 817
22	0.0	20 054	20 292	20 533	20 775	21 019	21 266	21 514	21 765	22 018	22 272	22 529	22 788
23	0.0	23 049	23 312	23 577	23 845	24 114	24 386	24 660	24 936	25 214	25 495	25 778	26 062
24	0.0	26 350	26 639	26 931	27 225	27 521	27 820	28 121	28 424	28 729	29 037	29 348	29 660
25	0.0	29 975	30 293	30 613	30 935	31 260	31 587	31 917	32 249	32 583	32 920	33 260	33 602
26	0.0	33 947	34 294	34 644	34 997	35 352	35 709	36 069	36 432	36 798	37 166	37 537	37 910

续表

$\alpha_K/$ (°)		0′	5′	10′	15′	20′	25′	30′	35′	40′	45′	50′	55′
27	0.0	38 287	38 666	39 047	39 432	39 819	40 209	40 602	40 997	41 395	41 797	42 201	42 607
28	0.0	43 017	43 430	43 845	44 264	44 685	45 110	45 537	45 967	46 400	46 837	47 276	47 718
29	0.0	48 164	48 612	49 064	49 518	49 976	50 437	50 901	51 368	51 838	52 312	52 788	53 268
30	0.0	53 751	54 238	54 728	55 221	55 717	56 217	56 720	57 226	57 736	58 249	58 765	59 285
31	0.0	59 809	60 336	60 866	61 400	61 937	62 478	63 022	63 570	64 122	64 677	65 236	65 799
32	0.0	66 364	66 934	67 507	68 084	68 665	69 250	69 838	70 430	71 026	71 626	72 230	72 838
33	0.0	73 449	74 064	74 684	75 307	75 934	76 565	77 200	77 839	78 483	79 130	79 781	80 437
34	0.0	81 097	81 760	82 428	83 100	83 777	84 457	85 142	85 832	86 525	87 223	87 925	88 631
35	0.0	39 342	90 058	90 777	91 502	92 230	92 963	93 701	94 443	95 190	95 942	96 698	97 459
36	0.0	098 22	098 99	099 77	100 55	101 33	102 12	102 92	103 71	104 52	105 33	106 14	106 96
37	0.0	107 78	108 61	109 44	110 28	111 13	111 97	112 83	113 69	114 55	115 42	116 30	117 18
38	0.0	118 06	118 95	119 85	120 75	121 65	122 57	123 48	124 41	125 34	126 27	127 21	128 15
39	0.0	129 11	130 06	131 02	131 99	132 97	133 95	134 93	135 92	136 92	137 92	138 93	139 95
40	0.0	140 97	142 00	143 03	144 07	145 11	146 16	147 22	148 29	149 36	150 43	151 52	152 61
41	0.0	153 70	154 80	155 91	157 03	158 15	159 28	160 41	160 56	162 70	163 86	165 02	166 19
42	0.0	167 37	168 55	169 74	170 93	172 14	173 36	174 57	175 79	177 02	178 23	179 51	180 76
43	0.0	182 02	183 29	184 57	185 85	187 14	188 44	189 75	191 06	192 38	193 71	195 05	196 39
44	0.0	197 74	199 10	200 47	201 85	203 23	204 63	206 63	207 43	208 85	210 28	211 71	213 15
45	0.0	214 60	216 06	217 53	219 00	220 49	221 98	223 48	224 99	226 51	228 04	229 58	231 12
46	0.0	232 68	234 24	235 82	237 40	238 99	240 59	242 20	243 82	245 45	247 09	248 74	250 40
47	0.0	252 06	253 74	255 43	257 13	258 83	260 55	262 28	264 01	265 75	267 52	269 29	271 07
48	0.0	272 85	274 65	276 46	278 28	280 12	281 96	283 81	285 67	287 55	289 43	291 33	293 24
49	0.0	295 16	297 09	299 03	300 98	302 95	304 92	306 91	308 91	310 92	312 95	314 98	317 03
50	0.0	319 09	321 16	323 24	325 34	327 45	329 57	331 71	333 85	336 01	338 18	340 37	342 57
51	0.0	344 78	347 00	349 24	351 49	353 76	356 04	358 33	360 63	362 95	365 29	367 63	369 99
52	0.0	372 37	374 46	377 16	379 58	382 02	384 46	386 93	389 41	391 90	394 41	396 93	399 47
53	0.0	402 02	404 59	407 17	409 77	412 39	415 02	417 67	420 34	423 02	425 71	428 43	431 16
54	0.0	433 90	436 67	439 45	442 25	445 06	447 89	450 74	453 61	456 50	459 40	462 32	465 26
55	0.0	468 22	471 19	474 19	477 20	480 23	483 28	486 35	489 44	492 55	495 68	498 82	501 99
56	0.0	505 18	508 38	511 61	514 86	518 83	521 41	524 72	523 05	531 41	534 78	538 17	541 59
57	0.0	545 03	548 49	551 97	555 47	559 00	562 55	566 12	569 72	573 33	576 98	580 64	584 33
58	0.0	588 04	591 78	595 54	599 33	603 14	606 97	610 83	614 72	618 63	622 57	622 53	630 52
59	0.0	634 54	638 58	642 65	646 74	650 86	655 01	659 19	663 40	667 63	671 89	676 18	680 50

四、渐开线齿廓的啮合特点

一对齿轮传动是靠主动轮齿廓依次推动从动轮齿廓来实现的。两轮的瞬时角速度之比称为传动比（在工程中要求传动比是定值），即

$$i_{12}=\frac{\omega_1}{\omega_2}。$$

通常主动轮用"1"表示，从动轮用"2"表示。ω_1 为主动轮的角速度，ω_2 为从动轮的角速

度。一般情况下为降速传动,故 $i>1$。上式中 i_{12} 只表示其大小,而不考虑两轮的转动方向。

啮合特性如下所述:

1. 四线合一

如图 7-3 所示,一对渐开线齿廓在任意点 K 啮合,过 K 点作两齿廓的公法线 N_1N_2,根据渐开线性质,该公法线就是两基圆的内公切线。当两齿廓转到 K' 点啮合时,过 K' 点所作公法线也是两基圆的公切线。由于齿轮基圆的大小和位置均固定,公法线 nn 是唯一的。因此不管齿轮在哪一点啮合,啮合点总在这条公法线上,该公法线也可称为啮合线。由于两个齿轮啮合传动时其正压力是沿着公法线方向的,因此对渐开线齿廓的齿轮传动来说,啮合线、过啮合点的公法线、基圆的内公切线和正压力作用线四线合一,该线与连心线 O_1O_2 的交点 P 是一固定点,P 点称为节点。

2. 中心距可分性

如图 7-3 所示,分别以轮心 O_1 与 O_2 为圆心,以 $r_1'=O_1P$ 与 $r_2'=O_2P$ 为半径所作的圆,称为节圆。一对渐开线齿轮的啮合传动可以看作两个节圆的纯滚动,且 $v_{p1}=v_{p2}$。设齿轮1、齿轮2的角速度分别为 ω_1 和 ω_2,则

$$v_{p1}=\omega_1 \cdot O_1P=v_{p2}=\omega_2 \cdot O_2P。$$

由图 7-3 可知,$\triangle O_1PN_1 \backsim \triangle O_2PN_2$,所以两轮的传动比为

$$i_{12}=\frac{\omega_1}{\omega_2}=\frac{O_2P}{O_1P}=\frac{r_2'}{r_1'}=\frac{r_{b2}}{r_{b1}}。$$

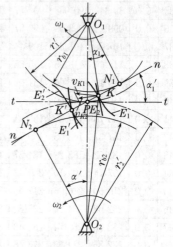

图 7-3 渐开线的形成

由上式可知,渐开线齿轮的传动比是常数。齿轮一经加工完毕,基圆大小就确定了,因此在安装时若中心距略有变化也不会改变传动比的大小,此特性称为中心距可分性。该特性使渐开线齿轮对加工、安装的误差及轴承的磨损不敏感,这一点对齿轮传动十分重要。

3. 啮合角不变

啮合线与两节圆公切线所夹的锐角称为啮合角,用 α' 表示,它就是渐开线在节圆上的压力角。显然,齿轮传动时啮合角不变,力作用线方向不变。若传递的扭矩不变,其压力大小也保持不变,因而传动较平稳。

4. 齿面的滑动

如图 7-3 所示,在节点啮合时,两个节圆做纯滚动,齿面上无滑动存在。在任意点 K 啮合时,由于两轮在 K 点的线速度(v_{K1}、v_{K2})不重合,必会产生沿着齿面方向的相对滑动,造成齿面的磨损等。

模块三　渐开线标准直齿圆柱齿轮的主要参数及几何尺寸计算

一、齿轮各部分的名称和符号

图 7-4 所示为直齿圆柱齿轮的一部分,图 7-4(a)为外齿轮,图 7-4(b)为内齿轮,图 7-4(c)为齿条。由图可知,轮齿两侧齿廓是形状相同、方向相反的渐开线曲面。

如图 7-4(a)所示,圆周上均匀分布的轮齿总数称为齿数,用 z 表示。相邻两齿间的空间称为齿槽,过所有齿槽底部的圆称为齿根圆,半径用 r_f 表示。过所有轮齿顶部的圆称为齿顶圆,半径用 r_a 表示。由图 7-4(a,b)两图可见,外齿轮的齿顶圆大于齿根圆,而内齿轮则相反。在任意半径 r_K 的圆周上,同一轮齿两侧齿廓间的弧长称为该圆上的齿厚,用 s_K 表示,而相邻两齿齿间的弧长称为该圆上的齿槽宽,用 e_K 表示。相邻两齿同侧齿廓间的弧长称为该圆上的齿距,用 p_K 表示,$p_K = s_K + e_K$。由齿距定义可知,$p_{K_z} = d_K \pi$,则 $d_K = z p_K / \pi = z m_K$。式中 $m_K = p_K / \pi$,称为该圆上的模数。为使设计制造方便,人为取定一个圆,使该圆上的模数为标准值(一般是一些简单的有理数),并使该圆上的压力角也为标准值,这个圆叫分度圆。分度圆上的所有参数不带下标,如分度圆上的模数为 m、直径为 d、压力角为 α 等。我国规定的标准压力角为 20°,标准模数如表 7-3 所列。其他各国常用的压力角除 20°外,还有 15°、14.5°等。

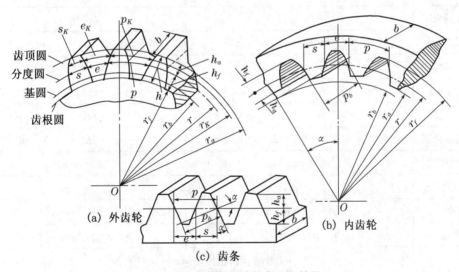

图 7-4　齿轮各部分的名称和符号

表 7-3　渐开线齿轮的模数(GB1357—87)

第一系列	1　1.25　1.5　2　2.5　3　4　5　6　8　10　12　16　20　25　32　40　50		
第二系列	1.75　2.25　2.75　(3.25)　3.5　(3.75)　4.5　5.5　(6.5)　7　9　(11)　14　18　22 28　(30)　36　45		

注:(1)选取时优先采用第一系列,括号内的模数尽可能不用;(2)对斜齿轮,该表所示为法面模数。

分度圆与齿顶圆之间的径向距离称为齿顶高,用 h_a 表示;分度圆与齿根圆之间的径向距离称为齿根高,用 h_f 表示;齿顶高与齿根高之和称为全齿高,用 h 表示。

当基圆半径趋向无穷大时,渐开线齿廓变成直线齿廓,齿轮变成齿条,齿轮上的各圆都变成齿条上相应的线。如图 7-4(c)所示,齿条上同侧齿廓互相平行,所以齿廓上任意点的齿距都相等,但只有在分度线上齿厚与齿槽宽才相等,即 $s=e=\pi m/2$。齿条齿廓上各点的压力角都均为标准值。齿廓的倾斜角称为齿形角,其大小与压力角相等。

二、标准直齿圆柱齿轮的基本参数及几何尺寸计算

标准直齿圆柱齿轮的基本参数有 5 个:z、m、α、h_a^*、c^*,其中 h_a^* 为齿顶高系数,c^* 称为顶隙系数。我国规定的标准值为 $h_a^*=1$,$c^*=0.25$。标准直齿圆柱齿轮的所有尺寸均可用上述 5 个参数来表示,几何尺寸的计算公式列于表 7-4 中。

如果一个齿轮的 m、α、h_a^*、c^* 均为标准值,并且分度圆上 $s=e$,则该齿轮称为标准齿轮。

任意圆上的齿厚 s_K 为

$$s_K=sr_K/r-2r_K(\text{inv}\alpha_K-\text{inv}\alpha)。 \tag{7-2}$$

式中:r_K 为任意圆的半径;α_K 为任意圆上的压力角;r 为分度圆的半径;α 为分度圆上的压力角;s 为分度圆上的齿厚。

表 7-4 标准直齿圆柱齿轮几何尺寸计算公式($h_a^*=1$,$c^*=0.25$)

名称	外齿轮	内齿轮
分度圆直径 d	$d=mz$	$d=mz$
齿顶高 h_a	$h_a=h_a^*m$	$h_a=h_a^*m$
齿根高 h_f	$h_f=h_a+c=(h_a^*+c^*)m=1.25m$	$h_f=h_a+c=(h_a^*+c^*)m=1.25m$
顶隙 c	$c=c^*m=0.25m$	$c=c^*m=0.25m$
齿高 h	$h=h_a+h_f=(2h_a^*+c^*)m=2.25m$	$h=h_a+h_f=(2h_a^*+c^*)m=2.25m$
齿顶圆直径 d_a	$d_a=d+2h_a=m(z+2h_a^*)=m(z+2)$	$d_a=d-2h_a=m(z-2h_a^*)=m(z-2)$
齿根圆直径 d_f	$d_f=d-2h_f=m(z-2h_a^*-2c^*)=m(z-2.5)$	$d+2h_f=m(z+2h_a^*+2c^*)=m(z+2.5)$
基圆直径 d_b	$d_b=mz\cos\alpha$	$d_b=mz\cos\alpha$
齿距 p	$p=\pi m$	$p=\pi m$
齿厚 s	$s=p/2=\pi m/2$	$s=p/2=\pi m/2$
齿槽宽 e	$e=p/2=\pi m/2$	$e=p/2=\pi m/2$
标准中心距 a	外啮合齿轮传动:$a=m(z_1+z_2)/2$ 内啮合齿轮传动:$a=m(z_2-z_1)/2$	

根据式(7-2),可得基圆上的齿厚为

$$s_b=sr_b/r-2r_b(\text{inv}\alpha_b-\text{inv}\alpha)=m\cos\alpha(\pi/2+\text{inv}\alpha)。$$

齿轮上跨过一定齿数 k 所量得的渐开线间的法线距离称为公法线长度(图 7-5),用 W_k 表示。W_k 的计算公式为

$$W_k=(k-1)p_b+s_b。$$

式中：k 为跨测齿数；p_b 为基圆齿距，$p_b = \pi m \cos \alpha$；s_b 为基圆齿厚。将 p_b 和 s_b 代入上式，得

$$W_k = m \cos \alpha \left[(k - 0.5)\pi + z \operatorname{inv} \alpha \right]. \qquad (7-3)$$

当 $\alpha = 20°$ 时，$k = 0.111z + 0.5$（取整数）。

国际上有少数国家不采用模数制，而采用径节制，径节（DP）和模数成倒数关系。径节 DP 的单位为 $1/\mathrm{in}$，可由下式将径节换算成模数：

$$m = \frac{25.4}{DP}.$$

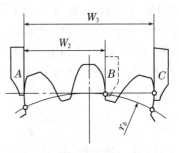

图 7‑5　测量公法线

模块四　渐开线直齿圆柱齿轮的啮合传动

一、渐开线直齿圆柱齿轮的正确啮合条件

如图 7‑6 所示，设相邻两齿同侧齿廓与啮合线 $N_1 N_2$（同时为啮合点的法线）的交点分别为 K_1 和 K_2，线段 $K_1 K_2$ 的长度称为齿轮的法向齿距。显然，要使两轮正确啮合，它们的法向齿距必须相等。由渐开线的性质可知，法向齿距等于两轮基圆上的齿距，因此要使两轮正确啮合，必须满足 $p_{b1} = p_{b2}$，而 $p_b = \pi m \cos \alpha$，故可得

$$\pi m_1 \cos \alpha_1 = \pi m_2 \cos \alpha_2.$$

由于渐开线齿轮的模数 m 和压力角 α 均为标准值，所以两轮的正确啮合条件为

$$\begin{aligned} m_1 &= m_2 = m, \\ \alpha_1 &= \alpha_2 = \alpha, \end{aligned} \qquad (7-4)$$

即两轮的模数和压力角分别相等。

于是，一对渐开线直齿圆柱齿轮的传动比又可表达为

$$i_{12} = \frac{\omega_1}{\omega_2} = \frac{r_2'}{r_1'} = \frac{r_{b2}}{r_{b1}} = \frac{r_2 \cos \alpha}{r_1 \cos \alpha} = \frac{r_2}{r_1} = \frac{z_2}{z_1}, \qquad (7-5)$$

即其传动比不仅与两轮的基圆、节圆、分度圆直径成反比，而且与两轮的齿数成反比。

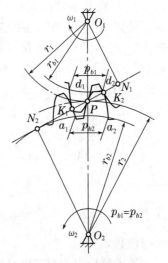

图 7‑6　正确啮合的条件

二、渐开线齿轮传动的重合度

齿轮传动是依靠两轮的轮齿依次啮合而实现的。如图 7‑7 所示，齿轮 1 是主动轮，齿轮 2 是从动轮，齿轮的啮合是从主动轮的齿根推动从动轮的齿顶开始的，因此初始啮合点是从动轮齿顶与啮合线的交点 B_2，一直啮合到主动轮的齿顶与啮合线的交点 B_1 为止，由此可见 $B_1 B_2$ 是实际啮合线长度。显然，随着齿顶圆的增大，$B_1 B_2$ 线可以加长，但不会超过 N_1、N_2 点，N_1、N_2 点称为啮合极限点，$N_1 N_2$ 是理论啮合线长度。当 $B_1 B_2$ 恰好等于 p_b 时，即前一对齿在 B_1 点即将脱离、后一对齿刚好在 B_2 点接触时，齿轮能保证连续传动。但若齿轮 2 的

齿顶圆直径稍小,它与啮合线的交点在 B_2',则 $B_1 B_2' <$ p_b,此时前一对齿即将分离,后一对齿尚未进入啮合,齿轮传动中断。若如图中虚线所示,前一对齿到达 B_1 点时,后一对齿已经啮合多时,此时 $B_1 B_2 > p_b$。由此可见,齿轮连续传动的条件为

$$\varepsilon = \frac{B_1 B_2}{p_b} \geqslant 1 。 \qquad (7-6)$$

式中 ε 称为重合度,它表明同时参与啮合轮齿的对数。ε 大,表明同时参与啮合轮齿的对数多,每对齿的负荷小,负荷变动量也小,传动平稳。因此,ε 是衡量齿轮传动质量的指标之一。

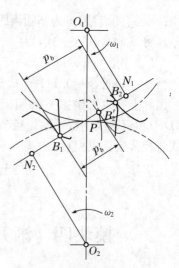

图 7-7 齿轮传动的重合度

图 7-8 所示为 $\varepsilon = 1.3$ 的情况,当前一对齿在 C 点啮合时,后一对齿在 B_2 点接触,从此时开始两对齿同时啮合,直到前一对齿到达 B_1 点、后一对齿到达 D 点为止。因此,啮合线的 $B_1 C$ 和 DB_2 区间是双齿啮合区。从 D 点开始到 C 点只有一对齿啮合,是单齿啮合区。所以,$\varepsilon = 1.3$ 表明在齿轮转过一个基圆齿距的时间内有 30% 的时间是双齿啮合,70% 的时间是单齿啮合。

ε 的计算公式为

$$\varepsilon = \frac{B_1 B_2}{p_b}$$
$$= \frac{1}{2\pi} [z_1 (\tan \alpha_{a1} - \tan \alpha') + z_2 (\tan \alpha_{a2} - \tan \alpha')] 。$$
$$(7-7)$$

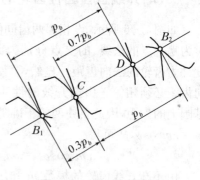

图 7-8 $\varepsilon = 1.3$ 的含义

式中:$\alpha_a = \arccos \dfrac{r_b}{r_a}$;$\alpha' = \arccos \dfrac{r_b}{r}$;$\cos \alpha_a = \dfrac{r_b}{r_a} = \dfrac{r \cos \alpha}{r + h_a} = \dfrac{z \cos \alpha}{z + 2 h_a^*}$。由此可见,$\varepsilon$ 与齿数有关而与模数无关。

当齿数趋向无穷多、齿轮变成齿条时,ε 增大。两个齿条啮合时得到直齿圆柱齿轮重合度的最大值为 $\varepsilon_{max} = \dfrac{4 h_a^*}{\pi \sin 2\alpha}$。对于 $\alpha = 20°$,$h_a^* = 1$ 的标准直齿圆柱齿轮有 $\varepsilon_{max} = 1.981$。

表 7-5 所列为许用重合度 $[\varepsilon]$ 的推荐值,设计时应满足 $\varepsilon > [\varepsilon]$。

表 7-5 $[\varepsilon]$ 的推荐值

使用场合	一般机械制造业	汽车、拖拉机	金属切削机床
$[\varepsilon]$	1.4	1.1~1.2	1.3

三、渐开线齿轮的无侧隙啮合

1. 外啮合传动

为了避免冲击、振动、噪声等,理论上齿轮传动应为无侧隙啮合。如图 7-9 所示,齿轮

啮合时相当于一对节圆做纯滚动,齿轮的侧隙 Δ 可表示为 $\Delta = e_1' - e_2' = 0$。由模块三可知,标准齿轮分度圆上的齿厚等于齿槽宽,即 $s = e = \pi m/2$,而两轮要正确啮合必须保证 $m_1 = m_2$,所以若要保证无侧隙啮合,就要求分度圆与节圆重合。这样的安装称为标准安装,此时的中心距称为标准中心距。

$$a' = r_1' + r_2' = r_1 + r_2 = m(z_1 + z_2)/2。 \tag{7-8}$$

此时两齿轮在径向方向留有间隙 c,其值为一齿轮的齿根高减去另一齿轮的齿顶高,即 $c = (h_a^* + c^*)m - h_a^* m = c^* m$,$c$ 称为标准顶隙。

当安装中心距不等于标准中心距(即非标准安装)时,节圆半径要发生变化,但分度圆半径是不变的,这时分度圆与节圆分离。啮合线位置变化,啮合角也不再等于分度圆上的压力角。此时的中心距为

$$a' = r_1' + r_2' = \frac{r_{b1}}{\cos\alpha_1'} + \frac{r_{b2}}{\cos\alpha_2'} = (r_1 + r_2)\frac{\cos\alpha}{\cos\alpha'} = a\frac{\cos\alpha}{\cos\alpha'}。$$

但无论是标准安装还是非标准安装,其传动比 i_{12} 均为式(7-5),其值为一恒值。

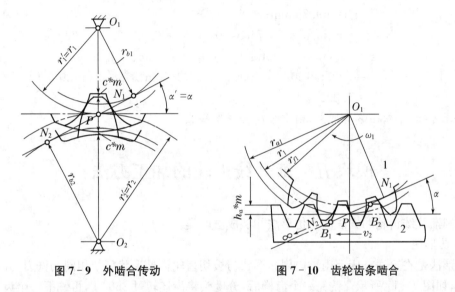

图 7-9　外啮合传动　　　　　　图 7-10　齿轮齿条啮合

2. 齿轮齿条啮合

当齿轮齿条啮合时,相当于齿轮的节圆与齿条的节线做纯滚动,如图 7-10 所示。当采月标准安装时,齿条的节线与齿轮的分度圆相切,此时 $\alpha' = \alpha$。当齿条远离或靠近齿轮时(相当于齿轮中心距改变),由于齿条的齿廓是直线,所以啮合线位置不变,啮合角不变,节点位置不变,所以不管是否为标准安装,齿轮与齿条啮合时齿轮的分度圆永远与节圆重合,啮合角恒等于压力角。但只有在标准安装时,齿条的分度线才与节线重合。

必须指出,为了保证齿面润滑,避免轮齿因摩擦发生热膨胀而产生卡死现象以及为了补偿加工误差等,齿轮传动应留有很小的侧隙。此侧隙一般在制造齿轮时由齿厚负偏差来保证,而在设计计算齿轮尺寸时仍按无侧隙计算。

例 7-1　已知一对标准安装外啮合标准直齿圆柱齿轮的参数为:$z_1 = 22$,$z_2 = 33$,$\alpha = 20°$,$m = 2.5$ mm,$h_a^* = 1$。求其重合度 ε。若两轮中心距比标准值大 1 mm,则其重合度又为多少?

解：(1)
$$r_1 = mz_1/2 = 2.5 \times 22/2 \text{ mm} = 27.5 \text{ mm};$$
$$r_2 = mz_2/2 = 2.5 \times 33/2 \text{ mm} = 41.25 \text{ mm};$$
$$r_{a1} = r_1 + h_a = (27.5 + 2.5 \times 1) \text{ mm} = 30 \text{ mm};$$
$$r_{a2} = r_2 + h_a = (41.25 + 2.5 \times 1) \text{ mm} = 43.75 \text{ mm};$$
$$r_{b1} = r_1 \cos\alpha = 27.5 \times \cos 20° \text{ mm} = 25.84 \text{ mm};$$
$$r_{b2} = r_2 \cos\alpha = 41.25 \times \cos 20° \text{ mm} = 38.76 \text{ mm};$$
$$\alpha_{a1} = \arccos(r_{b1}/r_{a1}) = \arccos(25.84/30) = 30°32';$$
$$\alpha_{a2} = \arccos(r_{b2}/r_{a2}) = \arccos(38.76/43.75) = 27°38';$$
$$\varepsilon = [z_1(\tan\alpha_{a1} - \tan\alpha) + z_2(\tan\alpha_{a2} - \tan\alpha)]/2\pi$$
$$= [22(\tan 30°32' - \tan 20°) + 33(\tan 27°38' - \tan 20°)]/2\pi$$
$$= 1.629.$$

(2) 标准中心距 $a = r_1 + r_2 = 27.5 \text{ mm} + 41.25 \text{ mm} = 68.75 \text{ mm}$。

当中心距增大 1 mm 时，
$$a' = a + 1 = 69.75 \text{ mm};$$
$$\cos a' = a\cos\alpha/a' = 68.75\cos 20/69.75 = 0.92622, \quad a' = 22°9';$$
$$\varepsilon = [z_1(\tan\alpha_{a1} - \tan\alpha') + z_2(\tan\alpha_{a2} - \tan\alpha')]/2\pi$$
$$= [22(\tan 30°32' - \tan 22°9') + 33(\tan 27°38' - \tan 20°9')]$$
$$= 1.252.$$

由此可知，中心距略有增大，则重合度将明显降低。

模块五　渐开线齿轮的加工方法

切削渐开线齿轮的方法分为仿形法和展成法两类。

1. 仿形法

仿形法是在普通铣床上用轴向剖面形状与被切齿轮齿槽形状完全相同的铣刀切制齿轮的方法，如图 7-11 所示。铣完一个齿槽后，分度头将齿坯转过 $360°/z$，再铣下一个齿槽，直到铣出所有的齿槽。

仿形法加工方便易行，但精度难以保证。由于渐开线齿廓形状取决于基圆的大小，而基圆半径 $r_b = (mz\cos\alpha)/2$，故齿廓形状与 m、z、α 有关。欲加工精确齿廓，对模数和压力角相同、齿数不同的齿轮，应采用不同的刀具，而这在实际中是不可能的。生产中通常用同一号铣刀切制同模数、不同齿数的齿轮，故齿形通常是近似的。表 7-6 列出了 1~8 号圆盘铣刀加工齿轮的齿数范围。

表 7-6　圆盘铣刀加工齿数的范围

刀号	1	2	3	4	5	6	7	8
加工齿数范围	12~13	14~16	17~20	21~25	26~34	35~54	55~134	135 以上

2. 展成法

展成法是利用一对齿轮无侧隙啮合时两轮的齿廓互为包络线的原理加工齿轮的。加工时刀具与齿坯的运动就像一对互相啮合的齿轮,最后刀具将齿坯切出渐开线齿廓,如图 7-12 所示。

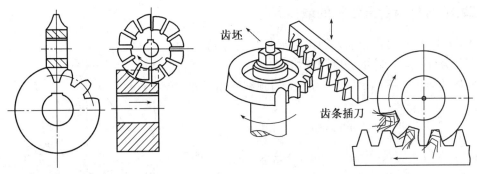

图 7-11　仿形法切制齿轮　　　　图 7-12　展成法切制齿轮

展成法切制齿轮常用的刀具有三种,即齿轮插刀、齿条插刀、齿轮滚刀。

（1）齿轮插刀是一个齿廓为刀刃的外齿轮;

（2）齿条插刀是齿廓为刀刃的齿条;

（3）齿轮滚刀像梯形螺纹的螺杆,轴向剖面齿廓为精确的直线齿廓,滚刀转动时相当于齿条在移动。齿轮滚刀可以实现连续加工,生产率较高。

用展成法加工齿轮时,只要刀具与被加工齿轮的模数和压力角相同,不管被加工齿轮的齿数是多少,都可以用同一把刀具来加工,这给生产带来了很大的方便,因此展成法得到了广泛的应用。

模块六　渐开线齿廓的根切现象与标准外啮合直齿轮的最少齿数

一、根切现象

用展成法加工齿轮时,若刀具的齿顶线(或齿顶圆)超过理论啮合线极限点 N 时(图 7-13),被加工齿轮齿根附近的渐开线齿廓将被切去一部分,这种现象称为根切,如图 7-14 所示。

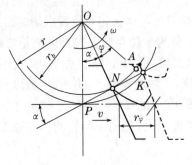

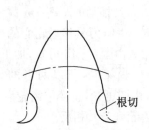

图 7-13　根切的产生　　　　图 7-14　齿轮的根切现象

轮齿的根切大大削弱了轮齿的弯曲强度,降低齿轮传动的平稳性和重合度,因此应力求避免。

二、标准外啮合直齿轮的最少齿数

图 7-15 所示为齿条插刀加工标准外齿轮的情况,齿条插刀的分度线与齿轮的分度圆相切。

要使被切齿轮不产生根切,刀具的齿顶线不得超过 N 点,即

$$h_a^* m \leqslant NM。$$

而

$$NM = PN \cdot \sin\alpha = r\sin^2\alpha = \frac{mz}{2}\sin^2\alpha。$$

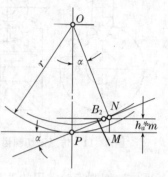

图 7-15 避免根切的条件

整理后,得出

$$z \geqslant \frac{2h_a^*}{\sin^2\alpha},$$

即

$$z_{min} = \frac{2h_a^*}{\sin^2\alpha}。 \tag{7-9}$$

当 $\alpha = 20°$、$h_a^* = 1$ 时,$z_{min} = 17$。

模块七 变位齿轮传动

一、变位齿轮

渐开线标准齿轮设计计算简单,互换性好。但标准齿轮传动仍存在着一些局限性:(1) 受根切限制,齿数不得少于 z_{min},使传动结构不够紧凑;(2) 不适用于安装中心距 a' 不等于标准中心距 a 的场合。当 $a' < a$ 时无法安装,当 $a' > a$ 时,虽然可以安装,但会产生过大的侧隙而引起冲击振动,影响传动的平稳性;(3) 一对标准齿轮传动时,小齿轮的齿根厚度小而啮合次数又较多,故小齿轮的强度较低,齿根部分磨损也较严重,因此小齿轮容易损坏,同时也限制了大齿轮的承载能力。

为了改善齿轮传动的性能,出现了变位齿轮。如图 7-16 所示,当齿条插刀按虚线位置安装时,齿顶线超过极限点 N_1,切出来的齿轮产生根切。若将齿条插刀远离轮心 O_1 一段距离(xm)至实线位置,齿顶线不再超过极限点 N_1,则切出来的齿轮不会发生根切,但此时齿条的分度线与齿轮的分度圆不再相切。这种改变刀具与齿坯相对位置后切制出来的齿轮称为变位齿轮,刀具移动的距离 xm 称为变位量,x 称为变位系数。刀具远离轮心的变位称为正变位,此时 $x > 0$;刀具移近轮心的变位称为负变位,此时 $x < 0$。标准齿轮就是变位系数 $x = 0$ 的齿轮。由图 7-16 可知,加工变位齿轮时,齿轮的模数、压力角、齿数以及分度圆、基圆均与标准齿轮相同,所以两者的齿廓曲线是相同的渐开线,只是截取了不同的部位(图 7-17)。由图可知,正变位齿轮齿根部分的齿厚增大,提高了齿轮的抗弯强度,但齿顶减薄;负变位齿轮则与其相反。

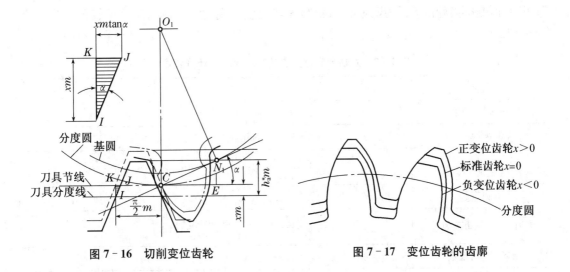

图 7-16　切削变位齿轮　　　　图 7-17　变位齿轮的齿廓

二、最小变位系数

用展成法切制齿数少于最少齿数的齿轮时,为避免根切必须采用正变位齿轮。当刀具的齿顶线正好通过 N_1 点时,刀具的移动量为最小,此时的变位系数称为最小变位系数,用 $x_{\min}$ 来表示。由图 7-16 可知,不发生根切的条件为

$$h_a^* \cdot m - xm \leqslant N_1E。$$

而　　　　　　　　$$N_1E = PN_1 \sin\alpha = r\sin^2\alpha = \frac{mz}{2}\sin^2\alpha。$$

式中 z 为被切齿轮的齿数。联立以上两式,得

$$x \geqslant h_a^* - \frac{z}{2}\sin^2\alpha。 \tag{7-10}$$

由式(7-9),可得 $\dfrac{\sin^2\alpha}{2} = \dfrac{h_a^*}{z_{\min}}$,代入式(7-10),整理后可得

$$x \geqslant h_a^* \frac{z_{\min} - z}{z_{\min}}。$$

由此可得最小变位系数为

$$x = h_a^* \frac{z_{\min} - z}{z_{\min}}。 \tag{7-11}$$

当 $\alpha = 20°$、$h_a^* = 1$ 时

$$x_{\min} = \frac{17 - z}{17}。 \tag{7-12}$$

当 $z < z_{\min}$ 时,$x_{\min} > 0$,说明此时必须采用正变位方可避免根切;当 $z > z_{\min}$ 时,$x_{\min} < 0$,说明只要 $x \geqslant x_{\min}$,即使采用了负变位齿轮也不会产生根切。

三、变位齿轮的几何尺寸和传动类型

1. 变位齿轮的几何尺寸

变位齿轮的齿数、模数、压力角都与标准齿轮相同,所以分度圆直径、基圆直径和齿距也

都相同,但变位齿轮的齿厚、齿顶圆、齿根圆等都发生了变化。具体的尺寸计算公式列于表7-7中。

表7-7　外啮合变位直齿轮基本尺寸的计算公式

名称	符号	计算公式
分度圆直径	d	$d=mz$
齿厚	s	$s=\dfrac{\pi m}{2}+2xm\tan\alpha$
啮合角	α'	$\text{inv}\,\alpha'=\text{inv}\,\alpha+\dfrac{2(x_1+x_2)}{z_1+z_2}\tan\alpha$ 或 $\cos\alpha'=\dfrac{\alpha}{\alpha'}\cos\alpha$
节圆直径	d'	$d'=d\cos\alpha/\cos\alpha'$
中心距变动系数	y	$y=\dfrac{\alpha'-a}{m}=\dfrac{z_1+z_2}{2}\left(\dfrac{\cos\alpha}{\cos\alpha'}-1\right)$
齿高变动系数	σ	$\sigma=x_1+x_2-y$
齿顶高	h_a	$h_a=(h_a^*+x-\sigma)m$
齿根高	h_f	$h_f=(h_a^*+c^*-x)m$
齿全高	h	$h=(2h_a^*+c^*-\sigma)m$
齿顶圆直径	d_a	$d_a=d+2h_a$
齿根圆直径	d_f	$d_f=d-2h_f$
中心距	α'	$\alpha'=(d_1'+d_2')/2$
公法线长度	W_k	$W_k=m\cos\alpha[(k-0.5)\pi+z\text{inv}\,\alpha]+2xm\sin\alpha$

2. 变位齿轮传动的类型

根据变位系数之和的不同值,变位齿轮传动可分为三种类型(见表7-8),标准齿轮传动可看作是零传动的特例。表7-8还列出了各类齿轮传动的性能与特点。

表7-8　变位齿轮传动的类型及性能比较

传动类型	高变位传动又称零传动	角变位传动	
		正传动	负传动
齿数条件	$z_1+z_2\geqslant 2z_{min}$	$z_1+z_2<2z_{min}$	$z_1+z_2\geqslant 2z_{min}$
变位系数要求	$x_1=-x_2\neq 0,x_1+x_2=0$	$x_1+x_2>0$	$x_1+x_2<0$
传动特点	$a'=a,\alpha'=\alpha$ $y=0,\sigma=0$	$a'>a,\alpha'>\alpha$ $y>0,\sigma>0$	$a'<a,\alpha'<\alpha$ $y<0,\sigma<0$
主要优点	小齿轮取正变位,允许$z_1<z_{min}$,减小传动尺寸。提高了小齿轮齿根强度,减小了小齿轮齿面磨损,可成对替换标准齿轮	传动机构更加紧凑,提高了抗弯强度和接触强度,提高了耐磨性能,可满足$a'>a$的中心距要求	重合度略有提高,满足$a'<a$的中心距要求
主要缺点	互换性差,小齿轮齿顶易变尖,重合度略有下降	互换性差,齿顶变尖,重合度下降较多	互换性差,抗弯强度和接触强度下降,轮齿磨损加剧

3. 变位齿轮传动的设计步骤

设计变位齿轮时,根据不同的已知条件,可采用不同的设计步骤。

(1) 已知 z_1、z_2、m、α、h_a^* 和 c^* 时,其设计步骤如下:

① 选择传动类型,若 $z_1+z_2<z_{min}$,必须采用正传动,否则可考虑其他传动类型;

② 选择两齿轮的变位系数;

③ 计算两齿轮的几何尺寸;

④ 验算重合度及齿轮强度。

(2) 已知 z_1、z_2、m、α'、a、h_a^* 和 c^* 时,其设计步骤如下:

① 计算啮合角 α':

$$\cos\alpha'=\frac{a}{a'}\cos\alpha。$$

② 选择两齿轮的变位系数:

$$x_1+x_2=\frac{(z_1+z_2)(\mathrm{inv}\,\alpha'-\mathrm{inv}\,\alpha)}{2\tan\alpha};$$

$$x_1\geqslant h_a^*\frac{z_{min}-z}{z_{min}},x_2\geqslant h_a^*\frac{z_{min}-z}{z_{min}}。$$

③ 同(1)之③④步骤。

(3) 已知 i、m、a、α、h_a^* 和 c^* 时,其设计步骤如下:

① 确定两齿轮的齿数。

因　　　　　　$$a'=a\frac{\cos\alpha}{\cos\alpha'}=\frac{m}{2}(z_1+z_2)\frac{\cos\alpha}{\cos\alpha'}=\frac{mz_1}{2}(1+i)\frac{\cos\alpha}{\cos\alpha'},$$

故得　　　　　　$$z_1\approx\frac{2a'}{(i+1)m}。$$

取整数。

$$z_2=iz_1。$$

取整数。

② 其余步骤同(2)。

例 7-2　用齿条插刀加工一个直齿圆柱齿轮。已知被加工齿轮轮坯的角速度 $\omega_1=5\text{ rad/s}$,刀具的移动速度为 0.375 m/s,刀具的模数 $m=10\text{ mm}$,压力角 $\alpha=20°$。

(1) 求被加工齿轮的齿数 z_1;

(2) 若齿条分度线与被加工齿轮中心的距离为 77 mm,求被加工齿轮的分度圆齿厚;

(3) 若已知该齿轮与大齿轮 2 相啮合时的传动比 $i_{12}=4$,无侧隙准确安装时的中心距 $a'=377\text{ mm}$,求这两个齿轮的节圆半径 r_1、r_2 及啮合角 α'。

解:(1) 齿条插刀加工齿轮时,被加工齿轮的节圆与其分度圆重合,且与刀具的节线做展成运动,则有

$$r_1\omega_1=v_刀。$$

而　　　　　　$$r_1=mz_1/2,$$

故得　　　　$$z_1=2v_刀/m\omega_1=2\times375/(10\times5)=15。$$

(2) 因刀具安装的距离($L=77\text{ mm}$)大于被加工齿轮的分度圆半径($r_1=75\text{ mm}$),被加工齿轮为正变位,其变位量为

$$xm=L-r_1=(77-75)\ \text{mm}=2\ \text{mm},$$

所以
$$x=xm/m=2/10=0.2。$$

故被加工齿轮的分度圆齿厚为
$$s=(\pi/2+2x\tan\alpha)m=(\pi/2+2\times0.2\times\tan20°)\times10\ \text{mm}=17.164\ \text{mm}。$$

（3）由两齿轮的传动比 i_{12} 和实际中心距 a'，可知
$$z_2=i_{12}z_1=4\times15=60；$$
$$i_{12}=\omega_1/\omega_2=r_2'/r_1'=4；$$
$$r_2'=4r_1'；$$
$$r_1'+r_2'=a'=377\ \text{mm}。$$

联立，可得
$$r_1'=75.4\ \text{mm},r_2'=301.6\ \text{mm}。$$

两齿轮的标准中心距为
$$a=m(z_1+z_2)/2=10\times(15+60)/2=375\ \text{mm}。$$

由 $a'\cos\alpha'=a\cos\alpha$，可求得
$$\cos\alpha'=a\cos\alpha/a'=375\cos20°/377\approx0.934\ 71。$$

所以
$$\alpha'=20.819°。$$

模块八 齿轮常见的失效形式与设计准则

齿轮传动是靠轮齿的啮合来传递运动和动力的，轮齿失效是齿轮常见的主要失效形式。由于传动装置有开式、闭式，齿面硬度有软齿面（硬度≤350HBS）、硬齿面（硬度>350HBS），齿轮转速有高与低，载荷有轻与重之分，所以实际应用中常会出现各种不同的失效形式。分析研究失效形式有助于建立齿轮设计的准则，提出防止和减轻失效的措施。

一、轮齿常见的失效形式

1. 轮齿折断

轮齿像一个悬臂梁，受载后以齿根部产生的弯曲应力为最大，而且是交变应力。当轮齿单侧受载时，应力按脉动循环变化；当轮齿双侧受载时，应力按对称循环变化。轮齿受变化的弯曲应力的反复作用，齿根过渡部分存在应力集中，当应力值超过材料的弯曲疲劳极限时，齿根处产生疲劳裂纹，裂纹逐渐扩展致使轮齿折断。这种折断称为疲劳折断，如图7-18(a)所示。

当轮齿突然过载，或经严重磨损后齿厚过薄时，也会发生轮齿折断，称为过载折断。如果轮齿宽度过大，由于制造、安装的误差使其局部受载过大时，会造成局部折断，如图7-18(b)所示。在斜齿圆柱齿轮传动中，轮齿工作面上的接触线为一斜线，轮齿受载后如有载荷集中时，就会发生局部折断。若轴的弯曲变形过大而引起轮齿局部受载过大时，也会发生局部折断。

提高轮齿抗折断能力的措施很多，如增大齿根圆角半径，消除该处的加工刀痕以降低齿根的应力集中；增大轴及支承物的刚度以减轻齿面局部过载的程度；对轮齿进行喷丸、碾压

等冷作处理以提高齿面硬度、保持心部的韧性等。

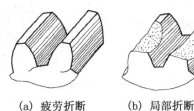
　(a) 疲劳折断　　　(b) 局部折断
图 7 - 18　轮齿折断

图 7 - 19　齿面点蚀

2. 齿面点蚀

轮齿进入啮合时,齿面接触处产生很大的接触应力,脱离啮合后接触应力即消失。对齿廓工作面上某一固定点来说,它受到的是近似于脉动变化的接触应力。如果接触应力超过了轮齿材料的接触疲劳极限时,齿面上产生裂纹,裂纹扩展致使表层金属微粒剥落,形成小麻点,这种现象称为齿面点蚀。实践表明,由于轮齿在节线附近啮合时,同时啮合的齿对数少,且轮齿间相对滑动速度小,润滑油膜不易形成,所以点蚀首先出现在靠近节线的齿根面上(图 7 - 19)。一般闭式传动中的软齿面较易发生点蚀失效,设计时应保证齿面有足够的接触强度。为防止过早出现点蚀,可采用提高齿面硬度、降低表面粗糙度值、增加润滑油黏度等措施。而对于开式齿轮传动,由于磨损严重,一般不出现点蚀。

3. 齿面磨损

轮齿在啮合过程中存在相对滑动,使齿面间产生摩擦磨损。如果有金属微粒、砂粒、灰尘等进入轮齿间,将引起磨粒磨损。如图 7 - 20 所示,磨损将破坏渐开线齿形,并使侧隙增大而引起冲击和振动,严重时甚至因齿厚减薄过多而折断。

磨损厚度
图 7 - 20　齿面磨损

对于新的齿轮传动装置来说,在开始运转一段时间内,会发生跑合磨损。这对传动是有利的,使齿面表面粗糙度值降低,提高了传动的承载能力。但跑合结束后,应更换润滑油,以免发生磨粒磨损。

磨损是开式传动的主要失效形式。采用闭式传动、提高齿面硬度、降低齿面粗糙度及采用清洁的润滑油等,均可以减轻齿面磨损。

4. 齿面胶合

在高速重载的齿轮传动中,齿面间的高压、高温使油膜破裂,局部金属互相粘连继而又相对滑动,金属从表面被撕落下来,而在齿面上沿滑动方向出现条状伤痕,称为胶合,如图 7 - 21 所示。低速重载的传动因不易形成油膜,也会出现胶合。发生胶合后,齿廓形状改变了,不能正常工作。

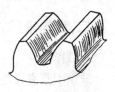
图 7 - 21　齿面胶合

在实际中采用提高齿面硬度、降低齿面粗糙度、限制油温、增加油的黏度、选用加有抗胶合添加剂的合成润滑油等方法,可以防止胶合的产生。

5. 齿面塑性变形

当齿轮材料较软而载荷较大时,轮齿表层材料将沿着摩擦力方向发生塑性变形,导致主动轮齿面节线处出现凹沟,从动轮齿面节线处出现凸棱(图7-22),齿形被破坏,影响齿轮的正常啮合。

为防止齿面的塑性变形,可采用提高齿面硬度、选用黏度较高的润滑油等方法。

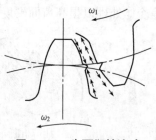

图7-22　齿面塑性流动

二、设计准则

设计齿轮传动时应根据齿轮传动的工作条件、失效情况等,合理地确定设计准则,以保证齿轮传动有足够的承载能力。工作条件、齿轮的材料不同,轮齿的失效形式就不同,设计准则、设计方法也不同。

对于闭式软齿面齿轮传动,齿面点蚀是主要的失效形式,应先按齿面接触疲劳强度进行设计计算,确定齿轮的主要参数和尺寸,然后再按弯曲疲劳强度校核齿根的弯曲强度。闭式硬齿面齿轮传动常因齿根折断而失效,故通常先按齿根弯曲疲劳强度进行设计计算,确定齿轮的模数和其他尺寸,然后再按接触疲劳强度校核齿面的接触强度。

对于开式齿轮传动中的齿轮,齿面磨损为其主要失效形式,故通常按照齿根弯曲疲劳强度进行设计计算,确定齿轮的模数,考虑磨损因素,再将模数增大10%~20%,而无需校核接触强度。

我国已制定了齿轮强度计算的标准:GB3480—1997"渐开线圆柱齿轮承载能力计算方法"、GB10063—88"通用机械渐开线圆柱齿轮承载能力简化计算方法"及GB6413—86"渐开线圆柱齿轮胶合承载能力计算方法",可作为齿轮传动承载能力计算依据。

模块九　齿轮的常用材料及许用应力

一、齿轮材料的基本要求

由轮齿的失效分析可知,对齿轮材料的基本要求为:(1)齿面应有足够的硬度,以抵抗齿面磨损、点蚀、胶合以及塑性变形等;(2)齿心应有足够的强度和较好的韧性,以抵抗齿根折断和冲击载荷;(3)应有良好的加工工艺性能及热处理性能,使之便于加工且便于提高其力学性能。最常用的齿轮材料是钢,此外还有铸铁及一些非金属材料等。

二、齿轮常用材料及其热处理

1. 锻钢

锻钢因具有强度高、韧性好、便于制造、便于热处理等优点,大多数齿轮都用锻钢制造。下面介绍软齿面齿轮和硬齿面齿轮常用的材料。

（1）软齿面齿轮

软齿面齿轮的齿面硬度≤350HBS,常用中碳钢和中碳合金钢,如45钢、40Cr、35SiMn等材料,进行调质或正火处理。这种齿轮适用于强度、精度要求不高的场合,轮坯经过热处理后进行插齿或滚齿加工,生产便利、成本较低。

在确定大、小齿轮硬度时应注意使小齿轮的齿面硬度比大齿轮的齿面硬度高30~

50HBS,这是因为小齿轮受载荷次数比大齿轮多,为使两齿轮的轮齿接近等强度,小齿轮的齿面要比大齿轮的齿面硬一些。

（2）硬齿面齿轮

硬齿面齿轮的齿面硬度大于 350HBS,常用的材料为中碳钢或中碳合金钢,经表面淬火处理,硬度可达 40～55HRC。若采用低碳钢或低碳合金钢,如 20 钢、20Cr、20CrMnTi 等,需渗碳淬火,其硬度可达 56～62HRC。热处理后需磨齿,如内齿轮不便于磨削,可采用渗氮处理。

2. 铸钢

当齿轮的尺寸较大(大于 400～600 mm)而不便于锻造时,可用铸造方法制成铸钢齿坯,再进行正火处理以细化晶粒。

3. 铸铁

低速、轻载场合的齿轮可以制成铸铁齿坯。当尺寸大于 500 mm 时可制成大齿圈,或制成轮辐式齿轮。铸铁齿轮的加工性能、抗点蚀、抗胶合性能均较好,但强度低,耐磨性能、抗冲击性能差。为避免局部折断,其齿宽应取得小些。球墨铸铁的力学性能和抗冲击能力比灰铸铁高,可代替铸钢铸造大直径齿轮。

4. 非金属材料

非金属材料的弹性模量小,传动中轮齿的变形可减轻动载荷和噪声,适用于高速轻载、精度要求不高的场合,常用的有夹布胶木、工程塑料等。

齿轮常用材料的力学性能及应用范围见表 7－9。

表 7－9　齿轮的常用材料及其力学性能

材料	牌号	热处理	硬度	强度极限 σ_B/MPa	屈服极限 σ_s/MPa	应用范围
优质碳素钢	45	正火 调质 表面淬火	169～217HBS 217～255HBS 48～55HRC	580 650 750	290 360 450	低速轻载 低速中载 高速中载或低速重载冲击很小
	50	正火	180～220HBS	620	320	低速轻载
合金钢	40Cr	调质 表面淬火	240～260HBS 48～55HBS	700 900	550 650	中速中载 高速中载,无剧烈冲击
	42SiMn	调质 表面淬火	217～269HBS 45～55HRC	750	470	高速中载,无剧烈冲击
	20Cr	渗碳淬火	56～62HRC	650	400	高速中载,承受冲击
	20CrMnTi	渗碳淬火	56～62HRC	1 100	850	
铸钢	ZG310～570	正火 表面淬火	160～210HBS 40～50HRC	570	320	中速、中载、大直径
	ZG340～640	正火 调质	170～230HBS 240～270HBS	650 700	350 380	
球墨铸铁	QT600-2 QT500-5	正火	220～280HBS 147～241HBS	600 500		低、中速轻载,有小的冲击
灰铸铁	HT200 HT300	人工时效 (低温退火)	170～230HBS 187～235HBS	200 300		低速轻载,冲击很小

三、许用应力

齿轮的许用应力$[\sigma]$是以试验齿轮在特定的条件下经疲劳试验测得的试验齿轮的疲劳极限应力σ_{lim},并对其进行适当的修正得出的。修正时主要考虑应力循环次数的影响和可靠度。

齿面接触疲劳许用应力为

$$[\sigma_H] = \frac{z_{NT}\sigma_{Hlim}}{S_H}。 \tag{7-13}$$

齿根弯曲疲劳许用应力为

$$[\sigma_F] = \frac{Y_{NT}\sigma_{Flim}}{S_F}。 \tag{7-14}$$

式中带 lim 下标的应力是试验齿轮在持久寿命期内失效概率为1%的疲劳极限应力。因为材料的成分、性能、热处理的结果和质量都不能均一,故该应力值不是一个定值,有很大的离散区。在一般情况下,可取中间值,即MQ线。按齿轮材料和齿面硬度,接触疲劳极限σ_{Hlim}查图 7-23,弯曲疲劳极限σ_{Flim}查图 7-24,其值已计入应力集中的影响。应注意:① 若硬度超出线图中范围,可近似地按外插法查取σ_{lim}值。② 当轮齿承受对称循环应力时,对于弯曲应力应将图 7-24 中的σ_{Flim}值乘以 0.7;S_H、S_F分别为齿面接触疲劳强度安全系数和齿根弯曲疲劳强度安全系数,可查表 7-10。Y_{NT}、Z_{NT}分别为弯曲疲劳寿命系数和接触疲劳寿命系数,为考虑应力循环次数影响的寿命系数。弯曲疲劳寿命系数Y_{NT},查图 7-25;接触疲劳寿命系数Z_{NT},查图 7-26。图中 N 为应力循环次数,$N=60njL_h$,其中 n 为齿轮转速,单位为 r/min,j 为齿轮转一转时同侧齿面的啮合次数,L_h 为齿轮工作寿命,单位为 h。

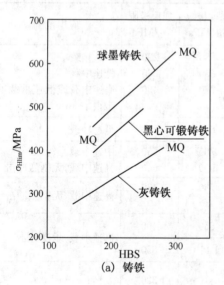

(a) 铸铁

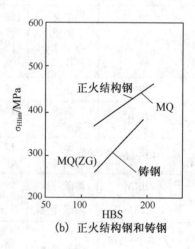

(b) 正火结构钢和铸钢

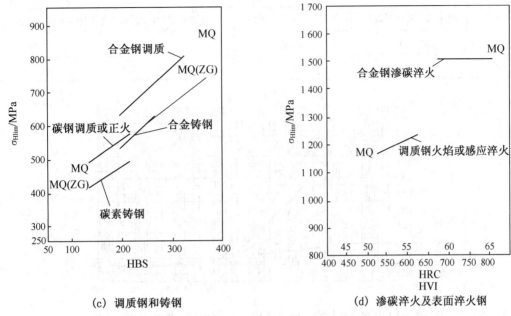

(c) 调质钢和铸钢　　　　　　　(d) 渗碳淬火及表面淬火钢

图 7－23　实验齿轮的接触疲劳极限 σ_{Hlim}

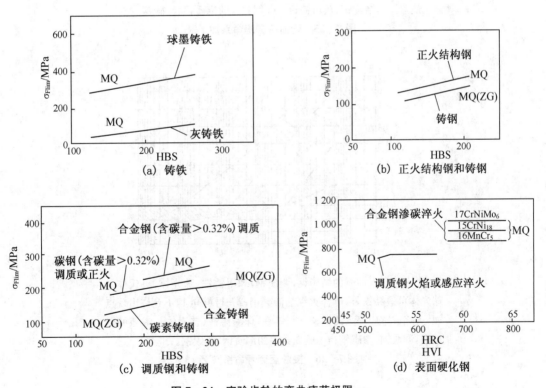

(a) 铸铁　　　　　　　　　　(b) 正火结构钢和铸钢

(c) 调质钢和铸钢　　　　　　　(d) 表面硬化钢

图 7－24　实验齿轮的弯曲疲劳极限 σ_{Flim}

表 7-10 安全系数 S_H 和 S_F

安全系数	软齿面(≤350HBS)	硬齿面(>350HBS)	重要的传动、渗碳淬火齿轮或铸造齿轮
S_H	1.0~1.1	1.1~1.2	1~3
S_F	1.3~1.4	1.4~1.6	1.6~2.2

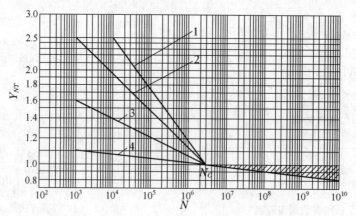

1—调质钢,球墨铸铁(珠光体、贝氏体),珠光体可锻铸铁;2—渗碳淬火的渗碳钢,火焰或感应表面淬火的钢、球墨铸铁;3—渗氮的渗氮钢,球墨铸铁(铁素体),结构钢、灰铸铁;4—碳氮共渗的调质钢、渗碳钢。

图 7-25 弯曲疲劳寿命系数 Y_{NT}

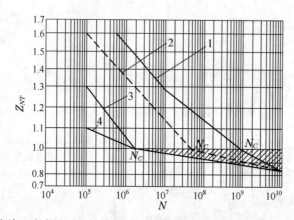

1—允许一定点蚀时的结构钢,调质钢,球墨铸铁(珠光体、贝氏体),球光体可锻铸铁,渗碳淬火的渗碳钢;2—材料同 1,不允许出现点蚀,火焰或感应淬火的钢;3—灰铸铁,球墨铸铁(铁素体),渗氮的渗氮钢,调质钢、渗碳钢;4—碳氮共渗的调质钢、渗碳钢。

图 7-26 接触疲劳寿命系数 Z_{NT}

模块十　渐开线标准直齿圆柱齿轮传动的强度计算

一、轮齿的受力分析

为计算轮齿的强度、设计轴和轴承,必须首先分析轮齿上的作用力。图 7-27 所示为一对标准直齿圆柱齿轮传动,齿廓在节点 P 接触,作用在主动轮上的转矩为 T_1,忽略接触处的摩擦力,则两轮在接触点处相互作用的法向力 F_n 是沿着啮合线 N_1N_2 方向的,图示的法向力为作用于主动轮上的力,可用 F_{n1} 表示。法向力在分度圆上可分解成两个互相垂直的分力,即圆周力 F_{t1} 及径向力 F_{r1}。根据力平衡条件可得出作用在主动轮上的力为

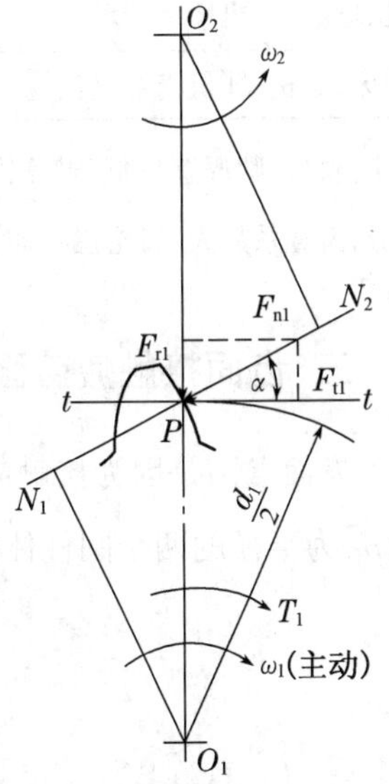

圆周力:$F_{t1} = 2T_1/d_1$;

径向力:$F_{r1} = F_{t1} \cdot \tan\alpha'$;　　　　　(7-15)

法向力:$F_{n1} = \dfrac{F_{t1}}{\cos\alpha'}$。

式中:T_1 的单位为 N·mm;d_1 为主动轮分度圆直径,单位为 mm;α' 为节圆上的压力角,对标准齿轮有 $\alpha' = \alpha = 20°$。

根据作用力与反作用力的原则可求出作用在从动轮上的力;$F_{t1} = -F_{t2}$;$F_{r1} = -F_{r2}$;$F_{n1} = -F_{n2}$。主动轮上所受的圆周力是阻力,它的方向与转动方向相反;从动轮上所受的圆周力是驱动力,它的方向与转动方向相同。两个齿轮上的径向力方向分别指向各自的轮心。

一般,主动轮传递的功率 P、转速 n_1 为已知,可求得主动轮的转矩 T_1 为

$$T_1 = 9.55 \times 10^6 \frac{P}{n_1}$$

式中:T_1 的单位为 N·mm;P 的单位为 kW;n_1 的单位为 r/min。

图 7-27　直齿圆柱齿轮传动的受力分析法向力

二、轮齿的计算载荷

齿轮传动在实际工作时,由于原动机和工作机的工作特性不同,会产生附加的动载荷。齿轮、轴、轴承的加工、安装误差及弹性变形会引起载荷集中,使实际载荷增加。式(7-15)中的法向力 F_n 为名义载荷,考虑各种实际情况,通常用计算载荷 KF_n 取代名义载荷 F_n,K 为载荷系数,由表 7-11 查取。计算载荷用符号 F_{nc} 表示,即

$$F_{nc} = KF_n。$$　　　　　(7-16)

表 7 - 11　载荷系数 K

工作机械	载荷特性	原动机		
		电动机	多缸内燃机	单缸内燃机
均匀加料的运输机和加料机、轻型卷扬机、发电机、机床辅助传动	均匀、轻微冲击	1～1.2	1.2～1.6	1.6～1.8
不均匀加料的运输机和加料机、重型卷扬机、球磨机、机床主传动	中等冲击	1.2～1.6	1.6～1.8	1.8～2.0
冲床、钻机、轧机、破碎机、挖掘机	大的冲击	1.6～1.8	1.9～2.1	2.2～2.4

注:斜齿、圆周速度低、精度高、齿宽系数小、齿轮在两轴承间对称布置时取小值。直齿、圆周速度高、精度低、齿宽系数大、齿轮在两轴承间不对称布置时取大值。

三、齿面接触疲劳强度计算

齿面点蚀是因为接触应力过大而引起的。齿轮啮合可看作是分别以接触处的曲率半径 ρ_1、ρ_2 为半径的两个圆柱体的接触,其最大接触应力可由赫兹应力公式计算,即

$$\sigma_H = \sqrt{\frac{F_n}{\pi b} \cdot \frac{1\left(\dfrac{1}{\rho_1} \pm \dfrac{1}{\rho_2}\right)}{\left(\dfrac{1-\mu_1^2}{E_1} + \dfrac{1-\mu_2^2}{E_2}\right)}} \, \text{。} \qquad (7-17)$$

式中:F_n 为作用在轮齿上的法向力,单位为 N;b 为轮齿宽度,单位为 mm;ρ_1、ρ_2 为齿廓接触处的曲率半径,单位为 mm;μ_1、μ_2 分别为两齿轮材料的泊松比;E_1、E_2 分别为两齿轮材料的弹性模量,单位为 MPa;"+"用于外啮合,"-"用于内啮合。

因泊松比 μ 和弹性模量 E 都与材料有关,为简化计算,令

$$Z_E = \sqrt{\frac{1}{\pi\left(\dfrac{1-\mu_1^2}{E_1} + \dfrac{1-\mu_2^2}{E_2}\right)}} \, \text{。}$$

式中 Z_E 为材料的弹性系数,其值见表 7 - 12。将 Z_E 代入式(7 - 17),可得

$$\sigma_H = Z_E \sqrt{\frac{F_n}{b}\left(\frac{1}{\rho_1} \pm \frac{1}{\rho_2}\right)} \, \text{。} \qquad (7-18)$$

表 7-12　弹性系数 Z_E　　　　　　　　　　　　$\sqrt{MPa}$

齿轮 2 材料		锻钢	铸钢	球墨铸铁	灰铸铁
弹性模量 E/MPa		20.6×10^4	20.2×10^4	17.3×10^4	11.8×10^4
泊松比		0.3	0.3	0.3	0.3
齿轮 1 材料	锻钢	189.8	188.9	181.4	162.0
	铸钢		188.0	180.5	161.4
	球默铸铁	—		173.9	156.6
	灰铸铁		—		143.7

由模块八可知,两个齿轮啮合时,疲劳点蚀一般出现在节线附近,因此一般以节点处的接触应力来计算齿面的接触疲劳强度。

图 7-28 所示为一对外啮合渐开线标准直齿轮,接触点为 P 点。根据渐开线的特性,可得出齿廓在 P 点处的曲率半径为

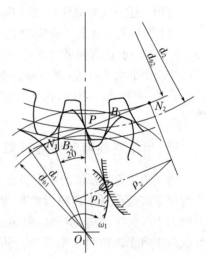

$$\rho_1 = N_1 P = \frac{d_1}{2}\sin\alpha, \quad \rho_2 = N_2 P = \frac{d_2}{2}\sin\alpha。$$

式中:d_1、d_2 分别为两齿轮分度圆的直径;α 为分度圆上的压力角为 $20°$。

两齿轮的齿数比 $u = \dfrac{z_1}{z_2} = \dfrac{d_2}{d_1}$,则

$$\frac{1}{\rho_1} \pm \frac{1}{\rho_2} = \frac{\rho_1 \pm \rho_2}{\rho_1 \rho_2} = \frac{2(d_2 \pm d_1)}{d_1 d_2 \sin\alpha}$$
$$= \frac{2}{d_1 \cdot \sin\alpha} \cdot \frac{u \pm 1}{u}。$$

图 7-28　齿轮接触强度计算简图

将上式及 $F = F_t / \cos\alpha$ 代入式(7-18),得

$$\sigma_H = Z_E \sqrt{\frac{F_{t1}}{b\cos\alpha}} \sqrt{\frac{2}{d_1 \sin\alpha} \frac{u \pm 1}{u}}$$

$$= Z_E \sqrt{\frac{F_{t1}}{bd_1} \frac{u \pm 1}{u}} \sqrt{\frac{2}{\sin\alpha\cos\alpha}}。$$

令 $Z_H = \sqrt{\dfrac{2}{\sin\alpha\cos\alpha}} = \sqrt{\dfrac{4}{\sin 2\alpha}} = 2.49$,$Z_H$ 称为节点区域系数,代入上式,得

$$\sigma_H = 2.49 Z_E \sqrt{\frac{F_{t1}}{bd_1} \frac{u \pm 1}{u}}。 \tag{7-19}$$

为了计算方便,用转矩 T_1 表示载荷,$F_t = 2T_1/d_1$,并引入载荷系数 K,则根据强度条件可得齿面接触疲劳强度的校核公式为

$$\sigma_H = 3.52 Z_E \sqrt{\frac{KT_1(u \pm 1)}{bd_1^2 u}} \leqslant [\sigma_H]。 \tag{7-20}$$

为了便于计算,引入齿宽系数 $\Psi_d = b/d_1$ 并代入上式,得到齿面接触疲劳强度的设计公

式为

$$d_1 \geqslant \sqrt[3]{\frac{KT_1(u\pm1)}{\Psi_d u}\left(\frac{3.52Z_E}{[\sigma_H]}\right)^2}; \qquad (7-21)$$

式中$[\sigma_H]$为齿轮材料的许用接触应力,单位为 MPa。

若两齿轮材料都选用钢时,$Z_E=189.8\sqrt{\mathrm{MPa}}$,将其分别代入设计公式(7-21)和校核公式(7-20),可得对钢齿轮的设计公式为

$$d_1 \geqslant 76.43\sqrt[3]{\frac{KT_1(u\pm1)}{\Psi_d u [\sigma_H]^2}}; \qquad (7-22)$$

校核公式为

$$\sigma_H=668\sqrt{\frac{KT_1(u\pm1)}{bd_1^2 u}}\leqslant[\sigma_H]. \qquad (7-23)$$

应用上述公式时应注意以下几点:

(1) 两齿轮齿面的接触应力 σ_{H1} 与 σ_{H2} 大小相同;(2) 两齿轮的许用接触应力$[\sigma_{H1}]$,与$[\sigma_{H2}]$一般不同,进行强度计算时应选用较小值;(3) 齿轮的齿面接触疲劳强度与齿轮的直径或中心距的大小有关,即与 m、z 的乘积有关,而与模数的大小无关。当一对齿轮的材料、齿宽系数、齿数比一定时,由齿面接触强度所决定的承载能力仅与齿轮的直径或中心距有关。

四、齿根弯曲疲劳强度计算

为了防止轮齿根部的疲劳折断,在进行齿轮设计时要计算齿根弯曲疲劳强度。轮齿的疲劳折断主要和齿根弯曲应力的大小有关。为简化计算,假定全部载荷由一对齿承受,且载荷作用于齿顶时齿根部分产生的弯曲应力最大。计算时将轮齿看作悬臂梁,危险截面用 30°切线法来确定,即作与轮齿对称中心线成 30°角并与齿根过渡曲线相切的两条直线,连接两切点的截面即为齿根的危险截面,如图 7-29 所示。

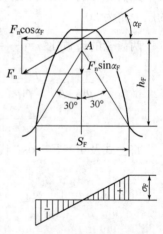

图 7-29　轮齿的弯曲强度

沿啮合线作用在齿顶的法向力 F_n 可分解为互相垂直的两个分力 $F_n\cos\alpha_F$ 和 $F_n\sin\alpha_F$,前者对齿根产生弯曲应力,后者产生压缩应力。因压应力较小,对抗弯强度计算影响较小,故可忽略不计。

齿根危险截面的弯曲应力为

$$\sigma_F=\frac{M}{W}.$$

式中:M 为齿根的最大弯矩,单位为 N·mm,$M=F_n\cos\alpha_F \cdot h_F=\frac{F_t}{\cos\alpha}\cos\alpha_F \cdot h_F$;$W$ 为危险截面的弯曲截面系数,单位为 mm³,$W=\frac{bS_F^2}{6}$;b 为齿宽,单位为 mm。代入上式,可得出

$$\sigma_F=\frac{M}{W}=\frac{F_n\cos\alpha_F \cdot h_F}{\frac{1}{6}b \cdot S_F^2}=\frac{F_t}{b}\frac{6h_F\cos\alpha_F}{S_F^2 \cdot \cos\alpha}.$$

将分子、分母同除以 m^2，得

$$\sigma_F = \frac{F_t}{b \cdot m} \frac{6(h_F/m)\cos\alpha_F}{(S_F/m)^2 \cdot \cos\alpha} = \frac{F_1}{bm} Y_F。$$

式中 $Y_F = \dfrac{6(h_F/m)\cos\alpha_F}{(S_F/m)^2\cos\alpha}$ 称为齿形系数，它是考虑齿形对齿根弯曲应力影响的系数。因 h_F 和 S_F 都与模数 m 成正比，故 Y_F 只与齿形有关，而与模数无关，是一个无因次的系数。齿形系数取决于齿数与变位系数，对于标准齿轮则仅取决于齿数，标准外齿轮的齿形系数 Y_F 值可查表 7-13。

考虑到齿根圆角处的应力集中以及齿根危险截面上压应力等的影响，引入应力修正系数 Y_S（见表 7-14），计入载荷系数 K（见表 7-11），即可得出轮齿齿根弯曲疲劳强度的校核公式为

$$\sigma_F = \frac{2KT_1}{bmd_1} Y_F Y_S = \frac{2KT_1}{bm^2 z_1} Y_F Y_S \leqslant [\sigma_F]。 \tag{7-24}$$

式中：T_1 为主动轮的转矩，单位为 $N \cdot mm$；b 为轮齿的接触宽度，单位为 mm；m 为模数；z_1 为主动轮齿数；$[\sigma_F]$ 为轮齿的许用弯曲应力，单位为 MPa，可按式（7-14）计算并查有关表格确定。

表 7-13　标准外齿轮的齿形系数 Y_F

Z	12	14	16	17	18	19	20	22	25	28	30	35	40	45	50	60	80	100	⩾200
Y_F	3.47	3.22	3.03	2.97	2.91	2.85	2.81	2.75	2.65	2.58	2.54	2.47	2.41	2.37	2.35	2.30	2.25	2.18	2.14

注：$\alpha = 20°, h_a^* = 1, c^* = 0.25$。

表 7-14　标准外齿轮的应力修正系数 Y_S

Z	12	14	16	17	18	19	20	22	25	28	30	35	40	45	50	60	80	100	⩾200
Y_S	1.44	1.47	1.51	1.53	1.54	1.55	1.56	1.58	1.59	1.61	1.63	1.65	1.67	1.69	1.71	1.73	1.77	1.80	1.88

注：$\alpha = 20°, h_a^* = 1, c^* = 0.25, \rho_f = 0.38\,m$，$\rho_f$ 为齿根圆角曲率半径。

引入齿宽系数 $\Psi_d = \dfrac{b}{d}$，代入式（7-24），可得出齿根弯曲疲劳强度的设计公式为

$$m \geqslant 1.26 \sqrt[3]{\frac{KT_1 Y_F Y_S}{\Psi_d z_1^2 [\sigma_F]}}。 \tag{7-25}$$

应注意，通常两个相啮合齿轮的齿数是不相同的，故齿形系数 Y_F 和应力修正系数 Y_S 都不相等，而且齿轮的许用应力 $[\sigma_F]$ 也不一定相等，因此必须分别校核两齿轮的齿根弯曲强度。在设计计算时，应将两齿轮的 $\dfrac{Y_F Y_S}{[\sigma_F]}$ 值进行比较，取其中较大者代入式（7-25）中计算，计算所得模数应圆整成标准值。

模块十一　平行轴斜齿圆柱齿轮传动

一、齿廓曲面的形成及其啮合特点

由于圆柱齿轮是有一定宽度的,因此轮齿的齿廓沿轴线方向形成一曲面。直齿轮轮齿渐开线曲面的形成如图 7-30(a)所示,平面 S 与基圆柱相切于母线 NN,当平面 S 沿基圆柱做纯滚动时,其上与母线平行的直线 KK 在空间所走过的轨迹即为渐开线曲面,平面 S 称为发生面,形成的曲面即为直齿轮的齿廓曲面。

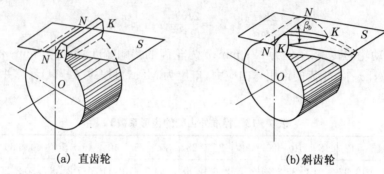

(a) 直齿轮　　　　　　　　　　　　(b) 斜齿轮

图 7-30　渐开线曲面的形成

斜齿圆柱齿轮齿廓曲面的形成如图 7-30(b)所示,当平面 S 沿基圆柱做纯滚动时,其上与母线 NN 成一倾斜角 β_b 的斜直线 KK 在空间所走过的轨迹为一个渐开线螺旋面,该螺旋面即为斜齿圆柱齿轮的齿廓曲面,β_b 称为基圆柱上的螺旋角。

直齿圆柱齿轮啮合时,齿面的接触线均平行于齿轮轴线。因此,轮齿是沿整个齿宽同时进入啮合、同时脱离啮合的,载荷沿齿宽突然加上及卸下。故直齿轮传动的平稳性较差,容易产生冲击和噪声,不适用于高速和重载的传动中。

一对平行轴斜齿圆柱齿轮啮合时,斜齿轮的齿廓是逐渐进入啮合、逐渐脱离啮合的。如图 7-31 所示,斜齿轮齿廓接触线的长度由零逐渐增加,又逐渐缩短,直至脱离接触,载荷也不是突然加上或卸下的,因此斜齿轮传动工作较平稳。

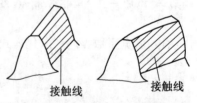

接触线　　　　　接触线

图 7-31　齿轮啮合的接触线

二、斜齿轮的基本参数和几何尺寸计算

斜齿轮的轮齿为螺旋形,在垂直于齿轮轴线的端面(下标以 t 表示)和垂直于齿廓螺旋面的法面(下标以 n 表示)上有不同的参数。斜齿轮的端面是标准的渐开线,但从斜齿轮的加工和受力角度看,斜齿轮的法面参数应为标准值。

1. 螺旋角

图 7-32 所示为斜齿轮分度圆柱面展开图,螺旋线展开成一直线,该直线与轴线的夹角

为 β，称为斜齿轮在分度圆柱上的螺旋角，简称斜齿轮的螺旋角。

$$\tan\beta = \frac{\pi d}{p_s}。 \tag{7-26}$$

式中 p_s 为螺旋线的导程，即螺旋线绕一周时沿齿轮轴方向前进的距离。

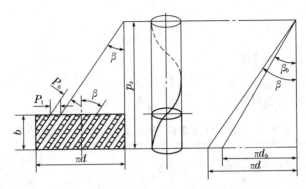

图 7-32　斜齿轮的展开

因为斜齿圆柱齿轮各圆柱上螺旋线的导程相同，所以对于基圆柱，同理可得其螺旋角 β_b 为

$$\tan\beta_b = \frac{\pi d_b}{p_s}。$$

将式 (7-26) 代入上式，得

$$\tan\beta_b = \tan\beta \cdot \left(\frac{d_b}{d}\right) = \tan\beta \cdot \cos\alpha_t。 \tag{7-27}$$

斜齿轮按其齿廓渐开螺旋面的旋向，可分为右旋和左旋两种，如图 7-33 所示。

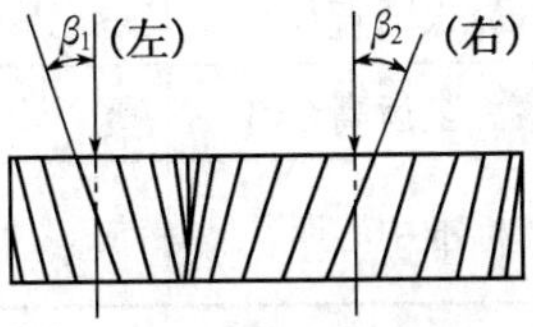

图 7-33　斜齿轮轮齿的旋向

2. 模数

如图 7-32 所示，p_t 为端面齿距，而 p_n 为法面齿距，$p_n = p_t\cos\beta$。因为 $p = \pi m$，所以 $\pi m_n = \pi m_t \cos\beta$。故斜齿轮法面模数与端面模数的关系为

$$m_n = m_t\cos\beta。 \tag{7-28}$$

3. 压力角

因斜齿圆柱齿轮和斜齿条啮合时，它们的法面压力角和端面压力角应分别相等，所以斜齿圆柱齿轮法面压力角 α_n 和端面压力角 α_t 的关系可通过斜齿条得到。在图 7-34 所示的斜齿条中，$\triangle abc$ 在端面上，$\triangle a'b'c$ 在法面上，$\angle aa'c = 90°$。在直角三角形 $\triangle abc$、$\triangle a'b'c$ 中，可得

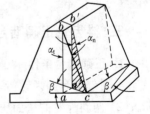

图 7-34　斜齿条的压力角

$$\tan\alpha_t = \frac{ac}{ab}, \tan\alpha_n = \frac{a'c}{a'b'}。$$

而 $a'c = ac\cos\beta$，又因 $ab = a'b'$，故

$$\tan\alpha_n = \frac{a'c}{a'b'} = \frac{ac\cos\beta}{ab}; \tag{7-29}$$

$$\tan\alpha_n = \tan\alpha_t \cdot \cos\beta。$$

4. 齿顶高系数及顶隙系数

斜齿轮的齿顶高和齿根高不论从端面还是从法面来看都是相等的,即

$$h_{an}^* m_n = h_{at}^* m_t , c_n^* m_n = c_t^* m_t 。$$

将式(7-28)代入以上两式,即得

$$h_{at}^* = h_{an}^* \cos\beta;$$
$$c_t^* = c_n^* \cos\beta。 \tag{7-30}$$

5. 斜齿轮的几何尺寸计算

斜齿轮的啮合在端面上相当于一对直齿轮的啮合,因此将斜齿轮的端面参数代入直齿轮的计算公式,就可得到斜齿轮的相应尺寸,见表7-15。

表 7-15　外啮合标准斜齿圆柱齿轮几何尺寸计算公式

名称	符号	计算公式
分度圆直径	d	$d = m_t z = (m_n / \cos\beta) z$
齿顶高	h_a	$h_a = m_n$
齿顶圆直径	d_a	$d_a = d + 2h_a$
齿根高	h_f	$h_f = 1.25 m_n$
齿根圆直径	d_f	$d_f = d - 2h_f$
全齿高	h	$h = h_a + h_f = 2.25 m_n$
标准中心距	a	$a = \dfrac{1}{2}(d_1 + d_2) = \dfrac{1}{2} m_t (z_1 + z_2) = \dfrac{m_n}{2\cos\beta}(z_1 + z_2)$

由表7-15可知,斜齿轮传动的中心距与螺旋角 β 有关。当一对斜齿轮的模数、齿数一定时,可以通过改变其螺旋角 β 的大小来圆整中心距。

斜齿轮最少齿数 z_{min} 为

$$z_{min} = \frac{2h_{at}^*}{\sin^2\alpha_t} = \frac{2h_{an}^* \cos\beta}{\sin^2\alpha_t} 。$$

由于 $\cos\beta < 1 , \alpha_t > \alpha_n$,所以斜齿轮的最少齿数比直齿轮要少,因而斜齿轮机构更加紧凑。

三、斜齿轮正确啮合的条件和重合度

1. 正确啮合条件

一对外啮合斜齿轮传动的正确啮合条件为:(1) 两斜齿轮的法面模数相等,$m_{n1} = m_{n2} = m_n$;(2) 两斜齿轮的法面压力角相等,$\alpha_{n1} = \alpha_{n2} = \alpha_n$;(3) 两斜齿轮的螺旋角大小相等,方向相反,即 $\beta_1 = -\beta_2$ 。若不满足条件(3),就成为交错轴斜齿轮传动。

2. 斜齿轮传动的重合度

斜齿轮传动的重合度要比直齿轮大。图7-35(a)所示为斜齿轮与斜齿条在前端面的啮合情况,齿廓在 A 点进入啮合,在 E 点终止啮合,但从俯视图[图7-35(b)]上分析,当前端面开始脱离啮合时,后端面仍处在啮合区内,只有当后端面脱离啮合,这对齿才终止啮合。当后端面脱离啮合时,前端面已到达 H 点。所以,从前端面进入啮合到后端面脱离啮合,前

端面走了 FH 段。故斜齿轮传动的重合度为

$$\varepsilon = \frac{FH}{p_t} = \frac{FG+GH}{p_t} = \varepsilon_t + \frac{b\tan\beta}{p_t}。 \qquad (7-31)$$

式中：ε_t 为端面重合度，其值等于与斜齿轮端面齿廓相同的直齿轮传动的重合度；$\frac{b\tan\beta}{p_t}$ 为轮齿倾斜而产生的附加重合度。ε 随齿宽 b 和螺旋角 β 的增大而增大，根据传动需要可以达到很大的值，所以斜齿轮传动较平稳。

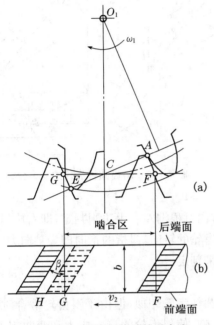

图 7-35　斜齿轮传动的重合度

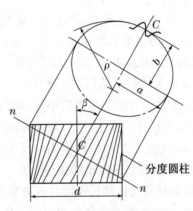

图 7-36　斜齿轮的当量圆柱齿轮

四、斜齿圆柱齿轮的当量齿数

在进行强度计算以及用仿形法加工斜齿轮选择铣刀时，必须知道斜齿轮的法面齿形。通常采用下述近似方法分析斜齿轮的法面齿形。

如图 7-36 所示，过斜齿轮分度圆柱上齿廓的任一点 C 作齿的法面 nn，该法面与分度圆柱面的交线为一椭圆。椭圆的长半轴为 $a = \frac{d}{2\cos^2\beta}$，短半轴为 $b = \frac{d}{2}$。椭圆在 C 点的曲率半径为

$$\rho = \frac{a^2}{b} = \frac{d}{2\cos^2\beta}。$$

以 ρ 为分度圆半径、以斜齿轮法面模数 m_n 为模数，取压力角 α_n 为标准压力角作一直齿圆柱齿轮，则其齿形近似于斜齿轮的法面齿形。该直齿轮称为斜齿圆柱齿轮的当量齿轮，其齿数称为斜齿圆柱齿轮的当量齿数，用 z_v 表示，计算公式为

$$z_v = \frac{2\rho}{m_n} = \frac{d}{m_n\cos^2\beta} = \frac{m_n z}{m_n\cos^3\beta} = \frac{z}{\cos^3\beta}。 \qquad (7-32)$$

标准斜齿轮不发生根切的最少齿数可由其当量直齿轮的最少齿数 $z_{v\min}$ 计算出来：

$$z_{\min} = z_{v\min}\cos^3\beta = 17\cos^3\beta_{\circ} \tag{7-33}$$

五、斜齿圆柱齿轮的强度计算

1. 受力分析

图 7-37 为斜齿圆柱齿轮传动中主动轮上的受力分析图。图中 F_{n1} 作用在齿面的法面内，忽略摩擦力的影响，F_{n1} 可分解成三个互相垂直的分力，即圆周力 F_{t1}、径向力 F_{r1} 和轴向力 F_{a1}，其值分别为

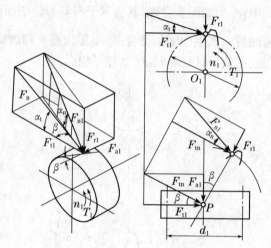

圆周力：$F_{t1} = 2T_1/d_1$；

径向力：$F_{r1} = F_{t1}\dfrac{\tan\alpha_n}{\cos\beta}$； $\qquad$ (7-34)

轴向力：$F_{a1} = F_{t1}\tan\beta_{\circ}$

式中：T_1 为主动轮传递的转矩，单位为 N·mm；d_1 为主动轮分度圆直径，单位为 mm；β 为分度圆上的螺旋角；α_n 为法面压力角。

图 7-37　斜齿圆柱齿轮的受力分析

作用于主动轮上的圆周力和径向力方向的判定方法与直齿圆柱齿轮相同，轴向力的方向可根据左右手法则判定，即右旋斜齿轮用右手、左旋斜齿轮用左手判定，弯曲的四指表示齿轮的转向，拇指的指向即为轴向力的方向。作用于从动轮上的力可根据作用与反作用原理来判定。

2. 斜齿圆柱齿轮传动的强度计算

斜齿圆柱齿轮传动的强度计算方法与直齿圆柱齿轮相似，但由于斜齿轮啮合时齿面接触线的倾斜以及传动重合度的增大等因素的影响，使斜齿轮的接触应力和弯曲应力降低。其强度计算公式可表示如下：

（1）齿面接触疲劳强度计算

校核公式为

$$\sigma_H = 3.17 Z_E \sqrt{\frac{KT_1(\mu\pm1)}{bd_1^2 u}} \leqslant [\sigma_H]; \tag{7-35}$$

设计公式为

$$d_1 \geqslant \sqrt[3]{\frac{KT_1(\mu\pm1)}{\Psi_d u}\left(\frac{3.17 Z_E}{[\sigma_H]}\right)^2}_{\circ} \tag{7-36}$$

校核公式中根号前的系数比直齿轮计算公式中的系数小，所以在受力条件等相同的情况下求得的 σ_H 值也随之减小，即接触应力减小。这说明斜齿轮传动的接触强度要比直齿轮传动的高。

（2）齿根弯曲疲劳强度计算

校核公式为

$$\sigma_F = \frac{1.6KT_1}{bm_n d_1}Y_F Y_S = \frac{1.6KT_1\cos\beta}{bm_n^2 z_1}Y_F Y_S \leqslant [\sigma_F]; \tag{7-37}$$

设计公式为

$$m_{\mathrm{n}} \geqslant 1.17 \sqrt[3]{\frac{KT_1 \cos^2 \beta Y_{\mathrm{F}} Y_{\mathrm{S}}}{\varPsi_d z_1^2 [\sigma_{\mathrm{F}}]}}。 \tag{7-38}$$

设计时应将 $Y_{\mathrm{F1}} Y_{\mathrm{S1}}/[\sigma_{\mathrm{F1}}]$ 和 $Y_{\mathrm{F2}} Y_{\mathrm{S2}}/[\sigma_{\mathrm{F2}}]$ 两比值中的较大值代入上式,并将计算所得的法面模数 m_{n} 按标准模数圆整。Y_{F}、Y_{S} 应按斜齿轮的当量齿数 z_v 查取。

有关直齿轮传动的设计方法和参数选择原则对斜齿轮传动基本上都是适用的。

模块十二　直齿锥齿轮传动

一、锥齿轮传动概述

锥齿轮传动传递的是相交两轴的运动和动力。锥齿轮的轮齿分布在圆锥体上,从大端到小端逐渐减小,如图 7-38(a)所示。一对锥齿轮的运动可以看成是两个锥顶共点的圆锥体相互做纯滚动,这两个锥顶共点的圆锥体就是节圆锥。此外,与圆柱齿轮相似,锥齿轮还有基圆锥、分度圆锥、齿顶圆锥、齿根圆锥。对于正确安装的标准锥齿轮传动,其节圆锥与分度圆锥应该重合。

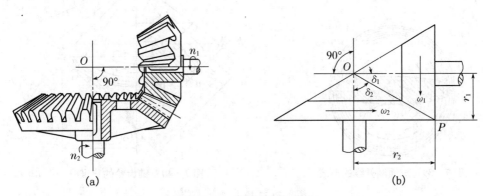

图 7-38　直齿锥齿轮传动

锥齿轮的轮齿有直齿和曲齿两种类型。直齿锥齿轮易于制造,适用于低速、轻载传动的场合,而曲齿锥齿轮传动平稳,承载能力强,常用于高速、重载传动的场合,但其设计和制造较为复杂。

图 7-38(b)所示为一对正确安装的标准锥齿轮,其分度圆锥与节圆锥重合,两齿轮的分度圆锥角分别为 δ_1 和 δ_2,大端分度圆半径分别为 r_1、r_2,齿数分别为 z_1、z_2。两齿轮的传动比为

$$i = \frac{\omega_1}{\omega_2} = \frac{n_1}{n_2} = \frac{z_2}{z_1} = \frac{r_2}{r_1} = \frac{OP\sin\delta_2}{OP\sin\delta_1}。 \tag{7-39}$$

当 $\Sigma = \delta_1 + \delta_2 = 90°$ 时,

$$i = \tan\delta_2 = \cot\delta_1。 \tag{7-40}$$

二、锥齿轮的齿廓曲线、背锥和当量齿数

1. 锥齿轮的齿廓曲线

直齿锥齿轮齿廓曲面的形成如图7-39所示。以半球截面为圆平面，S为发生面，S与基圆锥相切于ON。ON既是圆平面S的半径R，又是基圆锥的锥距，圆平面S的圆心O（球心）又是基圆锥的锥顶。当发生面S绕基圆锥做纯滚动时，该平面上任一点B的空间轨迹BA是位于以锥距R为半径的球面上的曲线，曲线BA称为球面渐开线。它是一条空间曲线，理论上应在以锥顶D为球心、锥距R为半径的球面上。但是球面不能展开为平面，球面渐开线不能在平面上展开，这给锥齿轮的设计和制造带来很大困难。所以，通常采用一种近似的方法来解决这一问题。

2. 背锥和当量齿数

如图7-40所示，$\triangle OAB$为锥齿轮的分度圆锥，过分度圆锥上的点A作球面的切线AO_1与分度圆锥的轴线交于O_1点。以OO_1为轴、O_1A为母线作一圆锥体，它的轴截面为$\triangle AO_1B$，此圆锥称为背锥。背锥与球面相切于锥齿轮大端的分度圆上。

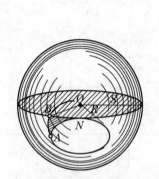

图7-39 球面渐开线的形成

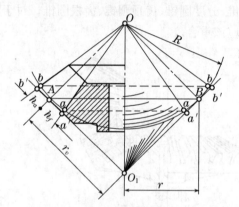

图7-40 锥齿轮的背锥

将球面上的轮齿向背锥上投射，a、b点的投影为a'、b'点，由图可知$ab \approx a'b'$，即背锥上的齿高部分近似等于球面上的齿高部分，故可用背锥上的齿廓代替球面上的齿廓。

如图7-41所示，将背锥展开成平面，则成为两个扇形齿轮，其分度圆半径即为背锥的锥距，分别以r_{v1}和r_{v2}表示。将两扇形齿轮补足为完整的圆柱齿轮，这两个圆柱齿轮称为锥齿轮的当量齿轮，其齿数称为当量齿数，用z_v表示。由图7-41，可得

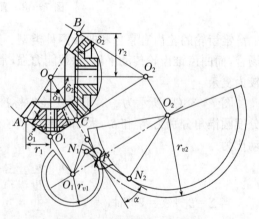

图7-41 锥齿轮的当量齿轮

$$r_{v1} = \frac{r_1}{\cos\delta_1} = \frac{mz_1}{2\cos\delta_1}。$$

又 $r_{v1} = mz_{v1}/2$，所以

$$z_{v1} = \frac{z_1}{\cos\delta_1};$$

$$z_{v2} = \frac{z_2}{\cos\delta_2}\text{。}$$

(7-41)

由式(7-41),可知 $z_{v1} \geqslant z_1$, $z_{v2} \geqslant z_2$。

三、直齿锥齿轮传动的几何尺寸计算

图7-42(a)所示为不等顶隙收缩齿圆锥齿轮,其节圆锥与分度圆锥重合,且两轴交角 $\Sigma = 90°$。图7-42(b)所示为等顶隙收缩齿锥齿轮。标准直齿锥齿轮各部分名称及几何尺寸计算公式见表7-16。

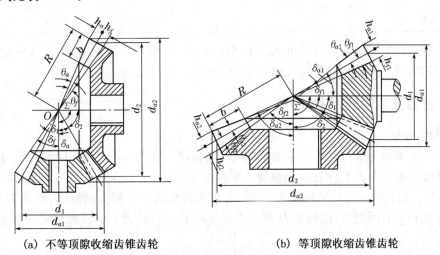

(a) 不等顶隙收缩齿锥齿轮　　　　　(b) 等顶隙收缩齿锥齿轮

图7-42　锥齿轮的几何尺寸

进行直齿锥齿轮的几何尺寸计算时一般以大端参数为标准值,这是因为大端尺寸计算和测量的相对误差较小。齿宽 b 的取值范围是 $(0.25\sim0.3)R$, R 为锥距。

表7-16　标准直齿锥齿轮传动($\Sigma = 90°$)的主要几何尺寸计算公式

名称	代号	公式
分度圆锥角	δ	$\delta_1 = \arctan\dfrac{z_1}{z_2}$; $\delta_2 = 90° - \delta_1$
齿顶高	h	$h = h'm$
顶隙	c	$c = c^* m$
齿根高	h_i	$h_i = (h^* + c^*)m$
分度圆直径	d	$d = zm$
分度圆齿厚	s	$s = \dfrac{\pi m}{2}$
顶圆直径	d	$d = d + 2h\cos\delta$
根圆直径	d_i	$d_i = d - 2h_i\cos\delta$

续表

名称	代号	公式
齿顶角	θ	$\theta_a = \arctan \dfrac{ha}{R}$
齿根角	θ_i	$\theta_i = \arctan \dfrac{ha}{R}$
顶锥角	δ	不等顶隙收缩齿 $\delta_a = \delta + \theta_a$；等顶隙收缩齿 $\delta_k = \delta + \theta_i$
根锥角	δ_i	$\delta_i = \delta - \theta_i$
锥距	R	$R = \dfrac{1}{2}\sqrt{d_1^2 + d_2^2} = \dfrac{m}{2}\sqrt{z_1^2 + z_2^2}$
齿宽	b	$b = \Psi_k R$，$\Psi_k \approx 0.25 \sim 0.3$

　　直齿锥齿轮的正确啮合条件可从当量圆柱齿轮的正确啮合条件得到,即两齿轮的大端模数必须相等,压力角也必须相等,即 $m_1 = m_2 = m$；$a_1 = a_2 = a$。

四、直齿锥齿轮的强度计算

1. 受力分析

　　图 7-43 所示为锥齿轮传动主动轮上的受力情况。将主动轮上的法向力简化为集中载荷 F_n,并近似地认为 F_n 作用在位于齿宽 b 中间位置的节点 P 上,即作用在分度圆锥的平均直径 d_{m1} 处。当齿轮上作用的转矩为 T_1 时,若忽略接触面上摩擦力的影响,法向力 F_n 可分解成三个互相垂直的分力,即圆周力 F_{t1}、径向力 F_{r1} 以及轴向力 F_{a1},计算公式分别为

　　圆周力:$F_{t1} = 2T_1/d_{m1}$；

　　径向力:$F_{r1} = F' \cos\delta = F_{t1} \tan\alpha \cos\delta$；　　　　　　(7-42)

　　轴向力:$F_{a1} = F' \sin\delta = F_{t1} \tan\alpha \sin\delta$。

　　d_{m1} 可根据几何尺寸关系由分度圆直径 d_1、锥矩 R 和齿宽 b 来确定,即

$$\frac{R - 0.5b}{R} = \frac{0.5d_{m1}}{0.5d_1}；$$

(7-43)

$$d_{m1} = \frac{R - 0.5b}{R}d_1 = (1 - 0.5\Psi_R)d_1。$$

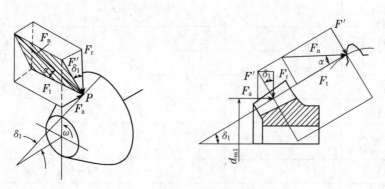

图 7-43　锥齿轮的受力分析

　　圆周力和径向力方向的确定方法与直齿轮相同,两齿轮的轴向力方向都是沿着各自的轴线方向并指向轮齿的大端。大齿轮的受力可根据作用与反作用原理确定:$F_{t1}=-F_{t2}$,$F_{r1}=-F_{a2}$,$F_{a1}=-F_{r2}$,负号表示二力的方向相反。

2. 强度计算

　　计算直齿锥齿轮的强度时,可按齿宽中点处一对当量直齿圆柱齿轮的传动作近似计算。当两轴交角 $\Sigma=90°$ 时,齿面接触疲劳强度的校核公式为

$$\sigma_H=\frac{4.98Z_E}{1-0.5\Psi_R}\sqrt{\frac{KT_1}{\Psi_R d_1^3 u}}\leqslant[\sigma_H];\tag{7-44}$$

设计公式为

$$d_1\geqslant\sqrt[3]{\frac{KT_1}{\Psi_R u}\left(\frac{4.98Z_E}{(1-0.5\Psi_d)[\sigma_H]}\right)^2}。\tag{7-45}$$

　　式中 Ψ_R 为齿宽系数,$\Psi_R=b/R$,一般 $\Psi_R=0.25\sim0.3$。其余各项符号的意义与直齿轮相同。齿根弯曲疲劳强度计算的校核公式为

$$\sigma_F=\frac{4KT_1Y_FY_S}{\Psi_R(1-0.5\Psi_R)^2 z_1^2 m^3\sqrt{u^2+1}}\leqslant[\sigma_F];\tag{7-46}$$

设计公式为

$$m\geqslant\sqrt[3]{\frac{4KT_1Y_FY_S}{\Psi_R(1-0.5\Psi_R)^2 z_1^2[\sigma_F]\sqrt{u^2+1}}}。\tag{7-47}$$

　　计算得到的模数 m 应按表 7-17 进行圆整。

表 7-17　锥齿轮模数系列(GB12368—90)

0.1	0.35	0.9	1.75	3.25	5.5	10	20	36
0.12	0.4	1	2	3.5	6	11	22	40
0.15	0.5	1.125	2.25	3.75	6.5	12	25	45
0.2	0.6	1.25	2.5	4	7	14	28	50
0.25	0.7	1.375	2.75	4.5	8	16	30	—
0.3	0.8	1.5	3	5	9	18	32	—

模块十三　齿轮的结构设计及齿轮传动的润滑和效率

一、齿轮的结构设计

　　齿轮的结构设计主要包括选择合理适用的结构形式,依据经验公式确定齿轮的轮毂、轮辐、轮缘等各部分的尺寸及绘制齿轮的零件工作图等。

　　常用的齿轮结构形式有以下几种:

1. 齿轮轴

　　当圆柱齿轮的齿根圆至键槽底部的距离 $x\leqslant(2\sim2.5)m_n$,或当锥齿轮小端的齿根圆至键

槽底部的距离 $x \leqslant (1.6 \sim 2)m$ 时,应将齿轮与轴制成一体,称为齿轮轴,如图 7-44 所示。

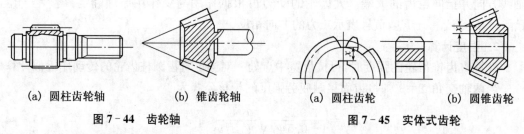

(a) 圆柱齿轮轴 (b) 锥齿轮轴	(a) 圆柱齿轮 (b) 圆锥齿轮
图 7-44 齿轮轴	图 7-45 实体式齿轮

2. 实体式齿轮

当齿轮的齿顶圆直径 $d_a \leqslant 200$ mm 时,可采用实体式结构,如图 7-45 所示,这种结构形式的齿轮常用锻钢制造。

3. 腹板式齿轮

当齿轮的齿顶圆直径 $d_a = 200 \sim 500$ mm 时,可采用腹板式结构,如图 7-46 所示,这种结构的齿轮一般多用锻钢制造,其各部分尺寸由图中经验公式确定。

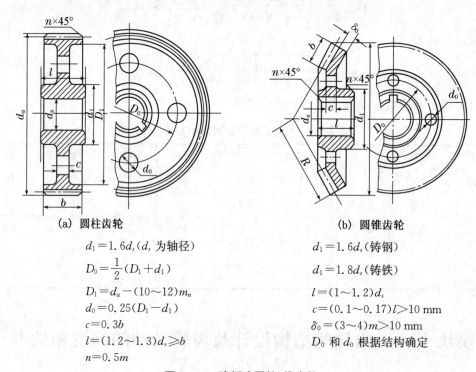

(a) 圆柱齿轮 (b) 圆锥齿轮

$d_1 = 1.6d_s$(d_s 为轴径)

$D_0 = \dfrac{1}{2}(D_1 + d_1)$

$D_1 = d_a - (10 \sim 12)m_n$

$d_0 = 0.25(D_1 - d_1)$

$c = 0.3b$

$l = (1.2 \sim 1.3)d_s \geqslant b$

$n = 0.5m$

$d_1 = 1.6d_s$(铸钢)

$d_1 = 1.8d_s$(铸铁)

$l = (1 \sim 1.2)d_s$

$c = (0.1 \sim 0.17)l > 10$ mm

$\delta_0 = (3 \sim 4)m > 10$ mm

D_0 和 d_0 根据结构确定

图 7-46 腹板式圆柱、锥齿轮

4. 轮辐式齿轮

当齿轮的齿顶圆直径 $d_a > 500$ mm 时,可采用轮辐式结构,如图 7-47 所示,这种结构的齿轮常采用铸钢或铸铁制造,其各部分尺寸按图中经验公式确定。

$d_1 = 1.6d_s$（铸钢）

$d_1 = 1.8d_s$（铸铁）

$D_1 = d_n - (10 - 12)m_n$

$h = 0.8d_s$

$h_1 = 0.8h$

$c = 0.2h$

$s = \dfrac{h}{6}$（不小于 10 mm）

$l = (1.2 \sim 1.5)d_s$

$n = 0.5m_n$

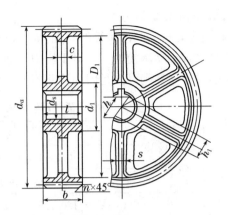

图 7-47　铸造轮辐式圆柱齿轮

二、齿轮传动的润滑

润滑对于齿轮传动十分重要。润滑不仅可以减小摩擦、减轻磨损,还可以起到冷却、防锈、降低噪声、改善齿轮的工作状况、延缓轮齿失效和延长齿轮的使用寿命等作用。

1. 润滑方式

闭式齿轮传动的润滑方式有浸油润滑和喷油润滑两种,一般根据齿轮的圆周速度确定采用哪一种方式。

浸油润滑:当齿轮的圆周速度 $v < 12$ m/s 时,通常将大齿轮浸入油池中进行润滑,如图7-48(a)所示。齿轮浸入油中的深度至少为 10 mm,转速低时可浸深一些,但浸入过深则会增大运动阻力并使油温升高。在多级齿轮传动中,对于未浸入油池内的齿轮,可采用带油轮将油带到未浸入油池内的齿轮齿面上,如图 7-48(b)所示。浸油齿轮可将油甩到齿轮箱壁上,有利于散热。

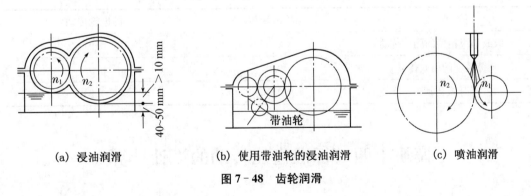

（a）浸油润滑　　　　（b）使用带油轮的浸油润滑　　　　（c）喷油润滑

图 7-48　齿轮润滑

喷油润滑:当齿轮的圆周速度 $v > 12$ m/s 时,由于圆周速度大,齿轮搅油剧烈,且黏附在齿廓面上的油易被甩掉,因此不宜采用浸油润滑,而应采用喷油润滑,即用油泵将具有一定压力的润滑油经喷嘴喷到啮合的齿面上,如图 7-48(c)所示。

对于开式齿轮传动,由于其传动速度较低,通常采用人工定期加油润滑的方式。

2. 润滑剂的选择

选择润滑油时,先根据齿轮的工作条件以及圆周速度由表 7-18 查得运动黏度值,再根据选定的黏度确定润滑油的牌号。

必须经常检查齿轮传动润滑系统的状况(如润滑油的油面高度等)。油面过低则润滑不良,油面过高会增加搅油功率的损失。对于压力喷油润滑系统还需检查油压状况,油压过低会造成供油不足,油压过高则可能是因为油路不畅通所致,需及时调整油压。

表 7-18　齿轮传动润滑油黏度推荐值

齿轮材料	强度极限 σ_B/MPa	圆周速度 v/(m·s⁻¹)						
		<0.5	0.5~1	1~2.5	2.5~5	5~12.5	12.5~25	>25
		运动黏度 $v_{50℃}(v_{100℃})$/(mm²·s⁻¹)						
塑料、青铜、铸铁	—	180(23)	120(1.5)	85	60	45	34	—
钢	450~1 000	270(34)	180(23)	120(15)	85	60	45	34
	1 000~1 250	270(34)	270(34)	180(23)	120(15)	85	60	45
渗碳或表面淬火钢	1 250~1 580	450(53)	270(34)	270(34)	180(23)	120(15)	85	60

注:(1) 多级齿轮传动按各级所选润滑油黏度的平均值来确定润滑油;
(2) 对于 σ_B>800 MPa 的镍铬钢制齿轮(不渗碳),润滑油黏度取高一档的数值。

三、齿轮传动的效率

齿轮传动中的功率损失,主要包括啮合中的摩擦损失、轴承中的摩擦损失和搅动润滑油的功率损失。进行有关齿轮的计算时通常使用的是齿轮传动的平均效率。

当齿轮轴上装有滚动轴承,并在满载状态下运转时,传动的平均总效率 η 列于表 7-19 中,供设计传动系统时参考。

表 7-19　装有滚动轴承的齿轮传动的平均总效率 η

传动形式	圆柱齿轮传动	锥齿轮传动
6 级或 7 级精度的闭式传动	0.98	0.97
8 级精度的闭式传动	0.97	0.96
开式传动	0.95	0.94

模块十四　标准齿轮传动的设计计算

一、主要参数的选择

1. 传动比 i

i<8 时可采用一级齿轮传动。如果传动比过大时采用一级传动,将导致结构庞大,所以这种情况下要采用分级传动。如果总传动比 i 为 8~40,可分成二级传动。如果总传动比 i 大于 40,可分为三级或三级以上传动。

一般取每对直齿圆柱齿轮的传动比 $i<3$，最大可达 5；斜齿圆柱齿轮的传动比可大些，取 $i\leqslant5$，最大可达 8；直齿锥齿轮的传动比 $i\leqslant3$，最大可达 $i\leqslant5\sim7.5$。

2. 齿数 z

一般设计中取 $z>z_{min}$。齿数多则重合度大、传动平稳，且能改善传动质量、减少磨损。若分度圆直径不变，增加齿数使模数减小，从而减少了切齿的加工量且减少了工时。但模数减小会导致轮齿的弯曲强度降低。具体设计时，在保证弯曲强度的前提下，应取较多的齿数为宜。

在闭式软齿面齿轮传动中，齿轮的弯曲强度总是足够的，因此齿数可取多些，推荐取 $24\sim40$。

在闭式硬齿面齿轮传动中，齿根折断为主要的失效形式，因此可适当地减少齿数以保证模数取值的合理。

在开式传动中，为保证轮齿在经受相当的磨损后仍不会发生弯曲破坏，不宜取太多，一般取 $z_1=17\sim20$。

对于周期性变化的载荷，为避免最大载荷总是作用在某一对或某几对轮齿上而使磨损过于集中，z_1，z_2 应互为质数。这样实际传动比可能与要求的传动比有出入，但一般情况下传动比误差在 $\pm5\%$ 内是允许的。

3. 模数

模数的大小影响轮齿的弯曲强度。设计时应在保证弯曲强度的条件下取较小的模数，但对传递动力的齿轮应保证 $m\geqslant1.5\sim2\,mm$。

4. 齿宽系数 Ψ_d

齿宽系数 $\Psi_d=\dfrac{b}{d_1}$，当 d_1 一定时，增大齿宽系数必然增大齿宽，可提高齿轮的承载能力。但齿宽越大，载荷沿齿宽的分布越不均匀，造成偏载而降低了传动能力。因此，设计齿轮传动时应合理选择 Ψ_d，一般取 $\Psi_d=0.2\sim1.4$，如表 7-20 所示。

在一般精度的圆柱齿轮减速器中，为补偿加工和装配的误差，应使小齿轮比大齿轮宽一些，小齿轮的齿宽取 $b_1=b_2+(5\sim10)\,mm$。所以，齿宽系数 Ψ_d 实际上为 b_2/d_1。齿宽 b_1 和 b_2 都应圆整为整数，最好个位数为 0 或 5。

标准减速器中齿轮的齿宽系数也可表示为 $\Psi_d=\dfrac{b}{a}$，其中 a 为中心距。对于一般减速器可取 $\Psi_a=0.4$；开式传动可取 $\Psi_a=0.1\sim0.3$。

表 7-20　齿宽系数 Ψ_d

齿轮相对于轴承的位置	齿面硬度	
	软齿面（$\leqslant350HBS$）	硬齿面（$>350HBS$）
对称布置	$0.8\sim1.4$	$0.4\sim0.9$
不对称布置	$0.6\sim1.2$	$0.3\sim0.6$
悬臂布置	$0.3\sim0.4$	$0.2\sim0.25$

注：（1）对于直齿圆柱齿轮取较小值，斜齿轮可取较大值，人字齿轮可取更大值。

　　（2）载荷平衡、轴的刚度较大时，取值应大一些；变载荷、轴的刚性较小时，取值应小一些。

5. 螺旋角 β

如果 β 太小则会失去斜齿轮传动的优点，如果 β 太大则齿轮的轴向力也大，从而增大了轴承及整个传动的结构尺寸，从经济角度不可取，且传动效率也下降。

一般情况下高速、大功率传动的场合，β 宜取大些；低速、小功率传动的场合，β 宜取小些。一般在设计时常取 $\beta=8°\sim15°$。

二、齿轮精度等级的选择

渐开线圆柱齿轮精度等级的国标为 GB10095—88，规定了 12 个精度等级，其中 1 级的精度最高，12 级的精度最低，常用的精度等级为 6～9 级。一般机械中的齿轮，当圆周速度小于 5 m/s、采用插齿或滚齿加工、轮齿为直齿时，多采用 8 级精度。中、高速重载齿轮，当 $v\leqslant10$ m/s 时可采用 7 级精度。低速（$v\leqslant3$ m/s）、轻载、不重要的齿轮可采用 9 级精度。展成法粗滚、仿形铣等都属于低精度齿轮的加工方法，而较高精度（7 级以上）的齿轮需在精密机床上用精插或精滚方法加工，对淬火齿轮需进行磨齿或研齿加工。

在设计齿轮传动时，应根据齿轮的用途、使用条件、传递的圆周速度和功率大小等，选择齿轮精度等级。表 7-21 为常见机器中齿轮精度等级的选用范围，表 7-22 为常用精度等级齿轮的加工方法，设计时可参考。各精度等级对应的各项公差值，可查 GB10095—88 或有关设计手册。

表 7-21　常见机器中齿轮的精度等级

机器名称	精度等级	机器名称	精度等级
汽轮机	3～6	通用减速器	6～8
金属切削机床	3～8	锻压机床	6～9
轻型汽车	5～8	起重机	7～10
载重汽车	7～9	矿山用卷扬机	8～10
拖拉机	6～8	农业机械	8～11

表 7-22　常用精度等级齿轮的加工方法

齿轮的精度等级	6 级（高精度）	7 级（较高精度）	8 级（普通）	9 级（低精度）
加工方法	用展成法在精密机床上精磨或精剃	用展成法在精密机床上精插或精滚，对淬火齿轮需磨齿或研齿等	用展成法插齿或滚齿	用展成法粗滚或仿形法铣削
齿面粗糙度 $Ra/\mu m$	0.80～1.60	1.60～3.2	3.2～6.3	6.3
用途	用于分度机构或高速重载的齿轮，如机床、精密仪器、汽车、船舶、飞机中的重要齿轮	用于高、中速重载齿轮，如机床、汽车、内燃机中的较重要齿轮、标准系列减速器中韵齿轮	一般机械中的齿轮，不属于分度系统的机床齿轮，飞机、拖拉机中不重要的齿轮，纺织机械、农业机械中的重要齿轮	轻载传动的不重要齿轮，低速传动、对精度要求低的齿轮

(续表)

齿轮的精度等级			6级(高精度)	7级(较高精度)	8级(普通)	9级(低精度)
圆周速度 $v/(\mathrm{m \cdot s^{-1}})$	圆柱齿轮	直齿	≤15	≤10	≤5	≤3
		斜齿	≤25	≤17	≤10	≤3.5
	锥齿轮	直齿	≤9	≤6	≤3	≤2.5

三、设计计算的步骤

(1) 根据题目提供的工况等条件,确定传动形式,选定合适的齿轮材料和热处理方法,查表确定相应的许用应力。

(2) 根据设计准则,设计计算 m 或 d_1。

(3) 选择齿轮的主要参数。

(4) 主要几何尺寸计算,公式见表 7-4、表 7-15 或表 7-16。

(5) 根据设计准则校核接触强度或弯曲强度。

(6) 校核齿轮的圆周速度,选择齿轮传动的精度等级和润滑方式等。

(7) 绘制齿轮零件工作图。

例 7-3　设计一单级直齿圆柱齿轮减速器中的齿轮传动。已知:传递功率 $P=10\ \mathrm{kW}$,电动机驱动,小齿轮转速 $n_1=955\ \mathrm{r/min}$,传动比 $i=4$,单向运转,载荷平稳。使用寿命 10 年,单班制工作。

解:(1) 选择齿轮材料及精度等级

小齿轮选用 45 钢调质,硬度为 220~250HBS;大齿轮选用 45 钢正火,硬度为 170~210HBS。因为是普通减速器,由表 7-21 选 8 级精度,要求齿面粗糙度 $Ra≤3.2~6.3\ \mu\mathrm{m}$。

(2) 按齿面接触疲劳强度设计

因两齿轮均为钢质齿轮,可应用式(7-22)求出 d_1 值。确定有关参数与系数:

① 转矩 T_1

$$T_1=9.55\times10^6\frac{P}{n_1}=9.55\times10^6\times\frac{10}{955}\ \mathrm{N \cdot mm}=10^5\ \mathrm{N \cdot mm}.$$

② 载荷系数 K

查表 7-11,取 $K=1.1$。

③ 齿数 z_1 和齿宽系数 Ψ_d

小齿轮的齿数 z_1 取为 25,则大齿轮齿数 $z_2=100$。因单级齿轮传动为对称布置,而齿轮齿面又为软齿面,由表 7-20,选取 $\Psi_d=1$。

④ 许用接触应力 $[\sigma_\mathrm{H}]$

由图 7-23,查得

$$\sigma_\mathrm{Hlim1}=560\ \mathrm{MPa},\sigma_\mathrm{Hlim2}=530\ \mathrm{MPa}.$$

由表 7-10,查得 $S_\mathrm{H}=1$。

$$N_1=60njL_h=60\times955\times1\times(10\times52\times40)≈1.19\times10^9;$$
$$N_2=N_1/i=1.19\times10^9/4≈2.98\times10^8.$$

N_1 和 N_2 修后，查图 7 - 26，得 $Z_{NT1}=1,Z_{NT2}=1.06$。

由式（7 - 13），可得

$$[\sigma_{H1}]=\frac{Z_{NT1}\sigma_{Hlim1}}{S_H}=\frac{1\times560}{1}MPa=560\ MPa;$$

$$[\sigma_{H2}]=\frac{Z_{NT2}\sigma_{Hlim2}}{S_H}=\frac{1.06\times530}{1}\ MPa\approx562\ MPa。$$

故　　　$d_1\geqslant76.43\sqrt[3]{\dfrac{KT_1(u+1)}{\Psi_d u\,[\sigma_H]^2}}=76.43\times\sqrt[3]{\dfrac{1.1\times10^5\times5}{1\times4\times560^2}}\ mm\approx58.3\ mm;$

$$m=\frac{d_1}{z_1}=\frac{58.3}{25}\approx2.33\ mm。$$

由表 7 - 3，取标准模数 $m=2.5$ mm。

（3）主要尺寸计算

$$d_1=mz_1=2.5\times25\ mm=62.5\ mm;$$
$$d_2=mz_2=2.5\times100\ mm=250\ mm;$$
$$b=\Psi_d\cdot d_1=1\times62.5\ mm=62.5\ mm。$$

经圆整后，取 $b_2=65$ mm。

$$b_1=b_2+5\ mm=70\ mm;$$
$$a=\frac{1}{2}m(z_1+z_2)=\frac{1}{2}\times2.5\times(25+100)\ mm=156.25\ mm。$$

（4）按齿根弯曲疲劳强度校核

由式（7 - 24），得出 σ_F。如 $\sigma_F\leqslant[\sigma_F]$，则校核合格。

确定有关系数与参数：

① 齿形系数 Y_F

查表 7 - 13，得 $Y_{F1}=2.65,Y_{F2}=2.18$。

② 应力修正系数 Y_S

查表 7 - 14，得 $Y_{S1}=1.59,Y_{S2}=1.80$。

③ 许用弯曲应力 $[\sigma_F]$

由图 7 - 24，查得　　　$\sigma_{Flim1}=210\ MPa,\sigma_{Flim2}=190\ MPa。$

由表 7 - 10，查得　　　　　　　$S_F=1.3。$

由图 7 - 25，查得　　　　　　$Y_{NT1}=Y_{NT2}=1。$

由式（7 - 14），可得

$$[\sigma_{F1}]=\frac{Y_{NT1}\sigma_{Hlim1}}{S_F}=\frac{210}{1.3}\ MPa\approx162\ MPa;$$

$$[\sigma_{F2}]=\frac{Y_{NT2}\sigma_{Hlim2}}{S_F}=\frac{190}{1.3}\ MPa\approx146\ MPa。$$

故　　　$\sigma_{F1}=\dfrac{2KT_1}{bm^2z_1}Y_FY_S=\dfrac{2\times1.1\times10^5}{65\times2.5^2\times25}\times2.65\times1.59\ MPa$

$$\approx91\ MPa<[\sigma_{F1}]=162\ MPa;$$

$\sigma_{F2}=\sigma_{F1}\dfrac{Y_{F2}Y_{S2}}{Y_{F1}Y_{S1}}=91\times\dfrac{2.18\times1.8}{2.65\times1.59}\ MPa\approx85\ MPa<[\sigma_{F1}]=146\ MPa。$

齿根弯曲强度校核合格。

（5）验算齿轮的圆周速度 v

$$v=\frac{\pi d_1 n_1}{60\times 1\,000}=\frac{\pi\times 62.5\times 955}{60\times 1\,000}\ \text{m/s}\approx 3.12\ \text{m/s}。$$

由表 7-22 可知，选 8 级精度是合适的。

（6）几何尺寸计算及绘制齿轮零件工作图。

（略）

例 7-4　设计一斜齿圆柱齿轮减速器。该减速器用于重型机械上，由电动机驱动。已知传递功率 $P=70\ \text{kW}$，小齿轮转速 $n_1=960\ \text{r/min}$，传动比 $i=3$，载荷有中等冲击，单向运转，齿轮相对于轴承为对称布置，工作寿命为 10 年，单班制工作。

解：（1）选择齿轮材料及精度等级

因传递功率较大，选用硬齿面齿轮组合。小齿轮用 20CrMnTi 渗碳淬火，硬度为 56～62HRC；大齿轮用 40Cr，表面淬火，硬度为 50～55HRC。选择齿轮精度等级为 8 级。

（2）按齿根弯曲疲劳强度设计

按斜齿轮传动的设计公式，可得

$$m_n\geqslant 1.17\sqrt[3]{\frac{KT_1\cos^2\beta Y_F Y_S}{\Psi_d z_1^2[\sigma_F]}}。$$

确定有关参数与系数：

① 转矩 T_1

$$T_1=9.55\times 10^6\frac{P}{n_1}=9.55\times 10^6\times\frac{70}{960}\ \text{N}\cdot\text{mm}\approx 6.96\times 10^5\ \text{N}\cdot\text{mm}。$$

② 载荷系数 K

查表 7-11，取 $K=1.4$。

③ 齿数 z、螺旋角 β 和齿宽系数 Ψ_d

因为是硬齿面传动，取 $z_1=20$，则

$$z_2=iz_1=3\times 20=60。$$

初选螺旋角 $\beta=14°$。

当量齿数 z_v：

$$z_{v1}=\frac{z_1}{\cos^3\beta}=\frac{20}{\cos^3 14°}=21.89\approx 22；$$

$$z_{v2}=\frac{z_2}{\cos^3\beta}=\frac{60}{\cos^3 14°}=65.68\approx 66。$$

由表 7-13，查得齿形系数 $Y_{F1}=2.75$，$Y_{F2}=2.285$；

由表 7-14，查得应力修正系数 $Y_{S1}=1.58$，$Y_{S2}=1.742$；

由表 7-20，选取 $\Psi_d=\dfrac{b}{d_1}=0.8$。

④ 许用弯曲应力 $[\sigma_F]$

按图 7-24 查 σ_{Flim}，小齿轮按 16MnCr₅ 查取；大齿轮按调质钢查取，得 $\sigma_{Flim1}=880\ \text{MPa}$，$\sigma_{Flim2}=740\ \text{MPa}$。

由表 7-10，查得 $S_F=1.4$。

$$N_1 = 60njL_h = 60 \times 960 \times 1 \times (10 \times 52 \times 40) \approx 1.19 \times 10^9;$$

$$N_2 = N_1/i = 1.19 \times 10^9/3 \approx 3.97 \times 10^8.$$

查图 7-25,得 $Y_{NT1} = 1$,$Y_{NT2} = 1$。

由式(7-14),可得

$$[\sigma_{F1}] = \frac{Y_{NT1}\sigma_{Flim1}}{S_F} = \frac{880}{1.4} \text{ MPa} \approx 629 \text{ MPa};$$

$$[\sigma_{F2}] = \frac{Y_{NT2}\sigma_{Hlim2}}{S_F} = \frac{740}{1.4} \text{ MPa} \approx 529 \text{ MPa};$$

$$\frac{Y_{F1}Y_{S1}}{[\sigma_{F1}]} = \frac{2.75 \times 1.58}{629} \text{MPa}^{-1} \approx 0.0069 \text{ MPa}^{-1};$$

$$\frac{Y_{F2}Y_{S2}}{[\sigma_{F2}]} = \frac{2.285 \times 1.742}{529} \text{ MPa}^{-1} \approx 0.0075 \text{ MPa}^{-1}.$$

由式(7-38),可得

$$m_n \geq 1.17 \sqrt[3]{\frac{KT_1 \cos^2\beta Y_F Y_S}{\Psi_d z_1^2 [\sigma_F]}} = 1.17 \times \sqrt[3]{\frac{1.4 \times 6.96 \times 10^5 \times 0.0075 \times \cos^2 14°}{0.8 \times 20^2}}$$

$$\approx 3.25 \text{ mm}.$$

因是硬齿面,m_n 取大些,由表 7-3 取标准模数值 $m_n = 4$ mm。

⑤ 确定中心距 a 及螺旋角 β

传动的中心距 a 为

$$a = \frac{m_n(z_1 + z_2)}{2\cos\beta} = \frac{4 \times (20 + 60)}{2\cos 14°} \text{mm} \approx 164.898 \text{ mm}.$$

取 $a = 165$ mm。

确定螺旋角为

$$\beta = \arccos\frac{m_n(t_1 + t_2)}{2a} = \arccos\frac{4 \times (20 + 60)}{2 \times 165} \approx 14°8'2''.$$

此值与初选 β 值相差不大,故不必重新计算。

(3) 校核齿面接触疲劳强度

$$\sigma_H = 3.17 Z_E \sqrt{\frac{KT_1(\mu + 1)}{bd_1^2 u}} \leq [\sigma_H].$$

确定有关系数与参数:

① 分度圆直径 d

$$d_1 = \frac{m_n z_1}{\cos\beta} = \frac{4 \times 20}{\cos 14°8'2''} \text{ mm} \approx 82.5 \text{ mm};$$

$$d_2 = \frac{m_n z_2}{\cos\beta} = \frac{4 \times 60}{\cos 14°8'2''} \text{ mm} \approx 247.5 \text{ mm}.$$

② 齿宽 b

$$b = \Psi_d \cdot d_1 = 0.8 \times 82.5 \text{ mm} = 66 \text{ mm}.$$

取 $b_2 = 70$ mm,$b_1 = 75$ mm。

③ 齿数比 u

$$u = i = 3.$$

④ 许用接触应力 $[\sigma_H]$

由图 7-23,查得 $\sigma_{Hlim1}=1\,500$ MPa,$\sigma_{Hlim2}=1\,220$ Mpa;

由表 7-10,查得 $S_H=1.2$;

查图 7-26,得 $Z_{NT1}=1$,$Z_{NT2}=1.04$。

由式(7-13),可得

$$[\sigma_{H1}]=\frac{Z_{NT1}\sigma_{Hlim1}}{S_H}=\frac{1\times1\,500}{1.2}\text{ MPa}=1\,250\text{ MPa};$$

$$[\sigma_{H2}]=\frac{Z_{NT2}\sigma_{Hlim2}}{S_H}=\frac{1.04\times1\,220}{1.2}\text{ MPa}\approx1\,057\text{ MPa}。$$

由表 7-12,查得弹性系数 $Z_E=189.8\sqrt{\text{MPa}}$。

所以 $\sigma_H=3.17\times189.8\times\sqrt{\dfrac{1.4\times6.96\times10^5\times(3+1)}{75\times82.5^2\times3}}$ MPa≈960 MPa。

$\sigma_H\leqslant[\sigma_{H2}]$,齿面接触疲劳强度校核合格。

(4)验算齿轮的圆周速度 v

$$v=\frac{\pi d_1 n_1}{60\times1\,000}=\frac{\pi\times82.5\times960}{60\times1\,000}\text{ m/s}\approx4.14\text{ m/s}。$$

由表 7-22 可知,选 8 级精度是合适的。

(5) 几何尺寸计算及绘制齿轮零件工作图。

(略)

思考题

7-1 渐开线性质有哪些?试各举一例说明渐开线性质的具体应用。

7-2 何谓齿轮中的分度圆?何谓节圆?两者的直径是否一定相等或一定不相等?

7-3 在加工变位齿轮时,是齿轮上的分度圆与齿条插刀上的节线相切做纯滚动,还是齿轮上的节圆与齿条插刀上的分度线相切做纯滚动?

7-4 为了使安装中心距大于标准中心距,可用以下三种方法:(1)应用渐开线齿轮中心距的可分性;(2)用变位修正的直齿轮传动;(3)用标准斜齿轮传动。试比较这三种方法的优劣。

7-5 渐开线齿轮的基圆半径 $r_b=60$ mm。求:(1) $r_K=70$ mm 时渐开线的展角 θ_K、压力角 α_K 以及曲率半径 ρ_K。(2)压力角为 20° 时的向径 r、展角 θ 及曲率半径 ρ。

7-6 渐开线标准齿轮,$z=26$,$m=3$ mm,求其齿廓曲线在分度圆及齿顶圆上的曲率半径及齿顶圆压力角。

7-7 一个标准渐开线直齿轮,当齿根圆和基圆重合时,齿数为多少?若齿数大于上述值时,齿根圆和基圆哪个大?

7-8 一对标准外啮合直齿圆柱齿轮传动,已知 $z_1=19$,$z_2=68$,$m=2$ mm,$\alpha=20°$。计算小齿轮的分度圆直径、齿顶圆直径、齿根圆直径、基圆直径、齿距以及齿厚和齿槽宽。

7-9 题 7-8 中的齿轮传动,计算其标准安装时的中心距、小齿轮的节圆半径及啮合角。若将中心距增大 1 mm,再计算小齿轮的节圆半径、节圆上的齿厚、齿槽宽及啮合角。

7-10 图7-49所示的标准直齿圆柱齿轮,测得跨两个齿的公法线长度 $W_2=11.595$ mm,跨三个齿的公法线长度 $W_3=16.020$ mm。求该齿轮的模数。

7-11 一对标准渐开线直齿圆柱齿轮,$m=5$ mm,$\alpha=\alpha'$,$i_{12}=3$,中心距 $a=200$ mm,求两齿轮的齿数 z_1、z_2,实际啮合线长 B_1B_2,重合度 ε,并用图标出单齿及双齿啮合区。

7-12 若将题7-11中的中心距 a 加大,直至刚好连续传动,求啮合角 α',两齿轮的节圆半径 r_1、r_2 和两分度圆之间的距离。

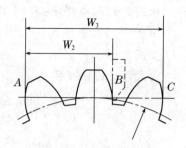

图7-49 直齿圆柱齿轮

7-13 一对渐开线直齿圆柱齿轮传动,已知 $z_1=17$,$z_2=119$,$m=5$ mm,$a=200$ mm,中心距 $a'=340$ mm。因小齿轮磨损严重,拟将报废,大齿轮磨损较轻,沿齿厚方向每侧磨损量为 0.9 mm,拟修复使用。要求设计的小齿轮齿顶厚 $s_{a1}\geq0.4$ m,试设计这对齿轮。

7-14 已知两齿轮中心距 $a'=155$ mm,传动比 $i=\dfrac{8}{7}$,模数 $m=10$ mm,压力角 $\alpha=20°$。试设计这对齿轮传动。

7-15 一对直齿圆柱齿轮,传动比 $i_{12}=3$,$\alpha=20°$,$m=10$ mm,安装中心距为 300 mm。试设计这对齿轮传动。

7-16 齿轮的失效形式有哪些? 采取什么措施可减缓失效发生?

7-17 齿轮强度设计准则是如何确定的?

7-18 对齿轮材料的基本要求是什么? 常用齿轮材料有哪些? 如何保证对齿轮材料的基本要求?

7-19 齿面接触疲劳强度与哪些参数有关? 若接触强度不够时,采取什么措施提高接触强度?

7-20 齿根弯曲疲劳强度与哪些参数有关? 若弯曲强度不够时,可采取什么措施提高弯曲强度?

7-21 齿形系数 Y_F 与什么参数有关?

7-22 设计直齿圆柱齿轮传动时,其许用接触应力如何确定? 设计中如何选择合适的许用接触应力值代入公式计算?

7-23 软齿面齿轮为何应使小齿轮的硬度比大齿轮高(30~50)HBS? 硬齿面齿轮是否也需要有硬度差?

7-24 为何要使小齿轮比配对大齿轮宽(5~10) mm?

7-25 按弯曲强度设计齿轮时,若齿轮经常正、反转,应如何确定其许用弯曲应力?

7-26 如有一开式传动,该传动经常正、反转,设计时应注意哪些问题?

7-27 斜齿轮的强度计算和直齿轮的强度计算有何区别?

7-28 斜齿轮的当量齿轮是如何做出的? 其当量齿数在强度计算中有何用处?

7-29 锥齿轮的背锥是如何做出的?

7-30 斜齿轮和锥齿轮的轴向分力是如何确定的?

7-31 在材质相同、齿宽 b 相同的情况下,齿面接触强度的大小取决于什么?

7-32 齿轮传动有哪些润滑方式? 如何选择润滑方式?

7-33 进行齿轮结构设计时,齿轮轴适用于什么情况?

7-34 一闭式直齿圆柱齿轮传动,已知:传递功率 $P=4.5\text{ kW}$,转速 $n_1=960\text{ r/min}$,模数 $m=3\text{ mm}$,齿数 $z_1=25$,$z_2=75$,齿宽 $b_1=75\text{ mm}$,$b_2=70\text{ mm}$。小齿轮材料为 45 钢调质,大齿轮材料为 ZG310~570 正火。载荷平稳,电动机驱动,单向转动,预期使用寿命 10 年(按 1 年 300 天,每天两班制工作考虑)。试问:这对齿轮传动能否满足强度要求而安全工作?

7-35 已知某机器的一对直齿圆柱齿轮传动,其中心距 $a=200\text{ mm}$,传动比 $i=3$,$z_1=24$,$n_1=1\ 440\text{ r/min}$,$b_1=100\text{ mm}$,$b_2=95\text{ mm}$。小齿轮材料为 45 钢调质,大齿轮为 45 钢正火。载荷有中等冲击、电动机驱动、单向转动,使用寿命为 8 年,单班制工作。试确定这对齿轮所能传递的最大功率。

7-36 已知一对斜齿圆柱齿轮传动,$z_1=25$,$z_2=100$,$m_n=4\text{ mm}$,$\beta=15°$,$\alpha=20°$。试计算这对斜齿轮的主要几何尺寸。

7-37 设计一单级直齿圆柱齿轮减速器。已知传递的功率为 4 kW,小齿轮转速 $n_1=1\ 450\text{ r/min}$,传动比 $i=3.5$,载荷平稳,使用寿命 5 年,两班制(每年 250 天)。

7-38 已知一对斜齿圆柱齿轮传动,$m_n=2\text{ mm}$,$z_1=23$,$z_2=92$,$\beta=12°$,$\alpha_n=20°$。试计算其中心距应为多少?如果除 β 角外各参数均不变,现需将中心距圆整为以 0 或 5 结尾的整数,则应如何改变 β 角的大小?其中心距 a 为多少?β 为多少?

7-39 图 7-50 所示为二级斜齿圆柱齿轮减速器。

(1)已知主动轮 1 的螺旋角及转向,为了使装有齿轮 2 和齿轮 3 的中间轴的轴向力较小,试确定齿轮 2、3、4 的轮齿螺旋角旋向和各齿轮产生的轴向力方向。

(2)已知 $m_{n2}=3\text{ mm}$,$z_2=51$,$\beta_2=15°$,$m_{n3}=4\text{ mm}$,$z_3=26$。试求 β_3 为多少时,才能使中间轴上两齿轮产生的轴向力互相抵消?

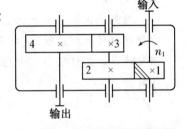

图 7-50 斜齿圆柱齿轮减速器

7-40 已知一对标准直齿锥齿轮传动,齿数 $z_1=22$,$z_2=66$,大端模数 $m=5\text{ mm}$,分度圆压力角 $\alpha=20°$,轴交角 $\Sigma=90°$。试求两个锥齿轮的分度圆直径、齿顶圆直径、齿根圆直径、分度圆锥角、齿顶圆锥角、齿根圆锥角、锥距及当量齿数。

技能训练

7-1 在实训中心进行齿轮传动类型的认识。

7-2 以一减速器为载体,设计一直齿圆柱齿轮传动。

7-3 在实训中心进行圆柱齿轮的测绘。

7-4 在实训中心进行齿轮传动的拆装、固定、调整及润滑。

7-5 在实训中心进行齿轮的加工训练。

项目八 蜗杆传动

学习目标

一、知识目标

1. 掌握蜗杆传动的类型、特点及应用范围。
2. 掌握蜗杆传动的基本参数及几何尺寸计算。
3. 掌握蜗杆传动常用材料、结构形式、失效形式及计算准则。
4. 掌握蜗杆传动的效率、润滑、计算方法。
5. 掌握普通圆柱蜗杆传动的安装与维护要点。

二、技能目标

1. 能根据要求选择适当的蜗杆传动的类型。
2. 能选择蜗杆传动的材料、几何尺寸、结构形式及进行热平衡与强度计算。
3. 能对普通圆柱蜗杆传动进行安装与维护。
4. 通过完成上述任务，能够自觉遵守安全操作规范。

教学建议

教师在讲授基本知识后，将学生分组，安排在实验室完成以下两个工作任务：常用蜗杆传动副认识、蜗杆传动的材料选择、几何尺寸、结构形式及进行热平衡与强度计算。工作任务完成后，由学生自评、学生互评、教师评价三部分汇总组成教学评价。

模块一 蜗杆传动的类型和特点

蜗杆传动通常由蜗杆、蜗轮和机架组成。常见的蜗杆传动为蜗杆与蜗轮轴线的交错角为 $90°$，组成蜗杆副(图 8-1)。一般蜗杆为主动件，蜗轮为从动件，做减速传动。蜗杆传动广泛应用在机床、矿山机械、冶金机械、起重机械和仪表中。

一、蜗杆传动的类型

蜗杆传动类型很多，按蜗杆形状分为圆柱蜗杆传动[图 8-1(a)]、环面蜗杆传动[图 8-1(b)]和圆锥蜗杆传动等[图 8-1(c)]。

普通圆柱蜗杆传动按其螺旋线的形状可分为阿基米德蜗杆(ZA 蜗杆)传动和渐开线蜗杆(ZI 蜗杆)传动。

1. 阿基米德蜗杆(轴向直廓蜗杆,ZA 蜗杆)

阿基米德蜗杆的螺旋面可在车床上用梯形车刀加工,车刀刀刃为直线,并与蜗杆轴线在同一水平面内,与车梯形螺纹相似。如图 8-2 所示,这样加工出来的蜗杆在轴向剖面 I - I

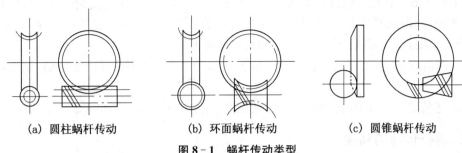

(a) 圆柱蜗杆传动　　　(b) 环面蜗杆传动　　　(c) 圆锥蜗杆传动

图 8-1　蜗杆传动类型

内的齿形为直线,在法向剖面 $n-n$ 内的齿形为曲线,垂直于轴线端面上,其齿形为阿基米德螺旋线。这种蜗杆加工方便,不易磨削,故精度不高,应用较广泛,常用于载荷较小、转速较低或不太重要的传动。

2. 渐开线蜗杆(ZI 蜗杆)

将刀刃与蜗杆的基圆柱相切,如图 8-3 所示,加工出来的蜗杆,在切于基圆柱的轴向剖面 II-II、III-III 内的齿形的一侧为直线,在轴向剖面 I-I 和法向剖面 $n-n$ 内的齿形均为曲线,其端面的齿形为渐开线。渐开线蜗杆可看作是一个少齿数大螺旋角的渐开线斜齿圆柱齿轮,因而可以像圆柱齿轮那样用滚刀滚铣,并可以用平面砂轮按渐开线形成原理进行磨削,没有理论误差,精度较高,但需要专用机床。

蜗杆传动类型很多,本项目仅讨论目前应用最为广泛的阿基米德蜗杆传动。

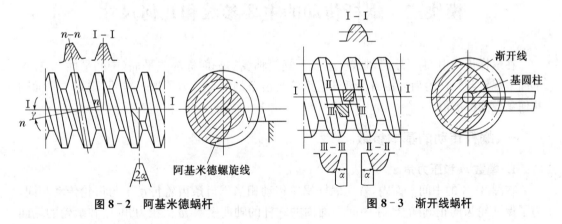

图 8-2　阿基米德蜗杆　　　　　图 8-3　渐开线蜗杆

二、蜗杆传动的特点

与齿轮传动相比,蜗杆传动的主要特点是:

(1) 传动比大,结构紧凑。用于传递动力时,$i=8\sim80$;用于传递运动时(如分度机构),i 可达 1 000。

(2) 传动平稳,噪音低。因蜗杆与蜗轮齿的啮合是连续的,同时啮合的齿对数较多,因此传动平稳,噪音低。

(3) 具有自锁性能。当蜗杆的螺旋角小于轮齿间的当量摩擦角时,蜗杆传动能自锁,即只能由蜗杆带动蜗轮,而蜗轮不能带动蜗杆。

（4）传动效率较低。蜗杆传动在啮合处有相对滑动,当滑动速度较大时,则会产生较严重的摩擦磨损,因此发热大,效率较低。一般效率为 0.7～0.8,具有自锁性能时,效率低于0.5。所以,蜗杆传动不适于传递大功率和长期连续工作。

（5）制造成本较高。为了减少摩擦,蜗轮常需用贵重的减摩材料（如青铜）制造,成本较高。

由上述特点可知,蜗杆传动适用于传动比大、传递功率不大的机械上。

三、蜗杆传动的精度

蜗杆传动规定了 1～12 个精度级,1 级最高,12 级最低,一般动力传动常用 7～9 级精度。蜗杆传动精度等级主要根据蜗轮圆周速度、使用条件及传动功率等选定,可按表 8-1选取。

表 8-1　蜗杆传动精度等级的选择

精度等级	蜗轮圆周速度/$(m \cdot s^{-1})$	使用范围
7	$\leqslant 7.5$	中等精度的机械及动力蜗杆传动
8	$\leqslant 3$	速度较低或短期工作的传动
9	$\leqslant 1.5$	不重要的低速传动或手动传动

模块二　蜗杆传动的主要参数和几何尺寸

在蜗杆传动中,通过蜗杆轴线并垂直于蜗轮轴线的平面称为主平面(中间平面)。在主平面上蜗轮与蜗杆的啮合相当于渐开线齿轮与齿条的啮合。为了加工方便,规定主平面的几何参数为标准值。

一、蜗杆传动的基本参数

1. 模数 m 和压力角 α

在图 8-4 的中间平面内,普通蜗杆蜗轮传动相当于齿条齿轮传动。与齿轮传动相同,为了保证轮齿的正确啮合,在中间平面内的蜗杆的轴面模数 m_{a1}、压力角 α_{a1} 和蜗轮的端面

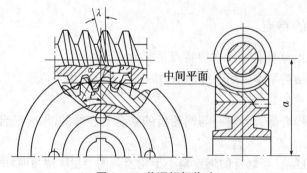

图 8-4　普通蜗杆传动

模数 m_{t2}、压力角 α_{t2} 相等,即

$$m_{a1} = m_{t2} = m;$$

$$\alpha_{a1} = \alpha_{t2} = \alpha_{\circ}$$

规定在中间平面上的模数 m 和压力角 α 为标准值。标准模数 m 按表 8-2 选用,标准压力角 $\alpha = 20^{\circ}$。

表 8-2　普通圆柱蜗杆传动的 m 和 q 值及 $m\sqrt[3]{q}$ 值(GB/T 10088—1988)

m/mm	1	1.25		1.6		2		2.5		3.15		4		5	
q	18.0	16.0	17.92	12.5	17.5	11.2	17.75	11.2	18	11.27	17.778	10.0	17.75	10.0	18.0
$m\sqrt[3]{q}/$mm	2.62	3.15	3.271	3.713	4.154	4.475	5.217	5.593	6.552	7.062	8.221	8.618	10.434	10.772	13.1

m/mm	6.3		8		10		12.5		16		20		25	
q	10.0	17.778	10.0	17.5	9.0	16.0	8.96	16.0	8.75	15.625	8.0	15.75	8.0	16.0
$m\sqrt[3]{q}/$mm	13.573	16.443	17.235	20.77	20.8	25.2	25.962	31.5	32.97	40.0	40.0	50.133	50.0	62.996

2. 蜗杆直径系数(蜗杆特性系数)q

同一模数的蜗杆,如果分度圆直径不同,切制其蜗轮的滚刀也要不同。这样,对于同一模数的蜗杆,就要配备有很多把滚刀。为了减少滚刀数量,对于每个标准模数,规定了有限种蜗杆分度圆直径,该直径 d_1 与模数 m 的比值,称为蜗杆直径系数,用 q 表示,可写成

$$q = \frac{d_1}{m}。 \tag{8-1}$$

在模数相同的情况下,q 值较大时,蜗杆直径大,刚度较好,啮合情况也好。但当蜗杆头数一定时,增大 q 值会使螺旋导角 γ 减小而降低传动效率;q 值较小时,蜗杆刚度差,啮合不良。q 的标准值见表 8-2。

3. 蜗杆分度圆导程角 γ

由图 8-5 可知,蜗杆分度圆柱上的螺旋线的导程角 γ

$$\tan\gamma = \frac{P_z}{\pi d_1} = \frac{z_1 p}{\pi d_1} = \frac{z_1 \pi m}{\pi q m} = \frac{z_1}{q}。 \tag{8-2}$$

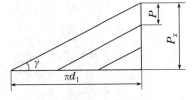

图 8-5　蜗杆螺旋线的几何关系

式中:P_z 为蜗杆的导程;p 为蜗杆轴向齿距;z_1 为蜗杆头数;q 为蜗杆直径系数。

通常 $\gamma = 3.5^{\circ} \sim 27^{\circ}$,导程角 γ 越大,效率越高;导程角越小,效率越低。

4. 头数 z_1 及传动比 i

蜗杆头数 z_1 根据传动比和传动蜗杆的效率来确定。单头蜗杆传动的传动比大,有利于实现反行程自锁,但效率低不宜做动力传动,一般用于分度传动或自锁蜗杆传动。对动力传动一般取 $z_1 = 2 \sim 4$,以获得较高传动效率。$z_1 > 4$ 时,由于加工工艺困难,很少应用。

蜗杆传动的传动比 i

$$i = \frac{n_1}{n_2} = \frac{z_2}{z_1}。 \tag{8-3}$$

式中:n_1、n_2 分别为蜗杆、蜗轮的转速;z_1、z_2 分别为蜗杆的头数和蜗轮的齿数。

应当指出,蜗杆传动的传动比不等于蜗轮蜗杆分度圆直径之比。

蜗轮的齿数 $z_2=iz_1$。z_2 不能太少,以免发生根切。但也不能过多,因齿数越多,蜗轮直径越大,蜗杆越长,蜗杆刚度越差,影响啮合。通常取 $z_2=28\sim80$。对于一般的机械传动,z_1、z_2 可按表 8－3 选取。

表 8－3　蜗杆头数 z_1、蜗轮齿数 z_2 的推荐值

传动类型	圆柱蜗杆传动						圆弧蜗杆传动			
传动比 $i=z_2/z_1$	$7\sim8$	$9\sim13$	$14\sim24$	$25\sim27$	$28\sim40$	$\geqslant40$	8	$10\sim12.5$	$16\sim25$	$31.5\sim51$
蜗杆头数 z_1	4	$3\sim4$	$2\sim3$	$2\sim3$	$1\sim2$	1	4	3	2	1
蜗轮齿数 z_2	$28\sim32$	$27\sim52$	$28\sim72$	$50\sim81$	$28\sim80$	$\geqslant40$	$31\sim33$	$31\sim40$	$31\sim52$	$31\sim51$

5. 中心距 a

当蜗杆传动的蜗杆节圆与分度圆重合时称为标准传动,其中心距计算公式为

$$a=\frac{1}{2}(d_1+d_2)=\frac{1}{2}m(q+z_2)。$$

二、蜗杆传动的几何尺寸计算

蜗杆传动的几何尺寸计算参见图 8－6 和表 8－4。

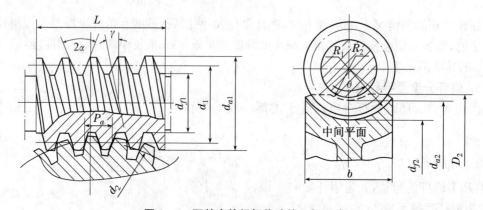

图 8－6　阿基米德蜗杆传动的几何尺寸

表 8－4　普通蜗杆传动基本几何尺寸计算

名称	符号	计算公式	
		蜗杆	蜗轮
齿顶高	h_a	$h_{a1}=h_a^* m$	$h_{a2}=h_a^* m$
齿根高	h_f	$h_{f1}=(h_a^*+c^*)m$	$h_{f2}=(h_a^*+c^*)m$
全齿高	h	$h_1=h_2=(2h_a^*+c^*)m$	

续表

名称	符号	计算公式	
		蜗杆	蜗轮
分度圆直径	d	$d_1=mq$	$d_2=mz_2$
齿顶圆直径	d_a	$d_{a1}=d_1+2h_{a1}$	$d_{a2}=d_2+2h_{a2}$
齿根圆直径	d_f	$d_{f1}=d_1-2h_{f1}$	$d_{f2}=d_2-2h_{f2}$
蜗杆分度圆导程角	γ	$\gamma=\arctan\dfrac{z_1}{q}$	
蜗轮分度圆螺旋角	β		$\beta=\gamma$
中心距	a	$a=\dfrac{m}{2}(q+z_2)$	
蜗杆轴向齿距	p	$p=\pi m$	
蜗杆导程	P_z	$P_z=z_1p$	
蜗杆螺纹部分长度	L	$z_1=1,2$ 时，$L\geqslant(12+0.1z_2)m$；$z_1=3,4$ 时，$L\geqslant(13+0.1z_2)m$；磨削的蜗杆须加长，$m<10$，加长 25 mm $10<m<16$，加长 35 mm	
蜗轮外圆直径	D_2		$D_2\leqslant d_{a2}+m$
蜗轮宽度	b		$z_1\leqslant3,b\leqslant0.75d_{a1}$ $z_1=4,b\leqslant0.67d_{a1}$
包角	2δ		$\sin\delta\approx\dfrac{b}{d_{a1}-0.5m}$
齿根圆弧面半径	R_1		$R_1=\dfrac{d_{a1}}{2}+c^*m$
齿顶圆弧面半径	R_2		$R_2=\dfrac{d_{f1}}{2}+c^*m$

模块三　蜗杆传动的失效形式和计算准则

一、蜗杆传动的失效形式

1. 齿面间相对滑动速度 v_s

蜗杆传动时，即使在节点 P 处啮合，由于蜗杆 P 点速度 v_1 与蜗轮 P 点速度 v_2 方向不同、大小不等，在啮合齿面间也会产生很大的滑动速度 v_s，滑动速度沿着螺旋线方向。由图 8-7，可知

$$v_s = \frac{v_1}{\cos \gamma} = \frac{\pi d_1 n_1}{60 \times 1\,000 \cos \gamma} \text{ m/s}. \qquad (8-4)$$

滑动速度 v_s 对蜗杆传动影响很大,当润滑条件差,滑动速度大,会促使齿面磨损和胶合;当润滑条件良好时,滑动速度增大,能在蜗杆副表面间形成油膜,反而使摩擦系数下降,改善摩擦磨损,从而提高传动效率和抗胶合的承载能力。

2. 蜗杆传动的失效形式

蜗杆传动的失效形式和齿轮传动类似。由于相对滑动速度大,发热量大,故其主要失效形式是齿面点蚀、胶合和磨损。在润滑及散热条件不良时,闭式传动容易出现点蚀、胶合。在开式传动和润滑油不清洁的闭式传动中,轮齿磨损速度很快。由于蜗杆齿为连续的螺旋齿,且材料强度高于蜗轮材料强度,因而一般情况下,失效总是发生在强度较低的蜗轮齿面上。

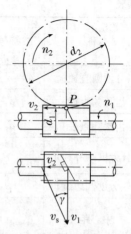

图 8-7 蜗杆传动的滑动速度

二、蜗杆传动计算准则

由于胶合和磨损的计算目前尚无较完善的方法和数据,通常是参照齿轮传动的强度计算方法,在选取材料的许用应力时适当考虑胶合和磨损的影响。

蜗杆传动的计算准则是:对于闭式蜗杆传动,按齿面接触疲劳强度设计,按齿根弯曲疲劳强度校核并进行热平衡计算。如果载荷平稳、无冲击,可以只按齿面接触疲劳强度设计,不必校核齿根弯曲疲劳强度。对于开式蜗杆传动,只按齿根弯曲疲劳强度进行设计。当蜗杆轴细长且支承跨距大时,还应进行蜗杆轴的刚度计算。

模块四 蜗杆传动的材料和结构

一、蜗杆传动的材料

基于蜗杆传动的失效特点,选择蜗杆和蜗轮材料组合时,不但要求有足够的强度,而且要有良好的减摩、耐磨和抗胶合的能力。实践表明,较理想的蜗杆副材料是青铜蜗轮齿圈匹配淬硬磨削的钢制蜗杆。

1. 蜗杆材料

蜗杆一般用优质碳素钢或合金钢制造。对高速重载的传动,蜗杆常用低碳合金钢(如20Cr、20CrMnTi)经渗碳淬火后表面硬度达 $56\sim62$HRC,并需磨削。对中速中载传动,蜗杆常用 45 号钢、40Cr、35SiMn 等,表面经高频淬火后硬度达 $45\sim55$HRC,也需磨削。对一般蜗杆可采用 45、40 等碳钢调质处理(硬度为 $210\sim230$HBS)。

2. 蜗轮材料

常用的蜗轮材料为锡青铜(ZCuSn10Pb1、ZCuSn5Pb5Zn5)、铝青铜 ZCuAl10Fe3 及灰铸铁 HT150、HT200 等。锡青铜的抗胶合、减摩及耐磨性能最好,但价格较高,用于 $v_s \geqslant 3$ m/s 的重要传动;铝青铜具有足够的强度,并耐冲击,价格便宜,但抗胶合及耐磨性能不如锡青铜,一般用于 $v_s \leqslant 4 \text{ m/s}$ 的传动;灰铸铁用于 $v_s \leqslant 2 \text{ m/s}$ 的不重要场合。

二、蜗杆和蜗轮的结构

1. 蜗杆结构

蜗杆的有齿部分与轴的直径相差不大,通常与轴做成一个整体,称为蜗杆轴,如图 8-8 所示。按蜗杆的螺旋部分加工方法不同,可分为车削蜗杆和铣削蜗杆。图 8-8(a)为车削蜗杆,因为车削螺旋部分要有退刀槽,因而削弱了蜗杆轴的刚度。图 8-8(b)为铣削蜗杆,在轴上直接铣出螺旋部分,无退刀槽,因而蜗杆轴的刚度好。当蜗杆的螺旋部分直径过大或蜗杆与轴采用不同材料时,可将蜗杆做成套筒形,然后套装在轴上。

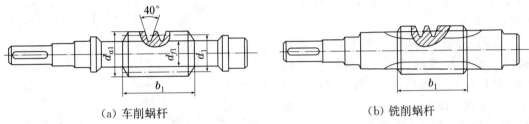

$$(a)\ 车削蜗杆 \qquad\qquad (b)\ 铣削蜗杆$$

图 8-8　蜗杆的结构形式

2. 蜗轮结构

蜗轮可制成整体式或装配式,为节省贵的有色金属,大多数蜗轮做成装配式。常见的蜗轮结构形式有以下几种:

(1) 齿圈压配式[图 8-9(a)]。将青铜齿圈紧套在铸铁轮心上,常采用过盈配合 H7/s6 或 H7/r6。为防止齿圈发热后松动,沿配合面安装 4~6 个紧定螺钉。为了便于钻孔,应将螺孔中心线偏向材料较硬的铸铁一边 2~3 mm。此结构多用于中等尺寸及工作温度变化较小的场合,以免热胀冷缩影响过盈配合的质量。

(2) 螺栓连接式[图 8-9(b)]。齿圈与轮心采用配合螺栓连接,圆周力由螺栓传递,因此螺栓的数目和尺寸必须通过强度核算。该结构成本高,常用于直径较大或齿面易于磨损的场合。

(3) 整体式[图 8-9(c)]。主要用于铸铁蜗轮、铝合金蜗轮以及直径小于 100 mm 的青铜蜗轮。

(4) 拼铸式[图 8-9(d)]。将青铜齿圈铸在铸铁轮心上,然后切齿,只用于成批制造的蜗轮。

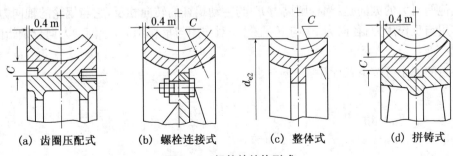

$$(a)\ 齿圈压配式 \qquad (b)\ 螺栓连接式 \qquad (c)\ 整体式 \qquad (d)\ 拼铸式$$

图 8-9　蜗轮的结构形式

模块五　蜗杆传动的强度计算

一、蜗杆传动的受力分析

蜗杆传动的受力分析与斜齿圆柱齿轮的受力分析相似,在不计摩擦力的情况下,齿面上的法向力 F_n 可分解为三个相互垂直的分力,即圆周力 F_t、轴向力 F_a、径向力 F_r [图 8-10(a)]。

在确定蜗杆和蜗轮受力方向时,须先指明主动件和被动件(一般蜗杆为主动件)、螺旋线左旋还是右旋、蜗杆的转向及蜗杆的位置。图 8-10(b)中表示下置、右旋蜗杆,蜗轮上的三个分力方向。

轴向力的方向也可根据左、右手定则来定。图 8-11(a)中右旋蜗杆用右手,四指所示方向为蜗杆转向,拇指所示方向则

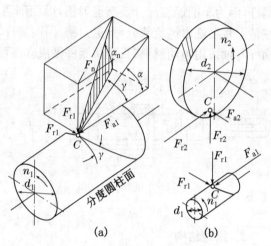

图 8-10　蜗杆传动的受力分析

为轴向力 F_{a1} 的方向。而蜗轮上的圆周力 F_{t2} 的方向与 F_{a1} 大小相等,方向相反。有时需在图中标注蜗轮的转向,因蜗轮是被动件,其圆周力方向即转向。

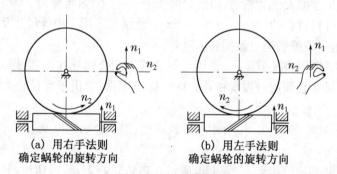

图 8-11　蜗杆蜗轮旋向

其他两对力的方向是:蜗杆圆周力 F_{t1} 与主动蜗杆的转向相反,它与蜗轮的轴向力 F_{a2} 是一对作用与反作用力;径向力 F_{r1} 与 F_{r2} 是另一对作用与反作用力,它们的方向分别指向各自轴心。

各力的大小可按下式计算:

$$F_{t1} = -F_{a2} = \frac{2T_1}{d_1};\qquad(8-5)$$

$$F_{a1} = -F_{t2} = \frac{2T_2}{d_2};\qquad(8-6)$$

$$F_{r1} = -F_{r2} = F_{t2}\tan\alpha。\qquad(8-7)$$

式中：T_1、T_2分别为作用在蜗杆和蜗轮上的扭矩，N·mm；$T_2 = T_1 i\eta$，η为蜗杆传动的效率；$\alpha = 20°$。

二、蜗轮齿面接触疲劳强度计算

由于普通圆柱蜗杆传动在中间平面上相当于齿条与齿轮的啮合传动，而蜗轮又相当于一个斜齿轮，所以蜗杆传动可以近似地看作齿条与斜齿圆柱齿轮的啮合传动。

经推导可得普通圆柱蜗杆传动的蜗轮齿面接触疲劳强度设计公式：

$$m\sqrt[3]{q} \geqslant \sqrt[3]{\left(\frac{500}{z_2 [\sigma_H]}\right)^2 K T_2} \,。 \tag{8-8}$$

式(8-8)也可写成校核公式：

$$\sigma_H = \frac{500}{d_2}\sqrt{\frac{K T_2}{d_1}} \leqslant [\sigma_H] \,。 \tag{8-9}$$

式中：K为载荷系数，$K = 1.1 \sim 1.4$，载荷平稳、蜗轮圆周速度$v_2 \leqslant 3$ m/s 及 7 级精度以上时，取较小值，否则取较大值；T_2为蜗轮轴传递的扭矩；$[\sigma_H]$为蜗轮的许用接触应力。若蜗轮齿圈采用锡青铜材料，其齿面损坏形式主要是疲劳点蚀，表8-5列出了$N = 10^7$时的基本许用应力$[\sigma_{OH}]$；若蜗轮齿圈采用铝青铜或铸铁材料，其齿面损坏形式主要是胶合，由于针对胶合失效形式尚无可靠的计算方法，所以仍按齿面接触疲劳强度进行条件性计算，其$[\sigma_{OH}]$见表8-6。

表8-5 锡青铜蜗轮材料的许用接触应力$[\sigma_{OH}]$ 　　　　　　MPa

蜗轮材料	铸造方法	适用滑动速度 $v_s/(\mathrm{m \cdot s^{-1}})$	$[\sigma_{OH}]$ 蜗杆齿面硬度	
			HBS≤350	HRC>45
ZCuSn10Pb1	砂模	≤12	180	200
	金属模	≤25	200	220
ZCuSn5Pb5Zn5	砂模	≤10	110	125
	金属模	≤12	135	150

表8-6 铝青铜及铸铁蜗轮材料的许用接触应力$[\sigma_{OH}]$ 　　　　　　MPa

蜗轮材料	蜗杆材料	滑动速度 $v_s/(\mathrm{m \cdot s^{-1}})$							
		0.25	0.5	1	2	3	4	6	8
ZCuAl10Fe3、ZCuAl10Fe3Mn2	钢经淬火*	—	245	225	210	180	160	115	90
ZCuZn38Mn2Pb2	钢经淬火*	—	210	200	180	150	130	95	75
HT200、HT150(120~150HBS)	渗碳钢	160	130	115	90	—	—	—	—
HT150(120~150HBS)	调质或淬火钢	140	110	90	70	—	—	—	—

注：蜗杆如未经淬火，需将表中$[\sigma_{OH}]$值降低 20%。

许用应力$[\sigma_H] = Z_N \cdot [\sigma_{OH}]$。

载荷平稳时,寿命系数 $Z_N = \sqrt[8]{\dfrac{10^7}{N}}$,应力循环次数 $N = 60 n_2 t_h$。载荷不平稳时,寿命系数 $Z_N = \sqrt[8]{\dfrac{10^7}{N'}}$,当量应力循环次数 $N' = 60 \sum\limits_{i=1}^{n} n_i t_{hi} \left(\dfrac{T_i}{T_{\max}}\right)^4$。式中:$n_2$ 为蜗轮转速;t_h 为工作总时数;$T_{\max}$ 为较长期作用的最大转矩;n_i、t_{hi}、T_i 分别为第 i 个循环的转速、工作时数和转矩。

由式(8-8)得 $m\sqrt[3]{q}$ 值后,按表 8-2 确定 m 及 q 的标准值。

三、蜗轮轮齿齿根弯曲疲劳强度计算

由于蜗轮轮齿的形状复杂,很难求出轮齿的危险截面和实际弯曲应力,因而可近似地将蜗轮看作一斜齿圆柱齿轮,再按照斜齿圆柱齿轮弯曲强度计算公式来计算:

$$\sigma_F = \dfrac{2.2 K T_2 Y_F}{m^2 d_1 z_2 \cos\gamma} \leqslant [\sigma_F]。 \tag{8-10}$$

略去导程角 γ 的影响,则设计公式为

$$m^2 d_1 \geqslant \dfrac{2.2 K T_2 Y_F}{z_2 [\sigma_F]}。 \tag{8-11}$$

式中:$[\sigma_F]$ 为轮齿的许用弯曲应力,其值列于表 8-7;Y_F 为蜗轮的齿形系数,可按蜗轮齿数 Z_z 查表 8-8;其他符号的意义与接触疲劳强度计算中的相同。

表 8-7　蜗轮轮齿的许用弯曲应[σ_F]　　　　　　　　　　　　　MPa

蜗轮材料	毛坯铸造方法	单向传动[σ_F]	双向传动[σ_F]$_{-1}$
ZCuSn10Pb1	砂型	51	32
	金属型	70	40
ZCuSn5Pb5Zn5	砂型	33	24
	金属型	40	29
ZCuAl10Fe3	砂型	82	64
	金属型	90	80
ZCuAl10Fe3Mn2	砂型	—	—
	金属型	100	90
HT150	砂型	40	25
HT200	砂型	48	30

表 8-8　蜗轮的齿形系数 Y_F

Z_z	25	28	30	32	35	37	40
Y_F	2.51	2.48	2.44	2.41	2.36	2.34	2.32
Z_z	45	50	60	80	100	150	300
Y_F	2.27	2.24	2.20	2.14	2.10	2.07	2.04

模块六 蜗杆传动的效率、润滑和热平衡计算

一、蜗杆传动效率

蜗杆传动一般为闭式传动,其功率损耗包括三部分,即齿面间的啮合损耗、轴承摩擦损耗和零件在油池中搅油损耗。因此,总效率为

$$\eta = \eta_1 \eta_2 \eta_3 。$$

式中:η_2、η_3 分别为轴承效率及搅油效率,一般可取 η_2、$\eta_3 = 0.95 \sim 0.96$,该部分在粗略计算中可不考虑。因此,总效率主要取决于啮合效率 η_1,即蜗杆传动的效率公式为

$$\eta_1 = \frac{\tan\gamma}{\tan(\gamma + \rho_v)} 。 \tag{8-12}$$

式中:γ 为蜗杆分度圆导程角;ρ_v 为当量摩擦角,查表 8-9。

式(8-12)说明,增大导程角 γ 可以提高效率,但当 $\gamma > 28°$ 时效率提高缓慢,反而会引起蜗杆加工困难,所以蜗杆的导程角一般都小于 $28°$。

表 8-9 当量摩擦角 ρ_v

蜗轮齿圈材料	锡青铜		无锡青铜	灰铸铁	
蜗杆齿面硬度	HRC≥45	HRC<45	HRC≥45	HRC≥45	HRC<45
滑动速度 $v_s/(\mathrm{m \cdot s^{-1}})$	当量摩擦角 ρ_v				
0.25	3°43′	4°17′	5°43′	5°43′	6°51′
0.50	3°09′	3°43′	5°09′	5°09′	5°43′
1.0	2°35′	3°09′	4°00′	4°00′	5°09′
1.5	2°17′	2°52′	3°43′	3°43′	4°34′
2.0	2°00′	2°35′	3°09′	3°09′	4°00′
2.5	1°43′	2°17′	2°52′		
3.0	1°36′	2°00′	2°35′		
4.0	1°22′	1°47′	2°17′		
5.0	1°16′	1°40′	2°00′		
8.0	1°02′	1°29′	1°43′		
10	0°55′	1°22′			
15	0°48′	1°09′			
24	0°45′				

注:(1) 中间值可用插值法求得;

(2) HRC≥45 的蜗杆其 ρ_v 值系指齿面 $Ra \leq 0.8 \sim 1.6 \ \mu m$,经跑合并有充分润滑的情况。

在设计出传动尺寸以前,为近似确定蜗轮受的扭矩 T_2,传动效率 η 如表 8-10 所示可

近似地取值。

表 8 - 10 在不同蜗杆头数下传动总效率 η

蜗杆头数 z_1	1	2	3	4	6
总效率 η	0.7~0.75	0.75~0.82	0.82~0.87	0.87~0.92	0.92~0.95

二、蜗杆传动的润滑

由于蜗杆传动的滑动速度大,效率低,发热量大,若润滑不良,会引起蜗轮齿面的磨损及胶合。对于闭式传动,润滑油的黏度和给油方法可根据滑动速度和载荷类型按表 8 - 11 进行选择,表中黏度是 40 ℃时的测试值。对于开式传动可采用黏度较高的润滑油或润滑脂。

表 8 - 11 蜗杆传动的润滑油黏度推荐值和给油方法

滑动速度 v_s/ (m·s^{-1})	<1	<2.5	<5	5~10	10~15	15~25	>25
工作条件	重载	重载	中载	—	—	—	—
黏度 $\nu_{40℃}$/ (mm^2·s^{-1})	900	500	350	220	150	100	80

给油方法	油池润滑			油池润滑或喷油润滑	喷油润滑,油压(表压力)/MPa		
					0.07	0.2	0.3

当采用油池润滑时,对于蜗杆下置或侧置的传动,蜗杆浸入油池中的深度约为一个齿高。当蜗杆的圆周速度 $v_1 > 4$ m/s 时,常将蜗杆上置,这时蜗轮浸入油池中深度可达半径的 1/3。

三、蜗杆传动的热平衡计算

由于蜗杆传动的效率较低,在工作时产生大量的热,若散热条件较差,箱体温度上升,润滑失效,则会导致齿面的胶合。热平衡计算就是计算蜗杆传动所产生的热流量能不能及时发散,使传动装置的温度保持在许可范围内。一般对连续工作的闭式蜗杆传动必须进行热平衡计算。

蜗杆传动产生的热流量为

$$H_1 = 1\,000(1-\eta)P_1 。 \qquad (8-13)$$

式中:P_1 为蜗杆传递的功率;η 为蜗杆传动总效率。

箱壳外壁发散到周围空气中的热量为

$$H_2 = k_t A(t_1 - t_0) 。 \qquad (8-14)$$

式中:k_t 为箱体散热系数,根据箱体周围的通风条件,一般取 $k_t = 10 \sim 17$ W/(m^2·℃),通风良好时取大值;A 为散热面积,可按长方体表面积估算,但应除去不和空气接触的面积,凸缘和散热片面积按 50% 计算;t_0 为周围空气温度,常温情况下可取 $t_0 = 20$ ℃;t_1 为润滑油的工作温度,一般 $t_1 = 75 \sim 85$ ℃(<90 ℃)。

根据热平衡条件 $H_1 = H_2$,可得润滑油的工作温度为

$$t_1 = \frac{1\,000 P_1 (1-\eta)}{k_t A} + t_0 。 \tag{8-15}$$

如 t_1 超过许可值,就应采取下述散热措施,以提高蜗杆传动的散热能力。

(1) 在箱体外壁加散热片以增大散热面积 A。当自然冷却时,散热片应垂直方向配置,以利空气的对流。当用风扇冷却时,应平行于风扇强迫空气流动的方向配置[图 8 - 12(a,b)]。

(2) 在蜗杆轴上装置风扇[图 8 - 12(a,b)],此时 $k_t = 21 \sim 28$ W/(m² · ℃)。

(3) 采用上述方法后,如散热能力还不够,可在箱体油池内铺设冷却水管,用循环水冷却[图 8 - 12(c)]。

(4) 采用压力喷油循环润滑。油泵将高温的润滑油抽至箱体外,经过滤器、冷却器冷却后,喷射到传动的啮合部位[图 8 - 12(d)]。

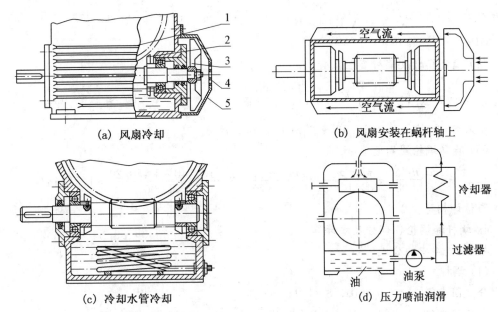

(a) 风扇冷却　　　　　　　　　　(b) 风扇安装在蜗杆轴上

(c) 冷却水管冷却　　　　　　　　(d) 压力喷油润滑

1—散热片;2—溅油轮;3—风扇;4—过滤网;5—集气罩。

图 8 - 12　蜗杆减速器的冷却方法

例 8 - 1　某轧钢车间需设计一台普通圆柱蜗杆减速器(闭式传动)。已知蜗杆轴输入功率 $P_1 = 10$ kW,转速 $n_1 = 1\,450$ r/min,传动比 $i = 20$,载荷稳定,蜗杆减速器每日工作 8 小时,每年 300 个工作日,工作寿命 10 年,工作环境温度 35 ℃。

解:1. 选择精度等级及材料

(1) 精度等级

初步估算蜗轮圆周速度 $v_2 \leqslant 3$ m/s,根据表 8 - 1,选取 8 级精度。

(2) 材料

蜗杆:选用 45 号钢,表面淬火,HRC = 45 ~ 55,以提高耐磨性。

蜗轮:初估滑动速度 $v_s \geqslant 5$ m/s,选用锡青铜 ZCuSn10Pb1,金属模铸造。

2. 选定蜗杆头数

由表 8 - 3,根据 $i = 20$,取 $z_1 = 2$,$z_2 = i z_1 = 20 \times 2 = 40$。

3. 设计计算

（1）计算蜗轮轴上的扭矩

按 $z_1=2$，取 $\eta=0.82$，则

$$T_2=9.55\times10^6\frac{P_2}{n_2}=9.55\times10^6\frac{P_1\eta}{n_1/i}=9.55\times10^6\times\frac{10\times0.82}{1\,450/20}\approx1.08\times10^6(\text{N}\cdot\text{mm})。$$

（2）确定载荷系数

工作载荷较平稳，故 K 取 1.1。

（3）确定许用应力

由表 8-5，查得基本许用应力 $[\sigma_{OH}]=220$ MPa。因为应力循环次数

$$N=60n_2t_h=60\times\frac{1\,450}{20}\times8\times300\times10\approx1.04\times10^8,$$

则寿命系数 $Z_N=\sqrt[8]{\frac{10^7}{N}}=\sqrt[8]{\frac{10^7}{1.04\times10^8}}\approx0.75$，所以 $[\sigma_H]=Z_N\cdot[\sigma_{OH}]=0.75\times220=$
165 MPa。

（4）确定模数及蜗杆直径系数

$$m\sqrt[3]{q}\geqslant\sqrt{\left(\frac{500}{z_2[\sigma_H]}\right)^2KT_2}=\sqrt[3]{\left(\frac{500}{40\times165}\right)^2\times1.1\times1.08\times10^6}\approx19.96\text{ mm}。$$

由表 8-2，按 $m\sqrt[3]{q}=19.96$ 查得 $m=10$ mm，$q=8$。

（5）验算蜗轮圆周速度

$$v_2=\frac{\pi d_2n_2}{60\times1\,000}=\frac{\pi mz_2n_2}{60\times1\,000}=\frac{\pi mz_2n_1/i}{60\times1\,000}=\frac{\pi\times10\times40\times1\,450/20}{60\times1\,000}\approx1.518\text{ m/s}。$$

与估计相符。

4. 蜗杆和蜗轮各部分尺寸计算

按表 8-4 中的公式。

（1）蜗杆

分度圆直径：$d_1=mq=10\times8=80(\text{mm})$；

齿顶圆直径：$d_{a1}=d_1+2h_{a1}=d_1+2h_a^*m=80+2\times1\times10=100(\text{mm})$；

齿根圆直径：$d_{f1}=d_1-2h_{f1}=d_1-2(h_a^*+c^*)m=80-2\times(1+0.2)\times10=56(\text{mm})$。

（2）蜗轮

分度圆直径：$d_2=mz_2=10\times40=400(\text{mm})$；

齿顶圆直径：$d_{a2}=d_2+2h_{a2}=d_2+2h_a^*m=400+2\times1\times10=420(\text{mm})$；

齿根圆直径：$d_{f2}=d_2-2h_{f2}=d_2-2(h_a^*+c^*)m=400-2\times(1+0.2)\times10=376(\text{mm})$；

蜗轮外圆直径：$D_2\leqslant d_{a2}+m=420+10=430(\text{mm})$；

蜗轮宽度：$b\leqslant0.75d_{a1}=0.75\times100=75(\text{mm})$；

中心距：$a=\frac{m}{2}(q+z_2)=\frac{10}{2}\times(8+40)=240(\text{mm})$。

5. 热平衡计算

（1）蜗杆导程角 γ：$\gamma=\arctan\frac{z_1}{q}=\arctan\frac{2}{10}\approx11°18'36''$。

（2）滑动速度 v_s：$v_s=\frac{v_1}{\cos\gamma}=\frac{\pi d_1n_1}{60\times1\,000\cos\gamma}=\frac{\pi\times80\times1\,450}{60\times1\,000\times\cos11°18'36''}\approx6.19(\text{m/s})$。

（3）传动效率 η：由表 8－7，插值得

$$\rho_v=1°10'27'',\eta=\eta_1\eta_2\eta_3=0.96\,\frac{\tan\gamma}{\tan(\gamma+\rho_v)}=0.96\times\frac{\tan 11°18'36''}{\tan(11°18'36''+1°10'27'')}\approx0.87。$$

η 值略大于原估计值，故不重算。

（4）所需散热面积

按 $t_1=\dfrac{1\,000P_1(1-\eta)}{k_tA}+t_0$，周围空气温度 $t_0=35\,℃$，润滑油温度 $t_1=80\,℃$，通风条件一般，k_t 取 $14\ \mathrm{W/(m^2 \cdot ℃)}$，则所需散热面积

$$A=\frac{1\,000P_1(1-\eta)}{k_t(t_1-t_0)}=\frac{1\,000\times10\times(1-0.87)}{14\times(80-35)}\approx2.06(\mathrm{m}^2)。$$

6. 结构设计

（略）

7. 绘制工作图

（略）

模块七　普通圆柱蜗杆传动的精度等级选择安装和维护

GB10089—88 对普通圆柱蜗杆传动规定了 1～12 个精度等级：1 级精度最高，其余等级依次降低，12 级为最低。一般以 6～9 级精度的应用最多。6 级精度的传动可用于中等精度机床的分度机构中，允许的蜗轮圆周速度 $v_2>5\ \mathrm{m/s}$。7 级精度常用于中等精度的运输机或高速传递动力场合，它允许的蜗轮圆周速度 $v_2\leqslant7.5\ \mathrm{m/s}$。8 级精度用于一般的动力传动中，它允许的圆周速度 $v_2\leqslant3\ \mathrm{m/s}$。9 级精度用于不重要的低速传动机构或手动机构，它允许的圆周速度 $v_2\leqslant1.5\ \mathrm{m/s}$。

蜗杆传动的安装精度要求很高。根据蜗杆传动的啮合特点，应使蜗轮的中间平面通过蜗杆的轴线，如图 8－13 所示。因此，蜗轮的轴向安装定位要求很准，装配时必须调整蜗轮的轴向位置。可以采用垫片组调整蜗轮的轴向位置及轴承的间隙，还可以利用蜗轮与轴承之间的套筒作较大距离的调整，调整时可以改变套筒的长度，实际中这两种方法有时可以联用。

为保证蜗杆传动的正确啮合，工作时蜗轮的中间平面不允许有轴向移动，因此蜗轮轴的支承不允许有游动端，应采用两端固定的支承方式。由于蜗杆轴的支承跨距大，轴的热伸长大，其支承多采用一端固定另一端游动的支承方式。支承的固定端一般采用套杯结构，以便于固定轴承，游动端根据具体需要确定是否采用套杯。对于支承跨距较短（$L\leqslant300\ \mathrm{mm}$）、传动功率小的上置式蜗杆，或间断工作、发热量不大的蜗杆传动，蜗杆轴的热伸长较小，此时也可采用两端固定的支承方式。

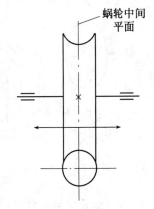

蜗轮中间平面

图 8－13　蜗杆传动的安装位置要求

蜗杆传动装配后要进行跑合，以使齿面接触良好。跑合时采用低速运转(通常 n_1=50~100 r/min)，逐步加载至额定载荷跑合 1~5 h。若发现蜗杆齿面上粘有青铜应立即停车，用细砂纸打去后再继续跑合。跑合完成后应清洗全部零件，更换润滑油。

蜗杆传动的维护很重要。由于蜗杆传动的发热量大，应随时注意周围的通风散热条件是否良好。蜗杆传动工作一段时间后应测试油温，如果超过油温的允许范围应停机或改善散热条件。还要经常检查蜗轮齿面是否保持完好。润滑对于保证蜗杆传动的正常工作及延长其使用期限很重要。蜗杆置于下方时应设法使蜗轮能得到润滑，如采用加刮油板、溅油轮等方法。蜗杆浸油润滑时油面不易太高，为防止过多的油进入轴承，轴承内侧应设挡油环。当蜗杆圆周速度较大(v>4 m/s)时可采用蜗杆上置式。

思考题

8-1 蜗杆传动有何特点？蜗杆传动宜在什么情况下采用？传递大功率为何不宜用蜗杆传动？

8-2 蜗杆传动的正确啮合条件是什么？

8-3 在蜗杆传动参数计算中，为何要引入蜗杆直径系数 q？如何选用 q？

8-4 蜗杆传动的主要参数有哪些？如何选用？

8-5 什么是蜗杆传动的滑动速度 v_s？

8-6 蜗杆传动的主要失效形式有哪几种？原因是什么？失效为什么常发生在蜗轮上？

8-7 蜗杆、蜗轮常用材料有哪些？怎样选用？

8-8 指出图 8-14 中未注明的蜗杆或蜗轮的转向，并绘出(a)图中蜗杆和蜗轮力作用点三个分力的方向(蜗杆为主动)。

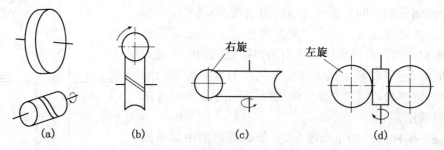

右旋   左旋

(a)   (b)   (c)   (d)

图 8-14 思考题 8-8 示意图

8-9 蜗杆传动设计时，为何要重视发热问题？常用的散热方法有哪些？

8-10 已知蜗杆转速 n_1=1 450 r/min，输入功率 P_1=7.5 kW，模数 m=8 mm，直径系数 q=8，蜗杆头数 z_1=2，传动比 i=20，传动效率 η=0.8。试计算作用在蜗杆和蜗轮上三个分力的大小和蜗杆最大挠度 y。

8-11 设计一蜗杆减速器中的蜗杆传动。已知：蜗杆传递的功率 P_1=5.5 kW，n_1=960 r/min，i=20，载荷平稳，每日工作 3 小时，要求工作寿命 10 年。

技能训练

8-1　认识一常用的蜗杆传动,分析其特点及类型。

8-2　以一普通圆柱蜗杆传动为载体,完成其安装、调整与维护。

项目九　齿轮系

学习目标

一、知识目标

1. 掌握齿轮系的类型及特点。
2. 掌握平面定轴齿轮系、空间定轴齿轮系的传动比计算方法。
3. 掌握行星齿轮系的分类及其传动比计算方法。
4. 掌握齿轮系的作用。

二、技能目标

1. 能分清齿轮系的类型及作用。
2. 能计算平面定轴齿轮系、空间定轴齿轮系的传动比。
3. 能计算行星齿轮系的传动比。
4. 通过完成上述任务,能够自觉遵守安全操作规范。

教学建议

教师在讲授基本知识后,将学生分组,安排在实验室完成以下两个工作任务:常用齿轮系及减速器认识,汽车后桥差速器传动比计算。工作任务完成后,由学生自评、学生互评、教师评价三部分汇总组成教学评价。

模块一　齿轮系概述

齿轮机构是应用最广的传动机构之一。如果用普通的一对齿轮传动实现大传动比传动,不仅机构外廓尺寸庞大,而且大小齿轮直径相差悬殊,使小齿轮易磨损,大齿轮的工作能力不能充分发挥。为了在一台机器上获得很大的传动比,或获得不同转速,常常采用一系列的齿轮组成传动机构,这种由齿轮组成的传动系称为齿轮系。采用齿轮系,不仅可避免上述缺点,而且使结构较为紧凑。

按齿轮系运动时轴线是否固定,将其分为两大类。

(1)定轴齿轮系

齿轮系运动时,所有齿轮轴线都固定的齿轮系,称为定轴齿轮系,如图 9-1 所示。

(2)行星齿轮系

齿轮系运动时,至少有一个齿轮的轴线可以绕另一个齿轮的轴线转动,这样的齿轮系称为行星齿轮系。轴线可动的齿轮称为行星轮,如图 9-2 中轮 2,它既绕本身的轴线自转,又绕 O_1 或 O_H 公转。轮 1 与轮 3 的轴线固定不动,称为太阳轮。

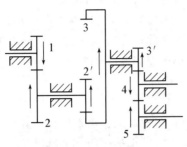

图 9-1　定轴齿轮系

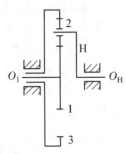

图 9-2　行星齿轮系

模块二　定轴齿轮系传动比的计算

定轴齿轮系分为两大类:一类是所有齿轮的轴线都相互平行,称为平行轴定轴齿轮系(亦称平面定轴齿轮系);另一类齿轮系中有相交或交错的轴线,称之为非平行轴定轴齿轮系(亦称空间定轴齿轮系)。

齿轮系中,输入轴与输出轴的角速度或转速之比,称为齿轮系传动比 i。计算传动比时,不仅要计算其数值大小,还要确定输入轴与输出轴的转向关系。对于平行轴定轴齿轮系,其转向关系用正、负号表示:转向相同用正号,相反用负号。对于非平行轴定轴齿轮系,各轮转动方向用箭头表示。

一、平面定轴齿轮系传动比的计算

图 9-1 所示为各轴线平行的定轴齿轮系,输入轴与主动首轮 1 固定连接,输出轴与从动末轮 5 固定连接,所以该齿轮系传动比就是输入轴与输出轴的转速比,传动比 i 算法如下:

(1) 由图 9-1 所示齿轮系机构运动简图,可知齿轮动力传递线为

$$(1\text{—}2) \rightarrow (2'\text{—}3) \rightarrow (3'\text{—}4) \rightarrow (4\text{—}5)。$$

上式括号内是一对啮合齿轮,其中轮 1、$2'$、$3'$、4 为主动轮,2、3、4、5 为从动轮。

(2) 传动比 i 的大小

先求各对齿轮的传动比:

$$i_{12} = -\omega_1/\omega_2 = -z_2/z_1 ; \quad i_{2'3} = \omega'_2/\omega_3 = z_3/z'_2 ;$$
$$i_{3'4} = -\omega'_3/\omega_4 = -z_4/z'_3 ; \quad i_{45} = -\omega_4/\omega_5 = -z_5/z_4。$$

外啮合时两齿轮的转向相反,传动比取"—";内啮合时两齿轮的转向相同,传动比取"+"。又因同一轴上的齿轮转速相同,故有 $\omega_2 = \omega'_2$,$\omega_3 = \omega'_3$。

$$i = \frac{n_1}{n_5} = \frac{n_1}{n_2} \cdot \frac{n'_2}{n_3} \cdot \frac{n'_3}{n_4} \cdot \frac{n_4}{n_5} = (-1)^3 \frac{z_2}{z_1} \cdot \frac{z_3}{z'_2} \cdot \frac{z_4}{z'_3} \cdot \frac{z_5}{z_4} = i_{12} \cdot i_{2'3} \cdot i_{3'4} \cdot i_{45}。$$

上式表明,该定轴齿轮系的传动比等于各对啮合齿轮传动比的连乘积,也等于各对啮合齿轮中各从动轮齿数的连乘积与各主动轮齿数的连乘积之比。首末两轮转向相同还是相反,取决于齿轮系中外啮合齿轮的对数。当外啮合齿轮为偶数对时,表示齿轮系的首轮与末

轮的转向相同。外啮合齿轮为奇数对时,表示首轮与末轮的转向相反。

从式中还可看出,式中分子、分母均有齿轮 4 的齿数 z_4,这是因为齿轮 4 在与齿轮 $3'$ 啮合时是从动轮,但在与齿轮 5 啮合时又为主动轮,因此可在等式右边分子分母中互消去 z_4。这说明齿轮 4 的齿数不影响齿轮系传动比的大小。但齿轮 4 的加入,改变了传动比的正负号,即改变了齿轮系的从动轮转向,这种齿轮称为惰轮。

平面轴定轴齿轮系传动比的计算公式为

$$i_{1k}=\frac{n_1}{n_k}=(-1)^m\frac{\text{从 1 轮到 } k \text{ 轮之间所有从动轮齿数的连乘积}}{\text{从 1 轮到 } k \text{ 轮之间所有主动轮齿数的连乘积}}。 \qquad (9-1)$$

式中,m 为齿轮系中从轮 1 到轮 k 间外啮合齿轮的对数。首末两轮转向可用 $(-1)^m$ 来判别,i_{1k} 为负号时,说明首末两轮转向相反;i_{1k} 为正号则转向相同。

例 9-1 在图 9-1 所示的齿轮系中,已知 $z_1=20$,$z_2=40$,$z_2'=30$,$z_3=60$,$z_3'=25$,$z_4=30$,$z_5=50$,均为标准齿轮传动。若已知轮 1 的转速 $n_1=1\,440$ r/min,试求轮 5 的转速。

解:此定轴齿轮系各轮轴线相互平行,且齿轮 4 为惰轮,齿轮系中有三对外啮合齿轮。由式(9-1),得

$$i=\frac{n_1}{n_5}=(-1)^3\frac{z_2}{z_1}\cdot\frac{z_3}{z_2'}\cdot\frac{z_4}{z_3'}\cdot\frac{z_5}{z_4}=(-1)^3\times\frac{40\times60\times30\times50}{20\times30\times25\times30}=-8;$$

$$n_5=n_1/i=1\,440/(-8)=-180(\text{r/min})。$$

负号,表示轮 1 和轮 5 的转向相反。

齿轮系首轮与末轮的相对转向,也可用画箭头的方法来确定和验证,如图 9-1 所示。由图中可以看出,轮 1 和轮 5 的转向相反。

二、空间定轴齿轮系传动比的计算

图 9-3 所示的空间定轴齿轮系,其传动比的大小仍可用平面定轴齿轮系的传动比计算公式计算,但因各轴线并不全部相互平行,故不能用 $(-1)^m$ 来确定主动轮与从动轮的转向,必须用画箭头的方式在图上标注出各轮的转向。

一对互相啮合的圆锥齿轮传动时,在其节点处的圆周速度是相同的,所以标志两者转向的箭头不是同时指向啮合点,就是同时背离啮合点。图 9-3 齿轮系中圆锥齿轮的转向即可按此法判断。

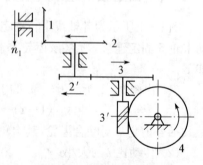

图 9-3 空间定轴齿轮系

例 9-2 图 9-3 所示的齿轮系中,已知 $z_1=16$,$z_2=32$,$z_2'=20$,$z_3=40$,$z_3'=2$,$z_4=40$,均为标准齿轮传动。已知轮 1 的转速 $n_1=1\,000$ r/min,试求轮 4 的转速及转动方向。

解:由式(9-1),得

$$i=\frac{n_1}{n_4}=\frac{z_2}{z_1}\cdot\frac{z_3}{z_2'}\cdot\frac{z_4}{z_3'}=\frac{32\times40\times40}{16\times20\times2}=80;$$

$$n_4=n_1/i=1\,000/80=12.5(\text{r/min})。$$

轮 4 的转向如图所示为逆时针转动。

模块三　行星齿轮系传动比的计算

一、行星齿轮系的分类

图 9-4 和 9-5 所示的齿轮系即为行星齿轮系,其中齿轮 2 的轴线绕齿轮 1 的轴线转动。齿轮 2 既绕自己的轴线做自转,又绕齿轮 1 轴线做公转,犹如行星绕日运行一样,故称其为行星轮;带动行星轮 2 做公转的构件 H 则称为行星架或系杆;定轴齿轮 1 和 3 则通常叫作中心轮,通常以中心轮和系杆 H 作为运动的输入和输出构件,所以称中心轮和系杆为行星齿轮系的基本构件。

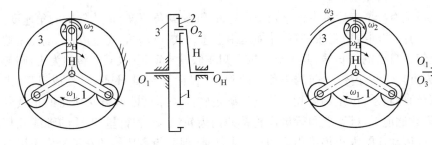

图 9-4　简单行星齿轮系　　　　图 9-5　差动齿轮系

根据行星齿轮系所具有的自由度数目不同,行星齿轮系又可分为简单行星齿轮系(自由度为 1,图 9-4)和差动齿轮系(自由度为 2,图 9-5)。

二、行星齿轮系传动比的计算

在图 9-5 所示行星齿轮系中,行星轮 2 既绕本身的轴线自转,又绕 O_1 或 O_H 公转,因此不能直接用定轴齿轮系传动比计算公式求解行星齿轮系的传动比,而通常采用转化机构法来间接求解其传动比,也就是把行星齿轮系转化为定轴齿轮系来计算。

假想对整个行星轮系加上一个与转臂转向相反、大小相等的转动($-\omega_H$),显然各构件的相对运动关系并不改变。但此时行星轮系杆 H 的角速度变为 $\omega_H+(-\omega_H)=0$,即相对静止不动;而齿轮 1、2、3 则成为绕定轴转动的齿轮,于是行星齿轮系便转化为假想的定轴齿轮系,这种附加($-\omega_H$)运动而得到的假想定轴齿轮系称为行星齿轮系的"转化齿轮系",各构件转化前后的角速度如表 9-1 所示。

表 9-1　各构件转化前后的角速度

构件	行星齿轮系中的角速度 (绝对速度—原有)	转化齿轮系中的角速度 (相对速度—现有)
中心轮 1	ω_1	$\omega_1^H=\omega_1-\omega_H$
行星轮 2	ω_2	$\omega_2^H=\omega_2-\omega_H$
中心轮 3	ω_3	$\omega_3^H=\omega_3-\omega_H$
系杆 H	ω_H	$\omega_H^H=\omega_H-\omega_H=0$

图 9-5 中所示差动轮系转化成假想定轴轮系后的传动比计算如下：

$$i_{13}^H = \frac{\omega_1^H}{\omega_3^H} = \frac{\omega_1 - \omega_H}{\omega_3 - \omega_H} = \frac{z_2 z_3}{z_1 z_2} = -\frac{z_3}{z_1}\text{。}$$

i_{13}^H 表示转化后定轴齿轮系的传动比，即齿轮 1 与齿轮 3 相对于行星架 H 的传动比。其中的"—"表示轮 1 与轮 3 在转化齿轮系中的转向相反。

上式建立了三个基本构件(输入、输出、转臂)角速度(或转速)与它们齿数的关系。

(1) 若已知 ω_1、ω_3、ω_H 中任两值，可求第三值；

(2) ω_1、ω_3、ω_H 确定后，可求所需的 i，即 $i_{13} = \omega_1/\omega_3$、$i_{1H} = \omega_1/\omega_H$ 等。

将以上分析推广到一般情况，有(普遍应用公式)

$$i_{AK}^H = \frac{\omega_A - \omega_H}{\omega_K - \omega_H} = (-1)^m \frac{\text{从动轮齿数的乘积}}{\text{主动轮齿数的乘积}}\text{。} \tag{9-2}$$

在使用式(9-2)时应特别注意：

(1) 式中 ω_A 和 ω_K 为行星齿轮系中任意两个齿轮 A 和 K 的角速度，ω_H 为转臂的角速度。(2) 1、2 和 H 三个构件的轴线应互相平行，才能运用上述公式。(3) 等式左边 ω_A、ω_K、ω_H 的值代入公式时，应带上自己的正负号，其正负号按已知或假设来定(假设某一转向为正，则与其相反的转向就为负)。(4) 齿数比前的正负号的确定：假想行星架 H 不转，变成机架，则整个齿轮系成为定轴齿轮系，按定轴齿轮系的方法确定转向关系(注：此方法所得的正负号只用于等式右边齿数比前)。(5) 空间行星齿轮系的两齿轮 A、K 和行星架 H 的轴线互相平行时，其转化机构传动比的大小仍可用式(9-2)来计算，但其齿数比前的正负号应采用在转化机构图上画箭头的办法来确定。

例 9-3 图 9-6 所示的齿轮系中，已知 $z_1 = 100$，$z_2 = 101$，$z_2' = 100$，$z_3 = 99$，均为标准齿轮传动。求 i_{H1}。

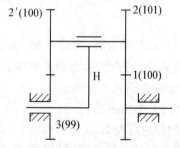

图 9-6 空间行星减速器中的齿轮系

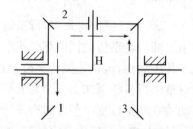

图 9-7 空间行星齿轮系

解： 由式(9-2)，得

$$i_{13}^H = \frac{n_1^H}{n_3^H} = \frac{n_1 - n_H}{n_3 - n_H} = \frac{z_2 z_3}{z_1 z_2'}\text{。} \text{ 因 } n_3 = 0\text{，所以 } \frac{n_1 - n_H}{0 - n_H} = \frac{z_2 z_3}{z_1 z_2'}\text{，故有 } i_{1H} = \frac{n_1}{n_H} = 1 - \frac{z_2 z_3}{z_1 z_2'} = 1 -$$

$$\frac{101 \times 99}{100 \times 100} = \frac{1}{10\,000}\text{。}$$

所以 $i_{H1} = \frac{n_H}{n_1} = \frac{1}{i_{1H}} = 10\,000$。

例 9-4 图 9-7 所示的齿轮系中，已知 $z_1 = 40$，$z_2 = 40$，$z_3 = 40$，均为标准齿轮传动。试求 i_{13}^H。

解： 由式(9-2)，得

$$i_{13}^{H}=\frac{n_1^{H}}{n_3^{H}}=\frac{n_1-n_H}{n_3-n_H}=-\frac{z_2 z_3}{z_1 z_2}=-\frac{z_3}{z_1}=-1。$$

其中"一"表示轮 1 与轮 3 在反转机构中的转向相反。

三、复合齿轮系传动比的计算

定轴齿轮系和行星齿轮系组合成的齿轮系称为复合齿轮系，如图 9-8 所示。

因为复合齿轮系是由运动性质不同的齿轮系组成，所以计算其传动比时，必须先将齿轮系分解成行星齿轮系和定轴齿轮系，然后分别按行星齿轮系传动比和定轴齿轮系传动比列计算公式，最后联立求解。

复合齿轮系分解方法是，先找出各行星齿轮系，余下的便是定轴齿轮系。图 9-8 所示的复合齿轮系，按行星轮轴线可转的特征，找到由行星架 H 支承的行星轮 3，以行星轮 3 为核心，与其相啮合的有太阳轮 $2'$ 和 4。

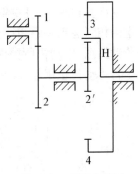

图 9-8　复合齿轮系

例 9-5　在图 9-8 所示的齿轮系中，已知 $z_1=20,z_2=40,z_2'=20,z_3=30,z_4=60$，均为标准齿轮传动。试求 i_{1H}。

解： (1) 分析齿轮系。

由图可知，该齿轮系为一平行轴定轴齿轮系与简单行星齿轮系组成的组合齿轮系，其中行星齿轮系：$2'$—3—4—H；定轴齿轮系：1—2。

(2) 分析齿轮系中各轮之间的内在关系。由图中可知

$$n_4=0,n_2=n_2'。$$

(3) 分别计算各齿轮系传动比。

① 定轴齿轮系。式(9-1)，得

$$i_{12}=\frac{n_1}{n_2}=(-1)^1\frac{z_2}{z_1}=-\frac{40}{20}=-2; \tag{1}$$

$$n_1=-2n_2。$$

② 行星齿轮系。由式(9-2)，得

$$i_{2'4}^{H}=\frac{n_{2'}^{H}}{n_4^{H}}=\frac{n_2'-n_H}{n_4-n_H}=-\frac{z_4 z_3}{z_3 z_2'}=-\frac{60}{20}=-3。 \tag{2}$$

③ 联立式(1,2)，代入 $n_4=0,n_2=n_2'$，得

$$\frac{n_2-n_H}{0-n_H}=-3;$$

$$n_1=-2n_2。$$

所以

$$i_{1H}=\frac{n_1}{n_H}=\frac{-2n_2}{\dfrac{n_2}{4}}=-8。$$

模块四　齿轮系的应用

一、实现分路传动

在许多机械中,往往需要将一个输入运动分解成多个输出运动,并使各输出运动间保持一定的相对运动关系,这样的要求只有通过齿轮系来实现。图9-9所示的是滚齿机范成运动传动简图,电动机所提供的动力通过齿轮1、2传至滚刀11,同时由齿轮3、4、5、6、7和蜗杆8将运动传至蜗轮9,带动轮坯10运动,并使滚刀和轮坯的运动满足范成运动的要求。

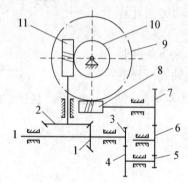

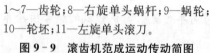

1~7—齿轮;8—右旋单头蜗杆;9—蜗轮;
10—轮坯;11—左旋单头滚刀。

图9-9　滚齿机范成运动传动简图

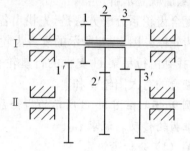

图9-10　定轴齿轮系变速传动

二、可获得大的传动比

一般一对定轴齿轮的传动比不宜大于5~7。为此,当需要获得较大的传动比时,可用几个齿轮组成行星齿轮系来达到目的。不仅外廓尺寸小,且小齿轮不易损坏。如例9-3所述的简单行星齿轮系。

三、实现换向传动

当主动轴转向不变时,可利用齿轮系中的惰轮来改变从动轴的转向。如图9-1中的轮4,通过改变外啮合的次数,达到使从动轮5变向的目的。

四、实现变速传动

在主动轴转速不变的条件下,从动轴可获得多种转速。汽车、机床、起重设备等多种机器设备都需要变速传动。

如图9-10所示,Ⅰ轴为输入轴,Ⅱ轴为输出轴,1、2、3为滑移齿轮,当它们分别与齿轮1′、2′、3′啮合时,可以得到三种不同的传动比,达到Ⅱ轴变速的目的。

五、用于对运动进行合成与分解

如例9-4所示:

$$i_{13}^{H} = \frac{n_1^H}{n_3^H} = \frac{n_1 - n_H}{n_3 - n_H} = -\frac{z_2 z_3}{z_1 z_2} = -\frac{z_3}{z_1} = -1;$$

$$2n_H = n_1 + n_3。$$

上式表明,1、3 两构件的运动可以合成为 H 构件的运动;也可以在 H 构件输入一个运动,分解为 1、3 两构件的运动。这类齿轮系称为差速器。

图 9-11 为船用航向指示器传动装置,它是运动合成的实例。太阳轮 1 的传动由右舷发动机通过定轴齿轮系 4—1′ 传过来;太阳轮 3 的传动由左舷发动机通过定轴齿轮系 5—3′ 传过来。当两发动机转速相同时,航向指针不变,船舶直线行驶。当两发动机的转速不同时,船舶航向发生变化,转速差越大,指针 M 偏转越大,即航向转角越大,航向变化越大。

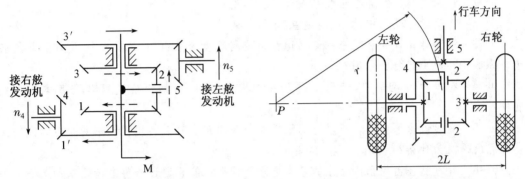

图 9-11　船用航向指示器传动装置　　　　　图 9-12　汽车后桥差速器

图 9-12 所示汽车后桥差速器即为分解运动的实例。当汽车直线行驶时,左、右两轮转速相同,行星轮不发生自转,齿轮 1、2、3 作为一个整体,随齿轮 4 一起转动,此时 $n_1 = n_3 = n_4$。当汽车拐弯时,它可通过差速器(1、2、3)轮和(1、2′、3)轮将发动机传到齿轮 5 的速度分别传递给后面的左、右两个车轮,使左、右轮的转速不同,从而使左、右两车轮行走的距离不同,以维持两车轮与地面的纯滚动,避免车轮与地面间的滑动摩擦导致车轮过度磨损。

若输入转速为 n_5,两车轮外径相等,轮距为 $2L$,两轮转速分别为 n_1 和 n_3,r 为汽车行驶半径。当汽车绕图示 P 点向左转弯时,两轮行驶的距离不相等,其转速比为

$$\frac{n_1}{n_3} = \frac{r-L}{r+L}。 \tag{1}$$

差速器中齿轮 4、5 组成定轴系,行星架 H 与齿轮 4 固联在一起,1—2—3—H 组成差动齿轮系。对于差动齿轮系 1—2—3—H,因 $z_1 = z_2 = z_3$,有

$$i_{13}^{H} = \frac{n_1 - n_H}{n_3 - n_H} = -\frac{z_3}{z_1} = -1,$$

$$n_H = \frac{n_1 + n_3}{2},$$

即

$$n_4 = n_H = \frac{n_1 + n_3}{2}。 \tag{2}$$

联立式(1,2),得

$$n_1 = \frac{r-L}{r} n_4;$$

$$n_3 = \frac{r+L}{r}n_4 \text{。}$$

若汽车直线行驶，因 $n_1 = n_3$，所以行星齿轮没有自转运动，此时齿轮1、2、3和4相当于一刚体做同速运动，即 $n_1 = n_3 = n_4 = n_5/i_{54} = n_5 z_5/z_4$。由此可知，差动齿轮系可将一个输入转速分解为两个输出转速。

思考题

9-1 什么是惰轮？它在齿轮系中起什么作用？

9-2 在定轴齿轮系中，如何确定首、末两轮的转向？

9-3 如何计算周转齿轮系的传动比？何谓周转齿轮系的"转化机构"？它在计算周转齿轮系的传动比中起什么作用？

9-4 在差动齿轮系中，若已知两个基本构件的转向，如何确定第3个基本构件的转向？

9-5 周转齿轮系中两轮传动比的正负号与该周转齿轮系转化机构中两轮传动比的正负号相同吗？为什么？

9-6 计算复合齿轮系传动比的基本思路是什么？能否通过给整个齿轮系加上一个公共的角速度的方法来计算整个齿轮系的传动比？为什么？

9-7 如何分析确定复合齿轮系的组成情况？

9-8 什么样的齿轮系可以进行运动的合成和分解？

9-9 图9-13所示为一电动提升装置，其中各轮齿数均为已知，试求传动比 i_{15}，并画出当提升重物时电动机的转向。

9-10 图9-14所示的齿轮系中，各轮齿数 $z_1 = 32$，$z_2 = 34$，$z_2' = 36$，$z_3 = 64$，$z_4 = 32$，$z_5 = 17$，$z_6 = 24$，均为标准齿轮传动。轴 I 按图示方向以 1 250 r/min 的转速回转，而轴 VI 按图示方向以 600 r/min 的转速回转。求轮3的转速 n_3。

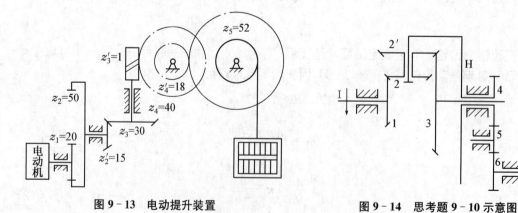

图9-13 电动提升装置　　　　　图9-14 思考题9-10示意图

9-11 图9-15所示为驱动输送带的行星减速器，动力由电动机输给轮1，由轮4输出。已知 $z_1 = 18$，$z_2 = 36$，$z_2' = 33$，$z_3 = 90$，$z_4 = 87$，求传动比 i_{14}。

9-12 图 9-16 所示齿轮系中,已知:蜗杆为单头右旋,转速 $n_1 = 1\,440$ r/min,转动方向如图示,其余各齿轮齿数为 $z_2 = 40, z_2' = 20, z_3 = 30, z_3' = 18, z_4 = 54$。(1) 说明齿轮系为何种类型;(2) 计算齿轮 4 的转速 n_4;(3) 在图中标出齿轮 4 的转向。

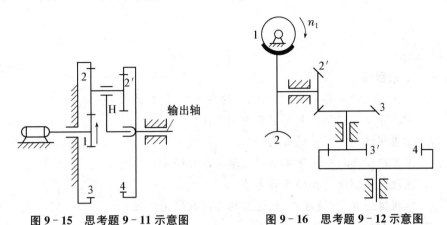

图 9-15 思考题 9-11 示意图　　　　图 9-16 思考题 9-12 示意图

9-13 图 9-17 所示齿轮系中,已知各齿轮齿数为 $z_1 = z_3 = 30, z_2 = 20, z_2' = 25, z_3 = z_4 = 15$。求传动比 i_{II}。

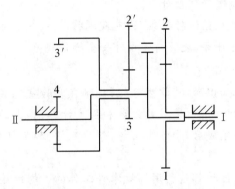

图 9-17 思考题 9-13 示意图

技能训练

9-1 熟悉减速器的主要类型、结构、特点及润滑。

9-2 以汽车后桥差速器为载体,进行行星齿轮系分析及传动比计算。

项目十　连接与螺旋传动

学习目标

一、知识目标

1. 掌握螺纹的主要参数、常用螺纹的特点、螺纹副的效率和自锁。
2. 掌握螺纹连接的主要类型及应用范围。
3. 掌握螺纹连接预紧的目的、防松的措施。
4. 掌握螺纹连接件的常用材料及螺纹连接强度计算方法。
5. 掌握提高螺纹连接强度的办法。
6. 掌握键连接、花键连接、销连接的类型及应用范围。

二、技能目标

1. 能根据具体情况,选择合适的螺纹连接类型。
2. 能正确操作螺纹连接的预紧和防松。
3. 能对螺纹连接进行强度计算。
4. 能对轴上的键及销进行拆装、固定及调整。
5. 通过完成上述任务,能够自觉遵守安全操作规范。

教学建议

教师在讲授基本知识后,将学生分组,安排在实验室完成以下三个工作任务:螺纹连接的预紧和防松,螺纹连接的设计和强度计算,轴上的键及销进行拆装、固定及调整。工作任务完成后,由学生自评、学生互评、教师评价三部分汇总组成教学评价。

螺纹连接和螺旋传动都是利用螺纹零件工作的。螺纹连接结构简单、装拆方便,在机械和结构中广泛应用。螺旋传动将回转运动变成直线运动,是一种常用的机械传动形式。键连接主要用来实现轴和轮毂零件间的轴向固定并传递转矩,有的还可以实现轴上零件的轴向固定或轴向移动起导向作用。

模块一　螺纹的形成、主要参数与分类

一、螺纹的形成

在圆柱表面上,沿螺旋线切制出特定形状的沟槽即成螺纹。在圆柱内、外表面上分别形成内螺纹和外螺纹,它们共同组成螺旋副。螺纹按螺旋线的方向可分为右旋螺纹和左旋螺纹,常用右旋螺纹,如图 10-1 所示。若按螺旋线数又可分为单线螺纹和多线螺纹。

二、螺纹的主要参数

以圆柱普通螺纹为例说明螺纹的主要几何参数,如图 10－2 所示。

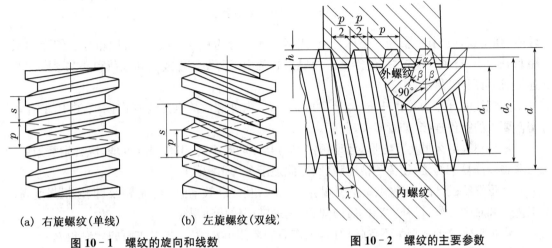

(a) 右旋螺纹(单线)　　(b) 左旋螺纹(双线)

图 10－1　螺纹的旋向和线数

图 10－2　螺纹的主要参数

(1) 大径 d:螺纹的最大直径,即公称直径。

(2) 小径 d_1:螺纹的最小直径,常作为强度计算直径。

(3) 中径 d_2:螺纹轴向截面内,牙型上沟槽与凸起宽度相等处的假想圆柱面的直径。中径是确定螺纹几何参数和配合性质的直径。

(4) 线数 n:螺纹的螺旋线数目。常用的连接螺纹要求自锁性,多用单线螺纹;而传动螺纹要求效率高,则多用双线或三线螺纹。为便于制造,一般线数不超过 4 线。

(5) 螺距 p:螺纹相邻两个牙型上对应两点间的轴向距离。

(6) 导程 s:螺纹上任一点沿同一条螺旋线旋转一周所移动的轴向距离,$s＝np$。

(7) 螺纹升角 λ:螺旋线的切线与垂直于螺纹轴线的平面间的夹角。通常指螺纹中径处的 λ,如图 10－3 所示,即

$$\tan\lambda=\frac{s}{\pi d_2}=\frac{np}{\pi d_2}。 \qquad (10-1)$$

(8) 牙型角 α:螺纹轴向截面内,牙型两侧边的夹角。螺纹牙型的侧边与螺纹轴线的垂直平面的夹角,称为牙侧角 β。

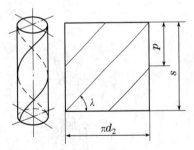

图 10－3　升角与导程、螺距间的关系

三、几种常用螺纹的特点及应用

按照螺纹牙型的不同,常用的螺纹类型有普通螺纹、管螺纹、矩形螺纹、梯形螺纹、锯齿形螺纹等,如图 10－4 所示。普通螺纹和管螺纹主要用于连接,而矩形螺纹、梯形螺纹和锯齿形螺纹主要用于传动。除矩形螺纹外,其余螺纹都已标准化。

普通螺纹的牙型为等边三角形,牙型角 $\alpha＝60°$,当量摩擦系数大,自锁性能好,螺牙根部

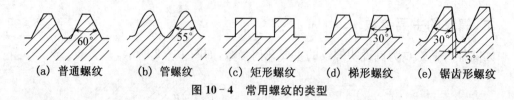

图 10 - 4　常用螺纹的类型

较厚、强度高,应用广泛;同一公称直径,按螺距大小分为粗牙和细牙,常用粗牙。细牙的螺距和升角小,自锁性能较好,但不耐磨,易滑扣,常用于薄壁零件或受动载荷和要求紧密性的连接,还可用于微调机构等。

管螺纹的牙型为等腰三角形,牙型角 $\alpha=55°$,内外螺纹旋合后无径向间隙,常用于有紧密性要求的管件连接,如管接头、阀门。

矩形螺纹的牙型为正方形,牙型角 $\alpha=0°$,其传动效率高,但牙根强度弱,螺旋副磨损后,间隙难以修复和补偿,使传动精度降低,因此逐渐被梯形螺纹所代替。

梯形螺纹的牙型为等腰梯形,牙型角 $\alpha=30°$,其传动效率低于矩形螺纹,但牙根强度高,工艺性和对中性好,可补偿磨损后的间隙,是最常用的传动螺纹。

锯齿形螺纹的牙型为不等腰梯形,工作面的牙侧角 $\beta_1=3°$,非工作面的牙侧角 $\beta_2=30°$,兼有矩形螺纹传动效率高和梯形螺纹牙根强度高特点,但只能用于单向受力的螺纹连接或螺旋传动中。

四、螺纹副的受力分析、效率和自锁

图 10 - 5(a)所示举重螺旋,在外力矩 T 的作用下举起重为 F 的物体,可抽象为楔形滑块(螺杆)沿楔形槽斜面(螺母)向上移动。现以举重螺旋为例说明螺纹副的受力分析、效率和自锁。如图 10 - 5(b),由受力分析知

$$F_t = F\tan(\lambda+\rho_v);$$

$$T = F_t \frac{d_2}{2} = F \frac{d_2}{2}\tan(\lambda+\rho_v)。$$

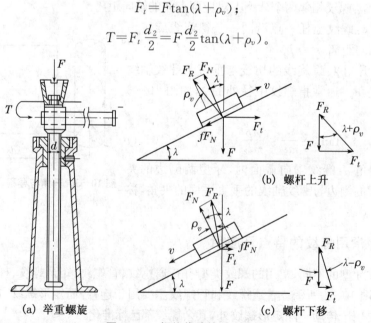

(a) 举重螺旋　　(b) 螺杆上升　　(c) 螺杆下移

图 10 - 5　螺旋传动的受力分析

式中：F 为螺杆所受轴向载荷(N)；F_t 为作用于螺杆中径 d_2 上的圆周力(水平推力)(N)；T 为驱动力矩，即螺旋副间的摩擦力矩(N·mm)；λ 为螺纹升角；ρ_v 为螺旋副楔面摩擦时的当量摩擦角。图 10-5 中 f 为螺旋副材料的摩擦因数，当楔形滑块下移时有支持力，如图 10-5(c) 所示：

$$F_t = F\tan(\lambda - \rho_v)。$$

当 $\lambda \leqslant \rho_v$ 时，$F_t \leqslant 0$，要使滑块下移，必须施加与图示 F_t 方向相反的驱动力，否则，无论 F 有多大，滑块都不会自行下滑，这种现象称为自锁。

可见，自锁条件为 $\hspace{4cm} \lambda \leqslant \rho_v。 \hspace{4cm} (10-2)$

螺杆转动 2π 角时，驱动力矩输入功为 $A_1 = 2\pi T = F\pi d_2 \tan(\lambda + \rho_v)$，输出功为 $A_2 = Fs = F\pi d_2 \tan\lambda$。由此，得螺旋副的效率

$$\eta = \frac{A_2}{A_1} = \frac{\tan\lambda}{\tan(\lambda + \rho_v)}。 \hspace{3cm} (10-3)$$

由上分析知，导程角 λ 越小或当量摩擦角 ρ_v 越大，螺纹的自锁性越好，传动效率越低。

模块二　螺纹连接的主要类型和使用

一、螺纹连接的主要类型

螺纹连接由连接件和被连接件组成。螺纹连接的主要类型有螺栓连接、双头螺柱连接、螺钉连接和紧定螺钉连接等。

1. 螺栓连接

如图 10-6(a)所示普通螺栓连接，这种连接因被连接件上的通孔和螺栓杆间留有的间隙，故通孔的加工精度低，结构简单，装拆方便，广泛用于传递轴向载荷且被连接件厚度不大的场合。如图 10-6(b)所示铰制孔用螺栓连接，孔与螺栓杆多采用过渡配合，这种连接能精确固定被连接件的相对位置，并能承受横向载荷，但螺栓成本和对孔的加工精度要求较高。

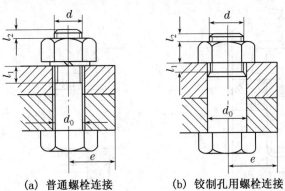

(a) 普通螺栓连接　　　(b) 铰制孔用螺栓连接

螺纹余留长度 l_1，静载荷 $l_1 \geqslant (0.3 \sim 0.5)d$，变载荷 $l_1 \geqslant 0.75d$；螺纹伸出长度 $l_2 \approx (0.2 \sim 0.3)d$；通孔直径 $d_0 \approx 1.1d$；螺栓轴线到被连接件边缘的距离 $e = d + (3 \sim 6)$mm。

图 10-6　螺栓连接

2. 双头螺柱连接

如图 10-7 所示,这种连接适用于结构上不能采用螺栓连接的场合。如被连接件之一太厚,不宜制成通孔,且需要经常拆装,又有一定的紧固或紧密性要求时,往往采用双头螺柱连接。

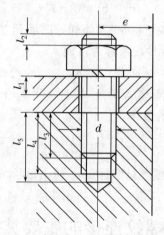

旋入被连接件的长度 l_3,当带螺纹孔件的材料为:钢或青铜 $l_3 \approx d$,铸铁 $l_3 = (1.25 \sim 1.5)d$,铝合金 $l_3 = (1.5 \sim 2.5)d$;螺纹孔深度 $l_4 = l_3 + (2 \sim 2.5)p$;钻孔深度 $l_5 = l_3 + (3 \sim 3.5)p$;$l_1$,$l_2$,$e$ 值同图 10-6。

图 10-7　双头螺柱连接

3. 螺钉连接

如图 10-8 所示,这种连接是螺钉直接拧入被连接件的螺纹孔,不用螺母,在结构上比双头螺柱连接简单、紧凑,用途上与双头螺柱连接相似,常用于受力不大或不需经常装拆的场合。

4. 紧定螺钉连接

紧定螺钉连接是利用拧入零件螺纹孔中的螺钉末端顶住另一零件的表面,如图 10-9(a)所示,或顶入相应的凹坑中,如图 10-9(b)所示,以固定两个零件的相对位置,并可传递不大的力或转矩。

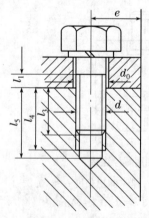

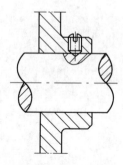

(a) 螺钉末端顶住另一零件的表面　　(b) 螺钉末端顶入另一零件的凹坑

l_1,l_3,l_4,l_5,d_0,e 值同图 10-6,10-7。

图 10-9　紧定螺钉连接

图 10-8　螺钉连接

二、标准螺纹连接件

螺纹连接件的类型很多,在机械制造中常用的螺纹连接件有螺栓、双头螺柱、螺钉、螺母和垫圈等,这些零件都已标准化。设计时只要确定螺纹的公称直径 d,再在螺纹连接件的标准中即可查出其他尺寸。

(1)如图 10-10 所示,六角头螺栓最常用,有粗牙和细牙两种。T 形槽螺栓用于工艺装夹设备。地脚螺栓用于将机器设备固定在地基上。

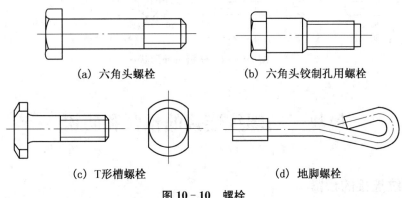

(a) 六角头螺栓　　　　　　(b) 六角头铰制孔用螺栓

(c) T形槽螺栓　　　　　　(d) 地脚螺栓

图 10-10　螺栓

(2)如图 10-11 所示,双头螺柱的两端螺纹有等长及不等长两种;A 型带退刀槽,末端倒角;B 型制成腰杆,末端碾制。

(3)图 10-12 所示为最常用的六角螺母,高 $m \approx 0.8d$;六角薄螺母 $m \approx (0.35 \sim 0.6)d$,用于铰制孔用螺栓或空间受限处。此外,还有槽形、盖形螺母,圆螺母以及锁紧螺母等。

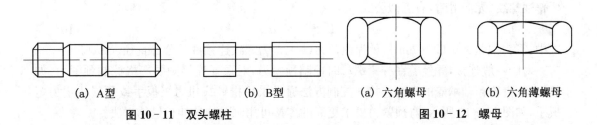

(a) A型　　　　　　　　(b) B型　　　　　　(a) 六角螺母　　　(b) 六角薄螺母

图 10-11　双头螺柱　　　　　　　　　图 10-12　螺母

(4)垫圈起保护支承表面的作用。如图 10-13 所示,平垫圈保护表面不刮伤。弹簧垫圈有一定角度的左旋开口,用于摩擦防松。斜垫圈只用于倾斜的支承面,此外还有止动垫圈等。

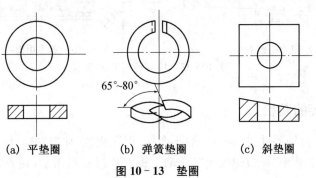

65°～80°

(a) 平垫圈　　　　(b) 弹簧垫圈　　　(c) 斜垫圈

图 10-13　垫圈

（5）如图 10 - 14 所示，螺钉头部有六角头、圆柱头、半圆头、沉头等形状；起子槽有一字槽、便于自动装配的十字槽、能承受较大转矩的内六角孔等形式。此外机器上常设吊环螺钉。

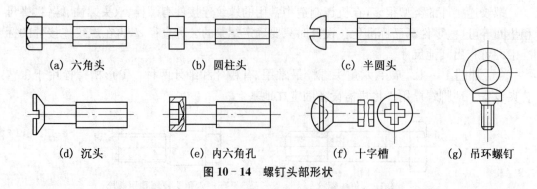

(a) 六角头	(b) 圆柱头	(c) 半圆头
(d) 沉头	(e) 内六角孔	(f) 十字槽

(g) 吊环螺钉

图 10 - 14　螺钉头部形状

模块三　螺纹连接的预紧和防松

一、螺纹连接的预紧

大多数螺纹连接在承受工作载荷之前都需要预紧，通过预紧可增强连接的紧密性、紧固性和可靠性。预紧时，螺栓受到轴向预紧力的作用。预紧力过大，螺栓可能被拧断，螺纹牙可能被剪断而滑扣，被连接件可能被压溃；预紧力过小，达不到预紧的要求。因此，在螺纹连接中有必要控制预紧力。

预紧力可通过拧紧螺母时的预紧力矩的大小来控制。实验表明，对于 M10～M68 的粗牙普通螺纹，无润滑时，有近似公式

$$T' \approx 0.2F'd 。 \tag{10 - 4}$$

式中：T' 为预紧力矩（N·mm）；F' 为预紧力（N）；d 为螺纹连接件的公称直径（mm）。

对于一般连接，凭经验在拧紧螺母时控制预紧力，对重要连接则要严格控制预紧力，如气缸盖、齿轮箱轴承盖的螺纹连接。控制方法通常采用指针式扭力矩扳手或预置式定力矩扳手，如图 10 - 15 所示，对预紧力要求更高的连接可用测量螺栓伸长量的方法。

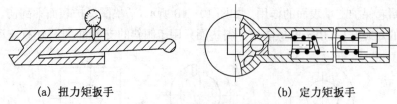

(a) 扭力矩扳手	(b) 定力矩扳手

图 10 - 15　控制预紧力扳手

二、螺纹连接的防松

螺纹连接满足自锁条件，拧紧后一般不会松，但在变载、冲击、振动作用下以及温度急剧变化时，会使预紧力减小，导致螺纹连接松动。螺纹连接一旦松动，轻者影响机器的正常运

转,重者会造成事故,因此必须采取防松措施。防松的根本在于防止螺旋副的相对转动。常用的防松措施有三种,即摩擦防松、机械防松和不可拆防松。

1. 摩擦防松

摩擦防松是利用螺旋副中正压力产生的摩擦阻力矩来阻止螺旋副的相对转动,如图10-16 所示,对顶螺母防松效果较好,金属锁紧螺母次之,弹簧垫圈效果较差。摩擦防松简单、方便,一般用于防松要求不严格的场合。

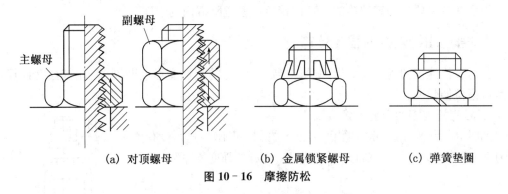

　　　(a)　对顶螺母　　　　　　　(b)　金属锁紧螺母　　　　　(c)　弹簧垫圈

图 10-16　摩擦防松

2. 机械防松

机械防松是利用止动元件限制螺旋副的相对转动,这种防松可靠,但装拆麻烦,如图10-17 所示。对于防松要求较高的重要连接,特别是在机器内部不易检查的连接,应采用机械防松。

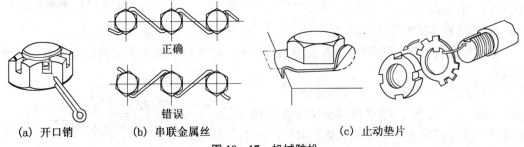

　　(a)　开口销　　　　　(b)　串联金属丝　　　　　　　　(c)　止动垫片

图 10-17　机械防松

3. 不可拆防松

不可拆防松实际上是采用不可拆连接。螺纹拧紧后,采用端铆、冲点、焊接、胶接等措施,使螺纹连接牢不可拆,如图10-18 所示。这种方法简单、可靠,但拆卸后连接不能重复使用,故只适用于装配后不再拆卸的连接。

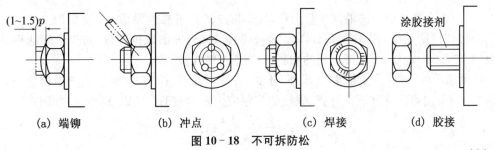

　　(a)　端铆　　　　　　　(b)　冲点　　　　　　　(c)　焊接　　　　　　(d)　胶接

图 10-18　不可拆防松

模块四　螺纹连接的强度计算

本模块以螺栓连接为载体讨论螺纹连接的强度计算方法,所讨论方法对双头螺柱连接和螺钉连接也同样适用。螺栓连接的强度是指连接螺栓中承受最大载荷的单个螺栓的强度。强度计算主要是确定螺栓的直径或校核螺栓危险截面的强度。

一、普通螺栓连接的强度计算

普通螺栓连接的主要失效形式是螺栓螺纹部分的塑性变形或断裂,因此其强度计算主要是考虑拉伸强度。

1. 松螺栓连接的强度计算

如图 10-19 所示,起重滑轮用松螺栓连接,螺母不需拧紧,没有预紧力。工作时,螺栓只承受轴向工作载荷 F。螺栓的强度条件为

$$\sigma = \frac{F}{\pi d_1^2/4} \leqslant [\sigma]。 \qquad (10-5)$$

螺栓的设计计算公式为

$$d_1 \geqslant \sqrt{\frac{4F}{\pi[\sigma]}}。 \qquad (10-6)$$

式中:F 为轴向工作载荷(N);d_1 为螺栓小径(mm);$[\sigma]$ 为螺栓材料的许用应力(MPa)。

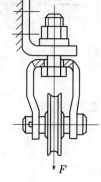

图 10-19　松螺栓连接

2. 紧螺栓连接的强度计算

紧螺栓连接时需拧紧螺母,螺栓受预紧力作用。按螺栓承受工作载荷的方向分为两种情况:

(1) 受横向工作载荷的紧螺栓连接

如图 10-20 所示,在横向载荷 F_S 的作用下,被连接件接合面间有相对滑移趋势,为防止滑移,预紧力 F' 所产生的摩擦力应大于或等于横向工作载荷 F_S,即

$$F'fmz \geqslant CF_S。$$

整理,得

$$F' \geqslant \frac{CF_S}{fmz}。 \qquad (10-7)$$

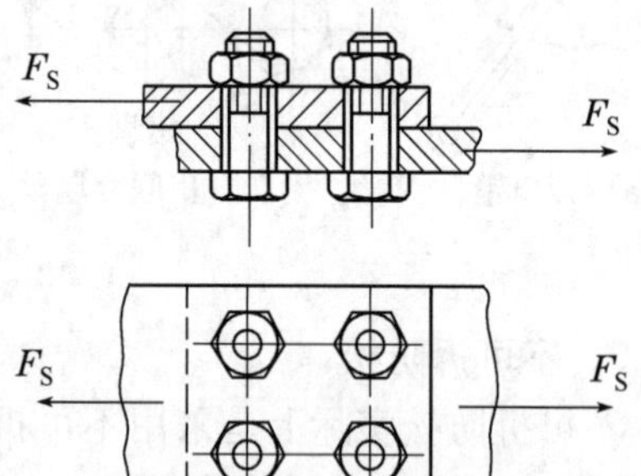

图 10-20　受横向工作载荷的紧螺栓连接

式中:F' 为单个螺栓所受的轴向预紧力(N);C 为连接的可靠性系数,一般 C 取 1.1~1.3;F_S 为连接螺栓所受横向工作载荷(N);f 为被连接件接合面的摩擦因数,对于干燥的钢铁件表面,f 取 0.1~0.16;m 为接合面的数目;z 为连接螺栓数。

拧紧螺母时,螺栓除受预紧力 F' 外,还受到扭转力矩的作用,在螺栓上产生拉应力 σ 和切应力 τ。根据第四强度理论计算,螺栓的当量应力 $\sigma_e \approx 1.3\sigma$。所以,螺栓强度条件为

$$\sigma_e = \frac{1.3F'}{\pi d_1^2/4} \leqslant [\sigma]。 \qquad (10-8)$$

螺栓的设计计算公式为

$$d_1 \geqslant \sqrt{\frac{5.2F'}{\pi[\sigma]}} \text{。} \tag{10-9}$$

（2）受轴向工作载荷的紧螺栓连接

在紧密性要求较高的压力容器的螺栓连接中，工作载荷作用前，螺栓只受预紧力 F'，接合面受压力 F'，如图 10-21(a) 所示。工作时，如图 10-21(b) 所示，在轴向工作载荷 F 作用下，接合面有分离的趋势，其压力由 F' 减少为 F''，F'' 同时也作用于螺栓，则螺栓所受总拉力 $F_Q = F' + F''$，F'' 称为残余预紧力。为保证连接的紧固性和紧密性，F'' 应大于零，F'' 的推荐值见表 10-1 所示。

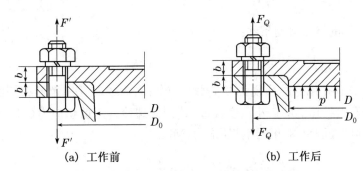

$$(a) \text{ 工作前} \qquad\qquad (b) \text{ 工作后}$$

图 10-21　受轴向工作载荷的普通螺栓连接

表 10-1　残余预紧力 F'' 的推荐值

连接性质		残余预紧力 F'' 的推荐值
紧固连接	F 无变化	$(0.2 \sim 0.6)F$
	F 有变化	$(0.6 \sim 1.0)F$
紧密连接		$(1.5 \sim 1.8)F$
地脚螺栓连接		$\geqslant F$

螺栓的强度条件为

$$\sigma_e = \frac{1.3F_Q}{\pi d_1^2 / 4} \leqslant [\sigma]; \tag{10-10}$$

螺栓的设计计算公式为

$$d_1 \geqslant \sqrt{\frac{5.2F_Q}{\pi[\sigma]}} \text{。} \tag{10-11}$$

压力容器中的螺栓连接，除满足式(10-10)外，还要考虑适当的螺栓间距 t_0，查表 10-2。

表 10-2　有紧密性要求的螺栓间距 t_0

	工作压力/MPa					
	$\leqslant 1.6$	$1.6 \sim 4$	$4 \sim 10$	$10 \sim 16$	$16 \sim 20$	$20 \sim 30$
	t_0/mm					
	$7d$	$4.5d$	$4.5d$	$4d$	$3.5d$	$3d$

注：表中 d 为螺纹公称直径。

二、铰制孔用螺栓连接的强度计算

铰制孔用螺栓连接主要承受横向载荷,如图 10-22 所示,它的失效形式一般为螺栓杆被剪断,螺栓杆或孔壁被压溃。因此,铰制孔用螺栓连接需进行抗剪强度和挤压强度计算。

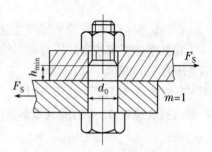

螺栓杆的抗剪强度条件:

$$\tau = \frac{4F_S}{\pi d_0^2} \leqslant [\tau]; \qquad (10-12)$$

螺栓杆与孔壁的挤压强度条件:

$$\frac{F_S}{d_0 h_{min}} \leqslant [\sigma_p]。 \qquad (10-13)$$

图 10-22　铰制孔用螺栓连接

式中:F_S 为单个铰制孔用螺栓所受的横向载荷(N);d_0 为铰制孔用螺栓剪切面直径(mm);h_{min} 为螺栓杆与孔壁挤压面的最小高度(mm);$[\tau]$ 为螺栓许用剪切应力(MPa);$[\sigma_p]$ 为螺栓或被连接件中强度较弱材料的许用挤压应力(MPa)。

模块五　螺纹连接件的材料和许用应力

一、螺纹连接件的常用材料

螺纹连接件的常用材料有低碳钢 Q215,10 号钢和中碳钢 Q235、35、45 号钢。对于承受冲击、振动或变载荷的螺纹连接件,可采用低合金钢、合金钢,如 15Cr、40Cr、30CrMnSi 等。对于特殊用途(如防锈、防磁、导电或耐高温等)的螺纹连接件,可采用特种钢或铜合金、铝合金等。

表 10-3　螺纹连接件性能等级与推荐材料

螺栓双头螺柱螺钉	性能等级	3.6	4.6	4.8	5.6	5.8	6.8	8.8	9.8	10.9	12.9
	推荐材料	Q215 10	Q235 15	Q235 15	25 35	Q235 15	45	35	35 45	40Cr 15MnVB	30CrMnSi 15MnVB
相配螺母	性能等级	4(d>M16) 5(d≤M16)		5	5	6		8 9(M16<d≤M39)	9 (d≤M16)	10	12 (d≤M39)
	推荐材料	Q215 10	Q215 10	Q215 10	Q215 10	Q215 10	Q235 15	35	35	40Cr 15MnVB	30CrMnSi 15MnVB

注:(1) 螺栓、双头螺柱、螺钉的性能等级代号中,点前数字为 $\sigma_{bmin}/100$,点后数字为 $10 \times (\sigma_{smin}/\sigma_{bmin})$ (MPa)。如"5.8"表示孔 $\sigma_b = 500$ MPa,$\sigma_s = 400$ MPa。螺母性能等级代号为 $\sigma_{bmin}/100$。(2) 同一材料通过工艺措施可制成不同等级的连接件。(3) 大于 8.8 级的连接件材料要经淬火并回火。

普通垫圈的材料,推荐采用 Q235、15、35,弹簧垫圈用 65Mn 制造,并经热处理。

二、螺纹连接的许用应力和安全系数

螺纹连接件的许用应力与载荷性质,装配情况以及螺纹连接件的材料、结构尺寸等因素有关。一般螺纹连接的许用应力及安全系数见表 10-4。

表 10-4　螺纹连接在静载荷下的许用应力和安全系数

类型	许用应力	相关因素			安全系数		
普通螺栓连接（受拉）	$[\sigma]=\sigma_s/s$	松连接			$s=1.2\sim1.7$		
		紧连接	控制预紧力	扭力矩或定力矩扳手	$s=1.6\sim2$		
				测量螺栓伸长量	$s=1.3\sim1.5$		
			不控制预紧力	螺纹直径	M6～M16	M16～M32	M30～M60
				材料　碳钢	4～3	3～2	2～1.3
				合金钢	5～4	4～2.5	2.5
铰制孔用螺栓连接	许用剪切应力 $[\tau]=\sigma_s/s_\tau$	紧连接	螺栓材料	钢	$s_\tau=2.5$		
	许用挤压应力 $[\sigma_p]=\sigma_{lim}/s_p$		螺栓或孔壁材料	钢 $\sigma_{lim}=\sigma_s$	$s_p=1\sim1.25$		
				铸铁 $\sigma_{lim}=\sigma_b$	$s_p=2.0\sim2.5$		

例 10-1　如图 10-20 所示的紧螺栓连接,已知横向载荷 $F_s=18\,000$ N,接合面数 $m=1$,摩擦因数 $f=0.12$,螺栓数 $z=4$。不严格控制预紧力,试确定螺栓的公称直径。

解:(1) 选螺栓材料

选用 Q235,查表 10-3,取 $\sigma_s=240$ MPa。

(2) 计算螺栓的预紧力

此连接属于受横向工作载荷的紧螺栓连接。C 取 1.2,代入式(10-7),得

$$F'\geqslant1.2\times18\,000/(0.12\times1\times4)=45\,000(\text{N})。$$

(3) 计算螺栓的公称直径

初选螺栓 M16,由国家标准,得 $d_1=13.835$ mm。查表 10-4,s 取 3,则 $[\sigma]=\sigma_s/s=240/3=80(\text{MPa})$。按式(10-9),得

$$d_1\geqslant\sqrt{\frac{5.2F'}{\pi[\sigma]}}=\sqrt{\frac{5.2\times45\,000}{\pi\times80}}\approx30.2>13.835\text{ mm}。$$

计算所得螺纹小径 d_1 大于假设的 d_1,强度不够,故需重算。

再选螺栓 M30,由国家标准,得 $d_1=26.211$ mm。查表 10-4,s 取 2,则

$$[\sigma]=\sigma_s/s=240/2=120(\text{MPa});$$

$$d_1\geqslant\sqrt{\frac{5.2F'}{\pi[\sigma]}}=\sqrt{\frac{5.2\times45\,000}{\pi\times120}}\approx24.9<26.211\text{ mm}。$$

所以,M30 的螺栓合格。

模块六　提高螺纹连接强度的措施

一、降低影响螺栓疲劳强度的应力辐

由实践可知,受轴向变载荷的紧螺栓连接,在最小应力不变的条件下,应力辐越小,则螺栓越不易发生疲劳破坏,连接的可靠性越高,但降低了连接的紧密性。因此,若要保证连接的可靠性和紧密性,在减小螺栓刚度和增大被连接件刚度的同时,在规定的范围内适当增加预紧力。

采用图 10-23 所示的腰状杆螺栓和空心螺栓,适当增加螺栓的长度,可减小螺栓的刚度。

为增大被连接件的刚度,可以不用垫片或采用刚度较大的垫片。如需保持紧密性,此时采用刚度较大的金属垫片或密封环较好,如图 10-24 所示。

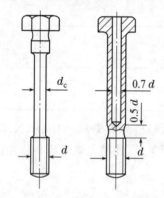

图 10-23　腰状杆螺栓与空心螺栓

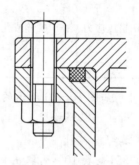

图 10-24　密封环密封

二、改善螺纹牙间的载荷分配

螺栓连接中螺栓所受的总拉力都是通过螺栓和螺母的螺纹牙面相接触来传递的,承载时,各圈螺纹牙间的受力是不相同的。实验证明,约有 1/3 的载荷集中在旋合螺纹第一圈上,以后各圈递减,第八圈以后的螺纹牙间几乎不承受载荷。

为了改善螺纹牙间的载荷分布不均程度,常采用悬置螺母、内斜螺母或钢丝螺套等。

图 10-25 为悬置螺母,螺母的旋合部分全部受拉,其变形性质与螺栓相同,从而使螺纹牙上的载荷分布趋于均匀。

图 10-26 为内斜螺母,螺母下端(螺栓旋入端)受力大的几圈螺纹处制成 10°~15° 的斜角,使螺栓螺纹牙的受力面由上而下逐渐外移,使载荷分布趋于均匀。

图 10-27 为钢丝螺套,它主要用来旋入轻合金的螺纹孔内,然

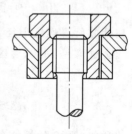

图 10-25　悬置螺母

后才旋上螺栓。因钢丝螺套具有一定的弹性,可以起到均载的作用,再加上它还有减振的作用,故能显著提高螺纹连接件的疲劳强度。

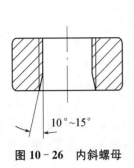

图 10－26　内斜螺母

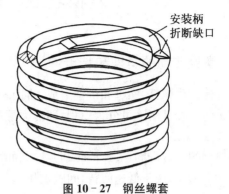

图 10－27　钢丝螺套

三、减少应力集中

螺栓上的螺纹的收尾部位、螺栓头和螺栓杆的过渡处以及螺栓横截面面积发生变部位等,都要产生应力集中。为了减小应力集中的程度,可以采用较大的圆角和卸载结构,如图 10－28 所示,或将螺纹收尾改为退刀槽等。此外,还可以通过保证螺栓连接的装配精度来减少应力集中。

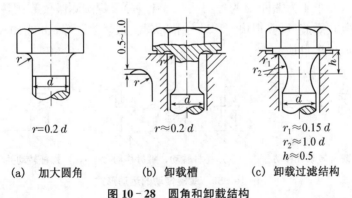

(a)　加大圆角　　　(b)　卸载槽　　　(c)　卸载过滤结构

图 10－28　圆角和卸载结构

四、采用合理的材料和合理的制造工艺

为提高螺栓连接的强度,可选用高性能等级的材料或采用合理的制造工艺。如采用冷镦螺栓头部和滚压螺纹的工艺方法,可以显著提高螺栓的疲劳强度。冷镦和滚压工艺使材料纤维未被切断,金属流线的走向合理,如图 10－29 示,而且可减少应力集中。冷镦和滚压工艺具有材料利用率高、生产效率高和制造成本低等优点。

此外,在工艺上采用氮化、氰化、喷丸等处理,都是提高螺纹连接件疲劳强度的有效方法。

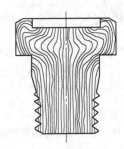

图 10－29　冷镦和滚压加工螺栓中的金属流线

模块七　螺旋传动

一、螺旋传动的类型和特点

螺旋传动由螺杆、螺母和机架组成，将回转运动变换为直线运动。

螺旋传动按其用途可分为三种，即传力螺旋、传导螺旋和调整螺旋。

1. 传力螺旋

最典型的为螺母固定、螺杆转动并移动的形式［图 10-30(a)］。利用传动的增力优点，以传递动力为主，用于低速回转，间歇工作，要求自锁的场合，如螺旋起重器、螺旋压力机等。

2. 传导螺旋

最典型的为螺杆转动、螺母移动的形式［图 10-30(b)］。利用传动均匀、平稳、准确的优点，以传递运动为主，用于高速回转，连续工作，要求高效率、高精度的场合，如机床刀架或工作台的进给机构等。

3. 调整螺旋

最典型的为螺杆转动并移动、螺母移动的形式。螺杆上两段螺纹的旋相同而导程不同时，称为微动螺旋［图 10-30(c)］。两导程若相差很小，螺母可实现微小位移，用于镗刀杆（图 10-31 所示，图中 1 为螺杆，2 为镗刀头，3 为镗杆）及螺旋测微仪等；螺杆上两段螺纹旋向相反时，称为复式螺旋，可实现快速移动，用于夹具、张紧装置等，如图 10-32 所示。调整螺旋不经常转动，要求自锁。

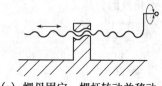
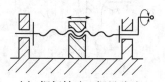
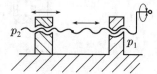

(a) 螺母固定、螺杆转动并移动　　(b) 螺杆转动、螺母移动　　(c) 螺杆转动并移动、螺母移动

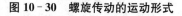

图 10-30　螺旋传动的运动形式

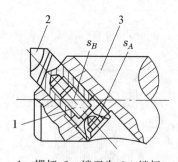

1—螺杆；2—镗刀头；3—镗杆。

图 10-31　镗刀微调螺旋机构

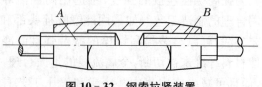

图 10-32　钢索拉紧装置

螺旋传动按螺旋副的摩擦性质，分为滑动螺旋、滚动螺旋和静压螺旋。滑动螺旋结构简单，制造方便，工作平稳，易于自锁。但摩擦阻力大，传动效率低，定位精度差，磨损较快，广

泛用于对传动精度和效率要求不高的场合。静压螺旋,如图 10-33 所示,是在螺旋副中注入高压油,它们克服了滑动螺旋的上述缺点,传动效率高。但结构复杂,无自锁性能,成本较高,仅用于要求高效率、高精度的重要传动中。

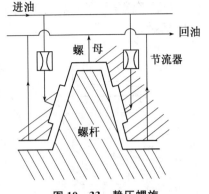

图 10-33　静压螺旋

二、滚动螺旋传动简介

滚动螺旋可分为滚子螺旋和滚珠螺旋两类。由于滚子螺旋的制造工艺复杂,所以应用较少。

滚珠螺旋传动就是在具有螺旋槽的螺杆和螺母之间,连续填装滚珠作为滚动体的螺旋传动。如图 10-34 所示,机架 7 上的滚动轴承支承着螺母 6,当螺母 6 被齿轮 1 通过键 3 的带动而旋转时,利用滚珠 4 在螺旋槽内滚动使螺杆 5 做直线运动。滚珠沿螺旋槽(螺杆与螺母上的螺旋槽对合起来形成滚珠滚道)向前滚动,并借助于导向装置将滚珠导入返回滚道 2,然后再进入工作滚道中,如此往复循环,使滚珠形成一个闭合的循环回路。

滚珠螺旋传动具有传动效率高、启动力矩小、传动灵敏平稳、工作寿命长等优点,故目前在机床、汽车、拖拉机、航空等制造业中应用颇广;缺点是制造工艺比较复杂,特别是长螺杆,更难保证热处理及磨削工艺质量,刚性和抗震性能较差。

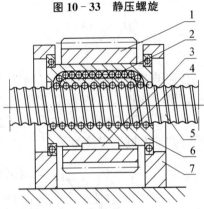

1—齿轮;2—滚道;3—键;4—滚珠;
5—螺杆;6—螺母;7—机架。

图 10-34　滚珠螺旋的工作原理

模块八　轴毂连接

一、键连接

1. 键连接的类型

键连接的主要类型有平键连接、半圆键连接和楔键连接等。

(1) 平键连接

平键连接如图 10-35 所示,平键的两侧面是工作面,工作时,靠键与键槽侧面的挤压来传递转矩,键的上表面与轮毂键槽底面间留有间隙。平键连接结构简单、加工容易、装拆方便、对中性好,因而应用广泛。但它不能实现轴上零件的轴向固定。

根据用途不同,平键连接分为普通平键连接和导向平键

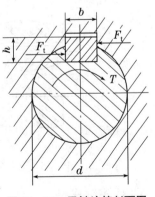

图 10-35　平键连接剖面图

连接。普通平键按键的形状分为圆头（A 型）、平头（B 型）及单圆头（C 型）三种形式,如图
10 - 36 所示。

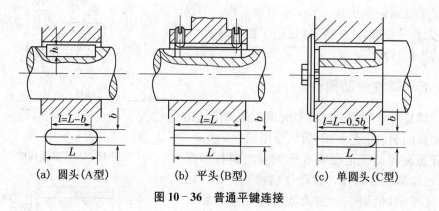

(a) 圆头(A型)　　　　(b) 平头(B型)　　　　(c) 单圆头(C型)

图 10 - 36　普通平键连接

普通平键用于静连接,而导向平键用于动连接,如变速箱中的滑移齿轮与轴的连接。导
向平键是一种较长的平键,它常用于轴上零件移动量不大的场合,如图 10 - 37(a)所示。当
轴上零件滑移距离较大时,常采用滑键,如图 10 - 37(b)所示。滑键固定在轮毂上,并同轮
毂零件在轴上键槽中移动。

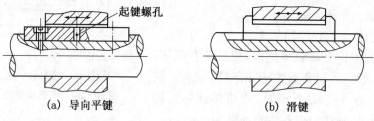

(a) 导向平键　　　　　　　　　(b) 滑键

图 10 - 37　导向平键连接和滑键连接

（2）半圆键连接

半圆键连接如图 10 - 38 所示。半圆键也是两侧面为工作面,靠其侧面的挤压来传递转
矩。半圆键在轴上键槽中能绕其几何中心摆动,以适应轮毂中键槽的斜度,很适合锥形轴和
轮毂的连接。但轴上键槽较深,对轴的强度削弱较大,故一般只用于轻载连接。

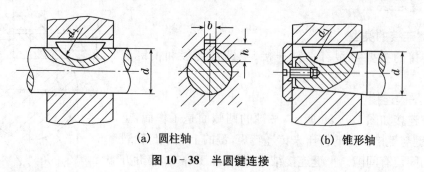

(a) 圆柱轴　　　　　　　　　(b) 锥形轴

图 10 - 38　半圆键连接

（3）楔键连接

楔键连接如图 10 - 39 所示,楔键分为普通楔键和钩头楔键。楔键的上下表面为工作

面,键的上表面和与它相配合的轮毂键槽底面均有 1∶100 的斜度。工作时,通过键的楔紧,依靠工作表面的摩擦力传递转矩,同时还可以承受单向载荷。楔键连接后,在冲击、振动或变载荷作用下,容易松动,因此楔键连接适用于定心要求不高、载荷平稳和低速运转的场合。

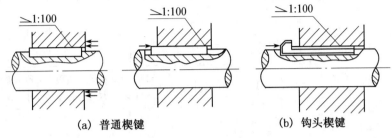

(a) 普通楔键　　　　　　　　(b) 钩头楔键

图 10-39　楔键连接

2. 平键连接的设计

平键连接的设计可按以下步骤进行。

(1) 根据键连接的工作要求和使用特点,选择平键类型。

(2) 按照轴的公称直径 d,从表 10-5 中确定键的宽度 b、高度 h、轴上键槽深 t 及轮毂上槽深 t_1。

(3) 确定键的长度 L。一般静连接中,L 小于轮毂长度 5～10 mm;动连接则还要考虑移动距离。键长应符合表 10-5 中的 L 系列。

(4) 平键连接的强度计算。键连接的主要失效形式是较弱工作表面的压溃(静连接)或过度磨损(动连接)。因此,强度条件为

$$\sigma_{\mathrm{p}}=\frac{4T}{dhL}\leqslant[\sigma_{\mathrm{p}}]。\tag{10-14}$$

式中:σ_{p} 为平键所受工作应力(MPa);T 为传递的转矩(N·mm);d 为轴的直径(mm);h 为键的高度(mm);L 为键的工作长度(mm);$[\sigma_{\mathrm{p}}]$ 为键连接许用挤压应力(MPa),见表 10-6。

(5) 选择并标注键连接的轴毂公差。

表 10-5　普通平键、导向平键和键槽的截面尺寸及公差

(摘自 GB 1095—79、GB 1096—79、GB 1097—79)　　　　　mm

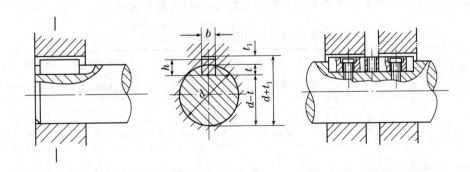

(续表)

轴	键			键槽										
				宽度b					深度				半径r	
				极限偏差					轴t		毂t₁			
公称直径 d	b (h9)	h (h11)	L (h14)	较松键连接		一般键连接		较紧键连接						
				轴H9	毂D10	轴N9	毂Js9	轴和毂P9	公称尺寸	极限偏差	公称尺寸	极限偏差	最小	最大
>10~12	4	4	8~45						2.5		1.8		0.08	0.16
>12~17	5	5	10~56	+0.030 / 0	+0.078 / +0.030	0 / −0.036	±0.015	−0.012 / −0.042	3.0	+0.1 / 0	2.3	+0.1 / 0		
>17~22	6	6	14~70						3.5		2.8		0.16	0.25
>22~30	8	7	18~90	+0.036 / 0	+0.098 / +0.040	0 / −0.036	±0.018	−0.015 / −0.051	4.0		3.3			
>30~38	10	8	22~110						5.0		3.3			
>38~44	12	8	28~140						5.0		3.3			
>44~50	14	9	36~160	+0.043 / 0	+0.120 / +0.050	0 / −0.043	±0.021 5	−0.018 / −0.061	5.5		3.8		0.25	0.40
>50~58	16	10	45~180						6.0	+0.2 / 0	4.3	+0.2 / 0		
>58~65	18	11	50~200						7.0		4.4			
>65~75	20	12	56~220						7.5		4.9			
>75~85	22	14	63~250	−0.052 / 0	+0.149 / +0.065	0 / −0.052	±0.026	−0.022 / −0.074	9.0		5.4		0.40	0.60
>85~95	25	14	70~280						9.0		5.4			
>95~110	28	16	80~320						10.0		6.4			

L系列	6,8,10,12,14,16,18,20,22,25,28,32,36,40,45,50,56,63,70,80,90,100,110,125,140,160,180,200, 220,250,280,320,360,400,450,500

注:(1) 在工作图中,轴槽深用 t 或(d−t)标注,但(d−t)的偏差应取负号;毂槽深用 t₁ 或(d+t₁)标注;轴槽的长度公差用 H14。(2) 较松键连接用于导向平键;一般键连接用于载荷不大的场合;较紧键连接用于载荷较大、有冲击和双向转矩的场合。(3) 轴槽对轴的轴线和轮毂槽对孔的轴线的对称度公差等级,一般按 GB 1184—80 取为 7~9 级。

表 10-6　键连接材料的许用应力　　　　　　　　　　　　　　　　　　　　　　　　　MPa

许用应力	连接方式	轴、毂或键 的材料	载荷性质		
			静载荷	轻微冲击	冲击
[σ_p]	静连接	钢	120~150	100~120	60~90
		铸铁	70~80	50~60	30~45
	动连接	钢	50	40	30

注:(1) [σ_p]按键、毂或轴中机械性能较好的材料选取。对静连接,[σ_p]是指许用挤压应力;对动连接,[σ_p]是指许用压强[p]。(2) 动连接(如滑移齿轮)的相对滑动表面经表面淬火,则[σ_p]应提高 2~3 倍。(3) 若强度不够,可采用两个键按 180°布置,考虑载荷的不均匀性,在强度计算中按 1.5 个键计算。

例 10-2　如图 10-40 所示,某钢制输出轴与铸铁齿轮采用键连接,已知装齿轮处轴的直径 $d=45$ mm,齿轮轮毂长度 $L_1=80$ mm,该轴传递的转矩 $T=200\,000$ N·mm,载荷有轻微冲击。试设计该键连接。

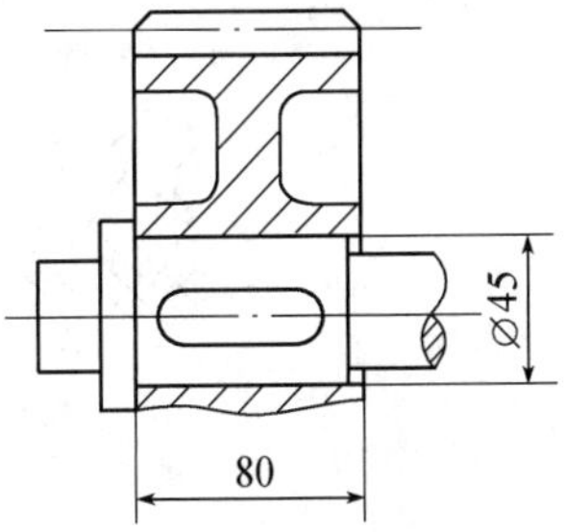

解:(1) 选择键连接的类型

为保证齿轮传动啮合良好,要求轴毂对中性好,故选用 A 型普通平键连接。

(2) 确定键的主要尺寸

按轴径 $d=45$ mm,查表 10-5,得键宽 $b=14$ mm,键高 $h=9$ mm,键长 $L=80-(5\sim10)=(75\sim70)$mm,$L$ 取 70 mm。

(3) 校核键连接强度

查表 10-6,知铸铁材料 $[\sigma_p]=50\sim60$ MPa。由式(10-14),得

$$\sigma_p=\frac{4T}{dhl}=\frac{4\times200\,000}{45\times9\times(70-14)}\approx35.27(\text{MPa})\leqslant[\sigma_p]=50\sim60\text{ MPa}。$$

所选键连接强度足够。

(4) 标注键连接的公差

轴、毂键槽公差的标注,如图 10-41 所示。

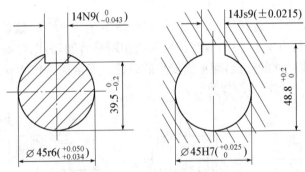

图 10-41　轴、毂键槽公差标注

二、花键连接

花键连接由外花键和内花键组成,工作时靠键齿的侧面互相挤压传递转矩,如图 10-42 所示。花键连接键齿数多,承载能力强;键齿均布,受力均匀;键槽较浅,应力集中小,对轴和毂的强度削弱也小;轴上零件与轴的对中性好,导向性好;但成本较高。因此,花键连接适用于定心精度要求高和载荷较大的场合。

花键已标准化,它可用于静连接,也可用于动连接。根据齿形的不同,花键分为矩形花键和渐开线花键两类,如图 10-43 所示。

图 10-40　键连接

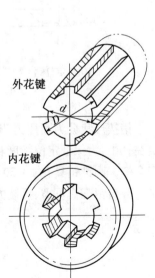

外花键

内花键

图 10-42　花键

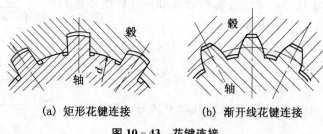

(a) 矩形花键连接   (b) 渐开线花键连接

图 10-43 花键连接

矩形花键的齿廓为直线,按齿高的不同,矩形花键在标准中规定了轻系列和中系列两个系列。轻系列的承载能力一般较小,主要用于静连接和轻载连接,中系列则用于中等载荷连接。国家标准规定,矩形花键连接采用小径定心。小径定心时,定心精度高,定心稳定性好。

渐开线花键的齿廓为渐开线,可用加工齿轮的方法加工,工艺性好,可获得较高的精度。它的连接强度高,寿命长,一般用于传递转矩较大、有较高旋转精度的场合。渐开线花键的定心方式为齿形定心,当齿受载时,齿上的径向力能起到自动定心的作用,有利于各齿均匀承载。

花键连接的设计计算与平键连接相似。

三、销连接

销按用途分为定位销、连接销、安全销三类,如图 10-44 所示。定位销常用来固定零件之间的相对位置,数目不少于 2 个。定位时,两销相距尽可能远,以提高定位精度。连接销用于轴毂间或其他零件间的连接,能承受较小的载荷。安全销常作为安全装置中的过载剪断元件,当过载 20%～30%时即被剪断。

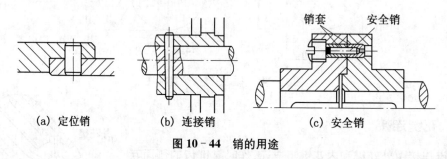

(a) 定位销   (b) 连接销   (c) 安全销

图 10-44 销的用途

销按形状分为圆柱销、圆锥销、开口销三类,它们都有国家标准。圆柱销靠过盈配合固定在孔中,为保证定位精度和连接的紧固性,不宜经常装拆,主要用于定位,也用于连接销和安全销。圆锥销具有 1:50 的锥度,自锁性能好,定位精度高,主要用于定位,也可作为连接销。开口销工作可靠、拆装方便,常与槽形螺母合用,锁紧螺纹连接件。

思考题

10-1 简述螺纹的类型及应用。

10-2　螺纹连接有哪几种类型？这些连接各有何特点？试举例说明。

10-3　常用螺纹按形成、线数、旋向分为哪几种？各自有何特点和用途？试举实例说明。

10-4　螺纹的大径 d、中径 d_2 和小径 d_1 都有哪些应用？

10-5　连接用螺纹都是自锁螺纹，为什么还要采用防松措施？常用的防松措施有哪些？

10-6　根据牙型的不同，螺纹可分成哪几种？各自的特点有哪些？常用的连接和传动螺纹都有哪些牙型？

10-7　如图 10-45 所示的螺纹连接结构画得是否合理？为什么？试画出准确的连接结构图。

10-8　某圆柱形压力容器的端盖采用 8 个 M20 的螺栓连接，如图 10-46 所示。已知工作压力 $p=3\,\mathrm{MPa}$，螺栓位于 $D_0=280\,\mathrm{mm}$ 的圆周上。试问：该连接的紧密性是否满足要求？若不满足应怎样解决？图中螺栓的拧紧顺序是否合理？如不正确应如何改正？

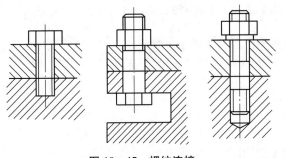

图 10-45　螺纹连接

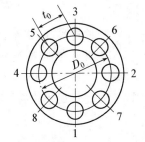

图 10-46　某圆柱形压力容器端盖示意图

10-9　如图 10-19 所示，一起重滑轮用螺栓与支架相连接。设滑轮起吊重力 $F=40\,\mathrm{kN}$，求螺栓的公称直径。

10-10　如图 10-21 所示，气缸盖与气缸体的凸缘厚度均为 $b=30\,\mathrm{mm}$，采用普通螺栓连接。已知气体的压强 $p=1.5\,\mathrm{MPa}$，气缸内径 $D=250\,\mathrm{mm}$，螺栓分布直径 $D_0=350\,\mathrm{mm}$，采用指针式扭力矩扳手装配。试选择螺栓的材料，确定螺栓的数量和直径。

10-11　已知作用在图 10-47 所示的轴承端盖上的力 $F=10\,\mathrm{kN}$，端盖用 4 个螺钉（Q235，4.6 级）固定于铸铁箱体上，取 $F''=0.4F$，不控制预紧力。求螺钉公称直径。

10-12　图 10-48 所示汽缸直径 $D=500\,\mathrm{mm}$，蒸汽压强 $p=1.2\,\mathrm{MPa}$，螺栓分布圆直径 $D_0=640\,\mathrm{mm}$，采用指针式扭力扳手装配，螺栓材料为 15 钢（5.8 级）。试求螺栓的公称直径和数量。若凸缘厚 $b=25\,\mathrm{mm}$，试选配螺母和垫圈，确定螺栓规格。

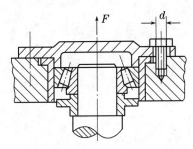

图 10-47　思考题 10-11 示意图

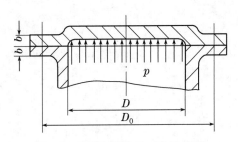

图 10-48　思考题 10-12 示意图

10-13 图 10-31 所示微调镗刀杆,螺杆 1 推动镗刀头 2 在镗杆 3 中相对移动,已知 A、B 两段螺纹旋向相同,导程 $s_A=1.25$ mm,$s_B=1.0$ mm。求杆 1 转过 1°时镗刀头的进给量。

10-14 试计算图 10-49 所示台虎钳对零件的夹紧力 F。已知旋转手柄的圆周力 $F_t=200$ N,手柄长 $l=320$ mm,螺杆为矩形螺纹,大径 $d=24$ mm,小径 $d_1=18$ mm,螺距 $p=6$ mm,螺旋副滑动摩擦因数 $f=0.12$。

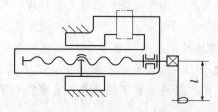

图 10-49 思考题 10-14 示意图

10-15 除键连接外,试举例说明其他常用的轴向固定方法。

10-16 花键连接同键连接相比有何优点? 说明各种类型花键的应用场合和定心方式?

10-17 简述销连接的类型、特点和应用。

技能训练

10-1 以螺栓连接为载体,进行螺纹连接的预紧和防松训练。

10-2 以减速器的轴系部件为载体,对键和销进行拆装和调整。

项目十一　轴

学习目标

一、知识目标

1. 掌握轴的作用及类型。
2. 掌握零件在轴上的固定方法。
3. 掌握常用轴的材料。
4. 掌握轴的强度计算方法。
5. 掌握轴的强度设计步骤及设计方法。

二、技能目标

1. 能根据具体情况,选择零件在轴上的固定方法。
2. 能根据条件,进行轴的设计和强度计算。
3. 能绘制零件工作图。
4. 能对轴上零件进行拆装、固定及调整。
5. 通过完成上述任务,能够自觉遵守安全操作规范。

教学建议

教师在讲授基本知识后,将学生分组,安排在实验室完成以下两个工作任务:轴的设计和强度计算,轴上零件进行拆装、固定及调整。工作任务完成后,由学生自评、学生互评、教师评价三部分汇总组成教学评价。

模块一　轴的类型

轴是机器中的重要零件,用来支承旋转零件(如齿轮、带轮、链轮、车轮等),并传递运动和动力。按承载情况不同,轴可分为转轴、传动轴和心轴三类。

传动轴以传递转矩为主,不承受弯矩或承受很小的弯矩,仅起传递动力的作用,如汽车的传动轴(图 11-1)。心轴只承受弯矩,不传递转矩,起支撑作用,如铁路机车的轮轴[图 11-2(a)]和自行车的前轮轴[图 11-2(b)]。转轴既传递转矩,又承受弯矩的轴,是机器中常用的一种轴,如齿轮减速器的输出轴(图 11-3)。

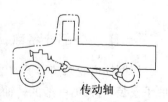

传动轴

图 11-1　汽车的传动轴

根据轴线形状,轴又可分为直轴(图 11-4)、曲轴(图 11-5)和挠性钢丝轴(图 11-6)。直轴应用最广。根据外形,直轴可分为直径无变化的光轴[图 11-4(a)]和直径有变化的阶梯轴[图 11-4(b)],制成空心轴[图 11-4(c)],主要是为了提高刚度。

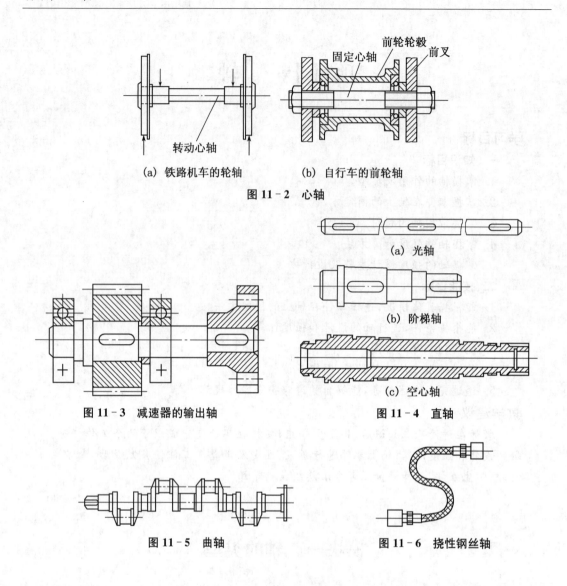

(a) 铁路机车的轮轴　　(b) 自行车的前轮轴

图 11‑2　心轴

(a) 光轴

(b) 阶梯轴

(c) 空心轴

图 11‑3　减速器的输出轴

图 11‑4　直轴

图 11‑5　曲轴

图 11‑6　挠性钢丝轴

模块二　轴的结构设计

一、轴的各部分名称

以圆柱齿轮减速器低速轴的结构图为例说明轴的各部分名称,如图 11‑7 所示。为了便于安装和拆卸,一般的转轴均为中间大、两端小的阶梯轴。阶梯轴上截面尺寸变化的部位称为轴肩 3 或轴环 10,轴肩和轴环常起定位、固定的作用。如图中齿轮 5 由左方装入,依靠轴环限定轴向位置;左端的半联轴器 2 和右端的轴承 7 依靠轴肩得以定位。为了轴上零件轴向固定,轴上还设有其他相应的结构,如左轴端制有安装轴端挡圈 1 用的螺纹孔。

轴与轴承配合处的轴段称为轴颈 8,安装轮毂的轴段称为轴头 11,轴头与轴颈间的轴段称为轴身 4。此外,外伸的轴头又称轴伸,轴伸尺寸应按轴上零件取相应的规定值。轴头上常开有键槽,通过键槽实现零件的轴向固定。为便于装配,轴上还常设有倒角 12。

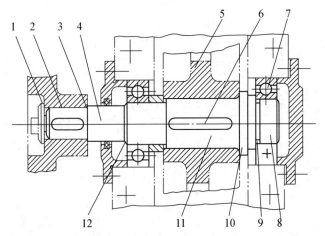

1—轴端挡圈;2—半联轴器;3—轴肩;4—轴身;5—齿轮;6—键连接;7—轴承;
8—轴颈;9—砂轮越程槽;10—轴环;11—轴头;12—倒角。

图 11 - 7　圆柱齿轮减速器低速轴

从制造工艺出发,轴的两端常设有中心孔以保证加工时各轴段的同轴度和尺寸精度。需切制螺纹和磨削的轴段,还应留有螺纹退刀槽和砂轮越程槽 9。螺纹退刀槽和砂轮越程槽的结构查相关标准。

根据轴的各部分名称及作用,进行轴的结构设计时,可合理地确定轴的结构。

二、零件在轴上的固定

1. 轴上零件的轴向定位与固定

轴上零件的轴向定位常以轴肩(轴环)、套筒、圆螺母、轴端挡圈和轴承端盖等来固定,如图 11 - 8 所示。

轴肩分为定位轴肩(图 11 - 8 中的轴肩①②⑤)和非定位轴肩(轴肩③④)两类。利用轴肩定位,能承受较大的轴向力,是最方便可靠的方法。但采用轴肩或轴环将使轴的直径加大,而且轴因截面突变而易引起应力集中,因而定位轴肩的高度 h 一般取 $h \geqslant (0.07 \sim 0.1)d$($d$ 为与零件相配处的轴径尺寸)。滚动轴承的定位轴肩(图 11 - 8 中的轴肩①)高度必须低于轴承内圈端面的高度,以便拆卸轴承。为了使零件端面能与轴肩平面可靠的定位,定位轴肩的高度 h 应大于轴的圆角半径 R 或倒角尺寸 C[图 11 - 8(a,b)]。非定位轴肩是为了加工和装配方便而设置的,其高度没有严格的规定,一般取为 1～2 mm。

套筒定位(图 11 - 8)结构简单,定位可靠,一般用于轴上两个零件之间的定位。因套筒与轴的配合较松,如轴的转速很高时,不宜采用套筒定位。

轴端挡圈用于外伸轴端上的零件固定[图 11 - 9(a)];圆螺母固定可靠[图 11 - 9(b)],能实现轴上零件的间隙调整;弹性挡圈结构紧凑,装拆方便[图 11 - 9(c)],但受力较小;紧定螺钉多用于光轴上零件的固定,并兼有轴向固定作用[图 11 - 9(d)],但受力小且不宜用于转速较高的轴。轴承端盖常用于滚动轴承的外圈的轴向定位,也用于整个轴的轴向定位(图 11 - 8)。

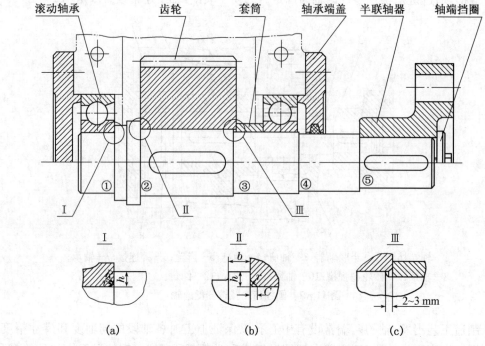

图 11 - 8　轴上零件装配与轴的结构示例

　　为了使套筒、圆螺母、轴端挡圈等可靠压紧轴上零件的端面,与零件轮毂相配的轴段长度应略小于轮毂宽度,一般约短 $2\sim3$ mm[图 11 - 8(c)]。

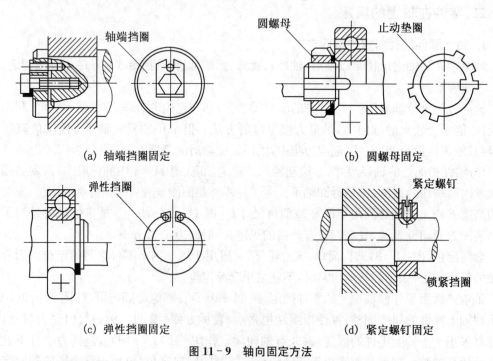

(a) 轴端挡圈固定　　　　　　　　　　　(b) 圆螺母固定

(c) 弹性挡圈固定　　　　　　　　　　　(d) 紧定螺钉固定

图 11 - 9　轴向固定方法

2. 轴上零件的周向固定

运转时,为了传递转矩或避免与轴发生相对转动,零件在轴上必须周向固定。如图 11-10 所示,轴上零件的周向固定多数采用键连接或花键连接;有时采用成形连接、销连接、弹性环连接、过盈配合连接等。例如,滚动轴承内圈与轴常采用过盈配合实现周向固定。

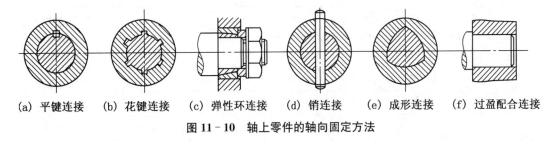

(a) 平键连接　(b) 花键连接　(c) 弹性环连接　(d) 销连接　(e) 成形连接　(f) 过盈配合连接

图 11-10 轴上零件的轴向固定方法

模块三　轴的材料及其选择

轴的主要失效形式为疲劳断裂,轴的材料应具有较好的强度、韧性和耐磨性。

轴的材料主要是碳钢和合金钢。由于碳钢比合金钢价廉,对应力集中的敏感性较低,同时也可以通过热处理提高其耐磨性和抗疲劳强度,故制造时广泛采用碳钢,其中最常用的是 45 号钢。轻载或不重要的轴,可用 Q235、Q275 等普通碳素钢。合金钢比碳钢具有更高的机械性能和更好的淬火性能。因此,在传递大动力,并要求减小尺寸与质量,提高轴颈的耐磨性时,常采用合金钢。如滑动轴承的高速轴,常用 20Cr、20CrMnTi 等合金渗碳钢。

在一般情况下,选择钢的种类和决定钢的热处理方法时,主要根据强度,而不是轴的弯曲或扭转刚度。但也应当注意,在既定条件下,有时也可选择强度较低的钢材,而采用适当增大轴横截面面积的办法来提高轴的刚度。

球墨铸铁具有良好的吸振性和耐磨性,且价廉及对应力集中的敏感性较低等优点,可用于制造外形复杂的轴,如内燃机中的曲轴。但铸造品质不易控制,韧性差。轴的常用材料及其主要机械性能如表 11-1 所示。

表 11-1　轴的常用材料及其主要机械性能

材料牌号	热处理	毛坯直径/mm	硬度/HBS	抗拉强度极限 σ_b/MPa	屈服强度极限 σ_s/MPa	弯曲疲劳极限 σ_{-1}/MPa	剪切疲劳极限 τ_{-1}/MPa	许用弯曲应力 $[\sigma_{-1}]$/MPa	备注
Q235-A	热轧或锻后空冷	≤100		400～420	225	170	105	40	用于不重要及受载荷不大的轴
		>100～250		375～390	215				
45	正火	≤100	170～217	590	295	255	140	55	用于载荷很大而无很大冲击的重要轴
	回火	>100～300	162～217	570	285	245	135		
	调质	≤200	217～255	640	355	275	155	60	

续表

材料牌号	热处理	毛坯直径/mm	硬度/HBS	抗拉强度极限 σ_b/MPa	屈服强度极限 σ_s/MPa	弯曲疲劳极限 σ_{-1}/MPa	剪切疲劳极限 τ_{-1}/MPa	许用弯曲应力 $[\sigma_{-1}]$/MPa	备注
40Cr	调质	≤100	241～286	785	510	355	205	70	用于载荷很大而无很大冲击的重要轴
		>100～300		685	490	335	185		
40CrNi	调质	≤100	270～300	900	735	430	260	75	用于很重要的轴
		>100～300	240～270	785	570	370	210		
38SiMnMo	调质	≤100	229～286	735	590	365	210	70	用于重要的轴,性能近于40CrNi
		>100～300	217～269	685	540	345	195		
38CrMoAIA	调质	≤60	293～321	930	785	440	280	75	用于要求高耐磨性、高强度且热处理(氮化)变形狠的轴
		>60～100	277～302	835	685	410	270		
		>100～160	241～277	785	590	375	220		
20Cr	渗碳淬火回火	≤60	渗碳56～62HRC	640	390	305	160	60	用于要求强度及韧性均较高的轴
3Cr13	调质	≤100	≥241	835	635	395	230	75	用于腐蚀条件下的轴
1Cr18Ni9Ti	淬火	≤100	≤192	530	195	190	115	45	用于高、低温及腐蚀条件下的轴
		>100～200		490		180	110		
QT600-3			190～270	600	370	215	185		用于制造复杂外形的轴
QT800-2			245～335	800	480	290	250		

模块四　轴的强度计算

轴的计算通常都是在初步完成结构设计后进行校核计算,计算准则主要是满足轴的强度或刚度。

一、轴的扭转强度计算

对于仅仅(或主要)承受扭矩的传动轴,只按轴所受的扭矩来计算轴的强度;如果还受有不大的弯矩时,则用降低许用扭转应力的方法考虑。而在转轴的结构设计中,常用轴的扭转强度计算这种方法初步估算轴径。轴的扭转强度条件为

$$\tau=\frac{T}{W_p}\leqslant[\tau]。$$

式中：$T = 9.549 \times 10^6 \dfrac{P}{n}$（N·mm）；实心圆轴 $W_p = \dfrac{\pi d^3}{16} \approx 0.2 d^3$（mm³）。

将上式改写为设计公式

$$d \geqslant \sqrt[3]{\frac{9.549 \times 10^6}{0.2[\tau]}} \sqrt[3]{\frac{P}{n}} = A\sqrt[3]{\frac{P}{n}}。 \tag{11-1}$$

式中，A 为由轴的材料和承载情况确定的常数，见表 11-2。对于转轴，初始设计时考虑弯矩对轴强度的影响，可将 $[\tau]$ 适当降低。

表 11-2 常用材料的 $[\tau]$ 和 A 值

轴的材料	Q235,20	35	45	40Cr,35SiMn,42SiMn,38SiMnMo,20CrMnTi
$[\tau]$/MPa	12~20	20~30	30~40	40~52
A	135~160	118~135	107~118	98~107

注：(1) 轴上所受弯矩较小或只受转矩时，A 取较小值；否则取较大值。(2) 用 Q235、35SiMn 时，取较大的 A 值。

应当指出，当轴截面上开有键槽时，应增大轴径以考虑键槽对轴的强度的削弱。对于直径 $d > 100$ mm 的轴，有一个键槽时，轴径增大 3%；有两个键槽时，应增大 7%。对于直径 $d \leqslant 100$ mm 的轴，有一个键槽时，轴径增大 5%~7%；有两个键槽时，应增大 10%~15%。然后将轴径圆整为标准直径，并与相配合零件（如联轴器、带轮等）的孔径相吻合，作为转轴的最小直径。再根据定位轴肩和非定位轴肩的高度 h 确定各轴段直径。

二、轴的弯扭合成强度计算

轴的结构确定以后，轴的主要结构尺寸、轴上零件的位置以及外载荷和支承反力的作用位置均已确定，轴上的载荷（弯矩和扭矩）已求得，因而可按弯扭合成强度条件对轴进行强度校核计算。其计算步骤如下：

1. 画出轴的受力图

先求出轴上受力零件的载荷，然后求出各支承处的水平反力 F_H 和垂直反力 F_V，画出轴的受力图。

2. 作出弯矩图

按水平面和垂直面分别计算各力产生的弯矩，并按计算结果分别作出水平面上的弯矩 M_H 图和垂直面上的弯矩 M_V 图，然后按式(11-2)计算总弯矩并作 M 图。

$$M = \sqrt{M_H^2 + M_V^2}。 \tag{11-2}$$

3. 作出扭矩图

根据 T 求 α_T，并作 α_T 的扭矩图。根据扭矩和弯矩的加载情况而定折合系数。当扭转切应力为静应力时，取 $\alpha \approx 0.3$；当扭转切应力为脉动循环变应力时，取 $\alpha \approx 0.6$；对频繁正反转的轴，扭转切应力可视为对称循环变应力，则取 $\alpha = 1$。

4. 作出当量弯矩图

根据已作出的总弯矩图和扭矩图，求出当量弯矩 M_e，并作出 M_e 图。M_e 的计算公式为

$$M_e = \sqrt{M^2 + (\alpha_T)^2}。 \qquad (11-3)$$

5. 校核轴的强度

已知轴的当量弯矩后即可针对某些危险截面作强度校核计算。计算公式如下：

$$\sigma = \frac{M_e}{W} \leqslant [\sigma_{-1}]。 \qquad (11-4)$$

式中：W 为轴的抗弯截面系数；$[\sigma_{-1}]$ 为轴的许用弯曲应力，见表 11-1。

三、轴的刚度计算

轴在载荷作用下，将产生弯曲或扭转变形。如安装齿轮的轴，若弯曲刚度（或扭转刚度）不足而导致挠度（或扭转角）过大时，将影响齿轮的正确啮合。因此，在设计有刚度要求的轴时，必须进行刚度的校核计算。

1. 轴的弯曲刚度计算

轴的弯曲刚度条件为

挠度： $\qquad\qquad\qquad\qquad y \leqslant [y]; \qquad (11-5)$

偏转角： $\qquad\qquad\qquad\qquad \theta \leqslant [\theta]。 \qquad (11-6)$

式中：$[y]$ 为轴的允许挠度（mm）；$[\theta]$ 为轴的允许偏转角（rad），具体可查相关手册。

2. 轴的扭转刚度计算

轴的扭转变形用每米长的扭转角 θ 表示。轴的扭转刚度条件为

$$\theta \leqslant [\theta](°/m)。 \qquad (11-7)$$

式中 $[\theta]$ 为轴每米长的允许扭转角，与轴的使用场合有关，可查表。

模块五　轴的设计

通常现场对于一般轴的设计方法有类比法和设计计算法两种。

1. 类比法

类比法是根据轴的工作条件，选择与其相似的轴进行类比及结构设计，画出轴的零件图。用类比法设计轴一般不进行强度计算。由于完全依靠现有资料及设计者的经验进行轴的设计，设计结果比较可靠、稳妥，同时又可加快设计进程，因此类比法较为常用，但有时这种方法也有一定的盲目性。

2. 设计计算法

用设计计算法设计轴的一般步骤如下：

（1）根据轴的工作条件选择材料，确定许用应力。

（2）按扭转强度估算出轴的最小直径。

（3）设计轴的结构，绘制出轴的结构草图。具体内容包括以下几点：

① 根据工作要求确定轴上零件的位置和固定方式；

② 确定各轴段的直径；

③ 确定各轴段的长度；

④ 根据有关设计手册确定轴的结构细节，如圆角、倒角、退刀槽等的尺寸。

（4）按弯扭合成强度进行轴的强度校核。一般在轴上选 2～3 个危险截面进行强度校核。若危险截面强度不够或强度裕度太大，则须重新修改轴的结构。

（5）修改轴的结构后再进行校核计算。这样反复交替进行校核和修改，直至设计出较为合理的轴的结构。

（6）绘制出轴的零件图。

需要指出的是：（1）一般情况下设计轴时不必进行轴的刚度、振动、稳定性等校核。如需进行轴的刚度校核时，也只进行弯曲刚度校核。（2）对用于重要场合的轴、高速转动的轴应采用疲劳强度校核方法进行轴的强度校核。

例 11－1　图 11－11 所示为输送机传动装置，由电动机1、带传动2、齿轮减速器3、联轴器4、滚筒5等组成，其中齿轮减速器 3 低速轴的转速 $n＝140$ r/min，传递功率 $P＝5$ kW。轴上齿轮的参数为：$z＝58$，$m_n＝3$ mm，$\beta＝11°17'13''$，左旋，齿宽 $b＝70$ mm。电动机 1 的转向如图所示。试根据轴的强度设计该低速轴。

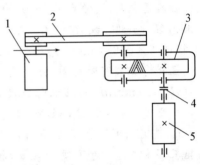

1—电动机；2—带传动；3—齿轮减速器；4—联轴器；5—滚筒

图 11－11　输送机传动装置

解：　1. 选择轴的材料，确定许用应力

普通用途、中小功率减速器，选用 45 钢，正火处理。查表 11－1，取 $\sigma_b＝590$ MPa，$[\sigma_{-1}]＝55$ MPa。

2. 按扭转强度，初估轴的最小直径

由表 11－2，查得 $A＝110$。按式（11－1），得 $d\geqslant$

$$A\sqrt[3]{\frac{P}{n}}＝110×\sqrt[3]{\frac{5}{140}}\text{mm}＝36.2\text{ mm}。$$

考虑到装联轴器，有一个键槽，轴颈增大 5％，$36.2×1.05＝38.01$（mm）。

轴外伸端安装联轴器，考虑补偿轴的可能位移，选用弹性套柱销联轴器。转矩 $T_c＝KT＝1.5×9.549×10^6×5/140$ N·mm$≈511\,554$ N·mm。

由 n 和 T_c 查附录二，选用 TL6 弹性套柱销联轴器，标准孔径 $d_1＝38$ mm，即轴伸直径 $d_1＝38$ mm。

3. 确定齿轮和轴承的润滑，计算齿轮圆周速度

$$v＝\frac{\pi dn}{60×1\,000}＝\frac{\pi m_n zn}{60×1\,000\cos\beta}＝\frac{\pi×3×58×140}{60×1\,000\cos11°17'13''}≈1.3(\text{m/s})。$$

齿轮采用油浴润滑，轴承采用脂润滑。

4. 轴系初步设计

根据轴系结构分析要点，结合后述尺寸确定，按比例绘制轴系结构草图，如图 11－12 所示。

斜齿轮传动有轴向力，采用角接触球轴承。采用凸缘式轴承盖实现轴系两端单向固定。半联轴器右端用轴肩定位和固定，左端用轴端挡圈固定，依靠 C 型普通平键连接实现轴向固定。齿轮右端由轴环定位固定，左端由套筒固定，用 A 型普通平键连接实现轴向固定。为防止润滑脂流失，采用挡油板内部密封。

绘图时，结合尺寸的确定，首先画出齿轮轮毂位置，然后考虑齿轮端面到箱体内壁的距离 Δ，确定箱体内壁的位置，选择轴承并确定轴承位置。根据分箱面螺栓连接的布置，设计轴的外伸部分。

5. 轴的结构设计

轴的结构设计主要有三项内容：① 各轴段径向尺寸的确定；② 各轴段轴向长度的确定；③ 其余尺寸(如键槽、圆角、倒角、退刀槽等)的确定。

(1) 径向尺寸确定

从轴段 $d_1 = 38$ mm 开始，根据定位轴肩和非定位轴肩的高度的确定方法，逐段选取相邻轴段的直径：如图 11-12 所示，d_2 起定位固定作用，定位轴肩高度 h_{min} 可在 $(0.07 \sim 0.1)d$ 范围内经验选取，故 $d_2 = d_1 + 2h \geqslant$ $38 \times (1 + 2 \times 0.07)$ mm $= 43.32$ mm，该直径处将安装密封毡圈，标准直径应取 $d_2 = 45$ mm，d_3 与轴承内径相配合，为便于轴承安装，故取 $d_3 =$ 50 mm，选定轴承型号为 7210C；d_4 与

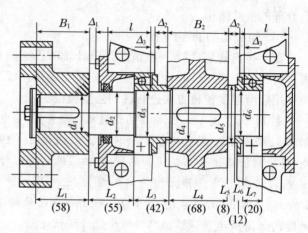

图 11-12　轴系的结构草图

齿轮孔径相配合，为了便于装配，按标准尺寸取 $d_4 = 53$ mm；d_5 起定位作用，由 $h = (0.07 \sim 0.1)d = (0.07 \sim 0.1) \times 53$ mm $=$ $3.70 \sim 5.3$ mm，取 $h = 4$ mm；$d_5 = 61$ mm；d_6 与轴承配合，取 $d_6 = d_3 = 50$ mm。

(2) 轴向尺寸的确定

与传动零件(如齿轮、带轮、联轴器等)相配合的轴段长度，一般略小于传动零件的轮毂宽度。题中锻造齿轮轮毂宽度为 $B_2 = (1.2 \sim 1.5)d_4 = (1.2 \sim 1.5) \times 53$ mm $= 63.6 \sim 79.5$ mm，取 $B_2 = 70$ mm，轴段 $L_4 = 68$ mm；联轴器轴孔 $B_1 = 60$ mm，取轴段长 $L_1 = 58$ mm；取挡油板宽 L_6 为 12 mm，查轴承宽度 L_7 为 20 mm，与轴承相配合的轴段长度 $L_6 + L_7 = 32$ mm。

其他轴段的长度与箱体等设计有关，根据减速器箱体尺寸，可由齿轮开始向两侧逐步确定。一般情况，齿轮端面与箱壁的距离 Δ_2 取 $10 \sim 15$ mm；轴承端面与箱体内壁的距离 Δ_3 与轴承的润滑有关，油润滑时 $\Delta_3 = 3 \sim 5$ mm，脂润滑时 $\Delta_3 = 5 \sim 10$ mm，本题取 $\Delta_3 = 5$ mm；分箱面宽度与分箱面的连接螺栓的装拆空间有关，对于常用的 M16 普通螺栓，分箱面宽 $l = 55 \sim 65$ mm。考虑轴承盖螺钉至联轴器距离 $\Delta_1 = 10 \sim 15$ mm，初步取 $L_2 = 55$ mm。由图可见，$L_3 = 2 + \Delta_2 + \Delta_3 + 20 = (2 + 15 + 5 + 20)$ mm $= 42$ mm。轴环宽度 $L_5 = 8$ mm。两轴承中心间的跨距 $L = 130$ mm。

6. 轴的强度校核

(1) 计算齿轮受力

分度圆直径 $d = \dfrac{m_n z}{\cos\beta} = \dfrac{3 \times 58}{\cos 11°17'13''} \approx 177.43$ (mm)；

转矩 $T = 9.549 \times 10^6 \dfrac{P}{n} = 9.549 \times 10^6 \times \dfrac{5}{140}$ N · mm $\approx 341\,036$ N · mm；

齿轮圆周力 $F_t = 2T/d = \dfrac{2 \times 341\,036}{177.43}$ N $\approx 3\,844$ N；

齿轮径向力 $F_r = F_t \tan\alpha/\cos\beta = 3\,844 \tan 20°/\cos 11°17'13'' \approx 1\,427$ (N)；

齿轮轴向力 $F_a = F_t \tan\beta = 3\,844 \tan 11°17'13'' \approx 767$ (N)。

（2）绘制轴的受力简图

如图 11-13(a)所示。

（3）计算支承反力

图 11-13(b,d)。

水平平面：

$$F_{HI} = \frac{F_a d/2 + 65 F_r}{130} = \frac{767 \times 177.43 \div 2 + 65 \times 1\,427}{130} \text{ N} \approx 1\,237 \text{ N}; F_{HII} = F_r - F_{HI} = 1\,427 -$$

$1\,237$ N$=190$ N；

垂直平面：$F_{VI} = F_{VII} = F_t/2 = 3\,844 \div 2$ N $= 1\,922$ N。

（4）绘制弯矩图

水平平面弯矩图[图 11-13(c)]：

b 截面：$M'_{Hb} = 65 F_{HI} = 65 \times 1\,237$ N·mm$=80\,405$ N·mm；

$$M''_{Hb} = M'_{Hb} - F_r d/2 = 80\,405 - 767 \times 177.43 \div 2 \text{ N·mm} \approx 12\,361 \text{ N·mm}。$$

垂直平面弯矩图[图 11-13(e)]：

$$M_{Vb} = 65 F_{VI} = 65 \times 1\,922 \text{ N·mm} = 124\,930 \text{ N·mm}。$$

合成弯矩图[图 11-13(f)]：

$$M'_b = \sqrt{{M'_{Hb}}^2 + M_{Vb}^2} = \sqrt{80\,405^2 + 124\,930^2} \approx 148\,568 (\text{N·mm});$$

$$M''_b = \sqrt{{M''_{Hb}}^2 + M_{Vb}^2} = \sqrt{12\,361^2 + 124\,930^2} \approx 125\,540 (\text{N·mm})。$$

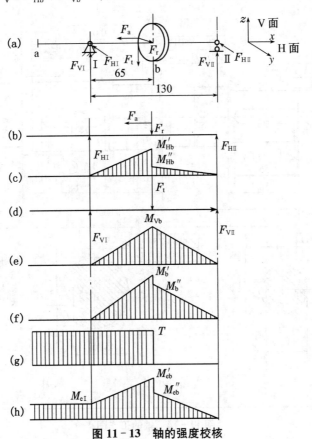

图 11-13　轴的强度校核

（5）绘制转矩图［图 11-13(g)］

转矩 $T=341\,036\,\text{N}\cdot\text{mm}$，单向运转，转矩为脉动循环，$\alpha=0.6$，

$$\alpha T=0.6\times341\,036\,\text{N}\cdot\text{mm}\approx204\,622\,\text{N}\cdot\text{mm}。$$

（6）绘制当量弯矩图［图 11-13(h)］

b 截面：$M_{eb}'=\sqrt{M_b'^2+(\alpha T)^2}=\sqrt{148\,568^2+204\,622^2}\,\text{N}\cdot\text{mm}\approx252\,868\,\text{N}\cdot\text{mm}$；

$$M_{eb}''=\sqrt{M_b''^2+(\alpha T)^2}=(\sqrt{125\,540^2+0})\,\text{N}\cdot\text{mm}=125\,540\,\text{N}\cdot\text{mm}；$$

a 截面和Ⅰ截面：$M_{ea}=M_{eⅠ}=\alpha T=204\,622\,\text{N}\cdot\text{mm}。$

（7）分别校核 a 和 b 截面

$$d_a=\sqrt[3]{\frac{M_{ea}}{0.1[\sigma_{-1}]}}=\sqrt[3]{\frac{204\,622}{0.1\times55}}\,\text{mm}\approx33.38\,\text{mm}；$$

$$d_b=\sqrt[3]{\frac{M_{eb}}{0.1[\sigma_{-1}]}}=\sqrt[3]{\frac{252\,868}{0.1\times55}}\,\text{mm}\approx35.82\,\text{mm}。$$

考虑键槽，$d_a=105\%\times33.38\,\text{mm}\approx35\,\text{mm}$，$d_b=105\%\times35.82\,\text{mm}\approx37.6\,\text{mm}$，实际直径分别为 38 mm 和 53 mm，强度足够。若所选轴承和键连接等经计算后确认寿命和强度均能满足，则该轴的结构设计无需修改。

7. 绘制轴的零件工作图

如图 11-14 所示，(1) 轴上各轴段直径的尺寸公差：对配合轴段直径（如轴承、齿轮、联

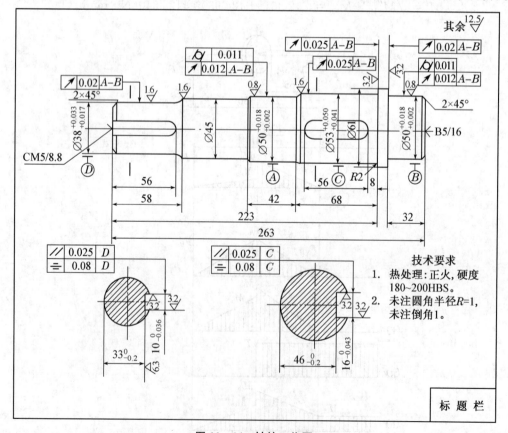

图 11-14 轴的工作图

轴器等)可根据配合性质决定;对非配合轴段轴径(如 d_2 及 d_5 两段直径),为未注公差。(2)各轴段长度尺寸公差通常均为未注公差。(3)为保证工作轴段的形位公差,一般用圆柱度和径向圆跳动两项形位公差综合表示。(4)标注粗糙度。

思考题

11-1 自行车的中轴和后轮轴是什么类型的轴?为什么?

11-2 试选择下列场合轴的材料:① 食品机械螺旋输送机的输送轴;② 普通机床齿轮箱中的转轴;③ 水电站发电机的转子轴。

11-3 多级齿轮减速器高速轴的直径总比低速轴的直径小,为什么?

11-4 轴上最常用的轴向定位结构是什么?轴肩与轴环有何异同?

11-5 轴上传动零件最常见的周向固定方式是什么?

11-6 轴上零件最常用的轴向固定方法是什么?除此之外,试举例说明其他轴向固定方法。

11-7 指出图 11-15 中轴的结构错误(错处用圆圈引出图外),说明原因并予以改正。

11-8 如图 11-16 所示单级斜齿圆柱齿轮减速器的低速轴2(含外伸端联轴器),已知电动机额定功率 $P=4$ kW,转速 $n_1=720$ r/min,低速轴转速 $n_2=125$ r/min;大齿轮分度圆直径 $d_2=300$ mm,宽度 $b_2=90$ mm,斜齿轮螺旋角 $\beta=14°4'12''$,法向压力角 $\alpha_n=20°$,设两支承处轴承选用 7210C 型。要求:① 完成低速轴的全部结构设计;② 根据弯扭合成强度验算低速轴的强度。

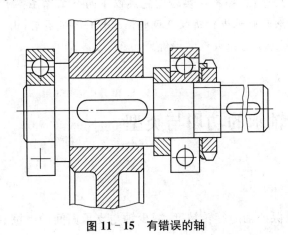

图 11-15 有错误的轴

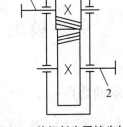

图 11-16 单级斜齿圆柱齿轮减速器

技能训练

11-1 熟悉一减速器的轴系部件。

11-2 以一减速器的轴系部件为载体,对轴上零件进行拆装及调整。

项目十二　轴　承

学习目标

一、知识目标

1. 掌握轴承的作用、组成、常见类型及特点。
2. 掌握轴承代号的含义。
3. 掌握滚动轴承类型的选择原则。
4. 掌握滚动轴承的失效形式、设计准则及计算方法。
5. 掌握滚动轴承的固定、调整、配合、拆装以及润滑与密封。
6. 掌握滑动轴承的类型、结构等。

二、技能目标

1. 认识常见滚动轴承及滑动轴承。
2. 能根据条件选择滚动轴承。
3. 能选择滚动轴承的润滑剂及润滑方式。
4. 能对滚动轴承进行拆装、固定及调整。
5. 通过完成上述任务，能够自觉遵守安全操作规范。

教学建议

　　教师在讲授基本知识后，将学生分组，安排在实验室完成以下两个工作任务：常见滚动轴承及滑动轴承的认识、滚动轴承进行拆装及调整。工作任务完成后，由学生自评、学生互评、教师评价三部分汇总组成教学评价。

模块一　轴承的功用与类型

一、轴承的功用

轴承是用来支承轴及轴上零件，以保证轴的旋转精度，减少轴与支承面间的摩擦和磨损。轴承是机器的主要组成部分之一。

二、轴承的类型

根据轴承工作时的摩擦性质，轴承可分为滑动轴承和滚动轴承两大类。

1. 滚动轴承

滚动轴承具有摩擦阻力小、启动灵敏、效率高、润滑简便和易于互换等优点，广泛用于各种机器和机构中。

2. 滑动轴承

滑动轴承具有承载能力大、抗冲击、工作平稳、回转精度高、高速性能好等优点,其主要缺点是启动摩擦阻力大、维护比较复杂。

在一般机器中,如无特殊使用要求,优先推荐使用滚动轴承。但是在高速、高精度、重载,结构上要求剖分等使用场合下,滑动轴承就显示出它的优异性。因而在汽轮机、离心式压缩机、内燃机、大型电机中多采用滑动轴承。此外,在低速而带有冲击的机器中,如水泥搅拌机、滚筒清砂机等也常采用滑动轴承。

模块二　滚动轴承的组成、类型及特点

一、滚动轴承的组成

1. 滚动轴承的结构

滚动轴承一般由内圈1、外圈2、滚动体3和保持架4四部分组成(图12-1)。内圈、外圈分别与轴颈、轴承座孔装配在一起,通常内圈随轴一起转动,外圈固定不动。内外圈上一般都有凹槽,称为滚道,它起着限制滚动体沿轴向移动和降低滚动体与内、外圈之间接触应力的作用。

滚动体是形成滚动摩擦不可缺少的零件,它沿滚道滚动,受内、外圈和保持架的限制。滚动体有多种形式,以适应不同类型滚动轴承的结构要求。常见的滚动体形状如图12-2所示。

保持架把滚动体均匀隔开,避免滚动体相互接触,以减少摩擦与磨损,并改善轴承内部的载荷分配。

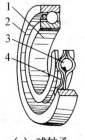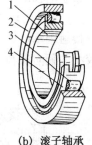

　(a) 球轴承　　　　　(b) 滚子轴承

1—内圈;2—外圈;3—滚动体;
4—保持架。

图 12-1　滚动轴承的基本结构

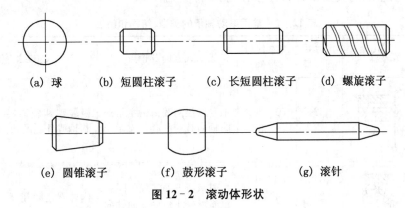

(a) 球　　(b) 短圆柱滚子　　(c) 长短圆柱滚子　　(d) 螺旋滚子

(e) 圆锥滚子　　　(f) 鼓形滚子　　　(g) 滚针

图 12-2　滚动体形状

2. 滚动轴承的材料

滚动轴承的内、外圈和滚动体应具有较高的硬度、耐磨性和接触疲劳强度,一般采用特殊轴承钢制造,常用材料有 GCr15、GCr15SiMn 等。热处理后,硬度一般为 60～65HRC,工作表面需经磨削、抛光。保持架多用低碳钢板冲压而成,也可以采用铜合金、塑料及其他材料制造。

二、滚动轴承的类型和特点

1. 按滚动体形状分

按滚动体形状的不同,可分为球轴承和滚子轴承两大类。

在外廓尺寸相同的条件下,滚子轴承比球轴承的承载能力和耐冲击能力都好,但球轴承摩擦小、高速性能好。

2. 按所能承受的载荷方向分

按所能承受的载荷方向不同,可分为向心轴承和推力轴承两大类。

(1) 向心轴承($0°\leqslant\alpha\leqslant45°$) 主要承受径向载荷,可分为径向接触轴承($\alpha= 0°$)和向心角接触轴承($0°<\alpha\leqslant45°$)。径向接触轴承[图 12-3(a)]一般只能承受径向载荷,有些还能承受较小的轴向载荷;向心角接触轴承[图 12-3(b)]能同时承受径向载荷和轴向载荷。

(2) 推力轴承($45°<\alpha\leqslant90°$) 主要承受轴向载荷,可分为轴向接触轴承($\alpha=90°$)和推力角接触轴承($45°<\alpha<90°$)。推力角接触轴承[图 12-3(c)]主要承受轴向载荷,也可以承受较小的径向载荷。轴向接触轴承[图 12-3(d)]只能承受轴向载荷。

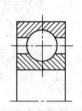 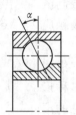 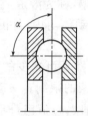 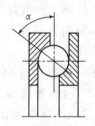

(a) 径向接触轴承　　　(b) 向心角接触轴承　　　(c) 推力角接触轴承　　　(d) 轴向接触轴承

图 12-3　球轴承的公称接触角

常用滚动轴承的类型、结构、代号、性能及特点见表 12-1。

表 12-1　常用滚动轴承的类型、结构和特性

轴承类型及代号	结构简图	尺寸系列代号	基本代号(举例)	承载方向及特点	性能及应用
双列角接触球轴承0	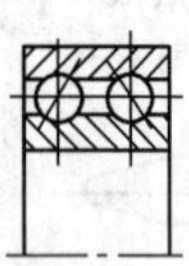	32 33	(0)3200 (0)3300	承受以径向载荷为主与双向轴向载荷的联合作用	极限转速较高,主要用于限制轴或外壳的双向轴向位移
调心球轴承1	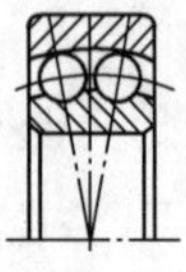	(0)2 22 (0)3 23	1200 2200 1300 2300	主要承受径向载荷,同时也能承受小量的双向轴向载荷	内外圈之间在 2°～3°范围内可自动调心正常工作

续表

轴承类型及代号	结构简图	尺寸系列代号	基本代号（举例）	承载方向及特点	性能及应用
调心滚子轴承 2		13 22	21300C 22200C	承受较大的径向载荷,同时也能承受小量的双向轴向载荷	性能与调心球轴承类似,但具有较大的承载能力。调心范围1.5°~2.5°
圆锥滚子轴承 3		02 13 20	30200 31300 32000	承受以径向载荷为主的径向、轴向联合载荷	内、外圈可分离,分别安装,游隙可调,使用方便。一般应成对使用
双列深沟球轴承 4		(2)2 (2)3	4200 4300	承受较大的径向载荷,同时也能承受小量的双向轴向载荷	具有单列深沟球轴承的性能,但承载能力强
单列推力球轴承 5		11 12	51100 51200	只能承受单方向的轴向载荷	套圈可分离,高速时离心力大,故极限转速低
双列推力球轴承 5		22 23	52200 52300	只能承受双方向的轴向载荷	性能与单列推力球轴承类似
深沟球轴承 6		25 37 (0)2 (1)0	62500 63700 6200 6000	主要承受径向载荷,同时也能承受小量的双向轴向载荷	价格便宜,极限转速高,应用广泛,可在高速条件下,代替推力轴承
角接触球轴承 7		19 (0)2 (1)0	71900 7200C 7000AC	承受径向和轴向(单向)载荷的联合作用	接触角α越大,承受轴向载荷的能力越强,一般成对使用
推力圆柱滚子轴承 8		11 12	81100 81200	只能承受单向轴向载荷	两支承面必须平行,轴中心线与外壳支承面应保持垂直,不宜用于高速
单列圆柱滚子轴承 N		10 (0)2 22	N1000 N200 N2200	只能承受径向载荷	允许内外圈轴线偏移量小,但可分拆装配,常用于支承刚性好的短轴

续表

轴承类型及代号	结构简图	尺寸系列代号	基本代号（举例）	承载方向及特点	性能及应用
滚针轴承 NA	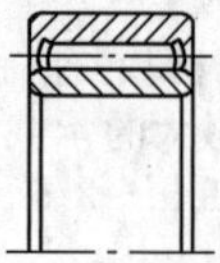	48 49	NA4800 NA4900	能承受较大的径向载荷	内、外圈可分离,径向尺寸紧凑,常用于轴孔小、径向载荷较大且转速高的转轴

模块三　滚动轴承的代号

为了便于生产、设计和使用,GB/T 272—93 规定了滚动轴承的代号,代号通常刻印在轴承外圈端面上。

滚动轴承代号由前置代号、基本代号和后置代号构成,其表达方式如表 12-2 所示。

表 12-2　滚动轴承代号的构成

前置代号	基本代号					后置代号							
	五	四	三	二	一	内部结构代号	密封与防尘结构代号	保持架及其材料代号	特殊轴承材料代号	公差等级代号	游隙代号	多轴承配置代号	其他代号
成套轴承分部件代号	类型代号	尺寸系列代号		内径代号									
		宽或高度系列代号	直径系列代号										

注:基本代号下面的一至五表示代号自右向左的位置序数。

一、基本代号

基本代号表示轴承的基本类型、结构和尺寸,是轴承代号的基础。基本代号一般用五位数字表示,由轴承类型代号、尺寸系列代号及内径代号构成。

1. 轴承的类型代号

轴承类型代号用数字 1~8 或字母表示,见表 12-1。其中 0 类在基本代号中可省略不标注。

2. 尺寸系列代号

由轴承的直径系列代号和宽(高)度系列代号组合而成。

(1) 直径系列代号

直径系列代号表示内径相同的同类轴承有不同的外径和宽度,如图 12-4 所示。滚动轴承的直径系列代号见表 12-3。

表 12-3　滚动轴承直径系列代号

轴承类型	向心轴承						推力轴承				
直径系列	超轻	超特轻	特轻	轻	中	重	超轻	特轻	轻	中	重
代号	8,9	7	0,1	2	3	4	0	1	2	3	4

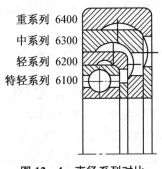

重系列 6400
中系列 6300
轻系列 6200
特轻系列 6100

窄系列 60108
宽系列 62108

图 12-4　直径系列对比　　　　图 12-5　宽度系列对比

（2）宽（高）度系列代号

宽度系列代号表示内、外径相同的同类轴承具有不同的宽度，如图 12-5 所示。宽（高）度系列代号见表 12-4。

当宽（高）度系列代号为 0 时可省略，但对调心轴承和圆锥滚子轴承则必须标出。

表 12-4　滚动轴承宽（高）度系列代号

向心轴承	宽度系列	特窄	窄	正常	宽	特宽	推力轴承	高度系列	特低	低	正常
	代号	8	0	1	2	3,4,5,6		代号	7	9	1,2

3. 轴承的内径代号

轴承内径代号的含义见表 12-5。

表 12-5　滚动轴承内径代号（内径≥10 mm）

轴承内径 d/mm	10~25				20~495 （22、28、32 除外）	≥500 （以及 22、28、32）
	10	12	15	17		
内径代号	00	01	02	03	$d/5$，商只有个位数时，需在十位上补 0	用内径毫米数直接表示，与尺寸系列代号之间用/隔开
举例	深沟球轴承 6201，内径为 d=12 mm				深沟球轴承 6208，内径为 d=40 mm	深沟球轴承 62/500 和 62/22，内径分别是 d=500 mm，d=22 mm

二、前置代号和后置代号

1. 前置代号

前置代号用字母表示，它是用来说明成套轴承部件特点的补充代号，其代号及其含义可查阅轴承样本手册。

2. 后置代号

后置代号用字母和数字表示，用来说明轴承在结构、公差和材料等方面的特殊要求。与基本代号空半个汉字距离或用符号"—""/"分隔。后置代号的内容很多，下面介绍几种常用的后置代号。

（1）内部结构代号用字母表示，跟在基本代号后面，见表 12 - 6。如接触角 $\alpha = 15°$、$25°$ 和 $40°$ 的角接触球轴承分别用 C、AC 和 B 表示内部结构的不同。代号示例如 7210C、7210AC 和 7210B。

（2）密封、防尘与外部形状变化代号。如"- Z"表示轴承一面带防尘盖；"N"表示轴承外圈上有止动槽。代号示例如 6210 - Z、6210N。

（3）轴承的公差等级分为 2、4、5、6X、6 和 0 级，共 6 个级别，精度依次降低，见表 12 - 7，其代号分别为/P2、/P4、/P5、/P6X、/P6 和/P0。公差等级中，6X 级仅适用于圆锥滚子轴承；0 级为普通级，在轴承代号中省略不表示。代号示例如 6203、6203/P6、30210/P6X。

（4）轴承的游隙分为 1、2、0、3、4 和 5 组，共 6 个游隙组别，游隙依次由小到大。常用的游隙组别是 0 游隙组，在轴承代号中省略不表示，其余的游隙组别在轴承代号中分别用符号/C1、/C2、/C3、/C4、/C5 表示。代号示例如 6210、6210/C4。

实际应用的滚动轴承类型是很多的，相应的轴承代号也比较复杂。以上介绍的代号是轴承代号中最基本、最常用的部分，熟悉了这部分代号，就可以识别和查选常用的轴承。关于滚动轴承详细的代号方法可查阅 GB/T 272—1993。

表 12 - 6　内部结构代号

代号	含义与示例			
AC	7210AC	角接触球轴承	公称接触角	$\alpha = 25°$
B	7210B			$\alpha = 40°$
C	7005C			$\alpha = 15°$
E	NU 207E	内圈无挡边圆柱滚子轴承	加强型	

表 12 - 7　公差等级代号

代号	精度低→精度高						示例及含义	
代号	/P0[①]	/P6	/P6X[②]	P5	/P4	/P2	6208/P5	公差等级为 5 级的深沟球轴承

注：① 公差等级为/P0，可省略不写；② 适用于圆锥滚子轴承。

后置代号中的其他代号及其含义详见轴承样本手册。

例 12 - 1　解释下列轴承代号的含义。

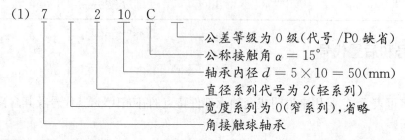

（1）7　2 10 C

- 公差等级为 0 级（代号 /P0 缺省）
- 公称接触角 $\alpha = 15°$
- 轴承内径 $d = 5 \times 10 = 50 (mm)$
- 直径系列代号为 2（轻系列）
- 宽度系列为 0（窄系列），省略
- 角接触球轴承

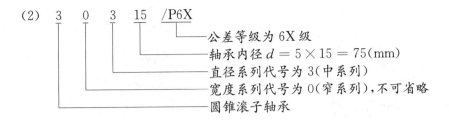

(2) 3 0 3 15 /P6X
- 公差等级为6X级
- 轴承内径 $d = 5 \times 15 = 75$(mm)
- 直径系列代号为3(中系列)
- 宽度系列代号为0(窄系列),不可省略
- 圆锥滚子轴承

模块四 滚动轴承类型的选择

一、影响轴承承载能力的参数

1. 游隙

内、外滚道与滚动体之间的间隙称为游隙,即为当一个座圈固定时,另一座圈沿径向或间隙或轴向的最大移动量(通常用 u 表示),如图 12-6 所示。游隙可影响轴承的运动精度、寿命、噪声、承载能力等。

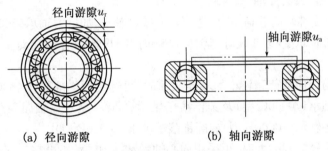

(a) 径向游隙   (b) 轴向游隙

图 12-6 轴承的游隙

2. 极限转速

滚动轴承在一定载荷和润滑条件下,允许的最高转速称为极限转速。滚动轴承转速过高会产生高温,使润滑失效,从而导致滚动体退火或胶合而产生破坏。各类轴承的极限转速数值可查轴承手册。

3. 偏位角

安装误差或轴的变形等都会引起轴承内外圈中心线发生相对倾斜,其倾斜角 δ 称为偏位角。

4. 接触角

由轴承结构类型所决定的接触角称为公称接触角,如图 12-7 所示。当深沟球轴承($\alpha = 0°$)只承受径向力时其内外圈不会做轴向移动,故实际接触角保持不变。如果作用有轴向力 F_a 时,如图 12-8 所示,其实际接触角不再与公称接触角相同, α 增大为 α_1 。对角接触轴承而言, α 值越大则轴承承受轴向载荷的能力也越大。

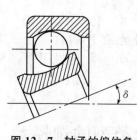
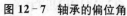

图 12-7　轴承的偏位角

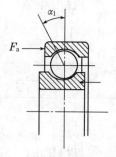

图 12-8　接触角的变化

二、滚动轴承类型的选择

选用滚动轴承时,首先应根据轴承的具体工作条件,合理地选择轴承的类型。一般应考虑以下几个方面:

1. 载荷方向

(1) 当轴承承受纯径向载荷时,可选用径向接触轴承,如深沟球轴承(60000 型)、圆柱滚子轴承(N0000 型)或滚针轴承(NA0000 型)。

(2) 当轴承承受纯轴向载荷时,可选用轴向接触轴承,如推力轴承(50000 型)。

(3) 当轴承同时承受径向载荷与轴向载荷时,应根据两者的相对值来考虑。分两种情况:

当承受较大的径向载荷和较小的轴向载荷时,可选用深沟球轴承(60000 型)或接触角较小的角接触球轴承(70000C 型)及圆锥滚子轴承(30000 型);如轴向载荷较大,可选用接触角较大的角接触轴承(70000B 型)或圆锥滚子轴承(30000B 型)。

当轴向载荷比径向载荷大时,可采用向心轴承和推力轴承组合在一起的结构,以分别承受径向和轴向载荷。

2. 载荷大小

当承受较大载荷时,应选用线接触的滚子轴承,而点接触的球轴承只适用于轻载或中等载荷。当轴承内径 $d \leqslant 20$ mm 时,球轴承和滚子轴承的承载能力差别不大,应优先选用球轴承。

3. 载荷性质

载荷平稳时宜选用球轴承,轻微冲击时选用滚子轴承,径向冲击较大时应选用螺旋滚子轴承。

4. 轴承转速

滚子轴承在一定的载荷和润滑条件下允许的最高转速,称为极限转速。球轴承比滚子轴承的极限转速高,高速或旋转精度要求较高时,应选用球轴承。推力轴承的极限转速都很低,当工作转速高时,若轴向载荷不太大,宜采用角接触球轴承或深沟球轴承。

5. 特殊要求

对支点跨距大、刚度差的轴,多支点或由于其他原因而弯曲变形较大的轴,宜选用调心轴承,且应成对使用。

当轴承的径向尺寸受到限制时,可选用轻、特轻或超轻系列的轴承,必要时可选用滚针轴承。当其轴向尺寸受限制时,可选用窄系列的轴承。

在需要频繁装拆及装拆困难的场合,应优先选用内、外圈可分离的轴承(如汽车车轮的轮毂轴承一般选用 3 类、N 类)。

6. 经济性

同等规格、同样公差等级的各种轴承,球轴承较滚子轴承价廉,其中深沟球轴承最便宜,调心滚子轴承最贵。同型号轴承,公差等级越高,价格也越贵。

模块五　滚动轴承的工作情况分析及计算

一、滚动轴承的受载情况分析

以深沟球轴承为例进行分析,如图 12 - 9 所示。轴承承受径向载荷 F_r,当外圈固定、内圈随轴转动时,滚动体滚动,内、外圈与滚动体的接触点不断发生变化,其表面接触应力随着位置的不同做脉动循环变化。滚动体在上面位置时不受载荷,滚到下面位置受载荷最大,两侧所受载荷逐渐减小。所以,轴承元件受到脉动循环的接触应力。

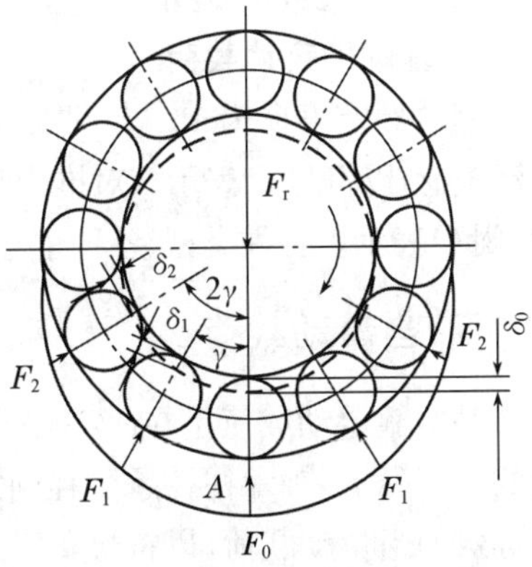

图 12 - 9　滚动轴承内部径向载荷分布

二、滚动轴承的失效形式和设计准则

1. 失效形式

滚动轴承的失效形式主要有三种:疲劳点蚀、塑性变形和磨损。

(1) 疲劳点蚀

轴承工作时,各滚动体受载荷的大小是不同的,如图 12 - 7 所示。处于最低位置的滚动体承受的载荷最大。随着轴承轴圈相对于外圈的转动,滚动体随着运动。轴承元件所受的载荷呈周期性变化,即各元件是在交变接触应力下工作。当应力循环次数达到一定值后,在滚动体及内、外圈滚道的表面上就会出现金属剥落的疲劳点蚀现象,从而使轴承运转时产生振动和噪声,旋转精度下降,使轴承逐渐丧失正常的工作能力。疲劳点蚀是滚动轴承的主要失效形式。

(2) 塑性变形

滚动轴承转速较低时,可能因过大的静载荷或冲击载荷作用下,滚动体或滚道工作面上产生过大的塑性变形,导致轴承不能正常工作。

(3) 磨损

滚动轴承在多尘或密封不可靠、润滑不良的条件下工作时,硬质磨粒进入轴承内,会引起磨料磨损;在高速运转时还会产生胶合磨损。

2. 设计准则

(1) 对一般转速的轴承,疲劳点蚀是其主要的失效形式,因此应进行轴承的寿命计算。

（2）对于低速轴承（$n<1$ r/min），其主要的失效形式是塑性变形，应进行静强度计算。

（3）对于高速轴承，除疲劳点蚀外其工作表面的过热也是重要的失效形式，因此除需进行寿命计算外还应校验其极限转速。

三、基本额定寿命和基本额定动载荷

滚动轴承中任一滚动体或内、外圈滚道出现疲劳点蚀前的总转数，或在一定转速下总的工作小时数，称为轴承寿命。

1. 基本额定寿命

一批同型号的轴承，即使在完全相同的工作条件下运转，各个轴承的寿命也是不同的，有的甚至相差几十倍。国家规定：一批相同型号的轴承，在相同的工作条件下，其中90%的轴承在未出现疲劳点蚀前所能运转的总转数（或总的工作小时数）作为轴承的基本额定寿命，用 L_{10}（10^6）或 L_h 表示。对于单个轴承而言，能达到或超过此预期寿命的可靠度为90%。

2. 基本额定动载荷

基本额定寿命为 10^6 转，即 $L_{10}=1$（单位为 10^6 r）时，轴承所能承受的最大载荷称为基本额定动载荷，以符号 C 表示。对推力轴承是指纯轴向载荷，用 C_a 表示；对向心轴承是指纯径向载荷，用 C_r 表示。各种类型、各种型号的轴承的基本额定动载荷，可在滚动轴承标准中查得。

四、当量动载荷

基本额定动载荷是在向心轴承只受径向载荷，推力轴承只受轴向载荷的特定条件下确定的。实际上，轴承往往承受径向载荷和轴向载荷的复合作用。因此，必须将实际载荷转化为等效的当量动载荷，以符号 P 表示。P 的含义是轴承在当量载荷 P 作用下的寿命与在实际载荷下的寿命相同。

当量载荷的计算公式为

$$P = XF_r + YF_a。 \tag{12-1}$$

式中：X、Y 分别为径向载荷系数和轴向载荷系数，其值查表12-8；F_r 为轴承的径向载荷（N）；F_a 为轴承的轴向载荷（N）。

表 12-8　径向载荷系数 X 与轴向载荷系数 Y

轴承类型	相对轴向载荷 F_a/C_{0r}	e	单列轴承				双列轴承			
			$F_a/F_r \leqslant e$		$F_a/F_r > e$		$F_a/F_r \leqslant e$		$F_a/F_r > e$	
			X	Y	X	Y	X	Y	X	Y
深沟球轴承（60000）型	0.014	0.19	1	0	0.56	2.30	1	0	0.56	2.30
	0.028	0.22				1.99				1.99
	0.056	0.26				1.71				1.71
	0.084	0.28				1.55				1.55
	0.110	0.30				1.45				1.45
	0.250	0.34				1.31				1.31
	0.280	0.38				1.15				1.15
	0.420	0.42				1.04				1.04
	0.560	0.44				1.00				1.00

续表

轴承类型	相对轴向载荷 F_a/C_{0r}	e	单列轴承				双列轴承			
			$F_a/F_r \leqslant e$		$F_a/F_r > e$		$F_a/F_r \leqslant e$		$F_a/F_r > e$	
			X	Y	X	Y	X	Y	X	Y
调心球轴承 (10000)型	—	$1.5\tan\alpha$	1	0	0.40	$0.4\cot\alpha$	1	$0.42\cot\alpha$	0.65	$0.65\cot\alpha$
调心滚子轴承 (20000)型	—	$1.5\tan\alpha$	—	—	—	—	1	$0.45\cot\alpha$	0.67	$0.67\cot\alpha$
角接触球轴承 (70000C)型	0.015 0.029 0.058 0.087 0.120 0.250 0.290 0.440 0.580	0.38 0.40 0.43 0.46 0.47 0.50 0.55 0.56 0.56	1	0	0.44	1.47 1.40 1.30 1.23 1.19 1.12 1.02 1.00 1.00	1	1.65 1.57 1.46 1.38 1.34 1.26 1.14 1.12 1.12	0.72	2.39 2.28 2.11 2.00 1.93 1.82 1.66 1.63 1.63
角接触球轴承 (70000AC)型	—	0.68	1	0	0.41	0.87	1	0.92	0.67	1.41
角接触球轴承 (70000B)型	—	1.14	1	0	0.35	0.57	1	0.55	0.57	0.93
圆锥滚子轴承 (30000)型	—	$1.5\tan\alpha$	1	0	0.4	$0.4\cot\alpha$	1	$0.45\cot\alpha$	0.67	$0.67\cot\alpha$

注：① 推力类轴承的 X 和 Y 查课程设计附表或有关手册。

② C_0 为轴承的额定静载荷，α 为公称接触角，均查产品目录或设计手册。

③ 表中 e 为判别系数。反映了轴向载荷对轴承承载能力的影响，其值与轴承类型及相对轴向载荷 F_a/C_{0r} 有关。

对径向接触轴承（$\alpha=0°$）：　　　　　　$P=F_r$；　　　　　　　　　　(12-2)

对轴向接触轴承（$\alpha=90°$）：　　　　　　$P=F_a$。　　　　　　　　　(12-3)

五、滚动轴承的寿命计算

在实际应用中，轴承寿命常用在给定转速下运转的小时数 L_h 表示。轴承寿命的计算公式为

$$L_h = \frac{10^6}{60n}\left(\frac{f_T C}{f_p P}\right)^\varepsilon。\qquad (12-4)$$

式中：C 为基本额定动载荷(N)，对向心轴承为径向基本额定动载荷 C_r，对推力轴承为轴向基本额定动载荷 C_a；P 为当量动载荷(N)；f_T 为温度系数（见表 12-9），考虑到工作温度对轴承承载能力的影响引入的系数；f_p 为载荷系数（见表 12-10），考虑到机器振动和冲击的影响而引入的系数；ε 为寿命指数，球轴承 $\varepsilon=3$，滚子轴承 $\varepsilon=10/3$；n 为轴承的工作转速(r/min)。

轴承寿命计算后应满足:

$$L_h > L_h'。 \tag{12-5}$$

式中 L_h' 为轴承的预期使用寿命(h),根据机械的使用情况给定或参考表 12-11。

表 12-9 温度系数 f_T

工作温度/℃	<120	125	150	255	200	225	250	300
f_T	1.0	0.95	0.9	0.85	0.8	0.75	0.7	0.6

表 12-10 载荷系数 f_p

载荷性质	f_p	举例
无冲击或轻微冲击	1.0~1.2	电机、汽轮机、通风机、水泵
中等冲击	1.2~1.8	车辆、机床、起重机、冶金设备、内燃机
强大冲击	1.8~3.0	破碎机、轧钢机、石油钻机、振动筛

表 12-11 轴承预期寿命 L_h' 的推荐表

使用条件	预期使用寿命 L_h'/h
不经常使用的仪器和设备	300~3 000
短期或间断使用的机械,中断使用不引起严重后果,如手动机械、农业机械、装配吊车、回柱绞车等	3 000~8 000
间断使用的机械,中断使用会引起严重后果,如发电厂辅助设备、流水线传动装置、升降机、胶带输送机等	8 000~12 000
每天8小时工作的机械(利用率不高),如电机、一般齿轮装置、破碎机、起重机等	10 000~25 000
每天8小时的机械(利用率较高),如机床、工程机械、印刷机械、木材加工机械等	20 000~30 000
24小时连续工作的机械,如压缩机、泵、电机、轧机齿轮装置、矿井提升机等	40 000~50 000
24小时连续工作的机械,中断使用将引起严重后果,如造纸机械、电厂主要设备、矿用水泵、通风机等	约 100 000

当轴承型号未定时,在已知当量载荷 P 和转速 n 的条件下,根据设计要求选择轴承的预期使用寿命 L_h',并按式(12-6)计算出轴承满足预期使用寿命要求所应具备的额定动载荷 C':

$$C' = P \cdot \frac{f_p}{f_T} \sqrt[\varepsilon]{\frac{nL_h'}{16\ 667}}。 \tag{12-6}$$

根据 C' 值小于所选轴承 C 值(查轴承样本)的条件,即可在轴承样本或设计手册中选择所需轴承的型号。

例 12-1 已知一齿轮轴的转速 $n = 2\ 800$ r/min,轴承上的径向载荷 $F_r = 5\ 000$ N,轴向载荷 $F_a = 2\ 600$ N,工作平稳无冲击。要求轴承寿命 $L_h = 5\ 000$ h,选用轴承型号为 6413。试判断所选轴承是否合适。

解:由轴承手册查得轴承 6413:$C = 118\ 000$ N,$C_{0r} = 78\ 500$ N。

(1) $F_a/C_{0r} = 2\ 600/78\ 500 \approx 0.033$,查表 12-8,知 0.033 落在 0.028 ~ 0.056 之间。

用插值法,算得 $e=0.22+\dfrac{0.26-0.22}{0.056-0.028}\times(0.033-0.028)\approx0.23$。

(2) $F_a/F_r=2\,600/5\,000=0.52>e$。

(3) 查表 12-8,得 $X=0.56$,Y 落在 $1.99\sim1.71$ 之间。用插值法,算得 $Y=1.94$。

(4) 查表 12-9,得 $f_T=1.0$。

(5) 查表 12-10,得 $f_p=1.0$。

(6) 当量动载荷。

$$P=XF_r+YF_a=0.56\times5\,000+1.94\times2\,600=7\,844(\text{N})。$$

(7) 计算额定动载荷。由式(12-6),得

$$C'=P\cdot\frac{f_p}{f_T}\cdot\sqrt[3]{\frac{L'_h\times n}{16\,667}}=7\,844\cdot\frac{1}{1}\cdot\sqrt[3]{\frac{5\,000\times2\,800}{16\,667}}\approx74\,011(\text{N})。$$

6413 轴承的 $C=118\,000$ N,大于计算所需的 $C'=74\,011$ N,故所选轴承合用。

六、向心角接触轴承的轴向力计算

向心角接触轴承(3 类、7 类)在承受径向载荷 F_r 作用下,将产生使轴承内、外圈分离的附加的派生轴向力 F_s(见图 12-10),其值按表 12-12 所列公式计算,其方向由轴承外圈端面的宽边指向窄边。

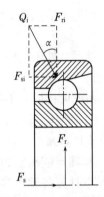

图 12-10　附加轴向力

表 12-12　附加轴向力 F_s 的计算公式

圆锥滚子轴承	角接触球轴承		
$F_s=\dfrac{F_r}{2Y}$	7000C($\alpha=15°$)	7000AC($\alpha=25°$)	7000B($\alpha=40°$)
	$F_s=eF_r$	$F_s=0.68F_r$	$F_s=1.14F_r$

注:e 为判别系数,初算时 $e=0.4$。Y 为圆锥滚子轴承的轴向系数,$Y=0.4\cot\alpha$。

为了保证轴承正常工作,向心角接触轴承通常成对使用,对称安装。安装的方式有两种:两轴承外圈窄边相对的安装称为正装[见图 12-11(a)],外圈窄边相背的安装称为反装[见图 12-11(b)]。图中 O_1、O_2 分别为轴承 1、2 的实际支承中心,即支持力的作用点,简化计算时可近似认为支点在轴承宽度的中心处。

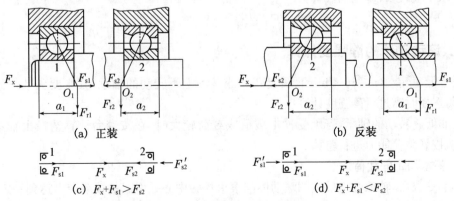

(a) 正装　　　　　　　　　　　　　(b) 反装

(c) $F_x+F_{s1}>F_{s2}$　　　　　　　　(d) $F_x+F_{s1}<F_{s2}$

图 12-11　向心角接触轴承轴向载荷分析

计算角接触轴承的轴向载荷 F_a 时,需将轴承的派生轴向力 F_{s1}、F_{s2} 考虑进去。下面以图 12-11(a)的情况为例进行分析。

(1) 当 $F_x + F_{s1} > F_{s2}$ 时[见图 12-11(c)],轴有向右移动的趋势,轴承 2 被端盖顶住而压紧。轴承 2 上将受到平衡力 F'_{s2} 作用。根据力的平衡条件,可知

$$F_x + F_{s1} = F_{s2} + F'_{s2} 。$$

轴承 2 除受派生轴向力 F_{s2} 的作用外还受到轴向平衡力 F'_{s2} 的作用,故其轴向载荷为

$$F_{a2} = F_{s2} + F'_{s2} = F_x + F_{s1} 。$$

轴承 1 处于放松状态,只受派生轴向力。所以,其轴向载荷为

$$F_{a1} = F_{s1} 。$$

(2) 当 $F_x + F_{s1} < F_{s2}$ 时[见图 12-11(d)],轴有向左移动的趋势,轴承 1 被端盖顶住而压紧。轴承 1 上将受到平衡力 F'_{s1} 作用。根据力的平衡条件,可知

$$F_x + F_{s1} + F'_{s1} = F_{s2} 。$$

作用于轴承 1 上的轴向载荷为

$$F_{a1} = F_{s1} + F'_{s1} = F_{s2} - F_x 。$$

轴承 2 处于放松状态,只受派生轴向力。所以,其轴向载荷为

$$F_{a2} = F_{s2} 。$$

由此可将向心角接触轴承轴向载荷 F_a 的计算方法和步骤归纳如下:

① 确定轴承派生轴向力。F_{s1}、F_{s2} 的方向由外圈宽边指向窄边,其大小按表 12-12 所列公式计算。

② 确定被压紧的轴承。根据 F_x、F_{s1}、F_{s2} 判断轴的移动趋势,判定压紧端。

③ 计算各轴承的轴向载荷。被压紧的轴承的轴向载荷等于除其本身派生轴向力外,其他所有轴向力的代数和;而另一端轴承的轴向载荷就等于其本身的派生轴向力。

例 12-2 有一对 70000AC 型轴承正装[见图 12-11(a)],已知 $F_{r1} = 1\,000\,\text{N}$,$F_{r2} = 2\,100\,\text{N}$,作用于轴心线上的轴向载荷 $F_x = 900\,\text{N}$。求轴承所受的轴向载荷 F_{a1}、F_{a2}。

解: 由表 12-12,得 $F_{s1} = 0.68F_{r1} = 1\,000 \times 0.68 = 680(\text{N})$;

$$F_{s2} = 0.68F_{r2} = 2\,100 \times 0.68 = 1\,428(\text{N}) 。$$

因为 $F_x + F_{s1} = 900\,\text{N} + 680\,\text{N} = 1\,580\,\text{N} > F_{s2}$,所以轴承 2 被压紧,其轴向载荷为

$$F_{a2} = F_x + F_{s1} = 1\,580\,\text{N} 。$$

轴承 1 被放松,其轴向载荷为

$$F_{a1} = F_{s1} = 680\,\text{N} 。$$

七、滚动轴承的静强度计算

对于低速转动($n \leqslant 10\ \text{r/min}$)、缓慢转动或基本上不转动的轴承,其主要失效形式是塑性变形,选择时需进行静强度计算。

对非低速转动的轴承,若承受冲击载荷或载荷较大时,在按寿命计算选择出轴承型号后,还应按静载荷能力进行验算。

1. 基本额定静载荷

轴承受载后,轴承受力最大的滚动体与滚道接触中心处引起的接触应力达到一定值,该应力对应的载荷称为基本额定静载荷,用符号 C_0 表示。对向心轴承为径向基本额定静载

C_{0r}，对推力轴承为轴向基本额定静载荷 C_{0a}。

各类轴承的 C_0 值可从轴承标准中查得。

2. 当量静载荷

基本额定静载荷是在向心轴承只受径向载荷、推力轴承只受轴向载荷的特定条件下确定的。如果轴承实际承受的是径向载荷和轴向载荷的联合作用，则应将实际载荷折合成一个当量静载荷，以符号 P_0 表示。P_0 计算公式为

$$P_0 = X_0 F_r + Y_0 F_a。 \tag{12-7}$$

式中：F_r、F_a 分别为径向载荷和轴向载荷（N）；X_0、Y_0 分别为当量静载荷的径向载荷系数和轴向载荷系数，其值可查表 12-13。若计算出的 $P_0 < F_r$，则应取 $P_0 = F_r$。

表 12-13　当量静载荷系数

轴承类型		单列轴承		双列轴承	
		X_0	Y_0	X_0	Y_0
深沟球轴承		0.6	0.5	0.6	0.5
角接触球轴承	$\alpha = 15°$	0.5	0.46	1	0.92
	$\alpha = 25°$	0.5	0.38	1	0.76
	$\alpha = 40°$	0.5	0.26	1	0.52
调心球轴承		0.5	$0.22\cot\alpha$	1	$0.44\cot\alpha$
圆锥滚子轴承		0.5	$0.22\cot\alpha$	1	$0.44\cot\alpha$

3. 静强度计算

静强度计算公式为

$$S_0 P_0 \leqslant C_0 \ 或 \frac{C_0}{P_0} \geqslant S_0。 \tag{12-8}$$

式中 S_0 为静载荷安全系数，对于静止或摆动轴承以及旋转轴承，可查表 12-14。

表 12-14　滚动轴承静载荷安全系数 S_0

静止或摆动轴承		旋转轴承	
轴承的使用场合	S_0	轴承的使用要求及载荷性质	S_0
不需经常旋转、一般载荷	0.5	对旋转精度及平稳性要求高，或承受冲击载荷	1.2～2.5
不需经常旋转、有冲击载荷或载荷分布不均	1～1.5	正常使用	0.8～1.2
		对旋转精度及平稳性要求较低，没有冲击和振动	0.5～0.8

注：对于推力调心轴承，不论是否旋转，均应取 $S_0 \geqslant 4$。

模块六　滚动轴承的组合设计

为了保证轴承的正常工作，除应合理选用轴承类型和尺寸外，还必须合理地进行轴承组合设计，即正确解决轴承的固定、调整、配合与拆装，以及润滑与密封等问题。

一、轴承套圈的轴向固定

为了防止轴承在承受轴向力载荷时相对于轴和座孔发生轴向移动，轴承内圈与轴、外圈与座孔必须进行可靠的轴向固定。

1. 内圈的轴向固定

图 12-12(a)用轴肩固定，是轴承内圈最常见的单向固定方式。为使端面可靠地贴紧，轴肩处圆角半径必须小于轴承内圈的圆角半径；同时，轴肩高度不要高于轴承内圈的高度，否则轴承拆卸困难。图 12-12(b)用弹性挡圈固定，可承受不大的轴向载荷，主要用于深沟球轴承。图 12-12(c)用轴端挡板固定，这种固定可在高速下承受较大的轴向力。图 12-12(d)用圆螺母及止动垫圈固定，固定安全可靠，主要用于转速高、轴向力大的情况。

(a) 轴肩固定　　(b) 弹性挡圈固定　　(c) 轴端挡板固定　　(d) 圆螺母及止动垫圈固定

图 12-12　轴承内圈的轴向固定方式

2. 外圈的轴向固定

图 12-13(a)用嵌入轴承座沟槽内的弹性挡圈固定，结构简单、轴向尺寸小，主要用于深沟球轴承。图 12-13(b)用止动环嵌入轴承外圈的止动槽内固定，用于带有止动槽的轴承，也可用于轴承座不便设凸肩且为剖分式结构的座孔。图 12-13(c)用轴承盖固定，用于高速及轴向力较大的各类轴承。图 12-13(d)用螺纹环固定，用于轴承转速高、轴向力较大而不适于使用轴承端盖的情况。

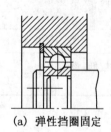 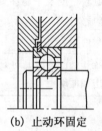 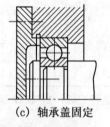 

(a) 弹性挡圈固定　　(b) 止动环固定　　(c) 轴承盖固定　　(d) 螺纹固定

图 12-13　轴承外圈的轴向固定方式

二、轴组件的轴向固定

1. 两端固定支承

如图 12-14 所示,两个轴承分别限制轴系的一个方向的轴向移动,组合在一起就限制了轴的双向移动。

两端固定支承形式适用于天气温度变化不大或较短的轴(跨距 $L \leqslant 350$ mm)。考虑轴工作时有少量热膨胀,对深沟球轴承可在轴承端盖与外圈端面间留有间隙 $C(0.2 \sim 0.3$ mm)。当采用角接触球轴承或圆锥滚子轴承时,轴的热伸长量只能由轴承的游隙补偿。

2. 两端游动支承

如图 12-15 所示,两轴承的外圈均完全轴向固定,轴和轴承内圈及滚子可相对外圈做双向轴向移动。

两端游动支承形式常用在人字齿轮轴系结构中。通常轴系的轴向位置由低速轴限制,高速轴系可双向轴向移动,以保证人字齿轮的正确啮合。

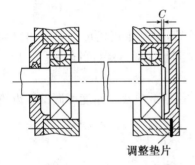

图 12-14　两端固定支承

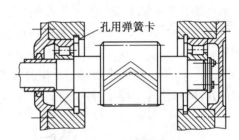

图 12-15　两端游动支承

3. 一端固定、一端游动支承

如图 12-16 所示,一端轴承双向固定,称为固定端(左端);另一端轴承可做轴向移动,称为游动端(右端)。游动端采用深沟球轴承,其外圈在轴承座中游动[图 12-16(a)],或采用圆柱滚子轴承在滚动体与内(或外)圈之间游动[图 12-16(b)]。

一端固定、一端游动支承形式用于温度变化较大或较长的轴(跨距 $L > 350$ mm)。

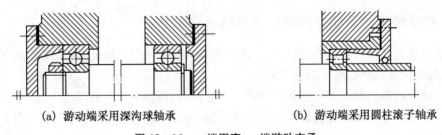

(a) 游动端采用深沟球轴承　　　　　(b) 游动端采用圆柱滚子轴承

图 12-16　一端固定、一端游动支承

三、轴承组合的调整

1. 轴承间隙的调整

轴承装配时,一般应留有适当的间隙,确保轴的正常运转。常用的调整方法有调整垫片和调整螺钉。

(1) 调整垫片

如图 12 - 17(a)所示,是靠加减轴承端盖与机座之间的垫片厚度进行调整的。

(2) 调整螺钉

如图 12 - 17(b)所示,是利用端盖上的螺钉控制轴承外圈压盖的位置来实现调整的。

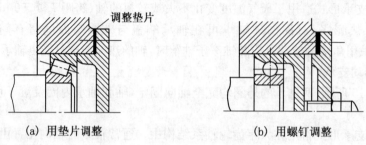

(a) 用垫片调整　　　　　　　(b) 用螺钉调整

图 12 - 17　滚动轴承轴向间隙的调整

2. 轴承组合位置的调整

某些场合要求轴上安装的零件必须有准确的轴向位置,如圆锥齿轮传动要求两锥齿轮的节锥顶点重合[图 12 - 18(a)],蜗杆传动要求蜗轮的中间平面通过蜗杆的轴线[图 12 - 18(b)]等。

图 12 - 19 所示为圆锥齿轮轴承组合位置的调整装置,增减垫片 1 厚度可调整锥齿轮的轴向位置;增减垫片 2 厚度可调整轴承间隙。

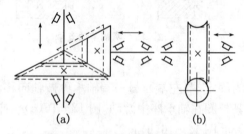

图 12 - 18　轴承轴向间隙的调整

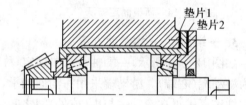

图 12 - 19　小圆锥齿轮轴承组合结构的调整

四、轴承组合支承部分的刚度和同轴度

安装轴承处必须要有足够的刚度,才能使滚动体正常滚动。因此,轴承座孔壁应有足够的厚度,并设置加强肋以增强刚度(图 12 - 20)。

同一轴上两端的轴承座孔必须保持同心。为此,两端轴承座孔的尺寸应尽量相同,以便加工时一次镗出。若轴上装有不同外径尺寸的轴承时,可采用套杯结构(图 12 - 21)。

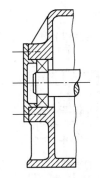

图 12-20　支承部位刚度

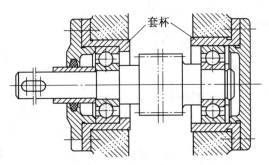

图 12-21　轴承座孔的同轴度

五、轴承的预紧

预紧是指在安装轴承时使其受到一定的轴向力,以消除轴承的游隙并使滚动体和内、外套圈接触处产生弹性预变形。预紧的目的在于提高轴承的刚度和旋转精度,减少振动和噪声。

常见的预紧方法如下:

(1) 靠夹紧一对圆锥滚子轴承的外圈来预紧[图 12-22(a)];

(2) 用弹簧预紧,可以得到稳定的预紧力[图 12-22(b)];

(3) 在两轴承间装入长度不等的套筒而预紧[图 12-22(c)];

(4) 靠夹紧一对磨窄了的外圈而预紧[图 12-22(d)]。

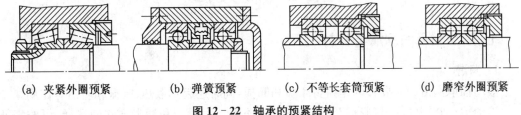

(a) 夹紧外圈预紧　　　(b) 弹簧预紧　　　(c) 不等长套筒预紧　　　(d) 磨窄外圈预紧

图 12-22　轴承的预紧结构

六、滚动轴承的配合与装拆

1. 滚动轴承的配合

由于滚动轴承是标准件,因此轴承内圈与轴颈的配合采用基孔制,外圈与轴承座孔的配合采用基轴制。

在设计时,应根据载荷的大小及性质、转速的高低、工作温度及套圈是否回转等因素选择轴承的配合。转速高、载荷大、冲击振动比较严重时应选用较紧的配合,旋转精度要求高的轴承配合也要紧一些;游动支承和需经常拆卸的轴承,则应配合松一些。

轴与内圈的配合常选用 m6、k6、js6 等,外圈与轴承座孔的配合常选用 J7、H7、G7 等。滚动轴承公差带与一般圆柱而配合的公差带不同,轴承内孔和外径的上偏差为 0,下偏差为负,所以内圈与轴配合较紧,而外圈与座孔的配合较松。

2. 滚动轴承的装拆

装拆时,装拆力要对称或均匀地加在紧配合的轴承套圈端面,不能通过滚动体传递。

轴承的安装方法可以用装配套管锤打(图 12-23)、压力机压入,也可用温差法装配。

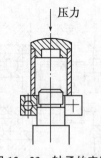

图 12-23 轴承的安装

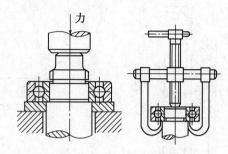

图 12-24 轴承的拆卸

轴承的拆卸可采用压力机或专用拆卸工具(图 12-24),为了便于拆卸,要求轴肩高度不能高于轴承内圈高度;对于外圈的拆卸也应如此,留出拆装高度 h 和尺寸,或在壳体上制出放置拆卸螺钉的螺孔(图 12-25)。

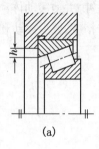

(a)

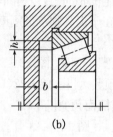

(b)

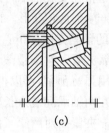

(c)

图 12-25 轴承外圈的拆卸

七、滚动轴承的润滑与密封

1. 润滑

滚动轴承润滑的主要目的是减少摩擦和磨损,同时还起到散热、吸振和防锈等作用。

滚动轴承常用的润滑剂有润滑脂和润滑油两类。润滑剂和润滑方式的选择,可按表征轴承转速大小的速度因素 dn 值来确定,见表 12-15。

润滑脂的特点是不易流失,易于密封且油膜强度高,承载能力强,常用于 dn 值较低的场合。润滑脂的填装量一般不超过轴承空间的 $1/3\sim1/2$,以免因润滑脂过多而引起轴承发热。

润滑油具有摩擦阻力小、散热效果好和润滑可靠等优点,但对密封和供油要求较高。

表 12-15 不同润滑方式下滚动轴承允许的 dn 值　　　　　　　mm·r/min

轴承类型	脂润滑	油润滑			
		浴油、飞溅润滑	滴油润滑	喷油润滑	油雾润滑
深沟球轴承 调心球轴承 角接触球轴承 圆柱滚子轴承	16×10^4	25×10^4	40×10^4	60×10^4	$>60\times10^4$
圆锥滚子轴承	8×10^4	16×10^4	23×10^4	30×10^4	
推力球轴承	4×10^4	6×10^4	12×10^4	15×10^4	

注:d 为轴承内径(mm);n 为转速(r/min)。

2. 密封

密封的目的是防止灰尘、水分及其他杂质等进入轴承,并阻止润滑剂流失。密封装置可分为接触式密封和非接触式密封两大类,常见密封装置的结构、特点和应用见表 12-16。

表 12-16　滚动轴承的常用密封装置

密封类型	简图	适用场合	说明
接触式密封	毡圈式密封 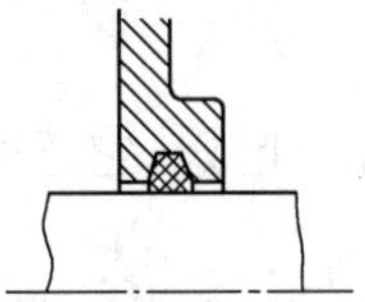	脂润滑:要求环境清洁,轴颈圆周速度 v 不大于 4～5 m/s,工作温度不超过 90 ℃	矩形截面的毛毡圈被安装在梯形槽内,它对轴产生一定的压力而起到密封作用
接触式密封	皮碗式密封 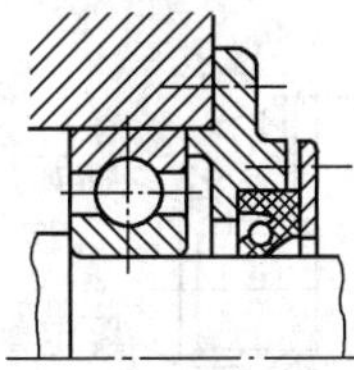	脂或油润滑:圆周速度 $v<$ 7 m/s,工作温度范围－40～100 ℃	皮碗用皮革或耐油橡胶制成。密封唇朝里,目的是防漏油;若密封唇朝外,则主要目的是防灰尘、杂质进入
非接触式密封	间隙式密封 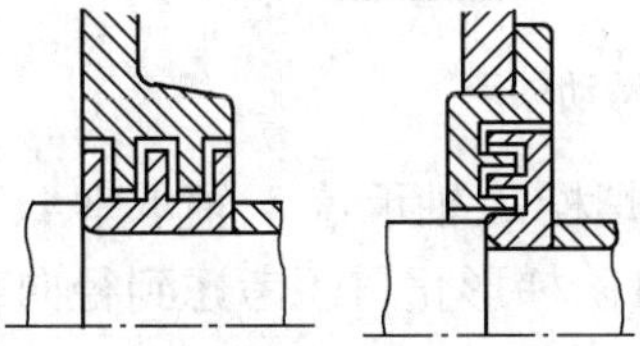	脂润滑:环境干燥、清洁	靠轴与盖间的细小环形间隙密封,间隙愈小愈长,效果愈好,间隙 δ 取 0.1～0.3 mm,开有油沟时效果更好
非接触式密封	迷宫式密封 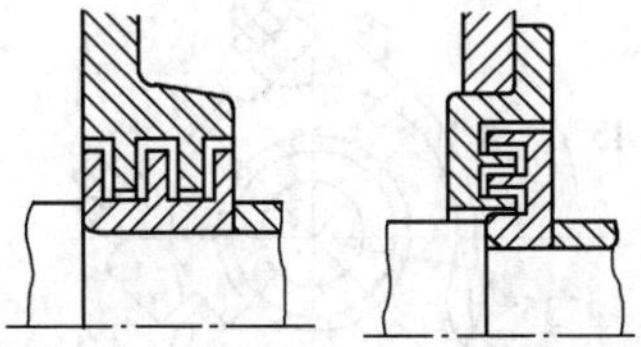	脂润滑或油润滑:工作温度不高于密封用脂的滴点,这种密封效果可靠	迷宫曲路由轴套和端盖的间隙组成,可在间隙中充填润滑油或润滑脂以加强密封效果

模块七　滑动轴承概述

滑动轴承的工作面间一般有润滑油膜且为面接触,所以它具有承载能力大、工作平稳、噪声低、抗冲击、回转精度高和高速性能好等优点,在汽轮机、精密机床和重型机械中被广泛地应用。

一、滑动轴承的类型和结构

1. 滑动轴承的类型

根据接触面的摩擦状态,滑动轴承可分为液体摩擦滑动轴承和非液体摩擦滑动轴承两类。液体摩擦滑动轴承工作时,在轴颈和轴承的工作表面之间被一层润滑油膜完全隔开,所以摩擦系数很小,一般仅为 0.001～0.008。

非液体摩擦滑动轴承在工作面间注入润滑油后,会形成一层极薄的油膜轴,油膜不能将两接触面完全隔开,接触表面局部凸起部分将发生金属的直接接触,因此摩擦系数较大,容易磨损,这种轴承主要用于低速、轻载和要求不高的场合。

根据所承受载荷的方向,滑动轴承可分为径向轴承(承受径向载荷)和推力轴承(承受轴向载荷)两大类。

2. 滑动轴承的结构

(1) 径向滑动轴承

图 12-26 所示为整体式滑动轴承,主要由轴承座和轴瓦组成。它还可在机架或箱体上制出轴承孔,再装上轴套成为无轴承座的整体式滑动轴承。

整体式滑动轴承结构简单,制造方便,但轴套磨损后轴承间隙无法调整;装拆时轴或轴承需轴向移动,故只适用于低速、轻载和间歇工作的机械。

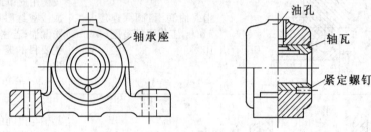

图 12-26 整体式径向滑动轴承

图 12-27 所示为剖分式滑动轴承,由上轴瓦 1、螺栓 2、轴承盖 3、轴承座 4、下轴瓦 5 等组成。为了提高安装的对心精度,在剖分面上设置有阶梯形止口。考虑到径向载荷方向的不同,剖分面可以制成水平式[图 12-27(a)]和斜开式[图 12-27(b)]两种。

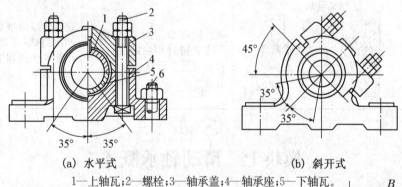

(a) 水平式　　　　　　　　　　　(b) 斜开式

1—上轴瓦;2—螺栓;3—轴承盖;4—轴承座;5—下轴瓦。

图 12-27 剖分式滑动轴承

剖分式滑动轴承装拆方便,轴瓦磨损后可用取出适当厚度的垫片来调整轴承间隙,因而应用广泛。

径向滑动轴承还有其他许多类型。如图 12-28 所示为调心轴承。把轴瓦支承面做成球面,使其能自动适应轴线的偏转和变形。

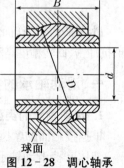

图 12-28 调心轴承

（2）推力滑动轴承

推力滑动轴承用来承受轴向载荷，如图 12 - 29 所示。按轴颈支承面的形式不同，分为实心式、空心式、环形式三种。图 12 - 29(a)为实心止推轴颈，当轴旋转时，由于端面上不同半径处的线速度不相等，因而使端面中心部的磨损很小，而边缘的磨损却很大，结果造成轴颈端面中心处应力集中。实际结构中多数采用空心轴颈[图 12 - 29(b)]，可使其端面上压力的分布得到明显改善，并有利于储存润滑油；[图 12 - 29(c)]为单环形推力轴颈；[图 12 - 29(d)]为多环形推力轴颈，由于支承面积大，故可承受的推力较大。

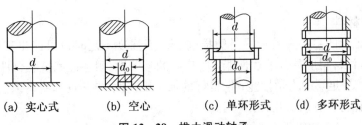

(a) 实心式　　(b) 空心　　(c) 单环形式　　(d) 多环形式

图 12 - 29　推力滑动轴承

二、轴瓦和轴承衬材料

1. 轴瓦的结构

轴瓦是滑动轴承中直接与轴颈接触的重要零件，常用的轴瓦有整体式和剖分式两种。整体式轴瓦又称轴套，如图 12 - 30 所示，用于整体式滑动轴承，剖分式轴瓦用于剖分式滑动轴承（图 12 - 31）。

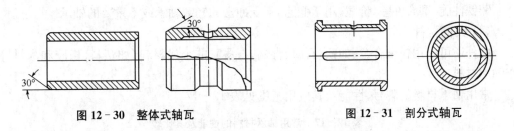

图 12 - 30　整体式轴瓦　　　　　　图 12 - 31　剖分式轴瓦

轴瓦是滑动轴承中直接与轴接触的重要零件，其工作面既是承载面，又是摩擦面，因此轴瓦需采用减摩材料。为节省减摩材料和满足强度要求，常以钢、铸铁或青铜作轴瓦，在轴瓦内表面上浇一层很薄的减摩材料（如轴承合金），称为轴承衬。

为使轴承衬牢固地粘在轴瓦的内表面上，常在轴瓦上预制出各种形式的沟槽，如图 12 - 32 所示。

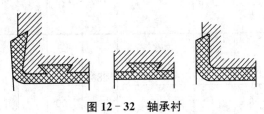

图 12 - 32　轴承衬

为了润滑轴承的工作表面，一般在轴瓦的非承载区上开有油孔和油沟，油沟的结构形式很多，如图 12-33 所示。油沟不应开通，以减少端部泄漏。

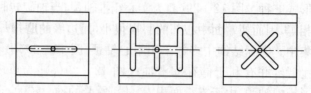

图 12-33　油槽分布的主要形式

2. 轴承的材料

由于滑动轴承的主要失效形式是磨损、胶合，当强度不足时也可能出现疲劳破坏。因此，轴瓦和轴承衬材料应具备下述性能：① 良好的减摩性、耐磨性和抗胶合性；② 良好的跑合性和嵌藏性；③ 足够的力学性能；④ 良好的加工工艺性、导热性和耐腐蚀性。

常用的轴瓦材料有以下几种：

（1）轴承合金（又称巴氏合金，白合金）

轴承合金主要有锡锑轴承合金和铅锑轴承合金两大类，其减摩性、耐磨性、跑合性能好，导热性也好，适于高速、重载的重要轴承。但轴承合金的价格昂贵，机械强度很低，一般作为轴承衬材料。

（2）铜合金

铜合金是传统的轴瓦材料，可分为青铜和黄铜两类。其中青铜的减摩性、耐磨性和导热性好，机械强度高、承载能力大，广泛用于重载、中速、中载的场合。

（3）铸铁

铸铁性脆，磨合性差，价廉，用于低速、不受冲击的轻载轴承或不重要的轴承。

（4）其他材料

此外还可采用粉末合金（如铁-石墨、青铜-石墨）、非金属材料（如塑料、橡胶和木材等）作轴承材料。

常用轴承材料的牌号、性能及其应用范围见表 12-17。

表 12-17　常用轴承材料的性能及其比较

| 轴瓦材料 | | 最大允许值 | | | 最高工作温度 $t/℃$ | 最小轴颈硬度/HBS | 性能比较 | | | 使用说明 |
		$[p]/$MPa	$[v]/$(m·s^{-1})	$[pv]/$[MPa·(m·s^{-1})]			抗胶合性	耐蚀性	疲劳强度	
铅锑轴承合金	ZChPbSb16-16-2	15	12	10	150	150	1	3	5	用于中速、中等载荷的轴承，不宜受显著的冲击载荷
	ZChPbSb15-15-3	5	6	5						
锡青铜	ZCuSn10Pb1	15	10	15	280	5～100	5	1	1	用于中速、重载及受变载荷的轴承
	ZCuSn5Pb5Zn5	8	3	15		200				用于中速、中等载荷的轴承

续表

轴瓦材料		最大允许值			最高工作温度 $t/℃$	最小轴颈硬度/HBS	性能比较			使用说明
		$[p]/$ MPa	$[v]/$ (m·s⁻¹)	$[pv]/$ [MPa·(m·s⁻¹)]			抗胶合性	耐蚀性	疲劳强度	
铅青铜	ZcuPb30	25	12	30	280	300	3	4	2	用于高速、重载轴承,能承受变载荷及冲击载荷
铝青铜	ZCuAl10Fe3	30	8	12		200	5	5	2	最宜用于润滑充分的低速、重载轴承
黄铜	ZCuZn38Mn2Pb2	12	2	10	200	200	3	1	1	用于低速、中等载荷的轴承
灰铸铁	HT150　HT200	2~4	0.5~1	1~4	150	200~250	4	1	1	用于低速、轻载的不重要轴承,价廉

三、滑动轴承的润滑

轴承润滑的主要目的是为了减少摩擦和磨损,以提高轴承的工作能力和使用寿命,同时起冷却、防尘、防锈和吸振作用。设计滑动轴承时,必须恰当地选择润滑剂和润滑装置。

1. 润滑剂的选择

(1) 润滑油

润滑油的内摩擦系数小,流动性好,是滑动轴承中应用最广的一种润滑。

润滑油的主要性能指标是黏度,它表示润滑油流动时内部摩擦阻力的大小,是选用润滑油的主要依据。一般压强大、有冲击或变载荷下运转时,应选用黏度高、油性好的润滑油,以保证油膜不被破坏;转速高时,应选择黏度低的润滑油,以减少摩擦阻力。润滑油的选择可参考表 12-18 所示。

表 12-18　滑动轴承润滑油的选择(工作温度 10~60 ℃)

轴颈圆周速度 $v/(m·s⁻¹)$	轻载 $p<3$ MPa		中载 $p=3~7.5$ MPa		重载 $p>7.5~30$ MPa	
	运动黏度(40℃)/(mm²·s⁻¹)	适用润滑油牌号	运动黏度(40℃)/(mm²·s⁻¹)	适用润滑油牌号	运动黏度(40℃)/(mm²·s⁻¹)	适用润滑油牌号
<0.1	85~150	L-AN100 L-AN150	140~220	L-AN 150 L-CKD220	470~1 000	L-CKD 460、L-CKD 680、L-CKD 1000
0.1~0.3	65~125	L-AN 68 L-AN 100	120~250	L-AN 100 L-AN 150	250~600	L-CKD 220、L-CKD 320、L-CKD 460
0.3~1.0	45~70	L-AN 46 L-AN 68	100~125	L-AN 100	90~350	L-CKD 100、L-CKD 150 L-CKD 220、L-CKD 320

（续表）

轴颈圆周速度 $v/(\mathrm{m \cdot s^{-1}})$	轻载 $p<3$ MPa		中载 $p=3\sim7.5$ MPa		重载 $p>7.5\sim30$ MPa	
	运动黏度 (40 ℃)/ $(\mathrm{mm^2 \cdot s^{-1}})$	适用润滑油牌号	运动黏度 (40 ℃)/ $(\mathrm{mm^2 \cdot s^{-1}})$	适用润滑油牌号	运动黏度 (40 ℃)/ $(\mathrm{mm^2 \cdot s^{-1}})$	适用润滑油牌号
$1.0\sim2.5$	$40\sim70$	L - AN 46 L - AN 68	$65\sim90$	L - AN 68 L - AN 100		
$2.5\sim5.0$	$40\sim55$	L - AN 32 L - AN 46				

（2）润滑脂

润滑脂主要用于润滑要求不高、难以经常供油的滑动轴承。

润滑脂的主要性能指标是锥入度，它反映了润滑脂的黏稠程度，一般在低速、重载条件下应选锥入度小的润滑脂。润滑脂的选择可参考表 12-19。

表 12-19 滑动轴承润滑脂的选择

轴承压强 $p/$MPa	轴颈圆周速度 $v/(\mathrm{m \cdot s^{-1}})$	最高工作温度 $t/℃$	选用润滑脂牌号
<1	$\leqslant1$	15	3 号钙基脂
$1\sim6.5$	$0.5\sim5$	55	3 号钙基脂
6.5	$\leqslant0.5$	75	3 号钙基脂
6.5	$0.5\sim5$	120	3 号钙基脂
6.5	$\leqslant0.5$	110	3 号钙基脂
$1\sim6.5$	$\leqslant1$	100	2 号锂基脂
>6.5	$\leqslant0.5$	60	2 号极压复合锂基脂

2. 润滑方法及润滑装置

为了获得良好的润滑效果，除正确地选择润滑剂外，还应选择适当的润滑方法和润滑装置。具体润滑方法及润滑装置参考项目二。

思考题

12-1 简述滚动轴承的主要组成，其各自的功用是什么？

12-2 常用滚动轴承有哪几类？各有什么特点？各自适用什么工作条件？怎样选择使用？

12-3 滚动轴承的代号是如何规定的？试说明下列滚动轴承代号的意义：6005、N208/P6、7307C、30209/P5。

12-4 什么是滚动轴承的公称接触角？如何按公称接触角对滚动轴承分类？

12-5 滚动轴承的寿命与其基本额定寿命有何区别？

12-6 滚动轴承的基本额定动载荷是如何规定的？它与当量动载荷有何区别？

12-7 哪几类滚动轴承承载时会产生附加轴向力?怎样确定其大小和方向?

12-8 滚动轴承的设计原则是什么?哪些轴承在选择设计时要进行静强度计算?

12-9 滚动轴承的组合设计主要考虑哪些问题?如何进行滚动轴承的间隙和位置的调整?

12-10 滚动轴承的内、外圈固定方式有哪几种?轴系的固定方式有哪几种?各在什么条件下应用?

12-11 举例说明滚动轴承的润滑与密封方法。

12-12 滑动轴承有哪些类型、特点?各适用什么工作条件?

12-13 滑动轴承的轴瓦有哪些结构形式?采用什么轴承材料?

12-14 滑动轴承的润滑采用哪些方式、哪些装置、哪些润滑剂?如何选用?

12-15 一对 7210AC 轴承,分别受径向载荷 $F_r = 6\,000$ N,轴向载荷 $F_a = 3\,200$ N,轴上作用有外加轴向载荷 F_x,其方向如图 12-11(a,c)所示。试求下列情况下,各轴承的内部轴向力 F_s、轴承所受的轴向载荷 F_a 和当量动载荷 P 的大小。(1) $F_x = 4\,500$ N;(2) $F_x = 1\,000$ N。

12-16 一机械传动装置两端支承采用相同的深沟球轴承,已知轴颈直径均为 $d = 40$ mm,转速 $n = 2\,550$ r/min,各轴承所承受的径向载荷为 $F_{r1} = 2\,000$ N 及 $F_{r2} = 1\,500$ N,常温下工作,载荷平稳,要求使用寿命 $L'_h \geqslant 8\,000$ h。试选择该轴承型号。

12-17 根据工作条件,决定在某传动轴上安装一对角接触球轴承,要求背对背布置。已知两个轴承所受的径向载荷分别为 $F_{r1} = 1\,470$ N 及 $F_{r2} = 2\,650$ N,外加轴向载荷为 $F_x = 1\,500$ N,轴颈 $d = 50$ mm,转速 $n = 3\,000$ r/min,常温下运转,有中等冲击,预期使用寿命 $L_h = 2\,000$ h。试选择轴承型号。

12-18 某机械的转轴两端各用一向心轴承支承。已知轴颈直径 $d = 40$ mm,转速 $n = 1\,000$ r/min,每个轴承的径向载荷为 $F_r = 5\,880$ N。载荷平稳,工作温度 125 ℃,预期使用寿命 $L_h = 5\,000$ h。试分别按球轴承和滚子轴承选择型号,并比较。

技能训练

12-1 熟悉常见滚动轴承及滑动轴承。

12-2 以一轴组合件为载体,对其上滚动轴承进行拆装及调整,分析其特点及应用范围。

项目十三 联轴器、离合器和弹簧

学习目标

一、知识目标

1. 掌握联轴器的类型、特点及应用范围。
2. 掌握联轴器的选择方法。
3. 掌握离合器和弹簧的类型、特点、应用范围及作用。

二、技能目标

1. 能分清联轴器、离合器的类型及其应用范围。
2. 能根据要求选择合适的联轴器。
3. 能对联轴器、离合器进行装拆与调整。
4. 通过完成上述任务,能够自觉遵守安全操作规范。

教学建议

教师在讲授基本知识后,将学生分组,安排在实验室完成以下两个工作任务:常用联轴器、离合器认识及选择,联轴器及离合器的装拆与调整。工作任务完成后,由学生自评、学生互评、教师评价三部分汇总组成教学评价。

联轴器和离合器都是用来联结两轴的,且使两轴一起转动并传递扭矩的装置。不同的是,联轴器只保持两轴的结合,两轴的分与合只能在停机时进行;而离合器可在机器工作过程中随时完成两轴的结合或分离。

模块一 联轴器

一、联轴器的分类

联轴器通常用来连接两轴并在其间传递运动和转矩,有时也可作为一种安全装置用来防止被连接件承受过大的载荷,起到过载保护的作用。用联轴器连接轴时只有在机器停止运转时用拆卸的方法才能使两轴分离。

联轴器所连接的两轴由于制造及安装误差、承载后变形、温度变化和轴承磨损等原因,不能保证严格对中,使两轴线之间出现相对位移,如图 13-1 所示。如果联轴器对各种位移没有补偿能力,工作中将会产生附加动载荷,使工作情况恶化。因此,要求联轴器具有补偿一定范围内两轴线相对位移量的能力。对于经常负载启动或工作载荷变化的场合,可采用具有起缓冲、减振作用的弹性元件的联轴器,以保护原动机和工作机不受或少受损伤。同时,还要求联轴器安全、可靠,有足够的强度和使用寿命。

根据联轴器补偿两轴偏移能力的不同,可将其分为两类:刚性联轴器和挠性联轴器。

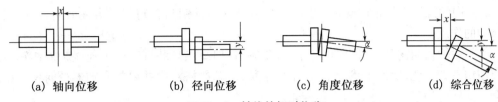

(a) 轴向位移　　(b) 径向位移　　(c) 角度位移　　(d) 综合位移

图 13 - 1　轴线的相对位移

刚性联轴器不具有缓冲性和补偿两轴线相对位移的能力,要求两轴安装严格对中。但由于此类联轴器结构简单,制造成本较低,装拆、维护方便,能保证两轴有较高的对中性,传递转矩较大,所以应用广泛,常用的有凸缘联轴器、套筒联轴器和夹壳联轴器等。

挠性联轴器又可分为无弹性元件联轴器和有弹性联轴器,前一类只具有补偿两轴线相对位移的能力,但不能缓冲减振,常见的有滑块联轴器、齿式联轴器、万向联轴器和链条联轴器等;后一类因含有弹性元件,除具有补偿两轴线相对位移的能力外,还具有缓冲和减振作用,但传递的转矩因受到弹性元件强度的限制,一般不及无弹性元件挠性联轴器,常见的有弹性套柱销联轴器、弹性柱销联轴器、梅花形联轴器、轮胎式联轴器、蛇形弹簧联轴器和簧片联轴器等。

二、刚性联轴器

1. 凸缘联轴器

凸缘联轴器是联轴器中应用最广泛的一种,结构如图 13 - 2 所示,是由两个带凸缘的半联轴器用螺栓连接而成,半联轴器与两轴之间用键连接。常用的结构形式有两种,其对中方法不同,图 13 - 2(a)所示为两半联轴器的凸肩与凹槽相配合而对中,用普通螺栓连接,依靠接合面间的摩擦力传递扭矩,对中精度高。装拆时,轴必须做轴向移动。图 13 - 2(b)所示为两半联轴器用铰制孔螺栓连接,靠螺栓杆与螺栓孔配合对中,依靠螺栓杆的剪切及其与孔的挤压传递扭矩,装拆时轴不需做轴向移动。

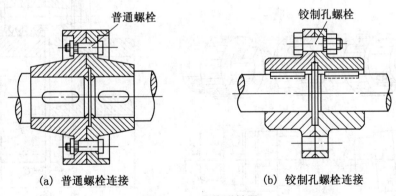

(a) 普通螺栓连接　　　　　　　　(b) 铰制孔螺栓连接

图 13 - 2　凸缘联轴器

凸缘联轴器结构简单,价格低廉,能传递较大的转矩,但不能补偿两轴线的相对位移,也不能缓冲减振,故只适用于两轴能严格对中、载荷平稳的场合的连接。

2. 套筒联轴器

套筒联轴器是利用套筒及连接零件(键或销)将两轴连接起来,如图 13 - 3 所示。图

13-3(a)中的螺钉用作轴向固定,图13-3(b)中的圆锥销当轴超载时会被剪断,可起到安全保护的作用。

套筒联轴器结构简单、径向尺寸小、容易制造,但缺点是装拆时因被连接轴需作轴向移动而使用不太方便,适用于载荷不大、工作平稳、两轴严格对中并要求联轴器径向尺寸小的场合。此外这种联轴器目前尚未标准化。

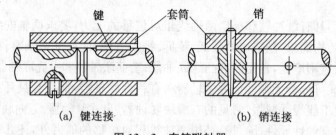

(a) 键连接　　　　　　(b) 销连接

图 13-3　套筒联轴器

三、挠性联轴器

1. 滑块联轴器

如图13-4所示滑块联轴器,有两个端面开有凹槽的半联轴器1、3,利用两面带有凸块的中间盘2连接,半联轴器1、3分别与主、从动轴连接成一体,实现两轴的连接。中间盘沿径向滑动补偿径向位移 y,并能补偿角度位移 α(图13-4)。若两轴线不同心或偏斜,则在运转时中间盘上的凸块将在半联轴器的凹槽内滑动;转速较高时,由于中间盘的偏心会产生较大的离心力和磨损,并使轴承承受附加动载荷,故这种联轴器适用于低速。为减少磨损,可由中间盘油孔注入润滑剂。半联轴器和中间盘的常用材料为45钢或铸钢ZG310-570,工作表面淬火硬度为48~58HRC。

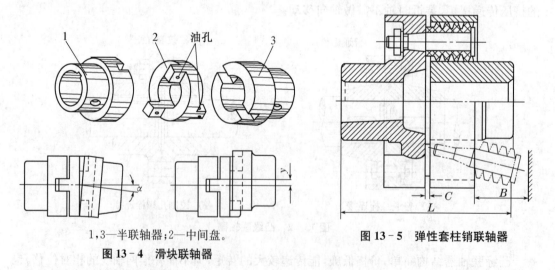

1,3—半联轴器;2—中间盘。

图 13-4　滑块联轴器

图 13-5　弹性套柱销联轴器

2. 弹性套柱销联轴器

弹性套柱销联轴器的结构与凸缘联轴器相似,如图13-5所示。不同之处是用带有弹性圈的柱销代替了螺栓连接,弹性圈一般用耐油橡胶制成,剖面为梯形以提高弹性。柱销材料多采用 45 钢。为补偿较大的轴向位移,安装时在两轴间留有一定的轴向间隙 C;为了便于更换易损件弹性套,设计时应留一定的距离 B。

弹性套柱销联轴器制造简单,装拆方便,但寿命较短,适用于连接载荷平稳、需正反转或启动频繁的传动轴中的小扭矩轴,多用于电动机的输出与工作机械的连接上。

3. 弹性柱销联轴器

弹性柱销联轴器(图 13-6)与弹性套柱销联轴器结构相似,只是柱销材料为尼龙,柱销形状一端为柱形,另一端制成腰鼓形,以增大角度位移的补偿能力。为防止柱销脱落,柱销两端装有挡板,用螺钉固定。

弹性柱销联轴器结构简单,能补偿两轴间的相对位移,并具有一定的缓冲、减振能力,应用广泛,可代替弹性套柱销联轴器。但因尼龙对温度敏感,使用时受温度限制,一般在$-20\sim70$ ℃之间使用。

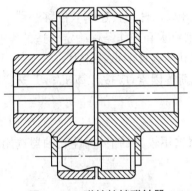

图 13-6 弹性柱销联轴器

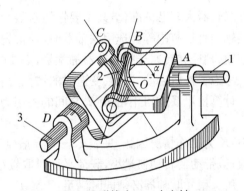

1,3—叉形接头;2—十字轴。

图 13-7 万向联轴器

4. 万向联轴器

万向联轴器如图 13-7 所示,由两个叉形接头 1、3 和十字轴 2 组成。十字轴连接的两叉形半联轴器均能绕十字轴的轴线转动,从而使联轴器的两轴线能成任意角度 α(图 13-8),一般最大可达 $35°\sim45°$。但 α 角越大,传动效率越低。万向联轴器单个使用时,当主动轴以等角速度转动时,从动轴做变角速度回转,从而在传动中引起附加动载荷。为避免这种现象,可采用两个万向联轴器成对使用,使两次角速度变化的影响相互抵消,达到主动轴和从动轴同步转动,如图 13-8 所示。各

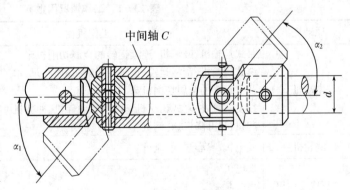

图 13-8 双万向联轴器

轴相互位置在安装时必须满足:① 主动轴、从动轴与中间轴 C 的夹角必须相等,即 $\alpha_1=\alpha_2$;② 中间轴两端的叉形必位于同一平面内,如图 13-9 所示。

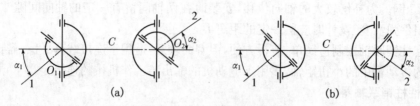

图 13-9　双万向联轴器的安装

万向联轴器的材料常用合金钢制造,以获得较高的耐磨性和较小的尺寸。由于万向联轴器能补偿较大的角位移,结构紧凑,使用、维护方便,广泛用于汽车、工程机械等的传动系统中。

四、联轴器的选择

联轴器大多已标准化,其主要性能参数为:额定扭矩 T_n、许用转速 $[n]$、位移补偿量和被连接轴的直径范围等。选用联轴器时,通常先根据使用要求和工作条件确定合适的类型,再按扭矩、轴径和转速选择联轴器的型号,必要时应校核其薄弱件的承载能力。

考虑工作机启动、制动、变速时的惯性力和冲击载荷等因素,应按计算扭矩 T_c 选择联轴器。计算扭矩 T_c 和工作扭矩 T 之间的关系为

$$T_c = KT。 \tag{13-1}$$

式中:K 为工作情况因数,见表 13-1,一般刚性联轴器选用较大的值,扰性联轴器选用较小的值;被带动的转动惯量小,载荷平稳时取较小值。

所选型号联轴器必须同时满足:$T_c \leqslant T_n$,$n \leqslant [n]$。

联轴器与轴一般采用键连接。在 GB 3852—83 中,对联轴器轴孔和键槽的形式、代号的规定为:① 长圆柱形轴孔(Y 形),有沉孔的短圆柱形轴孔(J 形),无沉孔的短圆柱形轴孔(J_1 形),有沉孔的圆锥形轴孔(Z 形),无沉孔的圆锥形轴孔(Z_1 形);② 平键单键槽(A 形),120°、180°布置的平键双键槽(B、B_1 形),圆锥形孔平键单键槽(C 形)。详见有关设计手册。各种型号适应各种被连接轴的端部结构和强度要求。

表 13-1　工作情况因数 K

原动机	工作机械	K
电动机	带式运输机、鼓风机、连续运转的金属切削机床	1.25~1.5
	链式运输机、刮板运输机、螺旋运输机、离心泵、木工机械	1.5~2.0
	往复运动的金属切削机床	1.5~2.0
	往复式泵、往复式压缩机、球磨机、破碎机、冲剪机	2.0~3.0
	起重机、升降机、轧钢机	3.0~4.0
涡轮机	发电机、离心泵、鼓风机	1.2~1.5
往复式发动机	发电机	1.5~2.0
	离心泵	3~4
	往复式工作机	4~5

模块二　离合器

一、离合器的分类

离合器连接的两轴在机器运转过程中能实现两轴方便的接合与分离,其基本要求是:工作可靠,接合、分离迅速而平稳,操纵灵活、省力,调节和修理方便,外形尺寸小,重量轻;对摩擦式离合器,还要求其耐磨性好并具有良好的散热能力。

离合器的类型很多,按其工作原理可分为牙嵌式离合器、摩擦式离合器和电磁式离合器;按控制方式可分为操纵式和自动式两类。

二、牙嵌式离合器

牙嵌式离合器通过主、从动元件上牙形之间的嵌合力来传递回转运动和动力,工作比较可靠,传递的扭矩较大,但接合时有冲击,运转中接合困难。如图 13-10 所示,牙嵌式离合器是由两端面上带牙的半离合器 1、2 组成。半离合器 1 用平键固定在主动轴上,半离合器 2 用导向键 3 或花键与从动轴连接。在半离合器 1 上固定有对中环 5,从动轴可在对中环中自由转动,通过滑环 4 的轴向移动操纵离合器的接合或分离。滑环的移动可用杠杆、液压、气动或电磁吸力等操纵机构控制。

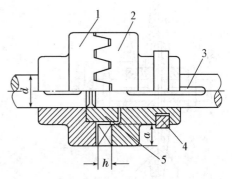

1,2—半离合器;3—导向键;4—滑环;5—中环。

图 13-10　牙嵌式离合

牙嵌式离合器常用的牙形有三角形、矩形、梯形和锯齿形,如图 13-11 所示。

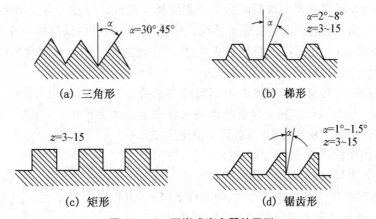

(a) 三角形　$\alpha=30°,45°$

(b) 梯形　$\alpha=2°\sim8°$　$z=3\sim15$

(c) 矩形　$z=3\sim15$

(d) 锯齿形　$\alpha=1°\sim1.5°$　$z=3\sim15$

图 13-11　牙嵌式离合器的牙形

三角形牙用于传递中、小扭矩的低速离合器,牙数一般为 12~60;矩形牙无轴向分力,接合困难,磨损后无法补偿,冲击也较大,故使用较少;梯形牙强度高,传递扭矩大,能自动补偿牙面磨损后造成的间隙,接合面间有轴向分力,容易分离,因而应用最为广泛;锯齿形牙只能单向工作,反转时由于有较大的轴向分力,会迫使离合器自行分离。

牙嵌式离合器主要失效形式是牙面的磨损和牙根折断,因此要求牙面有较高的硬度,牙根有良好的韧性,常用材料为低碳钢渗碳淬火到 $54 \sim 60$ HRC,也可用中碳钢表面淬火。

牙嵌式离合器结构简单,尺寸小,接合时两半离合器间没有相对滑动,但只能在低速或停车时接合,以避免因冲击折断牙齿。

三、摩擦式离合器

摩擦式离合器是通过主、从动元件间的摩擦力来传递回转运动和动力的,运动中接合方便,有过载保护性能。但传递扭矩较小,适用于高速、低扭矩的工作场合。摩擦式离合器按结构形式不同,可分为圆盘式、圆锥式、块式和带式等类型,最常用的是圆盘摩擦离合器。

圆盘摩擦离合器分为单片式和多片式两种,如图 13-12,13-13 所示。

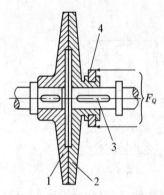

1,2—圆盘;3—导向键;4—滑环。

图 13-12 单片式圆盘摩擦离合器

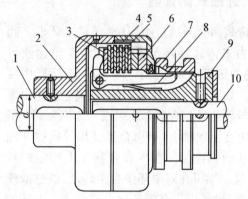

1—主动轴;2—外壳;3—压板;4—外摩擦片;5—内摩擦片;
6—螺母;7—滑环;8—杠杆;9—套筒;10—从动轴。

图 13-13 多片式圆盘摩擦离合器

单片式圆盘摩擦离合器由摩擦圆盘 1、2 和滑环 4 组成。圆盘 1 与主动轴连接,圆盘 2 通过导向键 3 与从动轴连接并可在轴上移动。操纵滑环 4 可使两圆盘接合或分离。轴向压力 F_Q 使两圆盘接合,并在工作表面产生摩擦力,以传递扭矩。单片式圆盘摩擦离合器结构简单,但径向尺寸较大,只能传递不大的扭矩。

多片式摩擦离合器有两组摩擦片,主动轴 1 与外壳 2 相连接,外壳内装有一组外摩擦片 4,形状如图 13-14(a)所示,其外缘有凸齿插入外壳上的内齿槽内,与外壳一起转动,其内孔不与任何零件接触。从动轴 10 与套筒 9 相连接,套筒上装有一组内摩擦片 5,形状如图 13-14(b)所示,其外缘不与任何零件接触,随从动轴一起转动。滑环 7 由操纵机构控制,当滑环向左移动时,使杠杆 8 绕支点顺时针转动,通过压板 3 将两组摩擦片压紧,实现接合;滑环 7 向右移动,则实现离合器分离。摩擦片间的压力由螺母 6 调节。

多片式摩擦离合器由于摩擦面增多,传递扭矩的能

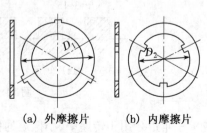

(a) 外摩擦片　　(b) 内摩擦片

图 13-14 摩擦片

力提高,径向尺寸相对小,但结构较为复杂。

四、安全离合器

安全离合器是一种当工作扭矩或转速超过某一极限值时,通过元件的切断、脱开或打滑,使其自行分离的离合器,它的功用是保护机器上的其他零件免受过载而损坏。安全离合器的形式很多,按工作原理的不同,可分为剪切式、牙嵌式和摩擦式三类。

图13-15所示为剪切式安全离合器,它有两个半联轴器和钢套、销钉组成。销钉装在两段经淬火的钢套中以传递扭矩。当从动轴上的载荷过大时,销钉即被切断,使机器从动轴停止运转。

图13-16所示为牙嵌式安全离合器,它由两个端面上带牙的半离合器和弹簧、螺母等组成。两半离合器的端面牙靠弹簧压紧以传递扭矩。当从动轴上的载荷过大时,在离合器牙面上产生的轴向分力将超过弹簧的压力而迫使离合器分离。传递扭矩的大小可通过螺母调节弹簧的压力来实现。

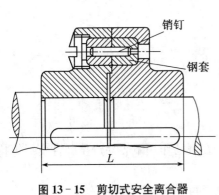

图13-15　剪切式安全离合器

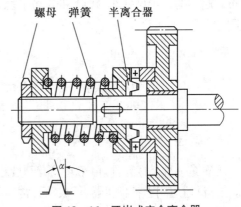

图13-16　牙嵌式安全离合器

图13-17所示为摩擦式安全离合器,它由内、外锥体,弹簧和螺母等组成,其内、外锥体摩擦表面上的正压力靠弹簧来保持,压力大小通过螺母调整。当从动轴上的载荷超过弹簧所限定的极限扭矩时,离合器的内、外锥体摩擦表面间即发生相对滑动。

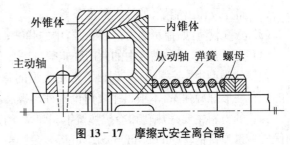

图13-17　摩擦式安全离合器

剪切式安全离合器当销钉剪断后,需停车更换销钉,故常用于过载较少发生的场合。牙嵌式安全离合器在过载时工作不平稳、噪声较大,故只能用于低速的场合。摩擦式安全离合器在过载时工作平稳,只要散热良好,可以用于较高转速的场合。

五、超越离合器

超越离合器的特点是能根据两轴角速度的相对关系自动接合和分离。当主动轴转速大于从动轴时,离合器将使两轴接合起来,把动力从主动轴传给从动轴;而当主动轴转速小于从动轴时则使两轴脱离。因此,这种离合器只能在一定的转向上传递转矩。

图 13-18 所示为应用最为普遍的滚柱式超越离合器,它由星轮 1、外壳 2、滚柱 3 和弹簧 4 组成。滚柱被弹簧压向楔形槽的狭窄部分,与外壳和星轮接触。当星轮 1 为主动件并沿顺时针方向转动时,滚柱 3 在摩擦力的作用下被楔紧在槽内,星轮 1 借助摩擦力带动外壳 2 同步转动,离合器处于接合状态。当星轮 1 逆时针转动时,滚柱被带到楔形槽的较宽部分,星轮无法带动外壳一起转动,离合器处于分离状态。如果外壳 2 为主动件并沿逆时针方向转动时,滚柱被楔紧,外壳 2 将带动星轮 1 同步转动,离合器接合;当外壳 2 顺时针转动时,离合器又处于分离状态。超越离合器尺寸小,接合和分离平稳,可用于高速传动。

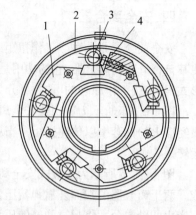

1—星轮;2—外壳;3—滚柱;4—弹簧。

图 13-18　滚柱式超越离合器

模块三　弹　簧

一、概述

弹簧是一种弹性元件,由于它具有刚性小、弹性大、在载荷作用下容易产生弹性变形等特性,被广泛地应用于各种机器、仪表及日常用品中。

随着使用场合的不同,弹簧在机器中所起的作用也不同,其功用主要有:

(1) 缓冲和吸振,例如汽车的减振簧和各种缓冲器中的弹簧;

(2) 储存及输出能量,如钟表的发条等;

(3) 测量载荷,如弹簧测力计、测力器中的弹簧;

(4) 控制运动,如内燃机中的阀门弹簧等。

弹簧的类型很多,表 13-2 列出了常用类型的弹簧及其特点和应用。在一般机械中最常用的是圆柱形螺旋弹簧,本项目主要讨论圆柱形螺旋压缩及拉伸弹簧的结构形式。

弹簧的材料主要是热轧和冷拉弹簧钢。弹簧丝直径在 10 mm 以下时,弹簧用经过热处理的优质碳素弹簧钢丝(如 65Mn、60Si2Mn 等)经冷卷成形制造,然后经低温回火处理以消除内应力。制造直径较大的强力弹簧时常用热卷法,热卷后须经淬火、回火处理。

表 13-2 弹簧的类型及应用

名称	简图	说明
圆柱螺旋弹簧	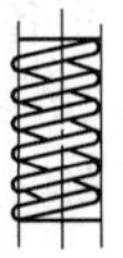 圆截面压缩弹簧	承受压力。结构简单,制造方便,应用最广
	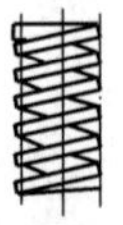 矩形截面压缩弹簧	承受压力。当空间尺寸相同时,矩形截面弹簧比圆形截面弹簧吸收能量大,刚度更接近于常数
	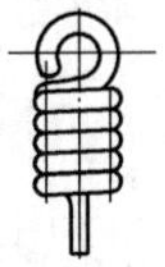 圆截面拉伸弹簧	承受拉力
	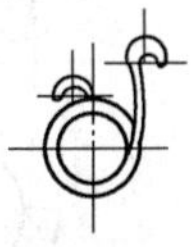 圆截面扭转弹簧	承受转矩。主要用于压紧和蓄力以及传动系统中的弹性环节
圆锥螺旋弹簧	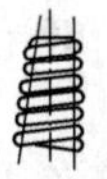 圆截面压缩弹簧	承受压力。弹簧圈从大端开始接触后特性线为非线性的,可防止共振,稳定性好,结构紧凑,多用于承受较大载荷和减振
碟形弹簧	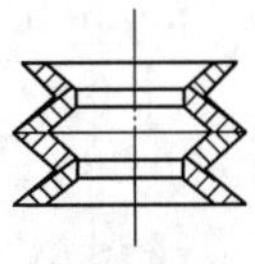 对置式	承受压力。缓冲、吸振能力强。采用不同的组合,可以得到不同的特性线,用于要求缓冲和减振能力强的重型机械。卸载时需先克服各接触面间的摩擦力,然后恢复到原形,故卸载线和加载线不重合
环形弹簧	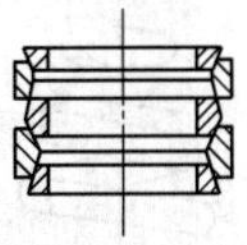	承受压力。圆锥面间具有较大的摩擦力,因而具有很高的减振能力,常用于重型设备的缓冲装置
盘簧	 非接触型	承受转矩。圈数多,变形角大,储存能量大,多用作压紧弹簧和仪器、钟表中的储能弹簧
板弹簧	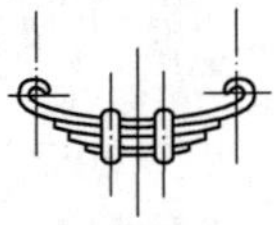 多板弹簧	承受弯矩。主要用于汽车、拖拉机和铁路车辆的车厢悬挂装置中,起缓冲和减振作用

二、圆柱形螺旋弹簧的结构

图 13-19 所示为螺旋压缩弹簧和拉伸弹簧。压簧在自由状态下各圈间留有间隙 δ,经最大工作载荷的作用压缩后各圈间还应有一定的余留间隙 δ_1($\delta_1=0.1d>0.2$ mm)。为使载荷沿弹簧轴线传递,弹簧的两端各有 3/4~5/4 圈与邻圈并紧,称为死圈。死圈端部须磨平,如图 13-20 所示。

拉簧在自由状态下各圈应并紧,端部制有挂钩,利于安装及加载,常用的端部结构如图 13-21 所示。

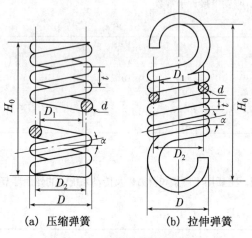
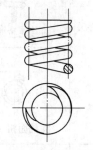

(a) 压缩弹簧　　(b) 拉伸弹簧

图 13-19　弹簧的基本几何参数　　**图 13-20　螺旋压簧的端部结构**

圆柱形螺旋弹簧的主要参数和几何尺寸(见图 13-19)有:弹簧丝直径 d,弹簧圈外径 D、内径 D_1 和中径 D_2,节距 t,螺旋升角 α,弹簧工作圈数 n 以及弹簧自由高度 H_0 等。螺旋弹簧各参数间的关系列于表 13-3 之中。

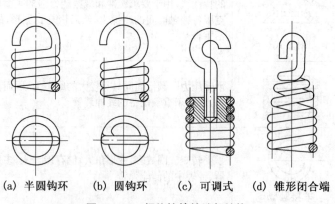

(a) 半圆钩环　　(b) 圆钩环　　(c) 可调式　　(d) 锥形闭合端

图 13-21　螺旋拉簧的端部结构

表 13-3　螺旋弹簧基本几何参数的关系式

参数名称	压缩弹簧	拉伸弹簧
外径	$D=D_2+d$	
内径	$D_1=D_2-d$	
螺旋角	$\alpha=\arctan(t/\pi D_2)$	
节距	$t=(0.28\sim0.5)D_2$	$t=d$
有效工作圈数	n	
死圈数	n_2	—
弹簧总圈数	$n_1=n+n_2$	$n_1=n$
弹簧自由高度	两端并紧、磨平 $H_0=t+(n_2-0.5)d$ 两端并紧、不磨平 $H_0=t+(n_2+1)d$	$H_0=nd+$挂钩尺寸
簧丝展开长度	$L=\pi D_2 n_1/\cos\alpha$	$L=\pi D_2 n+$挂钩展开尺寸

思考题

13-1　两轴轴线的偏移形式有哪几种？

13-2　常用联轴器和离合器有哪些类型？各有哪些特点？应用于哪些场合？

13-3　联轴器与离合器的主要区别是什么？

13-4　凸缘联轴器两种对中方法的特点各是什么？

13-5　无弹性元件联轴器与弹性联轴器在补偿位移的方式上有何不同？

13-6　牙嵌式离合器与牙嵌式安全离合器有何区别？

13-7　某电动机与油泵之间用弹性套柱销联轴器连接,功率 $P=7.5$ kW,转速 $n=970$ r/min,两轴直径均为 42 mm。试选择联轴器的型号。

13-8　汽油发动机由电动机启动。当发动机正常运转后,电动机自动脱开,由发动机直接带动发电机。试选择电动机与发动机、发动机与发电机之间各采用什么类型的离合器。

13-9　电动机经减速器驱动水泥搅拌机工作。已知电动机的功率 $P=11$ kW,转速 $n=970$ r/min,电动机轴的直径和减速器输入轴的直径均为 42 mm。试选择电动机与减速器之间的联轴器。

13-10　由交流电动机通过联轴器直接带动一台直流发电机运转。若已知该直流发电机所需的最大功率为 $P=20$ kW,转速 $n=3\,000$ r/min,外伸轴轴径为 50 mm;交流电动机伸出轴的轴径为 48 mm。试选择联轴器的类型和型号。

13-11　圆柱螺旋弹簧的端部结构有何功用？

技能训练

13-1　熟悉联轴器、离合器的常见类型及其部件。

13-2　根据要求选择一合适的联轴器。

13-3　对一弹性套柱销联轴器进行安装与调整。

13-4　对一安全离合器进行安装与调整。

项目十四　机械传动设计

学习目标

一、知识目标

1. 掌握常用机械传动机构及其特点。
2. 掌握常用机械传动机构的选择方法。
3. 掌握机械传动的特性和参数。
4. 掌握机械传动的类型选择、各类传动机构的布置顺序、总传动比的分配。
5. 掌握机械传动系统设计的一般顺序。

二、技能目标

1. 能根据具体情况选择合适的机械传动机构。
2. 能根据条件进行减速器的方案设计及传动设计。
3. 通过完成上述任务,能够自觉遵守安全操作规范。

教学建议

教师在讲授基本知识后,将学生分组,安排在实验室完成以下两个工作任务:常用机械传动机构及其特点,减速器的方案设计及传动设计。工作任务完成后,由学生自评、学生互评、教师评价三部分汇总组成教学评价。

模块一　概　述

现代各种生产部门中的工作机基本上都由电动机来驱动。在电动机与工作机之间以及在工作机内部,通常装置着各种传动机构。传动机构的形式有多种,如机械的、液压的、气动的、电气的以及综合的。其中最常见的为机械传动和液压传动。

机械传动的优点:实现回转运动的结构简单,机械故障一般容易发现(液压传动的故障则不易找出原因),传动比较准确,实现定比传动较为方便等,故机械传动应用最广。

机械传动是机械传动装置或机械传动系统的简称,它是利用机械运动方式传递运动和动力的机构,故又称为传动机构。传动机构的功用如下可述:

(1) 把原动机输出的速度降低或增高,以适合工作机的需要;

(2) 实现变速传动,以满足工作机的经常变速要求;

(3) 把原动机输出的转矩变换为工作机所需要的转矩或力;

(4) 把原动机输出的等速旋转运动转变为工作机所要求的、速度按某种规律变化的旋转或其他类型的运动;

(5) 实现由一个或多个原动机驱动若干个相同或不同速度的工作机;

(6) 由于受机体外形、尺寸的限制,或为了安全和操作方便,工作机不宜与原动机直接连接时,也需要用传动装置来连接。

表 14-1 列出了常用传动机构及其特点。机械传动是机器的重要组成部分之一,其设计的优劣,对于提高机器的工作性能、工作可靠度和效率、缩小外形尺寸、减轻重量、降低制造成本等具有较大的影响。

表 14-1 常用传动机构及其特点

	传动名称	简图	传动形式	传动比	效率	性能特点	相对成本
摩擦传动机构	摩擦轮传动		回转(各种轴向)	≤3(5)	0.85~0.90(开式) 0.94~0.96(闭式)	过载打滑,传动平稳,噪声小,可在运转中调节传动比	低
	带传动		同向回转(平行轴)	V带≤3~5(7) 平带≤3(5)	0.96(V带) 0.97~0.98(平带)	传动比不准,过载打滑,传动平稳,能缓冲吸振,噪声小,远距离传动	结构简单,安装精度较低,成本较低
啮合传动机构	链传动		同向回转(平行轴)	≤5(8)	0.90~0.92(开式) 0.96~0.97(闭式)	瞬时传动比有波动,可在高温、油、酸等恶劣条件下工作,远距离传动	中
	齿轮传动		回转(各种轴向)	圆柱齿轮≤7(10) 锥齿轮≤3(5)	0.92~0.96(开式) 0.95~0.99(闭式)	传动比恒定,功率及速度范围广	制造安装精度有一定要求,成本较高
	蜗杆传动		回转(空间交错垂直轴)	≥8~80(1 000)	自锁蜗杆<0.5 单头蜗杆0.70~0.75 双头蜗杆0.75~0.82 四头蜗杆0.80~0.92	传动平稳,能自锁($\gamma \leqslant \rho$),结构紧凑	成本较高
	螺旋转动		将回转运动转换为移动	导程/转	$\eta = \dfrac{\tan\lambda}{\tan(\lambda + \rho_v)}$	传动平稳,能自锁($\lambda \leqslant \rho_v$),增力效果好	中
其他机构	平面连杆机构		各种运动形式	1	较高	一定条件下有急回运动特性,可远距离传动	低
	凸轮机构		回转运动转换为移动或摆动	从动件升程(或摆角) 凸轮回转一周	较低	从动件可实现各种运动规律,高副接触磨损较大	制造成本较高

续表

传动名称	简图	传动形式	传动比	效率	性能特点	相对成本
槽轮机构	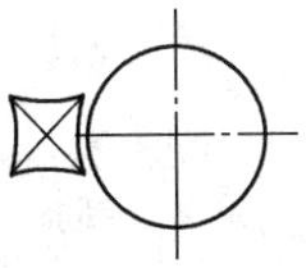	回转运动转换为间歇回转	$\dfrac{槽轮回转角度}{拨盘回转一周(360^0)}$	较高	槽数范围 3~8，槽数少则冲击大	较高
棘轮机构	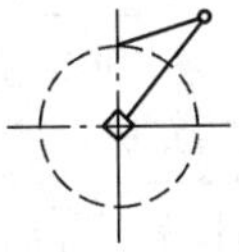	摆动运动转换为间歇回转或间歇移动	$\dfrac{棘轮转过角度}{棘爪摆动一次}$	较低	可利用多种结构控制棘轮转角	较高
不完全齿轮机构	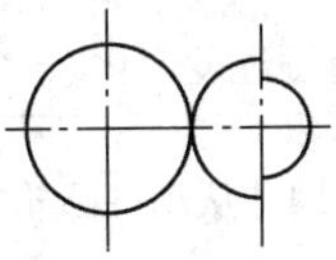	回转运动转换为间歇回转	$\dfrac{从动轮回转角度}{主动轮回转一周}$	较高	与齿轮传动类似	较高

模块二　常用机械传动机构的选择

根据各种运动方案，选择何种常用机构，分析如下：

一、实现运动形式的变换

原动件（如电动机）的运动形式都是匀速回转运动，而工作机构所要求的运动形式却是多种多样的。传动机构可以把匀速回转运动转变为诸如移动、摆动、间歇运动和平面复杂运动等各种各样的运动形式。实现各种运动形式变换的常用机构列于表 14-2 之中。

表 14-2　实现各种运动形式变换的常用机构

运动形式变换				基本机构	其他机构
原动运动	从动运动				
连续回转	连续回转	变向	平行轴 同向	圆柱齿轮机构(内啮合) 带传动机构 链传动机构	双曲柄机构 回转导杆机构
			平行轴 反向	圆柱齿轮机构(外啮合)	圆柱摩擦轮机构 交叉带(或绳、线)传动机构 反平行四杆机构(两长杆交叉)
		相交轴		锥齿轮机构	圆锥摩擦轮机构
		交错轴		蜗杆传动机构 交错轴斜齿轮机构	双曲柱面摩擦轮机构 半交叉带(或绳、线)传动机构

续表

运动形式变换			基本机构	其他机构
原动运动	从动运动			
连续回转	变速	减速增速	齿轮机构 蜗杆传动机构 带传动机构 链传动机构	摩擦轮机构 绳、线传动机构
		变速	齿轮机构 无级变速机构	塔轮传动机构 塔轮链传动机构
	间歇回转		槽轮机构	非完全齿轮机构
	摆动	无急回性质	摆动从动件凸轮机构	曲柄摇杆机构 (行程速度变化系数 $K=1$)
		有急回性质	曲柄摇杆机构 摆动导杆机构	摆动从动件凸轮机构
	移动	连续移动	螺旋机构 齿轮齿条机构	带、绳、线及链传动机构中 挠性件的运动
		往复移动 无急回	对心曲柄滑块机构 移动从动件凸轮机构	正弦机构 不完全齿轮(上下)齿条机构
		往复移动 有急回	偏置曲柄滑块机构 移动从动件凸轮机构	
	间歇移动		不完全齿轮与齿条机构	移动从动件凸轮机构
	平面复杂运动 特定运动轨迹		连杆机构(连杆运动连杆上 特定点的运动轨迹)	
摆动	摆动		双摇杆机构	摩擦轮机构 齿轮机构
	移动		摆杆滑块机构 摇块机构	齿轮齿条机构
	间歇回转		棘轮机构	

二、实现运动转速(或速度)的变化

一般情况下,原动件转速很高,而工作机构则较慢,并且在不同的工作情况要求获得不同的运动转速(或速度)。

当需要获得较大的定传动比时,可以将多级齿轮传动、带传动、蜗杆传动和链传动等组合起来满足速度变化的要求,即选用减速器或增速器来实现减速或增速的速度变化。根据具体的使用场合,可采用多级圆柱齿轮减速器、圆锥-圆柱齿轮减速器、蜗杆减速器以及蜗杆-圆柱齿轮减速器等来实现方案。

当工作机构的运转速度需要进行调节时,齿轮变速器传动机构则是一种经济的实现方案。当然也可以采用机械无级调速变速器,或者采用电动机的变频调速方案来实现。

三、实现运动的合成与分解

采用各种差动轮系可以进行运动的合成与分解。

四、获得较大的机械效益

根据一定功率下减速增矩的原理,通过减速传动机构可以实现用较小驱动转矩来产生较大的输出转矩,即获得较大的机械效益的功能要求。

模块三　机械传动的特性和各类齿轮传动的比较

一、机械传动的特性

机械传动是用各种形式的机构来传递运动和动力的,其性能指标有两类:一是运动特性,通常用转速、传动比、变速范围等参数来表示;二是动力特性,通常用功率、转矩、效率等参数来表示。

1. 功率

机械传动装置所能传递功率或转矩的大小,代表着传动系统的传动能力。蜗杆传动由于摩擦产生的热量大和传动效率低,所能传递的功率受到限制,通常 $P< 200\ \mathrm{kW}$。

传递功率 P 的表达式为

$$P=\frac{Fv}{1\ 000}。\tag{14-1}$$

式中:F 为传递的圆周力,单位为 N;v 为圆周速度,单位为 m/s;P 为传递的功率,单位为 kW。

当传递功率 P 一定时,圆周力 F 与圆周速度 v 成反比。在各种传动中,齿轮传动所允许的圆周力范围最大,传递的转矩 T 的范围也是最大的。

2. 圆周速度和转速

圆周速度与转速、轮的参考圆直径 d 的关系为

$$v=\frac{\pi dn}{60\times1\ 000}。\tag{14-2}$$

式中:v 的单位为 m/s;n 的单位为 r/min;d 的单位为 mm。

在其他条件相同的情况下,提高圆周速度可以减小传动的外廓尺寸。因此,在较高的速度下进行传动是有利的。对于挠性传动,限制速度的因素是离心力作用,它在挠性件中会引起附加载荷,并且减小其有效拉力;对于啮合传动,限制速度的主要因素是啮合元件进入啮合和退出啮合时产生的附加作用力,它的增大会使所传递的有效力减小。

为了获得大的圆周速度,需要提高主动件的转速或增大其直径。但是,直径增大会使传动的外廓尺寸变大。因此,为了维持高的圆周速度,主要是提高转速。旋转速度的最大值受到啮合元件进入和退出啮合时的允许冲击力、振动及摩擦力的大小等因素的限制。齿轮的最大转速为 $n=(1\sim1.5)\times10^5$ r/min,链传动的链轮转速最高为 $n=(8\sim10)\times10^3$ r/min,平带传动的带轮转速最大值为 $n=(7\sim8)\times10^3$ r/min,V 带传动的带轮转速最大值为 $n=(8\sim12)\times10^3$ r/min。

传递的功率与转矩、转速的关系为

$$T = 9\,550\,\frac{P}{n}。 \tag{14-3}$$

式中：T 为传递的转矩，单位为 N·m；P 为传递的功率，单位为 kW；n 为转速，单位为 r/min。

3. 传动比

传动比反映了机械传动增速或减速的能力。一般情况下，传动装置均为减速传动。在摩擦传动中，V 带传动可达到的传动比最大，平带传动次之，然后是摩擦轮传动。在啮合传动中，就一对啮合传动而言，蜗杆传动可达到的传动比最大，其次是齿轮传动和链传动。

4. 功率损耗和传动效率

机械传动效率的高低表明机械驱动功率的有效利用程度，是反映机械传动装置性能指标的重要参数之一。机械传动效率低，不仅功率损失大，而且损耗的功率往往产生大量的热量，必须采取散热措施。

传动装置的功率损耗主要是由摩擦引起的。因此，为了提高传动装置的效率就必须采取措施设法减少传动中的摩擦。如果以损耗系数 $\varphi = l - \eta$ 来表征各种传动机构的功率损耗的情况，则齿轮传动为 $\varphi = 1\% \sim 3\%$，蜗杆传动为 $\varphi = 10\% \sim 36\%$，链传动为 $\varphi = 3\%$，平带传动为 $\varphi = 3\% \sim 5\%$（当 $v > 25$ m/s 时可达 10% 或更大），摩擦轮传动为 $\varphi \approx 3\%$。

5. 外廓尺寸和质量

传动装置的尺寸与中心距 a、传动比 i、轮直径 d 及轮宽 b 有关，其中影响最大的参数是中心距 a。在传递的功率 P 与传动比 i 相同，并且都采用常用材料制造的情况下，不同形式传动的大致尺寸如图 14-1 所示。挠性传动（如带传动、链传动）的外廓尺寸较大，啮合传动中的直接接触传动（如齿轮传动）外廓尺寸较小。传动装置的外廓尺寸及质量

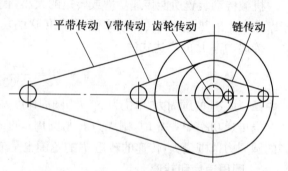

图 14-1　不同形式传动的外形尺寸比较

的大小，通常以单位传递功率所占用的体积（m³/kW）及质量（kg/kW）来衡量。表 14-3 列出了几种常用机械传动装置的主要性能指标及特点。

表 14-3　常用机械传动装置的主要性能指标及特点

类型		传递功率/kW	速度/(m·s⁻¹)	特点
圆柱齿轮传动		≤3 000	≤50	承载能力和速度范围大，传动比恒定，外廓尺寸小，工作可靠，效率高，寿命长。制造安装精度要求高，噪声较大，成本较高。直齿圆柱齿轮可用作变速滑移齿轮；斜齿比直齿传动平稳，承载能力大
锥齿轮传动		直齿≤1 000 曲齿≤15 000	≤40	承载能力和速度范围大，传动比恒定，外廓尺寸小，工作可靠，效率高，寿命长。制造安装精度要求高，噪声较大，成本较高。直齿圆柱齿轮可用作变速滑移齿轮；斜齿比直齿传动平稳，承载能力大
蜗杆传动	开式	≤750 常用≤50	滑动速度≤15~50	结构紧凑，传动比大，当传递运动时，传动比可达到 1 000，传动平稳，噪声小，可作自锁传动。制造精度要求较高，效率较低，蜗轮材料常用青铜，成本较高
	闭式			

续表

类型	传递功率/kW	速度/(m·s⁻¹)	特点
单级 NGW 行星齿轮传动	≤6 500	高低速均可	体积小,效率高,质量轻,传递功率范围大。要求有载荷均衡机构,制造精度要求较高
普通 V 带传动	≤100	≤25~30	传动平稳,噪声小,能缓冲吸振;结构简单,轴间距大,成本低。外廓尺寸大,传动比不恒定,寿命短
链传动(滚子链)	≤200	≤20	工作可靠,平均传动比恒定,轴间距大,能适应恶劣环境。瞬时速度不稳定,高速时运动不平稳,多用于低速传动
摩擦轮传动	20≤通常≤200	≤25~50	传动平稳,噪声小,有过载保护作用时传动比不恒定,抗冲击能力低,轴和轴承均受力大

二、各类齿轮传动的比较

(一) 各类齿轮性能的比较

如前所述,常用的齿轮传动有直齿圆柱齿轮传动、斜齿圆柱齿轮传动、直齿锥齿轮传动、普通圆柱蜗杆传动等,这些齿轮传动常用来制造各种传动装置或各种减速器。

下面介绍各类齿轮传动的主要性能,并进行分析比较,以便于正确地选用传动形式。

1. 功率 P

圆柱齿轮可能传递的功率范围最大,一般不超过 3 000 kW,但随着现代工业向大型化发展,目前最大的传递功率可达到 60 000 kW。锥齿轮传动中直齿锥齿轮传动传递功率一般小于 450 kW,而曲线齿锥齿轮传动则可大得多。蜗杆传动由于传动效率低,大功率长期运行极不经济。对于连续运转的蜗杆传动,最大功率一般都在 50 kW 之内,最大不超过 150 kW。

2. 传动比 i

圆柱齿轮单级传动比一般不超过 7,最大到 10。直齿锥齿轮单级传动比一般小于 3,最大不超过 5。蜗杆传动的传动比由于受效率和蜗轮尺寸的限制,传递动力的传动比一般小于 60,最大值小于 100;若只传运动时,传动比可达 1 000。

3. 速度 v

对于普通精度等级(6 级)的直齿圆柱齿轮,其圆周速度不超过 15 m/s。斜齿圆柱齿轮不超过 25 m/s,高精度时可达到 100 m/s 以上。高速时宜采用斜齿轮传动。

直齿锥齿轮由于制造精度和安装精度方面难以保证啮合精度,在普通精度等级时,一般不超过 5 m/s,经磨削的可达 15 m/s,曲线齿可达 25 m/s 以上。

蜗杆传动的最高允许圆周速度受蜗杆形式和滑动速度的限制,一般不超过 10 m/s,润滑良好时可达 15 m/s。

4. 效率

圆柱齿轮传动的平均效率最高。对于普通精度齿轮传动,开式传动效率为 0.92~

0.96,闭式传动效率为 0.95～0.99,一般平均效率取为 0.96 左右。斜齿轮由于有轴向滑动,其效率一般低于直齿圆柱齿轮。锥齿轮传动的效率比圆柱齿轮的低,一般为 0.92～0.96,曲线齿锥齿轮传动的效率比直齿锥齿轮传动略低。蜗杆传动的效率,开式传动效率为 0.5～0.7;闭式传动效率为 0.7～0.94;自锁时传动效率为 0.4～0.45。

5. 尺寸、单位功率的重量和价格

齿轮传动的尺寸、重量和价格主要取决于材料、热处理及精度等级等因素。锥齿轮的尺寸与重量一般比圆柱齿轮大,价格也较高。蜗杆传动的尺寸和重量一般比同一功率和同一传动比的圆柱齿轮小,价格低一些。传动比大时,尤为明显。但蜗轮需用铜合金制造,当尺寸较大时,价格较贵。以上所说的尺寸是以中心距(或锥距)为参照尺寸的。

6. 噪声、抗冲击能力及寿命

齿轮传动的噪声比较大,精度越低,速度越高,噪声就越大。直齿圆柱齿轮的噪声比斜齿圆柱齿轮的噪声高。锥齿轮的噪声比圆柱齿轮的噪声高,蜗杆传动的噪声最小。齿轮传动的抗冲击能力较差,蜗杆传动的抗冲击能力较好。齿轮传动是所有机械传动中寿命最长的一种,蜗杆传动的寿命最短。

（二）常用齿轮传动类型的选择

各类齿轮传动均有其优缺点。通常能满足工作机性能要求的传动类型有好几种可供选择。因此,确定传动类型时除应满足工作机性能要求、适应工作条件、工作可靠外,还应满足结构尺寸紧凑、成本低、传动效率高等要求。在选择传动类型时应考虑以下几个方面:

(1) 传递大功率时,一般均采用圆柱齿轮。锥齿轮只能用于传递小功率的场合,除非结构和布置上有需要,一般应尽量避免采用锥齿轮。

(2) 在联合使用圆柱、锥齿轮时,应将锥齿轮放在高速级,这样可使锥齿轮上所受的载荷相对地减小,从而减小锥齿轮的尺寸。

(3) 圆柱直齿轮和斜齿轮相比,一般斜齿轮的强度比直齿轮高,且传动平稳,所以斜齿轮适用于高速传动场合。如果圆周速度 $v>5$ m/s,建议采用斜齿轮。但直齿轮构造简单,适用于低速($v<2～3$ m/s)场合。在圆周速度相同的条件下,斜齿轮可选用较低的制造精度,使制造成本降低。

(4) 直齿锥齿轮仅用于 $v<5$ m/s 的场合,高速时可采用曲齿等。

(5) 由工作条件确定选用开式传动或闭式传动。

(6) 蜗杆减速器主要有蜗杆在上方(上置式)和蜗杆在下方(下置式)两种形式。当蜗杆的圆周速度 $v<4$ m/s 时最好采用下置式蜗杆传动;$v>4$ m/s 时最好采用上置式蜗杆传动。

(7) 联合使用齿轮、蜗杆传动时,有齿轮传动在高速级和蜗杆传动在高速级两种布置形式,前者结构紧凑,后者传动效率较高。

模块四　机械传动的方案设计

传动方案设计,就是根据机器的功能要求、结构要求、空间位置、工艺性能、总传动比以及其他限制性条件,选择机械传动系统所需的传动类型,并拟定从原动机到工作机之间的传动系统的总体布置方案,即合理地确定传动类型,多级传动中各种类型传动顺序的合理安排及各级传动比的分配。

一、传动类型的选择

机械传动的类型很多,各种传动形式均有其优缺点,根据运动形式和运动特点选择几个不同的方案进行比较,最后选择较合理的传动类型。表 14－4 列出了几种常用机械传动及特性,供选用时参考。

表 14－4　常用机构的运动及动力特性

机构类型	运动及动力特性
连杆机构	可以输出多种运动,实现一定轨迹、位置要求。运动副为面接触,故承载能力大,但动平衡困难,不宜用于高速
凸轮机构	可以输出任意运动规律的移动、摆动,但动程不大。运动副为滚动兼滑动的高副,故不适用于重载
齿轮机构	圆形齿轮实现定传动比传动,非圆形齿轮实现变传动比传动。功率和转速范围都很大,传动比准确可靠
螺旋机构	输出移动或转动,实现微动、增力、定位等功能。工作平稳,精度高,但效率低,易磨损
棘轮机构	输出间歇运动,并且动程可调;但工作时冲击、噪声较大,只适用于低速轻载
槽轮机构	输出间歇运动,转位平稳;有柔性冲击,不适用于高速
带传动	中心距变化范围较广。结构简单,具有吸振特点,无噪声,传动平稳。过载打滑,可起安全装置作用
链传动	中心距变化范围较广。平均传动比准确,瞬时传动比不准确,比带传动承载能力大,传动工作时动载荷及噪声较大,在冲击振动情况下工作时寿命较短

机械传动定传动比传动类型可参照下述原则进行选择:

(1) 功率范围。当传递功率小于 100 kW 时,各种传动类型都可以采用。但功率较大时,宜采用齿轮传动,以降低传动功率的损耗。对于传递中小功率,宜采用结构简单而可靠的传动类型,以降低成本,如带传动。此时,传递效率是次要的。

(2) 传动效率。对于大功率传动,传动效率很重要,传动功率越大,越要采用效率高的传动类型。

(3) 传动比范围。不同类型的传动装置,最大单级传动比差别较大。当采用多级传动时,应合理安排传动的次序。

(4) 布局与结构尺寸。对于平行轴之间的传动,宜采用圆柱齿轮传动、带传动、链传动;对于相交轴之间的传动,可采用锥齿轮或圆锥摩擦轮传动;对于交错轴之间的传动,可采用蜗杆传动或交错轴斜齿轮传动。两轴相距较远时可采用带传动、链传动;反之,可采用齿轮传动。

(5) 其他要求。例如噪声要求,链传动和齿轮传动的噪声较大,带传动和摩擦轮传动的噪声较小。

二、传动顺序的布置

在多级传动中,各类传动机构的布置顺序,不仅影响传动的平稳性和传动效率,而且对整个传动系统的结构尺寸也有很大影响。因此,应根据各类传动机构的特点,合理布置,使各类传动机构得以充分发挥其优点。

合理布置传动机构顺序的一般原则如下:

(1) 承载能力较小的带传动宜布置在高速级,使之与原动机相连,齿轮或其他传动布置在带传动之后,这样既有利于整个传动系统的结构尺寸紧凑、匀称,又有利于发挥带传动的传动平稳、缓冲减振和过载保护的特点。

(2) 链传动平稳性差,且有冲击、振动,不适于高速传动,一般应将其布置在低速级。

(3) 根据工作条件选用开式或闭式齿轮传动。闭式齿轮传动一般布置在高速级,以减小闭式传动的外廓尺寸、降低成本。开式齿轮传动制造精度较低、润滑不良、工作条件差,磨损严重,一般应布置在低速级。

(4) 传递大功率时,一般均采用圆柱齿轮。在多级齿轮传动中,其布置顺序原则可查阅项目七中的模块八。

(5) 在传动系统中,若有改变运动形式的机构,如连杆机构、凸轮机构、间歇运动机构等,一般将其设置在传动系统的最后一级。

此外,在布置传动机构的顺序时,还应考虑各种传动机构的寿命和装拆维修的难易程度。

三、总传动比的分配

合理地将总传动比分配到传动系统的各级传动中,是传动系统设计的另一个重要问题,它直接影响传动装置的外廓尺寸、总重量、润滑状态及工作能力。

在多级传动中,总传动比 i 与各级传动的传动比 $i_n(n=1,2,\cdots)$ 之间的关系为

$$i=i_1i_2i_3\cdots i_n。 \tag{14-4}$$

传动比分配的一般原则如下:

(1) 各级传动机构的传动比应尽量在推荐的范围内选取,其值列于表 14-5 中。

表 14-5 常用机械传动的单级传动比推荐值

类型	平带传动	V带传动	链传动	圆柱齿轮传动	锥齿轮传动	蜗杆传动
推荐值	2~4	2~4	2~5	3~5	2~3	8~40
最大值	5	7	6	10	5	80

(2) 各级传动应做到尺寸协调,结构匀称、紧凑。

(3) 各传动零件彼此避免发生干涉,防止传动零件与轴干涉,并使所有传动零件安装方便。

(4) 在卧式齿轮减速器中,通常应使各级大齿轮的直径相近,以便于齿轮浸油润滑。

传动比分配是一项复杂又艰巨的任务,往往要经过多次测算,分析比较后,最后确定出比较合理的结果。

思考题

14-1 简述机械传动装置的功用。

14-2 选择传动类型时应考虑哪些主要因素?

14-3 常用机械传动装置有哪些主要性能?

14-4 机械传动的总体布置方案包括哪些内容?

14-5 简述机械传动装置设计的主要内容和一般步骤。

技能训练

14-1 熟悉常用机械传动机构。

14-2 以一减速器为载体,设计其传动方案及传动设计。

项目十五　机械设计基础课程设计

学习目标

一、知识目标

1. 掌握机械设计基础课程设计的目的、步骤和要求。
2. 掌握机械传动装置的总体方案设计、运动与动力参数的计算方法。
3. 掌握带传动、齿轮传动、轴系的设计。
4. 掌握减速器的主要类型、结构、特点及润滑。
5. 掌握减速器装配图的设计过程与设计方法。
6. 掌握相关图表的查询方法。

二、技能目标

1. 能计算传动装置的运动与动力参数。
2. 能设计带传动、齿轮传动、轴系。
3. 能正确地设计减速器装配图。
4. 能正确设计与绘制齿轮与轴的零件图。
5. 能撰写设计说明书。
6. 通过完成上述任务,能够自觉遵守安全操作规范。

教学建议

在学习完本教材前十四个项目后,进行机械设计基础课程设计,设计内容建议为带式运输机的传动装置设计,设计时间建议为 2 周,本项目内容建议由学生在设计时间内、在教师引导下自主学习完成。教师将学生分组,每组人数建议为5～6 人,安排在教室设计任务。设计任务完成后,由学生自评、学生互评、教师评价三部分汇总组成教学评价。

模块一　概　述

一、《机械设计基础》课程设计的目的与要求

1. 课程设计的目的

《机械设计基础》课程设计是对学生进行的第一次比较全面的设计训练,是《机械设计基础》课程的最后一个重要实践教学环节。其目的如下:

(1) 通过课程设计的实践,树立正确的设计思想,培养学生综合运用学过的《机械设计基础》课程及其他有关先修课程的基本理论和基础知识,从整体出发,全面考虑机械产品的设计,提高分析问题和解决问题的能力。

(2) 通过设计实践,学习和掌握机械设计的基本方法和步骤:产品规划—方案设计—技

术设计—制造及试验,初步培养学生对机械工程设计的独立工作能力,为专业课程设计及毕业设计打好基础。

(3) 进行机械设计基本技能的训练,其中包括计算和绘图技能、运用各种设计资料(标准、规范、手册、图册等)、熟悉有关的国家标准和行业标准、使用经验公式估算及编写设计计算说明书以完成一个工程技术人员在机械设计方面所必须具备的基本技能训练。

2. 课程设计的要求

(1) 具有正确的工作态度

在课程设计中要做到独立思考、深入研究、严肃认真、一丝不苟。

(2) 树立严谨的工作作风

课程设计中每一步骤的确定和数据的处理都应该有根有据,并使设计的数据准确、制图规范标准,反对盲目、机械抄袭和敷衍、草率的设计。

(3) 养成按计划循序渐进的工作习惯

课程设计过程中,学生应自觉遵守纪律,在规定的地方按预定的设计计划保质保量、循序渐进地完成设计任务。

二、课程设计的题目和内容

《机械设计基础》课程设计一般选择由《机械设计基础》课程所学过的大部分零件所组成的机械传动系统或简单机械作为设计课题。目前一般以齿轮减速器类为主体的机械传动装置的设计,采用较多的是单级或双级圆柱齿轮减速器。课程设计的题目和内容通过下面的课程设计任务书形式给定。

《机械设计基础》课程设计任务书

设计题目:带式运输机的传动装置

原始数据:

1. _____;
2. _____;
3. _____;
4. _____。

设计条件:

1. 工作场所:_____;
2. 使用年限:_____年,每日工作_____班;
3. 载荷特性:_____;
4. 回转情况:_____向回转;
5. 总传动比误差:_____%。

1—电动机;2—V带传动;3—圆柱齿轮减速器;4—联轴器;5—输送带;6—滚筒。

设计任务:

1. 减速器装配草图及装配图各一张;
2. 大齿轮、低速轴零件图各一张;
3. 设计说明书一份。

发题日期:____年____月____日　　完成日期:____年____月____日

指导教师:_____　　　　教研室主任:_____

带式运输机的工作条件：自定或老师指定。

分组数据：自定或老师指定，也可参考表 15-1 中的数据。

表 15-1 工作机数据

第一类型数据	F/kN	2.7	2.6	1.5	2.4	1.1	2	1.9	1.6	1.7	2.5	2.8	1.4
	$v/(m \cdot s^{-1})$	1.6	1.8	1.7	1.8	1.9	1.5	1.81	1.3	1.0	1.4	1.8	1.6
	D/mm	410	380	320	400	320	390	410	380	340	330	450	300
	η	0.98	0.98	0.98	0.98	0.98	0.98	0.98	0.97	0.96	0.96	0.98	0.97
第二类型数据	$T/(N \cdot m)$	120	130	150	160	100	180	170	145	150	210	200	150
	$N/(r \cdot min^{-1})$	120	100	130	100	150	140	170	120	110	140	80	120
	η	0.98	0.98	0.98	0.98	0.98	0.98	0.97	0.96	0.96	0.96	0.98	0.97

三、课程设计的一般步骤

课程设计是学生在学习阶段一次较全面的机械设计训练，应在指导教师的指导下，独立完成整个设计过程。一般课程设计的步骤如下：

（1）设计准备阶段。学生应在教师指导下，根据学习情况合理分组，认真研究选择设计的带式运输机结构，明确设计要求，了解设计内容，通过参观和进行减速器拆装实验，拟定设计计划。

（2）传动装置的总体设计。确定传动方案，选择电动机，确定总传动比和分配各级传动比，计算各轴的转速、转矩和功率，整理出本传动装置的运动参数和动力参数数据表。

（3）传动零件的设计计算。根据整理的运动参数和动力参数数据，设计计算和确定减速器中齿轮传动或蜗杆传动的几何尺寸，以及减速器外的零件，如带传动、链传动、联轴器的主要参数和尺寸。

（4）减速器装配草图的结构设计及绘制。分析和确定减速器的结构方案，进行减速器轴系结构设计，确定箱体各部分和相关附件的尺寸，绘制减速器的装配底图，进行轴的强度校核，底图完成后检查并修改。

（5）完成减速器正式装配图。绘制正式装配图，标注尺寸和配合，编写技术要求、技术特性、明细表、标题栏等。

（6）设计和绘制零件图。

（7）编写设计计算说明书。

（8）进行设计总结和准备答辩。

四、课程设计中应注意的事项

为保证在规定的时间内保质保量地完成《机械设计基础》课程设计任务，应注意以下问题：

（1）合理拟定设计计划，以免出现前松后紧的现象。

（2）正确处理好继承和创新的关系。

课程设计的过程中，既要借鉴或继承前人的设计经验，但又不能机械地抄袭、照搬、照抄。应该在充分理解前人设计成果的基础上,根据具体的设计条件和要求,充分发挥自己的独立思考能力,批判地继承,大胆地改进和创新。只有这样,才能使课程设计达到满意的效果。

(3) 学会运用"三边"设计方法。

"三边"设计方法,即边设计、边画图、边修改交叉进行,产品设计是一个"设计—评价—再设计(修改)"渐进与优化的过程,且课程设计过程中的各个阶段间,理论计算和画图并非绝对分开的,而是相互依赖、相互补充、交叉进行和不断完善的。例如:设计轴时,常通过画草图来确定各轴段的长度和力作用点的位置,再作出当量弯矩图,然后对轴进行强度计算;而计算结果又可能需要修改草图。因此,这种边计算、边画图、边修改的"三边"设计方法往往是设计的正常过程,那种认为只有待全部的理论计算结束和所有的具体结构尺寸确定后才能开始绘图的观点是完全错误的。

(4) 正确地使用标准和规范。

在设计过程中,正确运用设计标准和规范,有利于零件的互换性和加工工艺性,可以节省设计时间,从而收到良好的经济效益,同时也是评价设计质量的一项指标。标准和规范是为了便于设计、制造和使用而制定的,当遇到与设计要求有矛盾时,也可突破标准和规范的规定而自行设计。

(5) 处理好强度计算与结构和工艺等要求的关系。

任何机械零件的尺寸,都不可能完全由理论计算确定,而应综合考虑零件本身及整个部件结构等方面的要求。如加工和装配工艺、经济性和使用条件等,不能把强度计算片面理解为就是理论计算(如强度计算),或者将这些计算结果看成是不可更改的,而应认为这种计算只是为确定零件尺寸提供了一个方面(如强度)的依据。对于一些经验公式,它是综合考虑了结构、工艺和强度等要求,由经验得出的;但经验公式并不是严格的等式,只是在一定条件下的近似关系,由此计算得到的数据有时还应根据具体情况做适当的调整。总之,确定零件尺寸时,必须全面考虑强度、结构和工艺等方面的要求。

(6) 讲究和提高工作效率。

讲究并不断提高工作效率有利于培养良好的工作作风,如合理地安排工作时间、平时注意查阅有关的设计资料和标准、整理好计算数据,都有助于提高工作效率。此外,每一个阶段的设计都应仔细检查,及时勘误,确认无误后,方可进行下一阶段的设计,以免出现大返工的现象。

(7) 保证机械设计课程设计图纸和设计计算说明书的质量。

要求设计图纸图面整洁,制图符合标准,设计计算说明书书写工整、条理清晰,说明书中设计参数的选取要合理,并与图纸所反映的相应参数一致。

模块二　机械传动装置的总体设计

传动装置的总体设计是整个课程设计中一个非常重要的组成部分,包括拟定和确定总体传动方案,选择电动机的类型和型号,合理分配各级传动比,计算传动装置的运动和动力参数,为各级传动设计和装配底图绘制提供依据。

一、确定传动系统的方案

传动系统方案设计是机器总体设计的主要组成部分,传动系统方案设计的优劣,对机器的工作性能、工作可靠性、外廓尺寸、重量、制造成本、运转费用等均有一定程度的影响。

传动方案是设计者对所设计机器的构想或设想,传动方案一般采用传动简图来表示。它是用一些简单的结构、构件和运动副的代表符号表示机器运动特征及传动特征的图形;通过它能够准确地反映出原动机、传动系统和工作机三者之间的结构、运动和动力的传递关系,而且是设计传动系统各零部件的依据。课程设计任务书所示为一带式运输机的传动简图,从图上可以看出设计者的设计意图。

任何机械的传动系统方案都不是唯一的,在相同设计条件下,往往可采用不同的传动机构、不同的组合形式和布置顺序;即使在总的传动比保持不变的前提下,也可按不同的方法分配各级的传动比,从而可以得到多种传动方案以供分析、比较、选择。合理的方案应该是:除了应满足工作机性能要求、适合工况条件及工作可靠外,还应使传动系统结构简单、尺寸紧凑、加工方便、成本低廉、效率高及便于使用和维护等。在实际设计过程中要同时满足这些要求往往是困难的,因此要统筹兼顾、保证重点,满足最基本的要求。

学生可选择《机械设计》课程设计题目给出的传动系统参考方案,也可依据所承担的具体设计任务,采用设计任务中规定的传动形式,此时应分析该方案的合理性(说明其优缺点)或提出改进意见,以求得更广泛意义上传动系统方案设计的知识。

拟订传动方案时,应在充分了解各种传动机构的性能和适用条件的基础上,结合工作机所需传递载荷的性质、大小、运动方式、速度及工作条件等具体要求进行比较,然后再进行合理的选择与组合。

表 15-2 为常用传动机构的性能及适用范围,供参考。

表 15-2　常用传动机构性能及使用范围

选用指标		平带传动	V带传动	链传动	齿轮传动		蜗杆传动
					圆柱	圆锥	
常用功率值/kW		小(≤20)	中(≤100)	中(≤100)	大(高达 5 000)		小(≤50)
单级传动比	一般值	2～4	2～4	2～6	3～6	2～5	10～40
	最大值	6	7	8	10	6	80
传动效率		0.97	0.96	0.97	0.96～0.98	0.95～0.97	0.70～0.75
许用线速度/(m·s^{-1})		≤25	≤25～30	≤40	IT5 齿轮高达 100		≤15～35
外廓尺寸		大	大	大	小		小
传动精度		低	低	中等	高		高
工作平稳性		好	好	较差	一般		好
自锁能力		无	无	无	无		可有
过载保护能力		有	有	无	无		无

续表

选用指标	平带传动	V带传动	链传动	齿轮传动		蜗杆传动
				圆柱	圆锥	
使用寿命	短	短	中等	长		中等
缓冲吸振能力	好	好	中等	差		差
要求制造及安装精度	低	低	中等	高		高
要求润滑条件	不需	不需	中等	高		高
环境适应性	不能接触酸、碱、油类、爆炸性气味		好	一般		一般

注：齿轮传动、蜗杆传动的传递效率是相对闭式齿轮传动而言。

二、选择电动机

电动机是通用机械中应用极为广泛的原动机，是专门工厂批量生产的标准部件。

选择电动机时，应依据所选电动机的机械特性与工作机的负载特性相匹配的原则来确定电动机型号。电动机的选择包括电动机的类型、结构形式、容量和转速，从而最终确定电动机的具体型号。

1. 电动机类型和结构形式的选择

电动机类型和结构形式要根据电源（交流或直流）、工作条件（温度、环境、空间尺寸等）和载荷特点（性质、大小、启动性能和过载情况）来选择。

工业上广泛使用 Y 系列三相异步电动机，具有效率高、性能好、振动小等优点，适用于空气中不含易燃、易爆或腐蚀性气体的场所和无特殊要求的机械上。课程设计中的原动机一般均可选用这种类型的电动机。

在经常启动、制动和反转的场合（如起重机），要求电动机具有转动惯量小和过载能力大，应选用起重及冶金用的三相异步电动机 YZ 形（鼠笼式）或 YZR 形（绕线式）。

电动机结构有开启式、防护式、封闭式和防爆式等，可根据防护要求选择。同一类型的电动机又具有几种安装形式，应根据具体条件确定。

2. 确定电动机的功率

电动机功率的大小一般应按发热条件确定，还须用过载能力及启动条件加以校核。对于载荷比较稳定、长期运转的机械（如带式输送）通常按照电动机额定功率选择。

首先估算传动系统的总效率，再根据工作机特征计算工作机所需电动机功率，最后选定电动机额定功率，且使电动机额定功率不小于工作机所需电动机功率，以免电动机发热。由于负载是稳定的，无需进行过载能力的校核；当电动机不带负载启动时，也无需进行启动条件的校核。

工作机所需的电动机输出功率 P_d 为

$$P_d = \frac{P_w}{\eta}。$$

式中：η 为电动机至工作机间传动装置的总效率；P_w 为工作机所需输入功率（kW），输入功

率 P_w 为

$$P_w = \frac{Fv}{\eta_w}, \text{或} \, P_w = \frac{Tn_w}{9\,550\eta_w}。$$

式中：F 为工作机的工作阻力，kN；v 为工作机的线速度，m/s；T 为工作机的阻力矩，N·M；n_w 为工作机的转速，r/min；η_w 为工作机的效率，一般 $\eta_w = 0.94 \sim 0.96$。

总效率 η 为

$$\eta = \eta_1 \eta_2 \eta_3 \cdots \eta_n。$$

式中 η_1，η_2，η_3，$\cdots$，η_n 分别为传动装置中每一传动副（齿轮、蜗杆传动、带或链传动）、每对轴承、每个联轴器的效率，其概略值见表 15-3。

在使用该表时要注意：当工作条件差、润滑维护不良、齿轮精度低时取较小值；反之，取较大值；一般取中间值。

满足工作条件的电动机额定功率 P_{ed} 按稍大于或等于所需电动机功率 P_d 确定，即

$$P_{ed} \geqslant P_d。$$

表 15-3　常用机械效率和轴承效率的概略值

传动类型		开式	闭式
圆柱齿轮传动		0.93~0.95	0.96~0.97
圆锥齿轮传动		0.92~0.94	0.95~0.97
蜗杆传动	自锁蜗杆	0.30	0.40
	单头蜗杆	0.50~0.60	0.70~0.75
	双头蜗杆	0.60~0.70	0.75~0.82
	三头或四头蜗杆	—	0.82~0.92
链传动		0.93	0.97
平带传动		0.97	
V 带传动		0.96	—
滚动轴承（每对）		0.98~0.995	
滑动轴承（每对）		0.97~0.99	
万向联轴器		0.97~0.98	
弹性联轴器		0.99~0.995	
齿轮联轴器		0.99	
十字滑块联轴器		0.97~0.99	

3. 确定电动机的转速

在三相交流异步电动机产品规格中，同一功率有四种同步转速。按电动机的极数为 2 极、4 极、6 极、8 级，其同步转速分别为 3 000，1 500，1 000 和 750 r/min 四种，并可从产品规格中查到与同步转速相应的满载转速 n_m，它略低于同步转速。

在电动机功率和工作机转速一定时，极数多而转速低的电动机尺寸大、重量重、价格高，但能使传动系统的总传动比减小。就电动机本身的经济性而言，宜选极数少而转速高的电

动机,但这却会引起传动系统的总传动比增大,致使传动系统结构复杂、尺寸增加、成本提高;电动机转速太低,则情况相反。

因此,在确定电动机转速时,应综合考虑、分析和比较电动机和传动系统的性能、尺寸、重量和价格等各方因素,作出最佳选择,以使整个设计方案既协调合理,又经济实用。

一般课程设计时,推荐使用市场上供应最多的是同步转速为 1 500 和 1 000 r/min 电动机。

为了合理选择电动机的转速,可根据工作机转速和各传动装置的合理传动比范围,推算出电动机转速的合理范围,即

$$n_{\mathrm{d}} = (i_1' i_2' i_3' \cdots i_n') n_{\mathrm{w}}。$$

式中:n_{d} 为电动机可选转速范围,r/min;n_{w} 为工作机的转速,r/min;$i_1', i_2', i_3', \cdots, i_n'$ 为各类传动的传动比,合理范围见表 15-4。

通过对电动机可选转速范围 n_{d} 进行分析比较,即可选定电动机转速见表 15-5。

表 15-4 各类传动的传动比荐用值

齿轮类型				传动比一般范围	传动比最大值
齿轮传动	一级闭式齿轮传动	圆柱齿轮	直齿	3~5	≤10
			斜齿	3~6	
			人字齿	4~6	
		直齿圆锥齿轮		2~5	≤6
	一级开式齿轮传动			3~7	≤15~20
蜗杆传动	一级蜗杆传动	开式		10~20	≤80
		闭式		15~60	≤120
	二级蜗杆传动			15~800	≤3 600
带传动	开口平带传动			2~4	≤6
	有张紧轮的平带传动			3~5	≤8
	V 带传动			2~4	≤7
	链传动			2~6	≤8

4. 选择电动机的型号

根据选定电动机类型、结构容量和转速,便可查出电动机的具体型号,如表 15-5 所示。选定电动机型号后,列表同时记下与设计、安装等有关的主要尺寸,如:电动机型号、满载转速 n_{m}、电动机中心高、轴伸出端直径、长度、联接键槽的尺寸,查表 15-6,以供在传动装置的结构设计、制造和安装时参考。

表 15-5 Y 系列电动机的技术数据

电动机型号	额定功率/kW	满载转速/r·min⁻¹	堵转转矩/额定转矩	最大转矩/额定转矩	电动机型号	额定功率/kW	满载转速/r·min⁻¹	堵转转矩/额定转矩	最大转矩/额定转矩
同步转速 3 000 r/min(2p)50 Hz					同步转速 1 500 r/min(4p)50 Hz				
Y801-2	0.75	2 830	2.2	2.2	Y801-4	0.55	1 390	2.2	2.2
Y802-2	1.1	2 830	2.2	2.2	Y802-4	0.75	1 390	2.2	2.2
Y90S-2	1.5	2 840	2.2	2.2	Y90S-4	1.1	1 400	2.2	2.2
Y90L-2	2.2	2 840	2.2	2.2	Y90L-4	1.5	1 400	2.2	2.2
Y100L-2	3	2 870	2.2	2.3	Y100L$_1$-4	2.2	1 420	2.2	2.2
Y112M-2	4	2 890	2.2	2.3	Y100L$_2$-4	3	1 420	2.2	2.2
Y132S$_1$-2	5.5	2 900	2.0	2.3	Y112M-4	4	1 440	2.2	2.2
Y132S$_2$-2	7.5	2 900	2.0	2.3	Y132S-4	5.5	1 440	2.2	2.2
Y160M$_1$-2	11	2 930	2.0	2.3	Y132M-4	7.5	1 440	2.2	2.2
Y160M$_2$-2	15	2 930	2.0	2.3	Y160M-4	11	1 460	2.2	2.2
Y160L-2	18.5	2 930	2.0	2.2	Y160L-4	15	1 470	2.0	2.2
Y180M-2	22	2 940	2.0	2.2	Y180M-4	18.5	1 470	2.0	2.2
Y200L$_1$-4	30	2 950	2.0	2.2	Y180L-4	22	1 470	2.0	2.2
Y200L$_2$-4	37	2 950	2.0	2.2	Y200L-4	30	1 470	2.0	2.2
Y225M-2	45	2 970	2.0	2.2	Y225S-4	37	1 480	1.9	2.2
Y250M-2	55	2 970	2.0	2.2	Y225M-4	45	1 480	1.9	2.2
同步转速 1 000 r/min(6p)50 Hz					Y250M-4	55	1 480	2.0	2.2
Y90S-6	0.75	910	2.0	2.0	Y280S-4	75	1 480	1.9	2.2
Y90L-6	1.1	910	2.0	2.0	Y280M-4	90	1 480	1.9	2.2
Y100L-6	1.5	940	2.0	2.0	同步转速 750 r/min(6p)50 Hz				
Y112M-6	2.2	940	2.0	2.0	Y132S-8	2.2	710	2.0	2.0
Y132S-6	3	960	2.0	2.0	Y132M-8	3	710	2.0	2.0
Y132M$_1$-6	4	960	2.0	2.0	Y160M1-8	4	720	2.0	2.0
Y132M$_2$-6	5.5	960	2.0	2.0	Y160M2-8	5.5	720	2.0	2.0
Y160M-6	7.5	970	2.0	2.0	Y160L-8	7.5	720	2.0	2.0
Y160L-6	11	970	2.0	2.0	Y180L-8	11	730	1.7	2.0
Y180L-6	15	970	1.8	2.0	Y200L-8	15	730	1.8	2.0
Y200L$_1$-6	18.5	970	1.8	2.0	Y225S-8	18.5	730	1.7	2.0
Y200L$_2$-6	22	970	1.8	2.0	Y225M-8	22	730	1.8	2.0
Y225M-6	30	980	1.7	2.0	Y250M-8	30	730	1.8	2.0
Y250M-6	37	980	1.8	2.0	Y280S-8	37	740	1.8	2.0
Y280S-6	45	980	1.8	2.0	Y280M-8	45	740	1.8	2.0
Y280M-6	55	980	1.8	2.0					

注:电动机型号意义:以 Y132S$_2$-B$_3$ 为例。Y 表示系列代号,132 表示机座中心高,S 表示短机座,第二种铁心长度(M 为中机座,L 为长机座),2 为电动机的极数,B$_3$ 表示安装形式。

表 15-6　机座带底脚、端盖无凸缘电动机的安装及外形　　mm

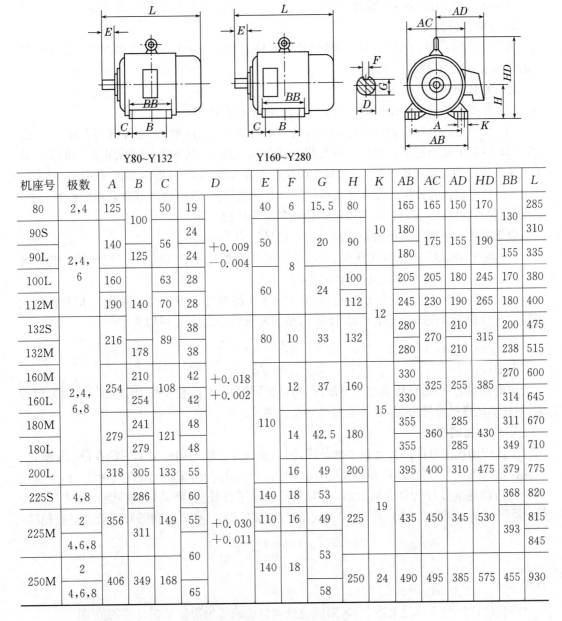

Y80~Y132　　　　Y160~Y280

机座号	极数	A	B	C	D	E	F	G	H	K	AB	AC	AD	HD	BB	L
80	2,4	125	100	50	19	40	6	15.5	80	10	165	165	150	170	130	285
90S	2,4,6	140	100	56	24	50	8	20	90	10	180	175	155	190	130	310
90L	2,4,6	140	125	56	24	50	8	20	90	10	180	175	155	190	155	335
100L	2,4,6	160	140	63	28	60	8	24	100	12	205	205	180	245	170	380
112M	2,4,6	190	140	70	28	60	8	24	112	12	245	230	190	265	180	400
132S	2,4,6,8	216	140	89	38	80	10	33	132	12	280	270	210	315	200	475
132M	2,4,6,8	216	178	89	38	80	10	33	132	12	280	270	210	315	238	515
160M	2,4,6,8	254	210	108	42	110	12	37	160	15	330	325	255	385	270	600
160L	2,4,6,8	254	254	108	42	110	12	37	160	15	330	325	255	385	314	645
180M	2,4,6,8	279	241	121	48	110	14	42.5	180	15	355	360	285	430	311	670
180L	2,4,6,8	279	279	121	48	110	14	42.5	180	15	355	360	285	430	349	710
200L	2,4,6,8	318	305	133	55	110	16	49	200	19	395	400	310	475	379	775
225S	4,8	356	286	149	60	140	18	53	225	19	435	450	345	530	368	820
225M	2	356	311	149	55	110	16	49	225	19	435	450	345	530	393	815
225M	4,6,8	356	311	149	60	140	18	53	225	19	435	450	345	530	393	845
250M	2	406	349	168	60	140	18	53	250	24	490	495	385	575	455	930
250M	4,6,8	406	349	168	65	140	18	58	250	24	490	495	385	575	455	930

注：D 的公差：90S~112M 为 $^{+0.009}_{-0.004}$；160M~200L 为 $^{+0.018}_{+0.002}$；225M~250M 为 $^{+0.030}_{+0.011}$。

三、传动装置总传动比的计算和各级传动比分配

当电动机型号确定后，由电动机的满载转速 n_m 及已知工作机输入轴的转速 n_w 可得出传动系统的总传动比 i，然后将总传动比 i 合理地分配给各级传动机构。

1. 总传动比的计算

传动装置的总传动比 i 为

$$i=\frac{n_m}{n_w}。$$

式中：i 为传动系统的总传动比，多级串联传动系统的总传动比等于各级传动比的连乘积，

即 $i=i_1 i_2 i_3 \cdots i_n$($i_1,i_2,i_3,\cdots,i_n$ 为传动装置中各传动机构的传动比);n_m 为电动机的满载转速,r/min;n_w 为工作机输入轴的转速,r/min。

2. 传动比的分配

总传动比的合理分配,直接影响传动装置的外廓尺寸、重量、润滑及各级传动的中心距等诸多因素,因此必须慎重处理。

总传动比分配的一般原则:

(1) 各级传动的传动比不应超过表 15-3 的规定范围。

(2) 传动比的分配应使整个传动装置的结构紧凑、尺寸比例协调而又互不干涉。

(3) 使多级减速器中各级大齿轮的浸油深度大致相等,从而有利于实现浸油润滑。由于低速级齿轮的圆周速度较低,因此其大齿轮的直径允许稍大些(即浸油深度可深一些)。

(4) 总传动比的分配还应考虑载荷性质。对平稳载荷,各传动比可取简单的整数;对周期性变载荷,为防止局部损坏,各级传动比通常取为质数。

以下就传动装置的各级传动比选择加以简要说明:

(1) 对于带传动-单级齿轮传动系统,应使带传动的传动比 $i_带$ 小于齿轮传动的传动比 $i_齿$,即 $i_带 < i_齿$,以使整个传动系统的结构紧凑。

(2) 对于双级圆柱齿轮传动减速器,为使两个大齿轮具有相近的浸油深度,应使两级大齿轮的直径相近。设减速器的传动比为 i_r,则高速级的传动比 i_n 可取为

展开式:　　　　　　　　　$i_n = 1.14 \sqrt{i_r}$;

同轴式:　　　　　　　　　$i_n = 1.05 \sqrt{i_r}$。

应该说明的是,进行传动比的分配时,不可能同时满足上述原则,因此必须全面分析考虑,对传动比进行合理分配,以满足主要的设计要求。

3. 传动比的校核

上述传动比的分配还只是初步的分配,因为在设计过程中随着诸如带轮直径的标准化、齿轮齿数的圆整等数据处理,将使实际计算得到的传动比与分配的传动比不相符合,所以在对全部传动件的设计计算完成之后,应对总传动比进行校核,将其误差控制在规定范围内(通常为±3%～5%)。对于图 15-1 所示的传动装置而言,传动比可按如下公式进行校核:

$$\left| \frac{i_理 - i_实}{i_理} \right| \times 100\% \leqslant 3\% \sim 5\%。$$

式中:$i_理 = \dfrac{n_m}{n_w}$;$i_实 = \dfrac{d_{d2}}{d_{d1}} \times \dfrac{z_2}{z_1}$。

若传动比误差不满足上述要求,则应通过调整齿轮的齿数使其在允许的范围内。

四、传动装置的运动和动力参数计算

在选定电动机型号及分配传动比后,应计算传动系统中各轴的转速、功率及转矩,连同相邻两轴间的传动比和传动效率,为传动零件的设计计算和轴的设计计算提供依据。

各轴的转速可根据电动机满载转速及传动比进行计算。各轴的功率和转矩均按输入值进行计算,计算时所用电动机输出功率可选工作机所需电动机功率或电动机额定功率。按前者所设计的传动系统结构紧凑;按后者所设计的传动系统具有一定的生产潜力。课程设计时,一般按实际所需的电动机功率 P_d 考虑。在计算功率和转矩时应注意:同一根轴的输

出功率或转矩与输入功率或转矩数据不同,因为有轴承等的功率损耗;一根轴的输出功率或转矩与相邻下一根轴的输入功率或转矩数值不同,因为有传动零件的功率损耗。

现以图 15-1 所示带式运输机传动简图为例,说明运动和动力参数的计算。

设:从电动机到输送机滚筒轴分别为 0 轴、I 轴、II 轴、III 轴;n_m,n_1,n_2,n_3 分别为各轴的转速,r/min;P_d,P_1,P_2,P_3 分别为各轴的输入功率,kW;T_0,T_1,T_2,T_3 分别为各轴的输入转矩,N·m;i_{01},i_{12},i_{23} 分别为相邻两轴间的传动比;η_{01},η_{12},η_{23} 分别为相邻两轴间的传动效率,则有

(1)各轴功率

$$P_1 = P_d \eta_{01};$$
$$P_2 = P_1 \eta_{12} = P_d \eta_{01} \eta_{12};$$
$$P_3 = P_2 \eta_{23} = P_d \eta_{01} \eta_{12} \eta_{23}。$$

(2)各轴转速

$$n_1 = \frac{n_m}{i_{01}};$$
$$n_2 = \frac{n_1}{i_{12}} = \frac{n_m}{i_{01} i_{12}};$$
$$n_3 = \frac{n_2}{i_{23}} = \frac{n_m}{i_{01} i_{12} i_{23}}。$$

(3)各轴转矩

$$T_1 = 9\,550 \frac{P_1}{n_1};$$
$$T_2 = 9\,550 \frac{P_2}{n_2};$$
$$T_3 = 9\,550 \frac{P_3}{n_3}。$$

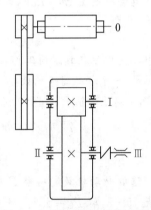

图 15-1 带式运输机传动简图

将上述计算结果、传动比及传动效率汇总后填入表 15-7 中,以备查用。

表 15-7 运动参数和动力参数

轴号	电动机	单级圆柱齿轮减速器		工作机
	0 轴	I 轴	II 轴	III 轴
转速 n/(r·min^{-1})	n_m	n_1	n_2	n_3
功率 P/kW	P_d	P_1	P_2	P_3
转矩 T/(N·m)			T_2	T_1
两轴联接、传动件	带传动	齿轮		联轴器
传动比 i	i_{01}	i_{12}		$i_{23}(=1)$
传动效率 η	η_{01}	η_{12}		η_{23}

例 15-1 已知一带式运输机(图 15-1)的输送带工作拉力 $F_w = 3\,000$ N,输送带速度 $v_w = 1.2$ m/s,滚筒直径 $D = 320$ mm,连续工作,载荷较平稳,单向运转。试按已知条件完成下列设计:

(1)选择合适的电动机;

(2)计算传动装置的总传动比,并分配各级传动比;

(3)计算传动装置中各轴的运动和动力参数。

解：(1) 选择电动机

① 选择电动机类型和结构形式

按照工作要求和条件，选用一般用途的 Y 系列三相异步电动机，为卧式封闭结构。

② 选择电动机功率

工作机所需的功率 P_w(kW) 为

$$P_w = \frac{F_w v_w}{1\,000\eta_w}。$$

式中：$F_w = 3\,000$ N；$v_w = 1.2$ m/s；带式运输机的效率 $\eta_w = 0.94$。将数据代入上式，得

$$P_w = \frac{3\,000 \times 1.2}{1\,000 \times 0.94} \text{ kW} \approx 3.83 \text{ kW}。$$

电动机所需功率 P_0(kW) 为

$$P_0 = \frac{P_w}{\eta}。$$

式中，η 为电动机到滚筒工作轴的传动装置总功率（其中包括 V 带传动、一对齿轮传动、两对滚动轴承、一个联轴器等的效率）。由表 15-3，查得 V 带传动 $\eta_带 = 0.96$，一对齿轮传动 $\eta_齿轮 = 0.97$，一对滚动轴承 $\eta_轴承 = 0.99$，弹性联轴器 $\eta_联轴器 = 0.99$。因此，总效率 $\eta = \eta_带 \eta_齿轮 \eta_轴承 \eta_联轴器$，即

$$\eta = \eta_带\ \eta_齿轮 \eta_轴承 \eta_联轴器 = 0.96 \times 0.97 \times 0.99^2 \times 0.99 \approx 0.904；$$

$$P_0 = \frac{P_w}{\eta} = \frac{3.83}{0.904} \text{ kW} \approx 4.24 \text{ kW}。$$

选取电动机额定功率 P_m(kW)，使 $P_m = (1 \sim 1.3)P_0 = 4.24 \times (1 \sim 1.3) \approx 4.24 \sim 5.51$，查表 15-5，取 $P_m = 5.5$。

③ 确定电动机转速

工作机卷筒轴的转速 n_w 为

$$n_w = \frac{60 \times 1\,000 v_w}{\pi D} = \frac{60 \times 1\,000 \times 1.2}{\pi \times 320} \text{ r/min} \approx 71.66 \text{ r/min}$$

根据表 15-4 推荐的各类传动比的取值范围，合理选择各级传动比的范围，取 V 带传动的传动比 $i_带 = 2 \sim 4$，一级齿轮减速器 $i_齿轮 = 3 \sim 5$，传动装置的总传动比 $i_总 = 6 \sim 20$，故电动机的转速可取范围为

$$n_m = i_总\ n_w = (6 \sim 20) \times 71.66 \text{ r/min} = 430.0 \sim 1\,433.2 \text{ r/min}。$$

符合此转速要求的同步转速有 750 和 1 000 r/min 两种。根据前面所讲，为降低电动机的重量和价格，综合考虑电动机和传动装置的尺寸、结构、电动机功率及带传动传动比和减速器的传动比等因素，查表 15-5，选择同步转速为 1 000 r/min 的 Y 系列电动机 Y132M_2-6，其满载转速为 $n_m = 960$ r/min。

查表 15-6，得电动机的中心高、外形尺寸、外伸轴尺寸及安装尺寸等备用。

(2) 计算传动装置的总传动比并分配各级传动比

① 传动装置的总传动比为

$$i = n_m / n_w = 960 / 71.66 \approx 13.40。$$

② 分配各级传动比

本传动装置由带传动和齿轮传动组成，因 $i = i_带 i_齿轮$，为使减速器部分设计方便，取齿轮传动比 $i_齿轮 = 4.2$，则带传动的传动比为

$$i_{带}=i/i_{齿轮}=13.40/4.2\approx3.19。$$

（3）计算传动装置的运动参数和动力参数

① 各轴转速

Ⅰ轴：$\qquad n_{\text{Ⅰ}}=n_{\text{m}}/i_{带}=960/3.19 \text{ r/min}\approx300.94 \text{ r/min}$；

Ⅱ轴：$\qquad n_{\text{Ⅱ}}=n_{\text{Ⅰ}}/i_{齿轮}=300.94/4.2 \text{ r/min}\approx71.65 \text{ r/min}$；

滚筒轴：$\qquad n_{滚筒}=n_{\text{Ⅱ}}=71.65 \text{ r/min}。$

② 各轴功率

Ⅰ轴：$\qquad P_1=P_0\eta_{0\text{Ⅰ}}=P_0\eta_{带}=4.24\times0.96 \text{ kW}\approx4.07 \text{ kW}$；

Ⅱ轴：$\quad P_{\text{Ⅱ}}=P_1\eta_{\text{ⅠⅡ}}=P_1\eta_{齿轮}\eta_{轴承}=4.07\times0.97\times0.99 \text{ kW}\approx3.91 \text{ kW}$；

滚筒轴：$P_{滚筒}=P_{\text{Ⅱ}}\eta_{\text{Ⅱ滚}}=P_{\text{Ⅱ}}\eta_{轴承}\eta_{联轴器}=3.91\times0.99\times0.99 \text{ kW}\approx3.83 \text{ kW}。$

③ 各轴转矩

电动机轴：$T_0=9.55\times10^6\dfrac{P_0}{n_{\text{m}}}=9.55\times10^6\times\dfrac{4.24}{960} \text{ N·mm}\approx42\ 180 \text{ N·mm}$；

Ⅰ轴：$T_{\text{Ⅰ}}=T_0i_0\eta_{0\text{Ⅰ}}=T_0i_{带}\ \eta_{带}=42\ 180\times3.19\times0.96 \text{ N·mm}$
$\qquad\approx129\ 172 \text{ N·mm}$；

Ⅱ轴：$T_{\text{Ⅱ}}=T_{\text{Ⅰ}}i_{\text{ⅠⅡ}}\eta_{\text{ⅠⅡ}}=T_{\text{Ⅰ}}i_{齿轮}\ \eta_{齿轮}\eta_{轴承}=129\ 172\times4.2\times0.97\times0.99 \text{ N·mm}$
$\qquad\approx520\ 984 \text{ N·mm}$；

滚筒轴：$T_{\text{Ⅲ}}=T_{\text{Ⅱ}}i_{\text{ⅡⅢ}}\eta_{\text{ⅡⅢ}}=T_{\text{Ⅱ}}\eta_{轴承}\eta_{联轴器}=520\ 984\times0.99\times0.99 \text{ N·mm}$
$\qquad\approx510\ 616 \text{ N·mm}。$

根据以上计算列出本传动装置的运动参数和动力参数数据表，如表 15-8 所示。

表 15-8 运动参数和动力参数

参数	轴号			
	电动机轴	Ⅰ轴	Ⅱ轴	滚动轴
转速 $n/(\text{r·min}^{-1})$	960	300.94	71.65	71.65
功率 P/kW	4.24	4.07	3.91	3.83
转矩 $T/(\text{N·mm})$	42 180	129 172	520 984	510 616
传动比 i	3.19		4.2	1
效率 η	0.96		0.96	0.98

模块三　传动零件的设计计算

在进行减速器装配图设计时，必须先确定各级传动零件的尺寸，参数，材料，热处理及箱体内、外传动零件具体结构，根据传动方案还要考虑联轴器的类型和尺寸。

传动装置一般包括减速器外传动零件和减速器内传动零件；通常按运动传递的顺序来进行设计，即先设计减速器外传动零件，如带传动、开式齿轮传动，只要计算主要尺寸和相关的参数，以使减速器设计的原始条件比较准确；然后再设计减速器内传动零件，如闭式直齿、斜齿圆柱齿轮传动，先计算零件尺寸参数，而零件的具体结构尺寸、公差内容和技术要求等要在装配图设计时结合箱体的设计不断补充完善。

一、减速器外部零件的设计计算

减速器外部零件包括有带传动、联轴器等。

1. 普通 V 带传动

普通 V 带传动的设计参考项目六中的例 6-1。设计时要注意处理传动件与其他部件的协调问题，如装在电动机轴上的小带轮半径与电动机中心高相称，其轴孔直径、长度应与电动机外伸轴段直径、长度相符，大带轮不能与机架相碰等。带轮的结构及尺寸查项目六中的模块二。

2. 联轴器

一般选择可移式，以补偿由于制造、安装误差及两轴线的相对偏移。由于弹性可移式联轴器不仅可以补偿两轴偏移，而且具有缓冲和吸振的能力，应优先考虑选用。一般选用弹性套柱销联轴器，低速时可选用十字滑块联轴器。课程设计时，在确定轴的结构时根据轴径来选择联轴器的型号和尺寸，应注意联轴器的孔形和孔径与轴上相应结构、尺寸要一致。联轴器的结构及尺寸查本项目的模块八。

二、减速器内部零件的设计计算

减速器内部零件主要指圆柱齿轮传动、锥齿轮传动、蜗杆传动和轴等。

设计计算出运动参数和动力参数并列出传动装置的数据表后，就可根据数据表中列出的数据，按设计课题给定的传动形式进行传动零件的设计计算，即设计计算圆柱齿轮、锥齿轮、蜗杆传动等的几何尺寸，按已知参数进行轴的结构设计。

1. 圆柱齿轮传动

圆柱齿轮传动设计参考项目七中模块十四的例 7-3 和例 7-4。在设计时，特别注意以下几点：

（1）选择齿轮材料及热处理方法时，要考虑毛坯的制造方法。同一减速器内各级大小齿轮的材料，最好对应相同，以减少材料品种和简化工艺要求。

（2）正确理解齿轮强度计算公式及其每一系数和符号的含义。对于圆柱齿轮，考虑装配后两齿轮可能产生的轴向位置误差，为了便于装配及保证全齿宽接触，常取小齿轮齿宽 $b_1 = b_2 + (5\sim10)$ mm。

（3）要正确处理强度计算所得参数尺寸和啮合几何尺寸之间的关系。

计算过程中前面预设的参数（齿数、模数、螺旋角等）要以后面确定的数据来调整，以求得既满足强度要求又符合啮合几何关系的合理值，然后再通过计算确定其他的齿轮啮合尺寸、安装尺寸及结构尺寸。

（4）齿轮的啮合几何尺寸必须精确，一般应精确到小数点后 2～3 位，角度应精确到秒。齿轮的结构尺寸（如轮毂、轮辐及轮缘尺寸）一般取圆整后的数。

2. 轴的结构设计

课程设计绘图前要先将各种传动形式的几何尺寸计算出来，当然，此时的几何尺寸只是初步的，详细的各部分的尺寸要在设计过程中根据结构需要再进一步确定；要初步完成轴的结构设计，主要是各轴段直径的设计，各轴段长度的设计要在箱体设计时根据结构确定。设计轴的直径时应初步确定轴的结构形式,根据已计算出的有关数据,确定出各轴段的直径。

单级圆柱齿轮减速器主要确定低速轴。高速轴一般多为齿轮轴结构,确定出轴颈直径即可,其余尺寸在箱体设计时再进一步确定。

例 15-2　设计如图 15-2 所示单级直齿圆柱齿轮减速器的低速轴,已知该轴传递的功率为 $P=4$ kW,转速 $N_2=70$ r/min,大齿轮宽度 $L_{齿轮}=70$ mm,单向转动,轴的材料无特殊要求。

解:1. 选择轴的材料

因轴的材料无特殊要求,故选用 45 钢,正火处理。

2. 初选轴外伸段直径 d

由公式 $d \geqslant A\sqrt[3]{\dfrac{P}{n}}$,查有关表可得

$$45 钢\quad A=118\sim107;$$

$$d \geqslant A\sqrt[3]{\frac{P}{n}}=(118\sim107)\sqrt[3]{\frac{4}{70}}\approx45.4\sim41.2 \text{ mm}。$$

考虑该轴段上有一个键槽,故应将直径增大 5%,即

$$d=(41.2\sim45.4)\times(1+0.05)\text{mm}\approx43\sim47 \text{ mm}。$$

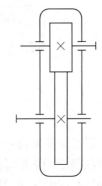

图 15-2　单级圆柱齿轮减速器

考虑补偿轴的可能位移,选用弹性套柱销联轴器,转矩 $T_c=KT=1.5\times9.549\times10^6\times4/70\approx818\,486$ N·mm。由 T_c 和 n 查附录二,选用 TL7 型弹性套柱销联轴器,按联轴器标准直径系列取 $d_1=45$ mm。

3. 轴的结构设计

(1) 轴上的零件布置

轴上安装有齿轮、联轴器、两个轴承。

因单级传动,一般将齿轮安装在箱体中间,轴承安装在箱体的轴承孔内,相对于齿轮左右对称为好。联轴器根据其作用只能布置在箱体外面的一端。

(2) 零件的装拆顺序

轴上零件不同的装拆顺序要求轴具有不同的结构形式,轴的各段直径按安装顺序依次变化,后段直径应大于前段直径。本题目主要零件齿轮可以从左端装拆,也可从右端装拆,现取齿轮从左端装入,即如图 15-3 所示:齿轮、套筒、轴承、轴承盖、联轴器等零件从轴的左端装入,这样安装的好处保证安装齿轮和联轴器的两轴段在同一加工方向加工,便于保证加工的同轴度;右端的轴承从右端装入。这样就形成:$d_联<d_肩<d_承<d_轮<d_环,d_环>d_肩>d_承$,两端安装轴承处的直径相等,形成两头细中间粗的阶梯形轴,既符合等强度的要求,又便于零件的装拆。

(3) 轴的结构设计

设计轴的结构时要考虑零件在轴上位置的固定、轴上零件的周向固定和轴向固定。本题目中联轴器和齿轮的周向固定均采用键联接,具体尺寸可根据直径查手册,这里就暂不给出键的详细尺寸。

轴向固定是为了防止零件沿轴线方向窜动,为了达到这个目的,就需要在轴上设计某些装置,如轴肩、套筒、挡圈等。

这些内容即是轴的结构设计,低速轴的结构见图 15-3。

各轴段设计的具体方法如下:

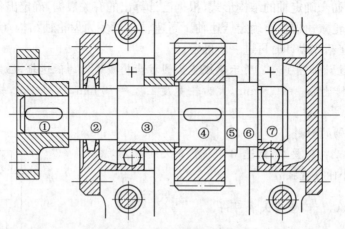

图 15-3　低速轴的结构设计

①轴段安装联轴器,周向固定用键。

②轴段高于①轴段形成轴肩,用来定位联轴器。

③轴段高于②轴段,是为了安装轴承方便。

④轴段高于③轴段,是为了安装齿轮方便;③轴段也可再分为两部分,这是出于加工考虑,因前一部分安装轴承,需要磨削加工,而后一部分只安装一个套筒,不需要很高的加工精度,将来在零件图上可在分开的地方画一细线,表示精度不同,也可在安装轴承宽度处开一越程槽。齿轮在④轴段上周向固定用键。

⑤轴段高于④轴段形成轴环,用来定位齿轮。

⑦轴段直径应和③轴段直径相同便于采用相同的轴承。

⑥轴段高于⑦轴段形成轴肩,用来定位轴承;⑥轴段高于⑦轴段的部分取决于轴承标准。

⑤轴段与⑥轴段的高低没有什么直接的影响,只是一般的轴身连接。

本题目中:①~②、④~⑤、⑥~⑦三处的轴肩用来定位,属于定位轴肩;②~③、③~④两处的轴肩不是用来定位的,只是为了安装零件方便,属于非定位轴肩;⑤~⑥处的轴肩仅是一般连接上造成的直径差值,没有什么用处。

(4) 确定轴的各段尺寸

① 各轴段的直径

①轴段的直径已由前面计算确定为 $d_1 = 45$ mm。

②轴段的直径 d_2 应在 d_1 的基础上加上两倍的轴肩高度,这里的轴肩为定位轴肩(定位轴肩的高度应大于被定位零件的倒角,一般可取为 $(0.07 \sim 0.1)d$。这里取 $h_{12} = 4.5$ mm,即 $d_2 = d_1 + 2h_{12} = (45 + 2 \times 4.5)$ mm = 54 mm,考虑该轴段安装密封圈,故直径 d_2 还应符合密封圈的标准,取 $d_2 = 55$ mm。

③轴段的直径 d_3 应在 d_2 的基础上增加两倍的轴肩高度,此处为非定位轴肩,一般情况下,非定位轴肩 $h = 1 \sim 2$ mm。因该轴段要安装滚动轴承,故其直径要与滚动轴承内径相符合。滚动轴承内径在 $20 \sim 495$ mm 范围内均为 5 的倍数,即 20,25,30,35,…这里取 $d_3 = 60$ mm。

同一根轴上的两个轴承,在一般情况下应取同一型号,故安装滚动轴承处的直径应相同,即 $d_7 = d_3 = 60$ mm。

④轴段上安装齿轮,取 $d_4 = 65$ mm。④轴段高于③轴段,只是为了安装齿轮方便,不是定位轴肩,应按非定位轴肩计算,取 $h_{34} = 2.5$ mm。

⑤轴段的直径 $d_5 = d_4 + 2h_{45}$, h_{45} 是定位轴环的高度,取 $h_{45} = (0.07 \sim 0.1)d_4 = 4.55 \sim 6.5$ mm,即 $d_5 = 65 + 2 \times 4.55$ mm $= 74.1$ mm,取 $d_5 = 75$ mm。

⑥轴段直径应在 d_7 的基础上加两倍的定位轴肩高度,取 $h_{67} = (0.07 \sim 0.1)d_7 = 4.2 \sim 6$ mm,取 $h_{67} = 4.5$ mm, $d_6 = d_7 + 2h_{67} = 60 + 2 \times 4.5 = 69$ mm。⑤轴段和⑥轴段的直径相差不大,工程实践中可把这一段做成锥体。

在确定各轴段的直径时,应该注意:安装工作零件的轴段直径(d_1、d_4)尽量取标准直径系列,标准直径一般以 0、2、5、8 为尾数;安装轴承的轴段直径(d_3、d_7)以及滚动轴承定位的轴段直径(d_6)应符合滚动轴承规范,同时还要考虑轴上的其他零件(如密封圈)等。

此外,在确定轴段直径时应注意的问题:

当两相邻的直径发生变化以形成轴肩时,其直径变化要大些。齿轮、带轮、链轮和联轴器用的定位轴肩直径一般比配合段的直径大 6~8 mm,轴肩的圆角半径应小于所安装零件毂孔的倒角尺寸(以保证定位可靠)。对于滚动轴承内圈的定位轴肩直径应按轴承的安装尺寸 D_1(查资料确定)设计,以便轴承的拆卸;轴肩的圆角半径也应小于滚动轴承内圈的圆角半径,并满足轴承安装尺寸的要求。

当相邻轴段的直径变化仅仅是为了装配方便或区分加工表面时,其直径变化较小,一般1~3 mm,甚至取同一直径而取不同的偏差值。

对于安装滚动轴承、联轴器、密封装置等标准件的轴段,其直径应取相应的标准值。

对表面需磨削或车削螺纹的轴,应留出相应的砂轮越程槽或螺纹退刀槽。

② 各轴段的长度

注意:课程设计计算过程中可以暂不确定轴的各轴段长度,把这一部分内容放到装配草图设计的第一阶段,边画草图边计算。

课程设计时轴段长度是从安装齿轮部分的轴段开始确定,在确定轴的长度时涉及一些箱体结构,本例因没有具体箱体的有关数据,有些尺寸在这里只能假设。设计过程中相关尺寸见图15-4。

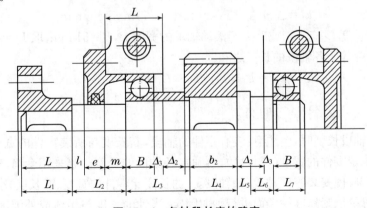

图 15-4 各轴段长度的确定

④轴段因安装有齿轮,故该轴段的长度 L_4 与齿轮宽度有关,为了使套筒能顶紧齿轮轮

廓,应使 L_4 略小于齿轮轮毂的宽度,一般情况下 $L_{齿轮}-L_4=2\sim3$ mm,$L_{齿轮}=70$ mm,取 $L_4=68$ mm。

③轴段的长度包括三个部分,再加上 L_4 小于齿轮的毂宽的数值($L_{齿轮}-L_4=(70-68)$mm$=2$ mm),则 $L_3=B+\Delta_2+\Delta_3+2$。其中:$B$ 为滚动轴承的宽度,查附录一中附表 1-1 可知 6312 轴承的 $B=31$ mm;Δ_2 为齿轮端面至箱体内壁的距离,查表 15-12,通常可取 $\Delta_2=10\sim15$ mm;Δ_3 为滚动轴承内端面至减速器内壁的距离,轴承的润滑方式不同 Δ_3 的取值也不同,这里选润滑方式为油润滑,查表 15-12,可取 $\Delta_3=3\sim5$ mm。

本例取 $\Delta_2=15$ mm,$\Delta_3=5$ mm,$L_3=B+\Delta_2+\Delta_3+2=31+15+5+2=53$(mm);$\Delta_3$ 处图示结构是油润滑情况,如改用脂润滑,这里的套筒应改为挡油环,可取 $\Delta_3=10\sim15$ mm。

②轴段的长度应包括三部分:$L_2=L_1+e+m$。

L_1 部分为联轴器的内端面至轴承端盖的距离,查表 15-12,通常可取 $15\sim20$ mm。e 部分为轴承端盖的厚度,查表 15-14(6312 轴承 $D=130$ mm,$d_3=10$ mm),$e=1.2d_3=1.2\times10$ mm$=12$ mm;m 部分则为轴承盖的止口端面至轴承座孔边缘距离,此距离应按轴承盖的结构形式、密封形式及轴承座孔的尺寸来确定,课程设计时这一尺寸确定较难,要先确定轴承座孔的宽度,轴承座孔的宽度减去轴承宽度和轴承距箱体内壁的距离就是这一部分的尺寸。

轴承座孔的宽度 $L_{座孔}=\delta+c_1+c_2+5\sim10$ mm,见图 15-12,δ 为下箱座壁厚,应查表 15-12,这里取 $\delta=8$ mm;c_1、c_2 为轴承座旁联接螺栓到箱体外壁及箱边的尺寸,应根据轴承座旁联接螺栓的直径查表 15-12,这里假设轴承座旁联接螺栓 $Md_1=12$ mm,查表 15-12 得 $c_1=20$ mm、$c_2=16$ mm;为了使加工轴承座孔端面方便,轴承座孔的端面应高于箱体的外表面,一般可取两者的差值为 $5\sim10$ mm;故最终得 $L_{座孔}=(8+20+16+6)$mm$=50$ mm。反算 $m=L_{座孔}-\Delta_3-B=(50-5-31)mm=14$ mm,$L_2=L_1+e+m=(15+12+14)$mm$=41$ mm。

①轴段安装联轴器,其长度 L_1 与联轴器的长度有关,因此需要先选定联轴器的类型及型号,才能确定 L_1 长度。假设选用 TL8 型弹性套柱销联轴器(联轴器的有关数据见模块八),查得 $L_{联轴器}=84$ mm,考虑到联轴器的联接和固定的需要,而使 L_1 略小于 $L_{联轴器}$,取 $L_1=82$ mm。

⑤轴段长度 L_5 即轴环的宽度 b(一般 $b=1.4h_{45}$),取 $L_5=7$ mm。

⑥轴段长度 L_6 由 Δ_2、Δ_3 的尺寸减去 L_5 来确定,即
$$L_6=\Delta_2+\Delta_3-L_5=(15+5-7)\text{mm}=13\text{ mm}。$$

⑦轴段的长度 L_7 应等于或略大于滚动轴承的宽度 B,$B=31$ mm,取 $L_7=33$ mm。

轴的总长度等于各轴段的长度之和:
$$\begin{aligned}L_{总长}&=L_1+L_2+L_3+L_4+L_5+L_6+L_7\\&=(82+41+53+68+7+13+33)\text{mm}\\&=297\text{ mm}。\end{aligned}$$

在确定各轴段长度时,应注意:装有零件的轴段,其长度与所装零件的宽度(或长度)有关,一定要先确定零件的宽度(或长度),再确定各轴段的长度。当采用套筒、螺母等做零件的轴向固定时,应使安装零件轴段(如轴段④)的长度比零件的宽度(或长度)小 $2\sim3$ mm,以确保套筒、螺母等能紧靠零件端面进行轴向固定,当轴的长度与箱体或外围零件有关时(如轴段②),一定要先确定箱体或外围零件的相关尺寸,才能确定出轴的长度。

注意:轴段的长度确定后进行轴的校核,具体校核参考教材。

模块四　减速器结构简介

将具有减速功能的齿轮系封闭在刚性壳体内而组成的独立部件称之为减速器。减速器是一种改变原动机与工作机之间转速、转矩和轴线位置的独立传动装置。通常用作原动机和工作机之间的减速传动装置,在少数场合也用作增速的传动装置。主要由通用零部件(如传动件、支承件、联接件)、箱体和附件组成。

一、减速器的主要形式、特点及应用

减速器按传动原理不同,可分为普通减速器和行星减速器两大类。全部为定轴齿轮系传动的称为普通减速器;主要是行星齿轮系传动的称为行星减速器。本节介绍的是普通减速器。

按齿轮传动的类型不同,减速器可分为圆柱齿轮减速器、锥齿轮减速器、蜗杆减速器、圆锥-圆柱齿轮减速器、蜗杆-圆柱齿轮减速器等。按传动的级数不同,可分为单级、双级及多级减速器。图 15-5 所示为常用减速器的类型。

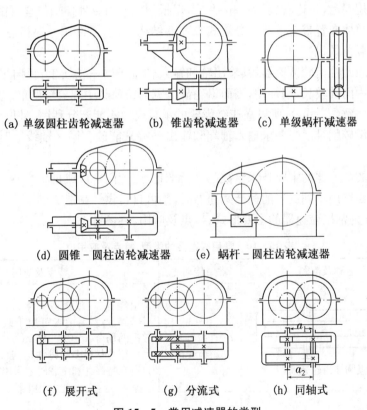

(a) 单级圆柱齿轮减速器　　(b) 锥齿轮减速器　　(c) 单级蜗杆减速器

(d) 圆锥－圆柱齿轮减速器　　(e) 蜗杆－圆柱齿轮减速器

(f) 展开式　　(g) 分流式　　(h) 同轴式

图 15-5　常用减速器的类型

图 15-5(a)所示为单级圆柱齿轮减速器,输入轴与输出轴平行。图 15-5(b)所示为单级锥齿轮减速器,输入轴与输出轴成 90°。图 15-5(c)所示为单级蜗杆减速器,输入轴与输出轴交错成 90°,传动比大,结构紧凑,但传动效率低。图 15-5(c)所示减速器为蜗杆下置

式,其冷却与润滑问题均较易解决,且蜗杆轴承润滑方便,故应尽可能优先选用。

单级齿轮传动比范围如表15-9所示,当传动比超过单级传动比时,为减小减速器结构尺寸,可采用双级齿轮减速器[参见图15-5(d~h)]。

表 15-9 单级齿轮传动比范围

齿轮传动类型	圆柱齿轮	锥齿轮	蜗杆
传动比范围	4~6	≤3	10~40

图15-5(d)为圆锥-圆柱齿轮减速器图。图15-5(e)所示的蜗杆-圆柱齿轮减速器,蜗杆传动为高速级,以获得较小的结构尺寸。双级圆柱齿轮减速器在机械中应用很广。按齿轮布置形式可分为展开式[图15-5(f)]、分流式[图15-5(g)]和同轴式[图15-5(h)]三种。

展开式双级圆柱齿轮减速器,结构简单,输入轴伸出端和输出轴伸出端的位置可根据需要来选择。但由于齿轮相对于两轴承不是对称布置,因此当轴发生弯曲变形时,易引起载荷沿轮齿齿宽方向上分布不均匀,故宜用于载荷较平稳的机械中。该减速器高速级可采用斜齿轮。

分流式双级圆柱齿轮减速器,齿轮相对于轴承为对称布置,载荷沿轮齿齿宽方向分布较均匀。齿轮多用斜齿,一边右旋,另一边左旋,以抵消轴向力。外伸轴位置可由任一边伸出,给传动装置的总体布置带来方便。分流式减速器结构复杂,需多用一对齿轮,轴向尺寸大,适用于承受变载荷的机械中。

同轴式双级圆柱齿轮减速器,其输出轴和输入轴位于同一轴线上,径向尺寸紧凑,但轴向尺寸较大。中间轴较长,刚性差,因而沿轮齿齿宽的载荷集中现象较严重。由于两级齿轮的中心距必须一致($a_1 = a_2$),所以高速级齿轮的承载能力不能充分利用,且位于减速器中间部分的轴承润滑较困难。当要求输入轴端和输出轴端只能放在同一轴线上时,可选用这种减速器。

各种类型的减速器的主要技术参数已经标准化,由专门工厂成批生产,可根据生产厂家的样本选择。当选用不到适当的标准减速器时,则可自行设计制造。

表15-10为常用减速器的主要形式、特点及应用,供参考。

表 15-10 常用减速器的类型、特点及应用

类型	名称及简图	常用传动比	特点及应用
圆柱齿轮减速器	 单级圆柱齿轮减速器	3~6 直齿≤5 斜齿≤6	可采用直齿、斜齿或人字齿,直齿用于低速(v≤8 m/s),后两者可用于载荷较大和速度较高的场合(v=25~50 m/s),但速度不宜过大。箱体材料多为铸铁,一般采用滚动轴承,只有在特高速和重载时才采用滑动轴承
	 双级圆柱齿轮减速器(展开式)	8~60	应用最广,通常高速级采用斜齿,低速级则采用直齿或斜齿,要求轴要有较高的刚度,且应使轴的伸出端远离齿轮。这种减速器多用于载荷比较平稳的场合

续表

类型	名称及简图	常用传动比	特点及应用
圆锥—圆柱齿轮减速器	双级圆柱齿轮减速器(分流式)	8～40	通常多采用高速级分流,为了保证啮合良好,应使重量较轻的轴可沿轴向自由游动。由于低速级齿轮对称于两端轴承,因此齿轮和两端轴承的受力都比较均匀。这种结构较复杂,但可获得较小的外观尺寸,多用于变载荷的情况
	单级圆锥齿轮减速器	2～5 直齿≤3 斜齿≤5	用于两轴线垂直相交的传动中,为了使载荷沿齿宽分布均匀,齿宽系数不宜取得过大。此外,传动比也不宜过大,以减小齿轮的尺寸和便于加工
	圆锥-圆柱齿轮减速器	10～25	用于两轴线垂直相交但传动比较大的场合。为了减小圆锥齿轮的尺寸,锥齿轮应处于高速级。圆柱齿轮多采用斜齿,使其能与圆锥齿轮的轴向力抵消一部分。箱体通常对称于小圆锥齿轮的轴线,以便于输出轴调头安装
蜗杆减速器	下置式　　上置式	10～80	结构紧凑,传动比大,但是效率较低,多用于中小功率和间隙工作的场合。蜗杆下置时,润滑、冷却条件较好,适用于蜗杆圆周速度 v ≤4 m/s 的情况,当 v>4 m/s 时,应采用上置式

注:表中推荐传动比为减速器的总传动比。

二、减速器的构造

现以图 15-6 为例说明单级圆柱齿轮减速器的结构。左边齿轮轴(高速轴)为输入轴,右边轴(低速轴)为输出轴。轴及轴上零件的结构设计请参阅项目十一。箱体采用中等强度的灰铸铁铸成。为了便于减速器中零件的安装和拆卸,箱体一般做成剖分式结构,其剖分面应与齿轮轴线重合。箱座 14 和箱盖 3 用圆锥定位销 1 定位,并用螺栓连接固紧。箱座上的加强肋用以增加支承刚性。箱体两端用轴承盖封闭,外伸轴处的轴承盖为透盖,有通孔,采用间隙密封。为了加强密封效果,通常在装配前于箱体的剖分面上涂以水玻璃或密封胶。为了便于揭开箱盖,常在箱盖凸缘上装有起盖螺钉 7。为了便于吊运,在箱体上设置有起吊装置,箱盖上的起吊孔 15 用于提升整个减速器。打开观察孔盖板 4,通过观察孔可以检查齿轮啮合情况及向箱内注油,平时用于观察齿轮啮合情况。箱座下部设有放油孔,换油时,排放污油和清洗剂,平时用螺塞 9 堵住。为了便于检查箱内油面高低,箱座上还设有油标8。减速器工作时由于箱内温度升高,空气膨胀,压力增大,为使箱内受热膨胀的空气能自动排出,以保持箱内压力平衡,不致使润滑油沿剖分面等处渗漏,因此在箱盖上的观察孔盖板上装有通气器5。

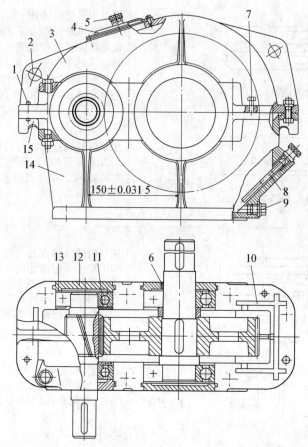

1—定位销;2—起吊孔;3—箱盖;4—观察孔盖板;5—通气器;6—间隙密封;
7—起盖螺钉;8—油标;9—螺塞;10—油槽;11—挡由环;12—轴承盖;
13—垫片;14—箱座;15—起吊钩。

图 15‐6　圆柱齿轮减速器结构图

图 15‐7 和 15‐8 为几类减速器的典型结构,以下就减速器的结构作简要介绍。

减速器的构造主要由箱体、轴系部件和附件组成。

1. 箱体结构

减速器箱体的作用在于支持轴和轴上零件,同时防止外界灰尘、异物侵入以及箱体内润滑油逸出。箱体兼作油箱使用,保证传动零件啮合过程的良好润滑。减速器箱体的结构主要有剖分式和整体式,齿轮减速器通常采用沿齿轮轴线水平剖分的结构(图 15‐7,图 15‐8)。剖分式结构的零件多、重量大,加工量大,但便于装配;而整体式结构则恰恰相反。剖分结构的箱体由箱盖和箱座组成,通过一组螺栓连接,其相对位置由两个定位销保证,箱体与箱座结合面用一层密封胶(或水玻璃)进行密封。

减速器箱体是减速器中结构和受力最复杂的零件,目前尚无完善的理论设计方法,都是在满足强度、刚度的前提下,同时考虑结构紧凑、重量轻以及加工、装配工艺性和使用等方面

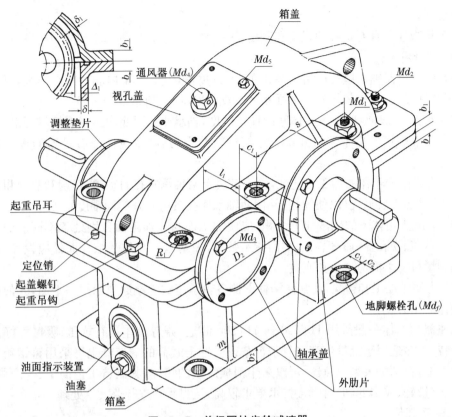

图 15-7 单级圆柱齿轮减速器

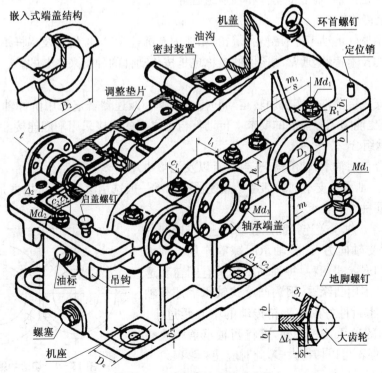

图 15-8 双级圆柱齿轮减速器

做经验设计。

为满足减速器具有足够的强度和刚度、重量轻和工艺性好等基本要求,从图 15-7 及图 15-8 中不难看出:

(1) 在减速器轴承座孔附近设有加强肋(外肋和内肋,其中内肋的刚度较大,且外表美观,但工艺性复杂、效率较低),以加强箱体的支承刚度,并使重量轻。

(2) 为了提高轴承座上下箱体间的连接刚度,轴承座孔两侧的连接螺栓尽可能靠近(但不能与轴承盖螺钉发生干涉),并设有连接螺栓凸台(其高度应保证有足够的扳手活动空间)。

(3) 为了改变箱体的加工工艺性,同一轴线上两轴承座孔的直径、精度和表面粗糙度应尽量一致,且加工成通孔(以便镗孔,并使两轴承座孔具有较好的同轴度)。

(4) 为减少箱体上的机械加工面积,应使加工面与非加工面分别处于不同表面。箱体上安装轴承盖、视孔盖、通气装置、油面指示装置、油塞以及与地基结合面处应设计凸台,而螺栓头和螺母支承面应锪出鱼眼坑。

(5) 为便于加工和检验,还常使箱体同侧各轴承座的外端面处于同一平面,并使两端对称于箱体的中心线。

减速器的箱体一般采用 HT150 或 HT200 制造,铸造箱体具有抗压、吸振性好及易于加工等特点,多适用于批量生产。对于重载或受冲击载荷的减速器也可采用铸钢箱体。在单件生产中,特别是大型减速器,可以采用钢板焊接的箱体,其制造工艺简单、生产周期短、材料省、重量轻、成本低,但对焊接技术要求较高,且焊后须进行退火热处理。

2. 轴系部件

轴系部件是指轴、轴上传动件和轴承组合等。

(1) 轴上传动件

减速器箱体外传动零件有链轮、带轮;箱体内有圆柱齿轮、锥齿轮及蜗杆蜗轮等,传动件决定减速器的技术特性,通常减速器的名称也是按传动件的种类来命名的。

(2) 轴

轴用来安装传动件并实现回转运动和传递功率。减速器普遍采用阶梯轴,便于零件的安装与定位,也能满足等强度的要求。传动件与轴之间的连接采用平键连接。

(3) 轴承组合

轴承组合包括轴承、轴承盖、密封装置以及调整垫片。

① 轴承。轴承是支承轴的部件。减速器的轴承一般选用滚动轴承,根据是否承受轴向力来选择不同种类的轴承。

② 轴承盖。轴承盖连接固定在箱体上,可以起到固定轴承、承受轴向力、调整轴承间隙等作用。轴承盖有凸缘式和嵌入式两种,每种轴承盖又有闷盖和透盖两种类型。多用凸缘式,因为凸缘式轴承盖调整轴承间隙方便,密封性好。若齿轮传动的中心距过小,使主、从动轴的轴承盖相重叠,可将两轴承盖相重叠的部分切掉,但不可以切得太多,此时应使 $l_c \geqslant (1.1 \sim 1.2)d_3$,如图 15-9 所示。

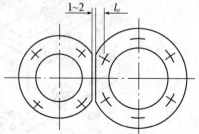

图 15-9 切边的轴承盖

③ 密封件。为防止灰尘、水气及其他杂质浸入轴承,引起轴承的磨损和腐蚀,同时也为了防止润滑剂外漏,在输入轴和输出轴外伸处设置密封装置。

④ 调整垫片。为了调整轴承间隙,有时也为了调整传动件(如锥齿轮、蜗轮)的轴向位置,需放置调整垫片。调整垫片由若干厚度不等的薄软钢片组成。

3. 减速器附件

减速器附件指为减速器正常工作或起吊运输而设置的一些零件,有些安装在箱体上(如起盖螺栓、油标等),有些则直接在箱体上制造出(如吊钩等)。

（1）窥视孔及视孔盖

为了便于检查、观察箱体内传动零件的啮合情况,在箱盖上部设置有窥视孔;箱体内润滑油也由此注入;平时用视孔盖、纸质封油垫片和螺钉封住,以防灰尘、杂质侵入和润滑油外漏。视孔盖常用钢板或铸铁制成。

（2）通气装置

减速器工作时,各运动副间的摩擦发热将使箱内的温度升高,气压增大。为了避免此时因接合面密封性能下降而造成漏油,常在箱盖顶部安装有通气装置,以使箱体内的热空气能自由逸出,保持箱体内外的气压平衡。通气装置有不同的结构形式,简单的通气装置可装在视孔盖上,兼作把手用。

（3）油面指示装置

为了检查箱内的油面高度是否符合要求,在油面比较稳定的部位设置油面指示装置,其结构形式有油标尺、长形油标、圆形油标等。油标尺结构简单,虽在工作时不能直接观察油面的高度,但制作方便,一般减速器应用较多。圆形、长形及管状油标均为窗式结构,可直接观察到油面,其尺寸规格已标准化,多用于较为重要的大型减速器。

（4）油塞

减速器箱体内的润滑油需要定期(一般为半年时间)更换,在箱座油池底部的最低处设置有排油孔,以便箱内的油能排干净。平时用带细牙螺纹的油塞和耐油橡胶或皮革制造的封油圈密封。

（5）起吊装置

为了便于拆装或吊运箱盖,应该在箱盖上铸出(或焊上)吊耳或安装吊环螺钉。为了便于起吊或搬运整台减速器,在箱座的两端连接凸缘处下部铸有(或焊上)吊钩。当减速器很轻时,也可以不设上述起吊装置。

（6）定位销

为了保证箱体剖分面处轴承座孔的加工及安装精度,镗孔前在箱体连接凸缘处安装有两个定位销。两销孔的距离应尽可能远,但又不宜作对称布置,以加强定位效果。

（7）起盖螺钉

因减速器箱座与箱盖接触面上涂有密封胶(或水玻璃),这给拆卸箱盖带来了困难。为此,在箱盖与箱座的连接凸缘上一般加工出 1~2 个螺孔,以便拆卸时通过拧动起盖螺钉而顶起箱盖。

减速器中,齿轮(或蜗轮蜗杆)和轴承的润滑是非常重要的。润滑的目的主要是为了减轻摩擦和磨损,提高传动效率。绝大多数减速器中的齿轮和蜗杆传动都采用油润滑。在润滑过程中,润滑油带走热量,使热量通过箱体表面散逸到周围空气中去,因而润滑又是散热的重要途径。轴承和传动零件可以用同一种润滑油和润滑系统润滑,也可以分开单独进行润滑。当齿轮的圆周速度 $v<12$ m/s(蜗杆传动的齿面相对滑动速度 $v<10$ m/s)时,减速器中的齿轮一般采用浸油润滑。为了避免搅油及飞溅损失过大,齿轮的浸油深度一般不宜超过全齿高(对于下置式蜗杆传动,为蜗杆的全齿高),但不小于 10 mm。

模块五　减速器装配图的设计

装配图既是用来表达各零件结构形状、尺寸及其相互装配关系的图纸,又是进行机械装配、调整、维护和绘制零件工作图的依据。因此,装配图的设计极为重要。

减速器装配图的设计大致可以分为三个阶段,即初绘装配草图、完成装配草图和完成装配工作图阶段。本章以圆柱齿轮减速器为例,说明机械设计的一般过程和方法。

一、减速器装配图设计概述

1. 装配图内容

减速器装配图反映减速器整体轮廓形状、传动方式,也表达出各零件间的相互位置、尺寸和结构形状。减速器装配图是减速器工作原理和零件间装配关系的系统图,是减速器部件组装、调试、检验及维修的技术依据,也是绘制零件工作图的基础。装配图应包括以下四方面的内容:

(1) 完整、清晰地表达减速器全貌的一组视图;

(2) 必要的尺寸标注;

(3) 技术要求及调试、装配、检验说明;

(4) 零件编号、标题栏、明细表。

2. 装配图设计前的准备

装配图草图设计前,应整理前面已经计算出的结果,准备出下列数据与资料:

(1) 电动机的型号、电动机轴的直径、外伸长度、中心高;

(2) 各传动件主要尺寸参数,如齿轮齿顶圆直径、齿宽、中心距等;

(3) 初算轴的直径和阶梯轴各段直径;

(4) 联轴器的型号、毂孔直径和长度、装拆尺寸等;

(5) 键的类型和尺寸。

3. 减速器结构设计方案

通过阅读有关资料,看实物、模型、录像或进行减速器装拆等,了解减速器的结构,了解减速器组成各零件的功能、类型和结构,做到对设计内容心中有数。分析并初步确定减速器的结构设计方案,包括箱体结构(剖分式或整体式)、轴及轴上零件的固定方式、轴的结构、轴承的类型、润滑及密封方案、轴承盖的结构(凸缘式或嵌入式)以及传动件的结构等。

二、装配草图设计第一阶段

1. 设计内容

轴的结构设计过程中,涉及很多箱体和附件的尺寸,要不断确定箱体和附件的尺寸,在确定箱体和附件的尺寸的过程中逐步完成轴的结构设计。在对轴进行结构设计的基础上，选出轴承型号，确定键连接的类型、尺寸及联轴器的型号，确定轴的跨距和轴上各受力点的位置，并对轴、轴承和键连接进行校核计算。

在设计过程中，应按照从主到次、从内到外、从粗到细的顺序，边画图、边计算、边修改。装配草图设计第一阶段主要是完成俯视图的大部分内容，装配草图设计第二阶段主要是完成主视图的内容及其余俯视图的内容。

在进行轴的结构设计前，要根据以前的计算结果，确定出齿轮有关尺寸和低速轴、高速轴各轴段的直径，然后通过画草图确定轴的长度。直径和长度确定结合例 15-2，总结为表 15-11，15-12，仅供参考。图 15-10 为高速轴的结构图，中心线以上轴承为脂润滑结构，中心线以下轴承为油润滑结构。

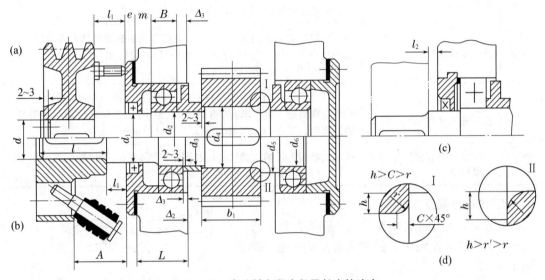

图 15-10 高速轴各段直径及长度的确定

表 15-11 各轴段直径的确定

轴号	确定方法及说明
d	初估直径，参见《机械设计基础》，应取和联轴器的孔径一致
d_1	$d_1 = d + 2h$，h 为定位轴肩高度，用于轴上零件的定位和固定，故 h 值应稍大于毂孔的圆角半径或倒角值，通常取 $h \geq (0.07 \sim 0.1)d$，应考虑轴段安装的密封圈直径
d_2	$d_2 = d_1 + 1 \sim 5$ mm，图 15-10 中，d_2 与 d_1 的直径差是为了安装轴承方便，为非定位轴肩，不宜取得过大。但 d_2 安装轴承，故 d_2 应符合轴承标准
d_3	$d_3 = d_2 + 1 \sim 5$ mm，直径变化仅为区分加工面，根据润滑情况也可不设 d_3
d_4	$d_4 = d_3 + 1 \sim 5$ mm，直径变化安装齿轮方便及区分加工面，d_4 与齿轮相配，应圆整为标准直径（一般以 0、2、5、8 为尾数）
d_5	$d_5 = d_4 + 2h$，h 为定位轴肩高度，通常取 $h \geq (0.07 \sim 1)d$
d_6	一般 $d_6 = d_2$，同一轴上的滚动轴承最好选用同一型号，以便与轴承座孔的镗削和减少轴承类型 轴承左端的轴肩是定位轴肩，为便于轴承的拆卸，该处的轴肩应符合轴承的规范，如 d_5 尺寸和该处定位轴肩的尺寸不一致，应将该处设计为阶梯轴或锥形轴段

表 15-12 各轴段长度的确定

符号	名称	确定方法及说明
b	齿轮宽度	b 为齿轮宽度,由齿轮设计确定,轴上该轴段长度应比轴毂短 $2\sim 3\,mm$,此时取得齿轮宽度与轮毂宽相等,两者也可不相等
Δ_2	小齿轮端面至箱体内壁的距离	$\Delta_2 = 10\sim 15\,mm$,对重型减速器应取大值
Δ_3	轴承至箱体内壁的距离	当轴承为脂润滑时应设挡油环,取 $\Delta_3 = 8\sim 12\,mm$;当轴承为油润滑时,取 $\Delta_3 = 3\sim 5\,mm$
B	轴承宽度	按轴颈直径初选(建议选择中窄系列)
L	轴承座孔长度	L 由轴承座旁联接螺栓的扳手空间位置确定,即 $L = \delta + c_1 + c_2 + 5\sim 10\,mm$ 或 $L = B + m + \Delta_3$,取两者较大值
m,e	轴承盖长度尺寸	凸缘式轴承盖 m 尺寸不宜过小,以免拧紧固定螺钉时轴承盖歪斜,一般 $m = (0.1\sim 0.15)D$,D 为轴承外径;e 值可根据轴承外径查表 15-14,应使 $m \geqslant e$(图 15-10)
l_1	外伸轴上旋转零件的内壁面与轴承盖外端面的距离	l_1 与外接零件及轴承盖的结构有关,在图 15-10(a)中,l_1 应保证轴承固定螺钉的装拆要求;在图 15-10(b)中,l_1 应保证联轴器柱销的装拆要求。采用凸缘式轴承盖,$l_1 = 15\sim 20\,mm$
l	外伸轴上安装旋转零件的轴段长度	按轴上旋转零件的轮毂孔宽度和固定方式确定。为使轴端不发生干涉,应使该段轴的长度比轮毂孔宽度短 $2\sim 3\,mm$

2. 设计步骤及方法

此设计过程中箱体的结构尺寸参考表 15-13。

(1) 确定低速轴中心线和大齿轮的位置(参考图 15-11)

① 画出低速轴中心线,即大齿轮中心线;

② 画出大齿轮的宽度 b_2 和小齿轮的宽度 b_1。

(2) 画出齿轮轮廓和箱体壁线(参考图 15-11)

① 在主视图上画出齿轮分度圆、顶圆,并按大齿轮顶圆与箱体内壁间的距离 $\Delta_1 \geqslant 1.2\delta$ 以及箱盖的壁厚 δ_1 的要求,画出沿箱体宽度一侧的内外壁线。小齿轮一侧的壁线暂不画出。

② 画出齿轮节线、端面和箱体内壁。

在俯视图上画出齿轮的相应节线、端面,并按齿轮端面与箱体内壁间的距离 $\Delta_2 \geqslant \delta$ 的要求,绘出沿箱体长度方向的两条内壁线,并画出箱体的对称线 I-I。

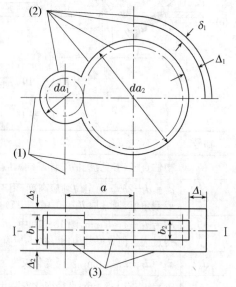

图 15-11 装配图草图布局

表 15-13　减速器铸造箱体的结构尺寸

名称		代号	荐用尺寸关系						
主要结构要素尺寸	箱座(体)壁厚	δ	齿轮减速器				蜗杆减速器		
			$\delta=0.025a+\Delta\geqslant 8$				$\delta=0.04a+\Delta\geqslant 8$		
	箱盖壁厚	δ_1	$\delta_1=0.8\delta\geqslant 8$				蜗杆在下:$\delta_1=0.85\delta\geqslant 8$ 蜗杆在上:$\delta_1=\delta\geqslant 8$		
	箱座、箱盖、箱底座凸缘的厚度	b,b_1,b_2	$b=1.5\delta,b_1=1.5\delta_1,b_2=2.5\delta$						
	箱座、箱盖的肋厚	m,m_1	$m\geqslant 0.85\delta,m_1\geqslant 0.85\delta_1$						
	轴承旁凸台的高度和半径	h,R_1	h 由结构的要求确定(见图 15-22 和 15-23); $R_1=c_2(c_2$ 见本表)						
	轴承盖的外径	D_2	凸缘式:$D+(5\sim 5.5)d_3(d_3$ 见本表) 嵌入式:$1.25D+10(D$ 为轴承的外径)						
	轴承盖的凸缘的厚度	t	$(1\sim 1.2)d_3(d_3$ 见本表)						
连接螺栓(螺钉)的直径及数目	地脚螺钉的直径	d_f	单级减速器 (a 见注)	a	~ 100	~ 200	~ 250	~ 350	~ 450
				d_f	12	16	20	24	30
			双级减速器 (a_1,a_2 见注)	a_1+a_2	~ 350	~ 450	~ 600	~ 750	
				d_f	16	20	24	30	
	地脚螺钉的数目	n	单级减速器:$n=4$;双级减速器:$n=6$						
	轴承旁连接螺栓的直径	d_1	$0.75d_f$						
	箱座、箱盖连接螺栓的直径	d_2	$(0.5\sim 0.6)d_f$;螺栓的间距:$l=150\sim 200$						
	轴承盖螺栓的直径	d_3	轴承座孔的直径	45~65		70~100	110~140	150~230	
			d_3	6		8	10	12~16	
			螺栓数目	4		4	6	6	
	窥视孔盖板螺钉的直径	d_4	单级减速器:$d_4=6$;双级减速器:$d_4=8$						
其他有关尺寸	d_f,d_1,d_2 至箱外壁的距离	c_1	螺栓的直径	M8	M10	M12	M16	M20	M24	M30
	d_f,d_2 至凸缘外缘的距离	c_2	$c_{1 min}$	15	18	20	24	30	36	42
			$c_{2 min}$	13	14	16	20	26	30	36
	箱外壁至轴承座端面的距离	l_1	$c_1+c_2+(5\sim 10)$						
	大齿轮顶圆与箱内壁的距离	Δ_1	$\geqslant 1.2\delta$						
	齿轮端面与箱内壁的距离	Δ_2	$\geqslant\delta$						

注:对于圆柱齿轮传动,a 为中心距;对于圆锥齿轮传动,a 为大、小齿轮的平均节圆半径之和;对于圆锥-圆柱齿轮传动,a 按圆柱齿轮传动的中心距取值。

对于双级减速器,a_1、a_2 分别为高、低速级齿轮传动的中心距。

Δ 与减速器的级数有关:对于单级减速器,取 Δ 为 1 mm;对于双级减速器,取 Δ 为 3 mm。

（3）确定轴承位置

根据设计计算数据确定主、从动轴直径后，根据轴承内径及轴承受力，初步选定轴承型号，并由轴承型号查出相应的宽度和外径。然后按下列步骤作图（参照图 15 - 12）。

① 根据初选的轴承型号确定轴承外径，画出轴承座孔的轮廓线。

② 根据轴承内径、外径和宽度，画出轴承的轮廓线。

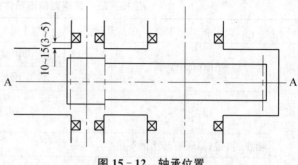

图 15 - 12　轴承位置

滚动轴承内端面距箱体内壁的间距与轴承的润滑方式有关。轴承采用脂润滑时，轴承内侧面与箱体内壁的间距大一些，常取 10~15 mm，以便安装挡油环，防止箱体内的润滑油进入轴承而冲稀润滑脂；若轴承采用油润滑，则轴承内端面与箱体内壁的间距可小一些，常取 3~5 mm，参考图 15 - 12。

（4）确定轴承座孔长度和轴承盖轮廓线

① 画出轴承座孔端面轮廓线

轴承座孔宽度取决于轴承座旁连接螺栓 Md_1 所要求的扳手空间尺寸 c_1 及 c_2，轴承座孔的宽度可按 $l_1 = \delta + c_1 + c_2 + (5~10)$ 或 $L = B + M + \Delta_3$ 取两者较大值计算（参考图 15 - 13）。由表 15 - 13 根据轴承旁连接螺栓的直径 d_1 确定 c_1 和 c_2 的值，画出轴承座孔的外端面轮廓线 1（参考图 15 - 14）。

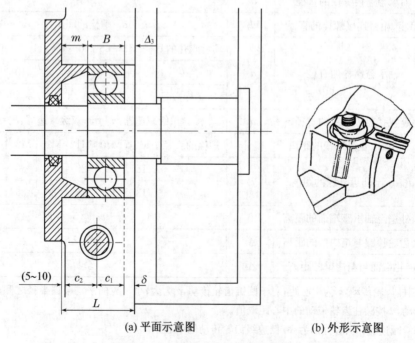

(a) 平面示意图　　　　　　　　　(b) 外形示意图

图 15 - 13　轴承座旁螺栓的扳手空间

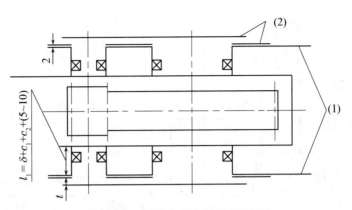

图 15 - 14　轴承座孔的外端面轮廓线

② 画出凸缘式轴承盖的轮廓线

按表 15 - 13 计算出凸缘式轴承盖的厚度 t，考虑到轴承盖凸缘端面与轴承座孔外端面间调整垫片组的厚度（一般留 2 mm 的间隙），画出轴承盖的轮廓线 2（参考图 15 - 14）。

（5）轴的具体结构设计

轴的结构设计包括轴段直径和长度确定，轴段直径前面已经计算出结果，下面就设计过程中长度的确定应注意的方面。

对于安装有联轴器、齿轮部件的轴段，其长度应略短于相应的毂孔宽度 2～3 mm。

轴上平键的长度应略短于该轴段长度，一般短 5～8 mm，且键端距装入侧轴段端面的距离不宜过大，一般为 2～3 mm，以保证装配时轮毂的键槽易于对准平键。

轴的外伸长度与外接零件和轴承盖结构有关。装有联轴器的外伸轴，应为其留有足够的装配尺寸 A（查附录二）。当采用凸缘式轴承盖时，轴外伸长度的确定应有利于轴承盖螺钉的拆卸而毋须拆下外装零件；对于嵌入式轴承盖，则无此要求，可以取较小值。

经过上述步骤所绘的装配草图如图 15 - 15。

（6）确定轴上力作用点的位置和支点跨距

从图 15 - 15 所示装配草图上，可判断轴上力作用点的位置，轴承支点的位置，根据作图法或尺寸计算，可确定低速轴上两轴承支点跨距为 A_2+B_2，及高速轴上两轴承支点跨距为 A_1+B_1，为后续轴的强度校核提供已知数据。

（7）轴、轴承和键连接的校核计算

在上述步骤的基础上，再进行相应的尺寸确定，便可进行轴的强度校核，具体参照教材。若轴强度不够，则应增大轴径，以满足强度条件；若轴承寿命达不到要求，可先考虑选用另一直径系列的轴承，再考虑更换轴承类型，以提高轴承的额定动载荷；若键连接的挤压强度不够，可采用加大键长，改用双键、花键、增大轴径等措施。

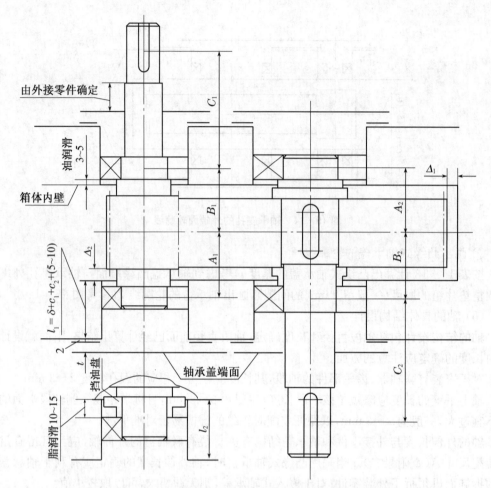

图 15‑15　单级圆柱齿轮减速器初绘的装配草图示例

三、装配草图设计第二阶段

本阶段主要设计减速器的主视图和进一步完成俯视图,此外还包括减速器的润滑、减速器箱体、轴承支承结构设计和减速器附件的结构设计。

设计时,一般遵循先主件后附件、先轮廓后细节以及主视图为主,在其他视图上同时交叉进行的原则。

1. 减速器的润滑和密封

减速器传动件齿轮和轴承都需要良好的润滑,目的是为了减少摩擦、磨损,提高效率,防热,冷却和散热。

(1)齿轮和轴承的润滑

齿轮的润滑分为浸油润滑和喷油润滑,齿轮的圆周速度 $v<12$ m/s,为浸油润滑,齿轮的圆周速度 $v\geqslant12$ m/s 时,为喷油润滑。

根据浸油齿轮的圆周速度,轴承可采用脂润滑或油润滑。

当浸油齿轮圆周速度 $v<2$ m/s 时,滚动轴承的润滑常采用脂润滑。为防止箱体内的油进入轴承而冲稀润滑脂及润滑脂的流失,可在轴承靠箱体内一侧设置挡油环。

当浸油齿轮圆周速度 $v \geqslant 2$ m/s 时,滚动轴承常采用油润滑。当斜齿轮齿根圆直径小于座孔直径时,斜齿轮的轴向排油会将过多的稀油冲向轴承,而增加轴承的阻力,也应在此设置挡油环。

挡油环的结构与安装如图 15-16 所示,挡油环有两种,一种是铸铁制造的[图 15-16(b)],一种是钢板冲压成形的[图 15-16(d)],前者的密封性能好,常用于脂润滑的轴承,后者多

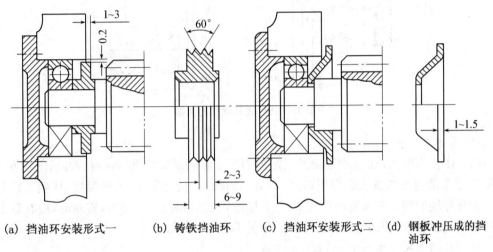

(a) 挡油环安装形式一　(b) 铸铁挡油环　(c) 挡油环安装形式二　(d) 钢板冲压成的挡油环

图 15-16　挡油环的结构与安装

用于阻挡过多的稀油进入轴承。

当浸油齿轮的圆周速度 $v \geqslant 2$ m/s 时,常用浸油齿轮转动时飞溅带起的油润滑滚动轴承。为此,应在箱座剖分面开设导油沟,导油沟有两种常见的结构形式,如图 15-17 所示。其中铣制油沟具有阻力小、易于加工的特点,应用较广。设计时应注意凸台连接螺栓孔不得与导油沟相通,以免漏油。

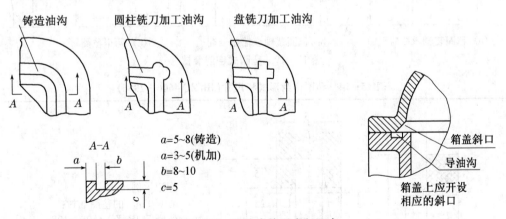

$a=5\sim8$(铸造)
$a=3\sim5$(机加)
$b=8\sim10$
$c=5$

图 15-17　导油沟的形式和尺寸

为使溅到箱盖内壁上的油沿内壁经箱盖剖分面上开设的相应斜口流到导油沟内,为保证导油沟内的油能够流入轴承座孔内,并经轴承内外圈间的空隙流回箱座内,应在轴承座上开缺口;为防止装配时缺口没有对准导油沟而将油路堵塞,可将轴承盖上与座孔配合部分的

外径缩小些,如图 15-18 所示。

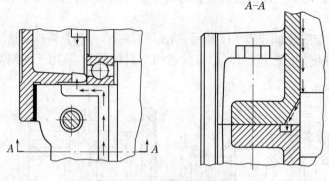

图 15-18 飞溅润滑的油路

(2) 轴承的密封

为了防止润滑剂外漏及外界灰尘、杂质的侵入,必须对轴承进行密封。轴承密封方式的选取要考虑密封处的轴表面圆周速度、润滑剂的种类、密封要求、工作温度、环境条件等因素。轴外伸端的密封方式有接触式密封、非接触式密封和混合式密封,密封时,应在轴上靠外伸端的轴承透盖内安装合适的密封件,如图 15-19 所示。

毡圈和槽的尺寸见表 15-14。

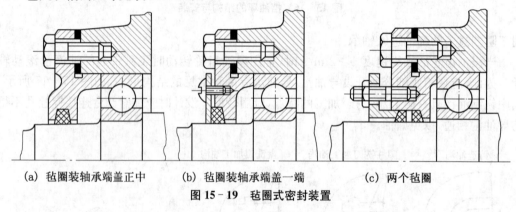

(a) 毡圈装轴承端盖正中　　(b) 毡圈装轴承端盖一端　　(c) 两个毡圈

图 15-19 毡圈式密封装置

表 15-14 毡圈密封形式和尺寸(JB/ZQ 4606—1986)

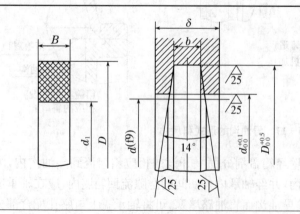

标记示例:
$d=50$ mm 的毡圈油封:
毡圈 50JB/ZQ 4606—1986

续表

轴径 d	毡圈				槽				
	D	d_1	B	质量/kg	D_0	d_0	b	δ_{min}	
								用于钢	用于铸铁
15	29	14	6	0.001 0	28	16	5	10	12
20	33	19		0.001 2	32	21			
25	39	24	7	0.001 8	38	26	6		
30	35	29		0.002 3	44	31			
35	49	34		0.002 3	48	36			
40	53	39		0.002 6	52	41			
45	61	44	8	0.004 0	60	46	7	12	15
50	69	49		0.005 4	68	51			
55	74	53		0.006 0	72	56			
60	80	58		0.006 9	78	61			
65	84	63		0.007 0	82	66			
70	90	68		0.007 9	88	71			
75	94	73		0.008 0	92	77			
80	102	78	9	0.011	100	82	8	15	18

2. 轴承支承结构的设计

根据所确定的轴承盖结构,计算出相应的尺寸,画出其具体结构。

一般中、小型减速器均采用滚动轴承作支承。设计轴承的支承结构时,主要确定轴承的周向和轴向的定位,要便于装拆、调整,具有良好的润滑与密封等。

轴承盖的功用是轴向固定轴承,承受轴系载荷,调整轴承间隙和实现轴承座孔处的密封等。轴承盖的结构有凸缘式和嵌入式两种,每一种形式按是否有通孔,又可分为透盖和闷盖。轴承盖的材料一般为铸铁(HT150)或铸钢(Q215 或 Q235)。

凸缘式轴承盖(见图 15 - 20)调整轴承间隙比较方便,密封性能好,故得到广泛的应用。

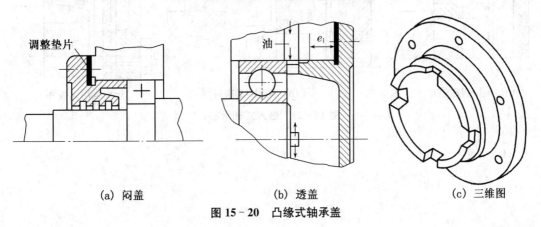

(a) 闷盖	(b) 透盖	(c) 三维图

图 15 - 20 凸缘式轴承盖

凸缘式轴承盖的结构尺寸见表 15-15 所示。

嵌入式轴承盖(见图 15-21)轴向结构紧凑,无需用螺栓连接,与 O 形密封圈配合使用可提高其密封效果,但调整轴承间隙时,需打开箱盖增减调整垫片,或者采用调整螺钉调整轴承间隙,故比较麻烦。嵌入式轴承盖的结构尺寸见表 15-16。

表 15-15 凸缘式轴承盖   mm

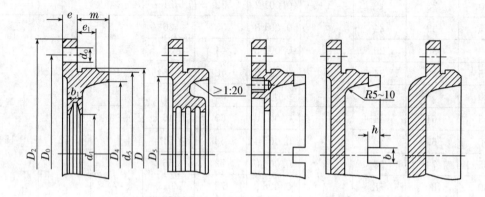

		轴承外径 D	螺钉直径 d_3	螺钉数目
$d_0=d_3+1$	$d_5=D-(2\sim4)$			
$D_0=D+2.5d_3$	$D_5=D_0-3d_3$			
$D_2=D_0+2.5d_3$	b_1、d_1 由密封尺寸确定	$30\sim65$	6	4
$e=1.2d_3$	$b=5\sim10$	$70\sim100$	8	4
$e_1\geqslant e$	$h=(0.8\sim1)b$	$110\sim140$	10	6
m 由结构确定;d_3 为端盖连接螺钉直径		$150\sim230$	$12\sim16$	6
$d_4=D-(10\sim15)$				

注:材料为 HT150。

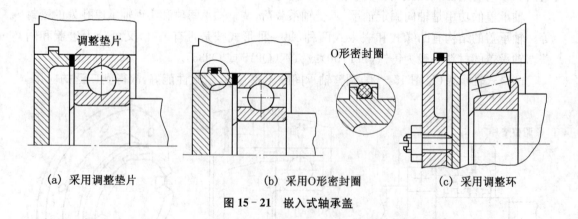

(a) 采用调整垫片   (b) 采用O形密封圈   (c) 采用调整环

图 15-21 嵌入式轴承盖

表 15-16　嵌入式轴承盖　mm

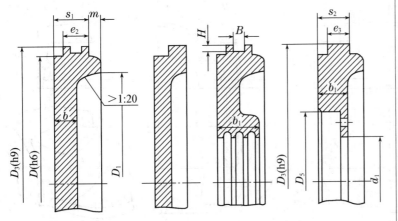

$e_2=8\sim12$
$s_1=15\sim20$
$e_3=5\sim8$
$s_2=10\sim15$
m 由结构确定
$b=8\sim10$
$D_3=D+e_2$,装有 O 形圈的,按 O 形圈外径取整
D_5、d_1、b_1 等由密封尺寸确定;H、B 按 O 形圈的沟槽尺寸确定

注:材料为 HT150。

3. 减速器箱体的结构设计

在确定了箱体形式和材料的基础上,箱体的结构设计可按以下步骤进行。

（1）轴承座旁连接螺栓凸台的设计

如图 15-22 所示,先在主视图上画出轴承盖外径 D_2,再在最大轴承盖一侧确定轴承座旁连接螺栓的中心线,并取螺栓间距 s,对无油沟箱体 $s<D_2$,对有油沟箱体 $s=D_2$;根据扳手活动空间的尺寸 c_1 和 c_2,在满足 c_1 的条件下,作图确定凸台的高度 h。考虑制造方便,各轴承座旁连接螺栓凸台设计成相同的高度,凸台斜面的斜度取 1∶10～1∶20。

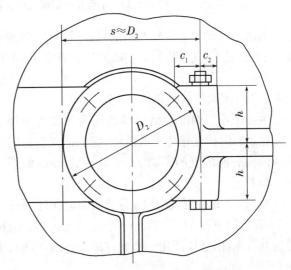

图 15-22　轴承旁螺栓凸台的设计

设计时应注意凸台连接螺栓孔不得与导油沟相通,以免漏油。

（2）箱盖外表面轮廓的设计

对铸造圆弧造形的箱盖,大齿轮一侧的箱盖部分轮廓是以其轴为圆心、r 为半径的圆弧,作为箱盖顶部的部分轮廓,其中 $r=\dfrac{da_2}{2}+\Delta_1+\delta$（并圆整）;一般情况下,轴承座旁连接螺栓凸台均在大齿轮一侧的箱盖圆弧轮廓内。

而小齿轮一侧,并无统一规定的确定方法,可根据结构作图确定,一般最好让小齿轮轴承孔凸台在圆弧以内,如图 15-23 所示,当圆弧半径 $R\geqslant R'+10$ mm,用 R 为半径画出小齿轮处箱盖的部分轮廓,要求圆弧半径 $R\geqslant R'+10$ mm,用 R 为半径画出小齿轮处箱盖的部分轮廓（图 15-23(a)）。当然,也有使小齿轮轴承孔凸台在圆弧以外的结构,如图 15-23(b)所示。

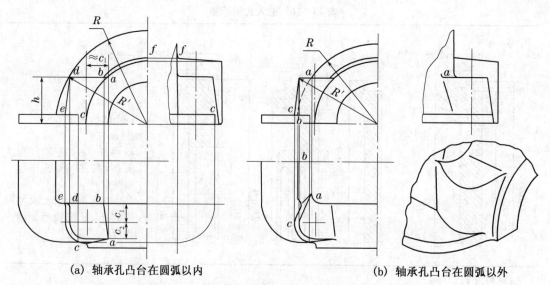

(a) 轴承孔凸台在圆弧以内   (b) 轴承孔凸台在圆弧以外

图 15‑23 小齿轮一侧箱盖圆弧面及凸台的投影关系

画出小齿轮和大齿轮两侧的圆弧后,可作两圆弧的切线,这样,箱盖顶部轮廓就完全确定了(图 15‑24)。

(3) 箱座高度的确定

为保证箱座内能容纳足够的润滑油和避免浸油齿轮运转时搅起箱座里的沉渣,应保证大齿轮的齿顶圆至底座内壁的距离 $H_1 = 30 \sim 50$ mm,如图 15‑25 所示。

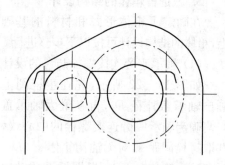

图 15‑24 箱盖顶部轮廓

当 $m \leqslant 5$ mm 时,箱座内最低油面应保证浸没一个齿高,但不得小于 10 mm;当 $m \geqslant 5$ mm 时,箱座内最低油面应保证浸没半个齿高,同时考虑油有损耗,还应规定一个允许的最高油面,中、小型减速器的最高油面一般比最低油面高 $5 \sim 10$ mm。

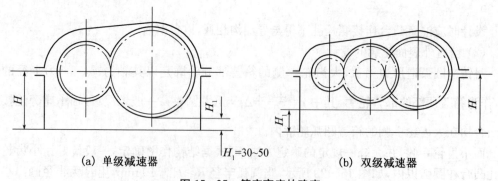

(a) 单级减速器 $H_1 = 30 \sim 50$ (b) 双级减速器

图 15‑25 箱座高度的确定

（4）凸缘连接螺栓的布置

应注意间距不要太大，一般 $150 \sim 200$ mm，且力求匀称并保证必要的扳手活动空间。

4. 减速器附件的结构设计

（1）窥视孔及视孔盖

应开在箱盖顶部，能看到啮合区，孔的大小应便于检查操作，应设计凸台，考虑密封，如图 15 - 26 所示，结构尺寸见表 15 - 17 所示。

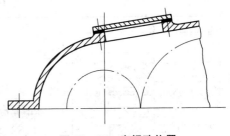

图 15 - 26　窥视孔位置

表 15 - 17　窥视孔及视孔盖的结构　　　　　　　　　　　　mm

A	100	120	150	180	200
A_1	$A+(5 \sim 6)d_4$				
A_0	$\frac{1}{2}(A+A_1)$				
B	$B_1-(5 \sim 6)d_4$				
B_1	箱体宽—$(15 \sim 30)$				
B_0	$\frac{1}{2}(B+B_1)$				
d_4	M6～M8				
R	5～10				
h	1.5～2(A3 钢)；5～8(铸铁)				

（2）通气装置

应放在箱盖顶部或窥视孔盖板上，结构形式要适应环境的要求，要可靠连接，结构尺寸见表 15 - 18，15 - 19。

表 15 - 18　通气塞　　　　　　　　　　　　mm

d	D	D_1	S	L	l	a	d_1
M10×1	13	11.5	10	16	8	2	3
M12×1.25	18	16.5	14	19	10	2	4
M16×1.5	22	19.6	17	23	12	2	5
M20×1.5	30	25.4	22	28	15	4	6
M22×1.5	32	25.4	22	28	15	4	7
M27×1.5	38	31.2	27	34	18	4	8
M30×2	42	36.9	32	36	18	4	8
M33×2	45	36.9	32	38	20	4	8
M36×3	50	41.6	36	46	25	5	8

注：1. 材料为 Q235；2. S 为扳手宽度。

表 15－19　通气器　　　　　　　　　　　mm

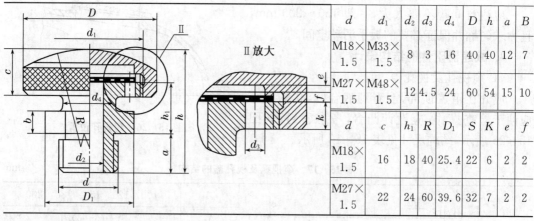

d	d_1	d_2	d_3	d_4	D	h	a	B
M18×1.5	M33×1.5	8	3	16	40	40	12	7
M27×1.5	M48×1.5	12	4.5	24	60	54	15	10

d	c	h_1	R	D_1	S	K	e	f
M18×1.5	16	18	40	25.4	22	6	2	2
M27×1.5	22	24	60	39.6	32	7	2	2

注：S 为扳手宽度。

（3）油面指示装置

一般放在低速级附近的油面稳定处，要便于观察、检查最低油面和最高油面（一般高、低油面差约为 10 mm）。选用圆形油标时，注意密封，防止漏油；选用带螺纹的杆形油标时，应注意设计油标座孔，要保证油标便于插入和取出，见表 15－20,15－21 和 15－22 所示。

表 15－20　压配式圆形油标（摘自 GB 1160.1—1989）　　　mm

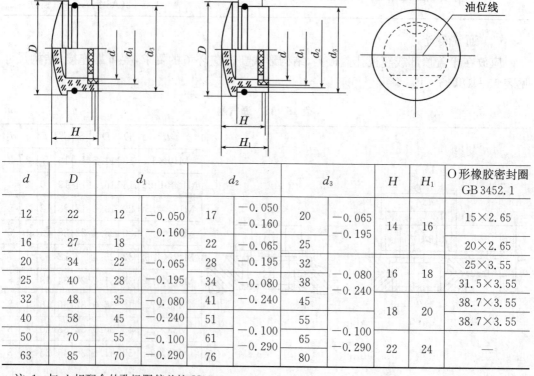

d	D	d_1		d_2		d_3		H	H_1	O形橡胶密封圈 GB 3452.1
12	22	12	−0.050 −0.160	17	−0.050 −0.160	20	−0.065 −0.195	14	16	15×2.65
16	27	18		22	−0.065 −0.195	25				20×2.65
20	34	22	−0.065 −0.195	28		32	−0.080 −0.240	16	18	25×3.55
25	40	28		34	−0.080 −0.240	38				31.5×3.55
32	48	35	−0.080 −0.240	41		45		18	20	38.7×3.55
40	58	45		51		55	−0.100 −0.290			38.7×3.55
50	70	55	−0.100 −0.290	61	−0.100 −0.290	65				—
63	85	70		76		80		22	24	

注：1. 与 d_1 相配合的孔极限偏差按 H11。

2. A 型用 O 形橡胶密封圈沟槽尺寸按 GB 3452.3 规定，B 型用 O 形橡胶密封圈由制造厂设计选用。

3. 标记：视孔 $d=32$，A 型压配式圆形油标标记为油标 A32GB1160.1。

表 15‑21　油标尺 mm

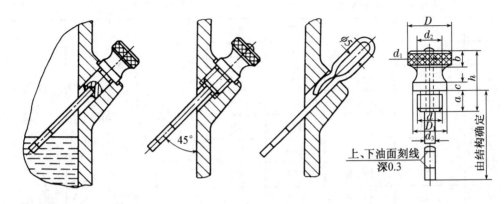

$d\left(d\dfrac{\mathrm{H9}}{\mathrm{h9}}\right)$	d_1	d_2	d_3	h	a	b	c	D	D_1
M12	4	12	6	28	10	6	4	20	16
M16	4	16	6	35	12	8	5	26	22
M20	6	20	8	42	15	10	6	32	26

表 15‑22　管状油标（摘自 GB 1162—1989） mm

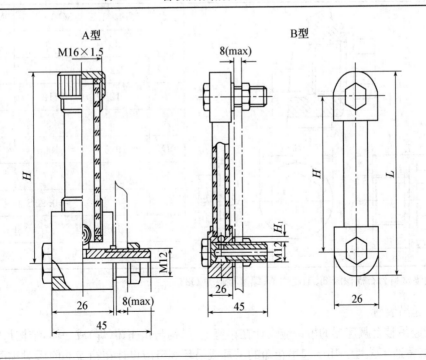

（续表）

A 型	B 型					O 形橡胶密封圈 GB 3452.1	六角薄螺母 GB 6172	弹性垫圈 GB 861
H	H		H_1	L				
	基本尺寸	极限偏差						
80	200	±0.23	175	226				
100	250		225	276				
125	320	±0.26	295	346				
160	400	±0.28	375	426		11.8×2.65	M12	12
200	500	±0.35	475	526				
—	630		605	656				
—	800	±0.40	775	826				
—	1 000	±0.45	975	1 026				

注:1. O 形橡胶密封圈沟槽尺寸按 GB 3452.3 规定。

2. 标记:$H＝200$,A 型管状油标标记为油标 A200GB1162。

（4）油塞

应设计在油池的最低处,以利于放油,箱体上应设计凸台,注意密封,结构尺寸见表 15-23。

表 15-23　油塞及封油垫　　　　　　　　mm

d	M14×1.5	M16×1.5	M20×1.5
D_0	22	26	30
L	22	23	28
l	12	12	15
A	3	3	4
D	19.6	19.6	25.4
S	17	17	22
D_1	≈0.95S		
d_1	15	17	22
H	2		

注:封油垫材料为石棉橡胶纸、工业用革;螺塞材料为 Q235。

（5）起吊装置

用于起吊整台减速器的吊钩应设计在箱座上,吊钩与箱座铸(焊)成一体,结构尺寸应利于起吊,注意铸造工艺性。用于起吊箱盖的吊耳或吊环螺钉应设计在箱盖的前后对称面上,建议优先考虑在箱盖上直接铸(焊)出吊耳。吊耳、吊环螺钉的结构尺寸见表 15-24,15-25。

表 15 - 24 吊耳及吊钩 mm

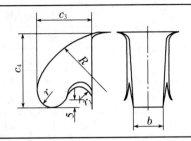	吊耳(起吊箱盖用)
	$c_3=(4\sim5)\delta_1$ $c_4=(1.3\sim1.5)c_3$ $b=2\delta_1;R=c_4;r_1=0.2c_3$ $r=0.25c_3$ δ_1 为箱盖壁厚
	吊耳(起吊箱盖用)
	$d=(1.8\sim2.5)\delta_1$ $R=(1\sim1.2)d$ $e=(0.8\sim1)d$ $b=2\delta_1$
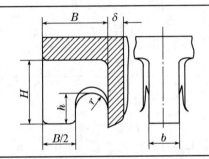	吊钩(起吊整机用)
	$B=c_1+c_2$ $H\approx0.8B$ $h\approx0.5H$ $r\approx0.25B$ $b=2\delta$ δ 为箱座壁厚 c_1、c_2 为扳手空间尺寸

表 15 - 25 吊环螺钉(摘自 GB/T 825—88) mm

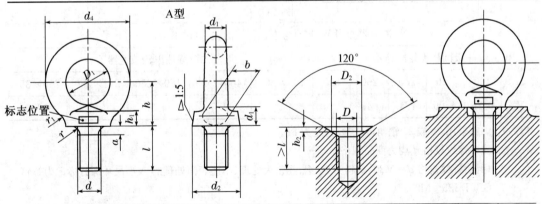

螺纹规格 $d(D)$	M8	M10	M12	M16	M20	M24	M30
d_1 最大	9.1	11.1	13.1	15.2	17.4	21.4	25.7
D_1 公称	20	24	28	34	40	48	56
d_2 最大	21.1	25.1	29.1	35.2	41.4	49.4	57.7
h_1 最大	7	9	11	13	15.1	19.1	23.2
h	18	22	26	31	36	44	53
d_4 参考	36	44	52	62	72	88	104

续表

螺纹规格 $d(D)$	M8	M10	M12	M16	M20	M24	M30
r_1	4	4	6	6	8	12	15
r 最小	1	1	1	1	1	2	2
l 公称	16	20	22	28	35	40	45
a 最大	2.5	3	3.5	4	5	6	7
b 最大	10	12	14	16	19	24	28
D_2 公称最小	13	15	17	22	28	32	38
h_2 公称最小	2.5	3	3.5	4.5	5	7	8

单螺钉最大起吊重量（kN）	单螺钉起吊	1.6	2.5	4	6.3	10	16	25
	双螺钉起吊 45°(max)	0.8	1.25	2	3.2	5	8	12.5

减速器重量 W(kN)与中心距 a 的关系（供参考）

	一级圆柱齿轮减速器					二级圆柱齿轮减速器				
a	100	160	200	250	315	100×400	140×2 000	180×250	200×280	250×355
W	0.26	1.05	2.1	4	8	1	2.6	4.8	6.8	12.5

注:1. 螺钉采用 20 或 25 钢制造,螺纹公差为 8g。

2. 表中螺纹规格 d 均为商品规格。

3. 标记:螺纹规格 d=M20、材料为 20 钢、经正火处理、不经表面处理的 A 型吊环螺钉标记为螺钉 GB/T 825 M20。

(6) 起盖螺钉

为便于开启箱盖,可在箱盖凸缘上设置 1~2 个起盖螺钉。拆卸箱盖时,拧动起盖螺钉,利用相对运动的原理抬起箱盖。起盖螺钉的直径一般等于凸缘连接螺栓直径,螺纹有效长度要大于凸缘厚度。起盖螺钉杆端部要做成圆形并光滑圆角或制成半球形,以免损坏螺纹,以保护剖分面,螺纹孔直径等于凸缘连接螺栓直径,如图 15－27 所示。

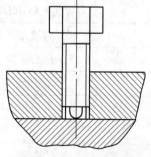

图 15－27 起盖螺钉

(7) 定位销

为了保证箱体轴承座孔的镗孔精度和装配精度,需在上下箱体连接凸缘长度方向的两端安置两个定位销,一般为对角布置,以提高定位精度。定位销的位置还应考虑钻、铰孔的方便,且不应妨碍附近连接螺栓的装拆。

定位销有圆锥形和圆柱形两种结构。

为保证重复拆装时定位销与销孔的紧密性和便于定位销拆卸,应采用圆锥销。一般定位销直径 $d=(0.7\sim0.8)d_2$,d_2 为上下箱凸缘连接处螺栓直径,其长度应大于上下箱连接凸缘的总厚度,并且装配后上、下两端应具有一定长度的外伸量,以便装拆,见图 15-28。

另外,在绘制俯视图中齿轮啮合状态时,要注意齿轮啮合处的正确画法。

齿轮啮合处的剖视正确画法是主动轮压从动轮,要画清五条线:三条实线、一条虚线、一条中心线。三条实线是主动轮的齿顶线、齿根线和从动轮的齿根线;一条虚线是从动轮的齿顶线;一条中心线是相重合的分度圆中心线,见图 15-29。

有关齿轮的结构及各部分的尺寸见教材有关内容。

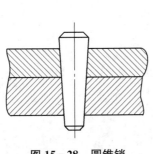

图 15-28 圆锥销

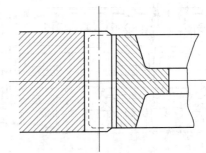

图 15-29 齿轮啮合画法

完成第二阶段的设计后,应认真检查核对、修改、完善,然后才能进行第三阶段(正式装配图)设计。检查的主要内容如下:

(1) 总体布置方面检查装配草图与传动装置方案简图是否一致。轴外伸端的方位是否符合要求,轴外伸端的结构尺寸是否符合设计要求,箱外零件是否符合传动方案的要求。

(2) 计算方面传动件、轴、轴承及箱体等主要零件是否满足强度、刚度等要求,计算结果(如齿轮中心距、传动件与轴的尺寸、轴承型号与跨距等)是否与要求相符。

(3) 轴系结构方面传动零件、轴、轴承和轴上其他零件的结构是否合理,定位、调整、装拆、润滑和密封是否合理。

(4) 箱体和附件结构方面箱体的结构和加工工艺是否合理,附件的布置是否恰当,结构是否合理。

(5) 视图规范方面视图选择是否合理,投影是否正确,是否符合机械制图国家标准的规定。

有时为了节省时间,第二阶段进行完"支承结构设计"后,合理确定主视图和俯视图的尺寸,就可开始进行第三阶段(正式装配图的设计),把减速器附件设计放到第三阶段和其他内容一起进行。

第二阶段的设计只是为第三阶段的设计做准备,所以为节省时间,有些细节部分可以不画,或简单画一部分,为第三阶段的详细画图做好准备,像轴承的画法、轴的端盖上的螺栓等就可简单画一下,掌握画法,以便在第三阶段的设计过程中画好图。

经过上述步骤的设计,可得到如图 15 - 30 所示的图样。经指导老师审查同意,便可进行正式装配图的设计了。

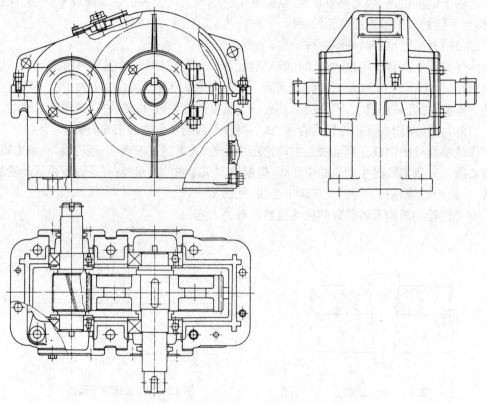

图 15 - 30　单级圆柱齿轮减速器装配草图示例

四、减速器正式装配图设计

1. 对减速器装配工作图的要求

装配工作图设计是在装配草图的基础上,对其中某些不完善的结构进一步修改和不断完善的过程。

(1) 尽量将减速器的工作原理和主要装配关系集中表达在一个基本视图上,一般取俯视图。

(2) 装配图上尽量避免用虚线表示零件结构,必须表达的内部结构可采用局部剖视图或向视图表达。

(3) 全图上的零件不论大小,其剖面线间距应一致,相邻不同零件剖面线方向应不同,不同视图上的同一个零件的剖面线方向、间距应一致。

(4) 某些较薄的零件,如轴承端盖处的调整垫片组、检查孔盖处的密封件等,其剖面尺寸较小,不用打剖面线,以涂黑表示即可(不剖视不应涂黑)。

(5) 螺栓、螺钉、滚动轴承等可以按机械制图中规定的投影关系绘制,也可用标准中规定的简化画法绘制,可由教师决定。

(6) 同一视图的多个配套零件,如螺栓、螺母等,允许只详细画一个,其余用中心线表示。但若全部画则整图的图面效果更好,可由教师确定。

（7）斜齿轮轴和斜齿轮的螺旋线方向表达应清楚,螺旋角应与计算相符。

（8）输入轴、输出轴上的普通平键应表达清楚。

（9）在视图底线画好后先不要加深,待尺寸、编号、明细表等全部内容完成并详细检查且画完零件图后,再加深完成装配图。

2. 减速器装配工作图内容

装配工作图应包括减速器结构的各个视图、必要的尺寸与配合、技术要求、技术特性表、零件编号、零件明细表和标题栏等。

标注必要的尺寸及配合：

（1）特性尺寸

表明减速器性能、规格和特性的尺寸,如中心距及其偏差。

（2）安装尺寸

为设计支承（如机座或地基、电动机座）外接零件提供联系的尺寸,有箱体底面尺寸（长和宽）、地脚螺栓孔的定位尺寸和直径、减速器中心高、轴外伸段的配合长度、直径和端面定位尺寸。

（3）外形尺寸

表明减速器所占空间尺寸,包括减速器的总长、总宽和总高,为包装运输和布置安装提供参考。

（4）配合尺寸

配合和精度的选择是否得当对减速器的工作性能、加工工艺和制造成本均有很大的影响,所以必须标明减速器中配合部位相互装配性质关系的尺寸,选择配合时,应优先采用基孔制,但滚动轴承例外。轴承外圈与孔的配合选用基轴制,内圈与轴的配合仍为基孔制,轴承配合的标注方法也与其他零件不同,只需标出与轴承相配合的箱座孔和轴颈公差带符号即可,参考表 15 - 26。

表 15 - 26　减速器主要零件的荐用配合

配合零件	荐用配合	装拆方法
大中型减速器低速级齿轮（蜗轮）与轴的配合；轮缘与轮心的配合	$\dfrac{H7}{r6}$；$\dfrac{H7}{s6}$	用压力机或温差法
一般齿轮、蜗轮、带轮、联轴器与轴的配合	$\dfrac{H7}{r6}$	用压力机
要求对中性良好及很少装拆的齿轮、蜗杆、带轮、联轴器与轴的配合	$\dfrac{H7}{n6}$	用压力机（较紧的过渡配合）
小锥齿轮及较常装拆的齿轮、蜗杆、联轴器与轴的配合	$\dfrac{H7}{m6}$；$\dfrac{H7}{k6}$	用手锤打入（一般包括过渡配合）
滚动轴承内圈与轴的配合	轻负荷：$p \leqslant 0.07C \sim 0.15C$ j6；k6	用压力机或温差法
	正常负荷：$p > 0.07C \sim 0.15C$ k6；m6	
	重负荷：$p > 0.15C$ n6；p6；r6	

续表

配合零件	荐用配合	装拆方法
滚动轴承外圈与座孔的配合	H7;H6(精度高时)	木锤或徒手
轴承套杯与座孔的配合	$\dfrac{H7}{n6}$;$\dfrac{H7}{js6}$	
轴承盖与座孔的配合	$\dfrac{H7}{h8}$;$\dfrac{H7}{f8}$	徒手

注:表中 C 为滚动轴承的额定动载荷。

3. 减速器的技术特性

在装配图纸的适当位置写出反映减速器性能的主要数据,如表 15 - 27 所示。

表 15 - 27　减速器的技术特性

输入功率/ kW	输入转速/ $(r \cdot min^{-1})$	效率 η	总传动比 i	传动特性					
				速度级别	i	Z_1	Z_2	m_n	β	精度特性
				高						
				低						

注:对单级圆柱齿轮减速器,可删去多余的内容。

4. 技术要求

装配图的技术要求是将视图中没有表达的有关减速器的装配、调整、检验、润滑和维护等内容以文字的形式来说明。一般写在明细表的上方或图纸下方的空白处。

装配图上的技术要求通常包括以下内容:

(1) 传动件和轴承润滑剂品种(牌号)、用量与更换时间(一般半年时间换一次)。

(2) 滚动轴承的轴向间隙及其调整方法。

滚动轴承的轴向间隙与轴承结构、工作情况和轴承的组合方式有关,可结合有关资料确定;间隙的调整可通过调整垫片、螺纹件等来实现。

(3) 齿轮啮合的传动侧隙和接触斑点的要求。

传动侧隙和接触斑点是根据传动件精度确定,其值可查资料,供装配时检查用。

(4) 减速器的密封,如箱盖及箱座接合面严禁使用垫片,必要时允许涂密封胶。运转过程中不允许有漏油和渗油现象出现。

(5) 试验要求:减速器装配好后应进行空载试验和负载试验。

空载试验:在额定转速下正、反运转 $1\sim2\,h$,要求运转平稳,响声均匀,连接不松动,不漏油、不渗油等。

负载试验:在额定转速及额定功率下运转至油温稳定为止。油池温升不得超过 35 ℃,轴承温升不得超过 40 ℃。

(6) 其他要求:如对清洗、外观(表面涂漆)、包装、运输等的要求。

5. 零件编号、明细表和标题栏

(1) 零件编号的方法有两种,一是将标准件和非标准件分别编号,二是将标准件和非标准件统一按序号编号。

　　编注零件序号应避免出现遗漏和重复。对于形状、尺寸和材质完全相同的零件应编同一个序号。零件或组件序号应标注在视图外面,并填写在引出线一端的横线上,引出线的另一端画一黑点指在被标注零件视图的内部。引出线不应相交,也不应与剖面线平行;装配关系明确的零件组(如螺栓、螺母和垫圈)可用公共引出线,但应分别编注序号。独立部件(如滚动轴承、通气器等)只编一个序号。序号应沿水平方向及垂直方向按顺时针或逆时针顺序排列,编号的数字要比尺寸数字大一两号。

　　(2) 零件明细表和标题栏

　　标题栏应安排在图纸右下角,用以说明减速器名称、绘图比例及责任者姓名等。明细表是减速器所有零件的详细目录,编制明细表也是最后确定各零件材料及标准件的过程。因此,编制时应考虑节约贵重材料、减少材料和标准件的品种和规格。

　　零件明细表、标题栏格式参考机械制图教材或如图 15-31,15-32 所示。

...		...				7
03		螺栓 M24×80	6		GB/T5782—2000	7
02		大齿轮 $m=5,z=81$	1	45		7
01		箱座	1	HT200		7
序号		名称	数量	材料	标准	备注	10
10		45	10	20	40	25

图 15-31　明细表格式(本课程用)

			15	25	15	15	15	
14			图号		比例		第　张	7
			材料		数量		共　张	7
7	设计		(日期)					
7	绘图			(课程名称)		(校名班号)		21
7	审阅							
	15	35	15	40		45		

图 15-32　装配图或零件图标题栏(本课程用)

注:主框线为粗实线 b;分格线为细实线 $b/3$。

6. 检查

检查的主要内容:

　　(1) 视图的数量是否足够,是否能清楚地表达减速器的结构和装配关系;

　　(2) 各零件的结构是否合理,加工、装拆、调整是否可能,维修、润滑是否方便;

　　(3) 尺寸标注是否足够、正确,配合和精度的选择是否适当,重要零件的位置及尺寸是否符合设计计算要求、是否与零件图一致,相关零件的尺寸是否符合标准;

　　(4) 零件编号是否齐全,有无遗漏或多余;

　　(5) 技术要求和技术特性是否完善、正确;

（6）明细栏所列项目是否正确，标题栏格式、内容是否符合标准；

（7）所有文字是否清晰，是否按制图标准写出。

上述工作完成之后，再进行一次全面检查、改进；待完成零件工作图后再加深，应注意保持图样整洁。

7. 参考图例

图 15－33，15－34 所示为减速器参考图例。

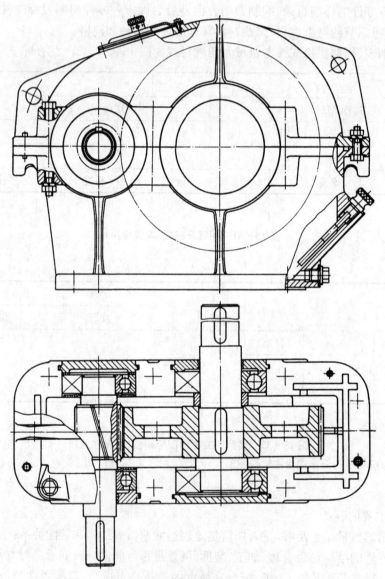

图 15－33　单级圆柱齿轮减速器

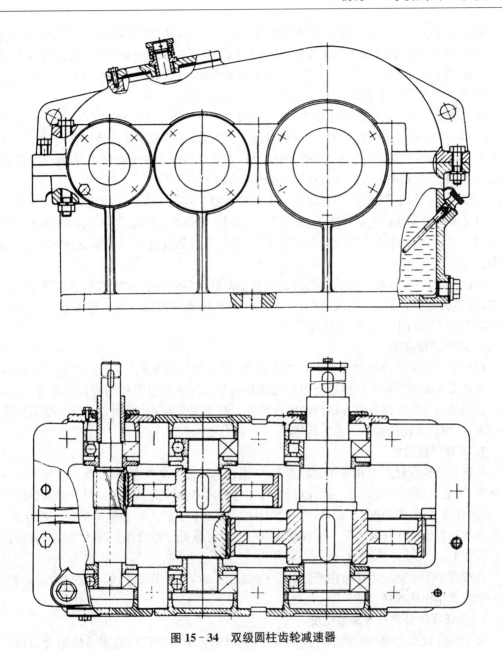

图 15-34　双级圆柱齿轮减速器

模块六　减速器零件工作图的设计

一、零件工作图的要求

零件工作图是制造和检验零件的主要依据,也是生产中制定工艺规程的主要技术文件之一。

减速器零件工作图是在减速器装配图设计完成之后,从装配图中拆绘并设计而成的。因此,零件工作图的设计既要满足工作性能的要求,也要考虑制造的可能性、合理性和经济性。因此,零件工作图应该包括制造和检验零件所需的全部内容,如图形、尺寸与公差、表面粗糙度、形位公差、材料、热处理和其他技术要求、标题栏等。

装配图只是确定了减速器中各个部件或零件之间的相对位置关系、配合要求和总体尺寸,至于每个零件的结构形状和尺寸只得到部分反映,因而装配图不能直接作为加工零件的依据。一般的设计过程是先把装配图设计出来,在满足装配要求的前提下,根据各个零件的功能,在装配图的基础上拆绘和设计出各个零件的工作图。

零件工作图是零件制造、检验和制订工艺规程的主要技术文件,在绘制时要同时兼顾零件的设计要求及零件制造的可能性和合理性。因此,零件的工作图应完整、清楚地表达零件的结构尺寸及其公差、形位公差、表面粗糙度、对材料及热处理的说明及其技术要求、标题栏等。

在课程设计中,绘制零件工作图的目的主要是锻炼学生的设计能力及掌握零件工作图的内容、要求和绘制方法。一般情况下,因时间限制,根据课程设计的教学要求,可绘制 $2 \sim 3$ 个典型零件工作图(可由指导教师确定)。

1. 正确选择视图

每个零件必须单独绘制在一个标准图幅中,应合理安排视图,尽量采用 $1 : 1$ 比例画图。零件工作图必须根据机械制图中规定的画法并以较少的视图和剖视合理布置图面,清楚而正确地表达出零件各部分结构形状及尺寸。对于细部结构,如倒角、圆角、退刀槽等如有必要,可用放大比例的办法表达清楚。

2. 合理标注尺寸

要认真分析设计要求和零件的制造工艺,正确选择尺寸基准面,尺寸基准应尽可能与设计基准、工艺基准和检验基准一致,以利于对零件的加工和检验。标注的尺寸要做到尺寸齐全,标注合理明了,不遗漏、不重复,也不能封闭。图面上供加工和检验用的尺寸应足够,以避免在加工过程中作任何换算。零件的大部分尺寸尽量标注在最能反映该零件结构特征的一个视图上。

在视图中所表达的零件结构形状,应与装配图一致,不应随意改动,如必须改动,则装配图一般也要作相应的修改。

3. 合理标注公差及表面粗糙度

对于配合处尺寸和精度要求较高的尺寸,应根据装配图中已经确定了的配合和精度等级,标注尺寸的极限偏差。自由尺寸的公差一般可不标。

零件工作图上应注明必要的形状和位置公差。形位公差是评定零件加工质量的重要指标之一。对各种零件的工作性能的要求不同,则注明的形位公差项目和精度等级也应不同。

形位公差值可用类比法或计算法确定,一般凭经验类比。但要注意各公差值的协调,应使 $T_{形状} < T_{位置} < T_{尺寸}$。对于配合面,当缺乏具体推荐值时,通常可取形状公差为尺寸公差的 $25\% \sim 63\%$。

零件的所有加工表面都应注明表面粗糙度数值。遇有较多的表面采用相同的表面粗糙度数值时,为了简便起见,可集中标注在图纸的右上角,并加"其余"字样,但只允许就其中使用最多的一种表面粗糙度如此标注。表面粗糙度的选择,应根据设计要求确定,通常按表面作用及制造经济原则选择,在保证正常工作的条件下,尽量选择数值较大者,以利于加工和降低加工费用。

4. 编写技术要求

凡使用图形或符号不便在图面上注明,而在制造和检验时又必须保证的条件和要求,均可用文字简明扼要地写在技术条件中。技术条件的内容根据不同的零件、不同要求及不同的加工方法而有所不同。一般包括:

(1) 对材料的力学性能和化学成分的要求对主要零件如轴、齿轮等零件的力学性能和化学成分的不同要求等。

(2) 对铸造或锻造毛坯的要求如毛坯表面不允许有氧化皮或毛刺;箱体铸件在机械加工前必须经时效处理等。

(3) 对零件性能的要求如热处理方法及热处理后表面硬度、淬火深度及渗碳深度等。

(4) 对加工的要求如是否与其他零件一起配合加工(配钻或配铰)等。

(5) 其他要求如对未注明的倒角、圆角的说明;对零件个别部位的修饰加工要求,如对某表面要求涂色、镀铬等;对于高速、大尺寸的回转零件的平衡试验要求等。

5. 标题栏

应按机械制图的标准在图纸的右下角画出标题栏,并将零件名称、材料、零件号、数量及绘图比例等,准确无误地填写在标题栏中。

下面主要介绍减速器中的轴类、齿轮类和箱体类零件工作图的设计。

二、轴类零件工作图的设计和绘制

1. 视图选择

轴类零件为旋转件,一般只需画一个视图,并在键槽部位采用必要的剖视图;对螺纹退刀槽、砂轮越程槽和中心孔等部位,可绘制局部放大图。

2. 尺寸标注

轴各段直径都应标注尺寸,且配合轴段直径的极限偏差应根据装配图中相应的配合代号查表确定。

标注轴各段长度时,应先确定轴向基准,再按加工工艺的要求进行尺寸标注。对于精度较高的轴段,直接标注轴向尺寸;对于精度要求不高的某些轴段,可不直接标注轴向尺寸。但不允许出现封闭的尺寸链。

图 15-35 为轴类零件轴向尺寸的标注示例,其中图(a)是不合理的,而图(b)是合理的。请大家自己分析原因。

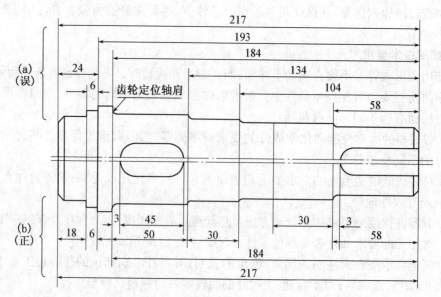

图 15‑35　轴的轴向尺寸标注示例

3. 形位公差的标注

为保证减速器的装配质量和工作性能,对于轴的配合表面和定位端面,应按装配图的要求查取相应的形位公差,并正确标注。

阶梯轴形位公差的推荐项目可参考表 15‑28。

表 15‑28　阶梯轴形位公差的推荐项目和精度等级

结构要素	形状公差			位置公差		
	项目	精度等级	对工作性能的影响	项目	精度等级	对工作性能的影响
与齿轮等传动件相配合的表面				圆跳动	6~8	影响传动件的运转(偏心)
齿轮等传动件的定位端面				端面圆跳动	6~8	保证传动件的定位准确性及受载均匀性
与滚动轴承配合的轴颈表面	圆柱度	6	影响轴承与轴的配合松紧程度及对中性、轴承的使用寿命	圆跳动	6	影响传动件及轴的运转(偏心)
与滚动轴承配合的轴肩端面				端面圆跳动	6	影响轴承的定位准确性,防止端面歪斜而恶化轴承的工作条件
键槽的工作面				对称度	7~9	影响键受载的均匀性及装拆的难易程度

4. 表面粗糙度的标注

零件的所有表面(包括毛坯表面)都应标明表面粗糙度。

轴主要加工表面的表面粗糙度推荐值可参考表 15‑29。

表 15-29　轴主要加工表面的表面粗糙度荐用值

加工表面	表面粗糙度 $R_a/\mu m$			
与传动件及联轴器配合的表面	1.6			
对传动件及联轴器定位的轴肩端面	3.2			
对滚动轴承定位的轴肩端面	1.6			
与滚动轴承相配合的轴颈表面	0.8(轴承内径 $d \leqslant 80$) 1.6(轴承内径 $d > 80$)			
平键的键槽	3.2(工作面);6.3(非工作面)			
密封处的表面	密封形式	毡圈式	橡胶油封式	油沟及迷宫式
	圆周速度	$\leqslant 3$	$> 3 \sim 5$　　$> 5 \sim 10$	
	Ra	$0.8 \sim 1.6$	$0.4 \sim 0.8$　　$0.2 \sim 0.4$	$1.6 \sim 3.2$

注:圆周速度单位为 m/s。

5. 技术要求

　　轴类零件的技术要求主要有:对材料及表面性能的要求(如材料牌号、热处理方法及所达到的硬度等)、图中未注明的圆角、倒角尺寸以及关于中心孔的说明(当图中未表示出中心孔时)。轴的零件工作图示例如图 15-36 所示,供参考。

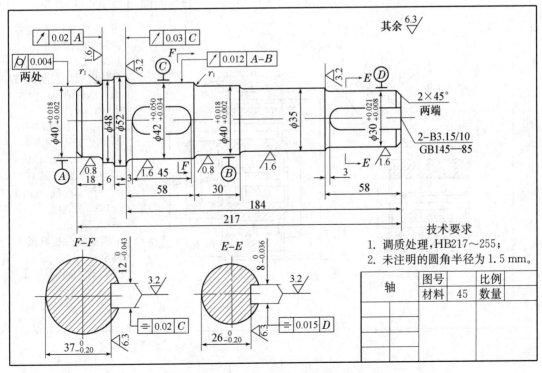

图 15-36　轴的零件工作图示例

三、齿轮类零件工作图的设计和绘制

齿轮有两种基本的结构形式,当齿根圆直径到键槽底部的距离 $x \leqslant 2.5m_t$(m_t 为端面模数)时,采用齿轮与轴制成一体的齿轮轴的形式,图 15-37 为齿轮轴上的两种齿轮结构;当 $x > 2.5m_t$ 时,应将齿轮与轴分开制造,如表 15-30 所示。

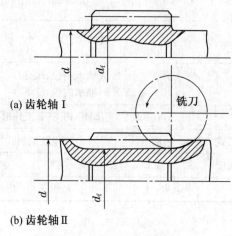

(a) 齿轮轴Ⅰ

(b) 齿轮轴Ⅱ

图 15-37 齿轮轴

表 15-30 圆柱齿轮的结构及其尺寸 mm

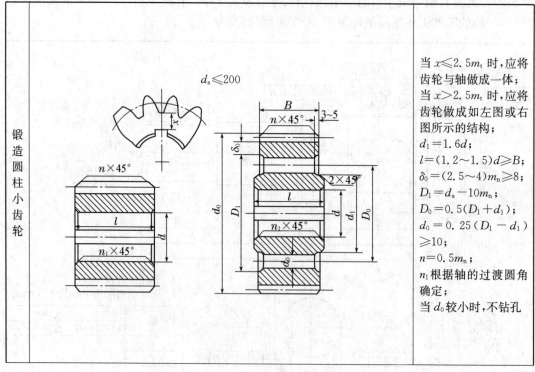

当 $x \leqslant 2.5m_t$ 时,应将齿轮与轴做成一体;

当 $x > 2.5m_t$ 时,应将齿轮做成如左图或右图所示的结构;

$d_1 = 1.6d$;

$l = (1.2 \sim 1.5)d \geqslant B$;

$\delta_0 = (2.5 \sim 4)m_n \geqslant 8$;

$D_1 = d_a - 10m_n$;

$D_0 = 0.5(D_1 + d_1)$;

$d_0 = 0.25(D_1 - d_1) \geqslant 10$;

$n = 0.5m_n$;

n_1 根据轴的过渡圆角确定;

当 d_0 较小时,不钻孔

续表

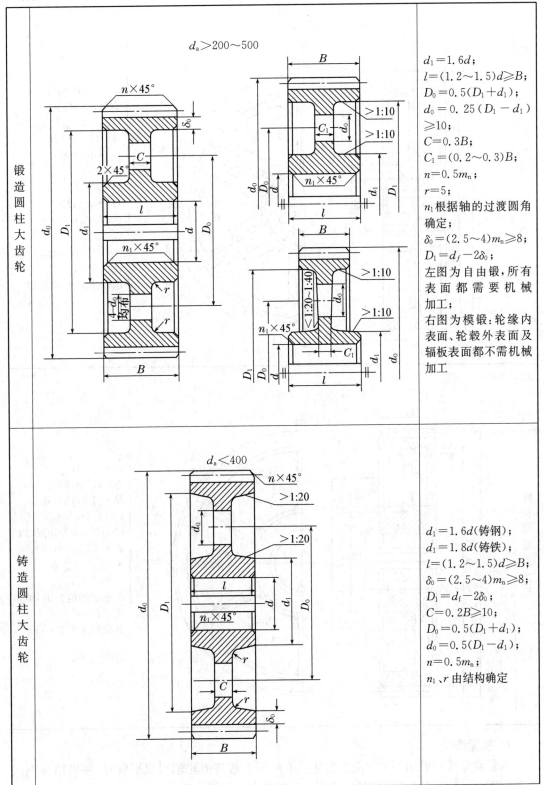

| 锻造圆柱大齿轮 | $d_1 = 1.6d$;
$l = (1.2 \sim 1.5)d \geqslant B$;
$D_0 = 0.5(D_1 + d_1)$;
$d_0 = 0.25(D_1 - d_1)$
$\geqslant 10$;
$C = 0.3B$;
$C_1 = (0.2 \sim 0.3)B$;
$n = 0.5m_n$;
$r = 5$;
n_1 根据轴的过渡圆角确定;
$\delta_0 = (2.5 \sim 4)m_n \geqslant 8$;
$D_1 = d_f - 2\delta_0$;
左图为自由锻,所有表面都需要机械加工;
右图为模锻:轮缘内表面、轮毂外表面及辐板表面都不需机械加工 |

| 铸造圆柱大齿轮 | $d_1 = 1.6d$(铸钢);
$d_1 = 1.8d$(铸铁);
$l = (1.2 \sim 1.5)d \geqslant B$;
$\delta_0 = (2.5 \sim 4)m_n \geqslant 8$;
$D_1 = d_f - 2\delta_0$;
$C = 0.2B \geqslant 10$;
$D_0 = 0.5(D_1 + d_1)$;
$d_0 = 0.5(D_1 - d_1)$;
$n = 0.5m_n$;
n_1、r 由结构确定 |

续表

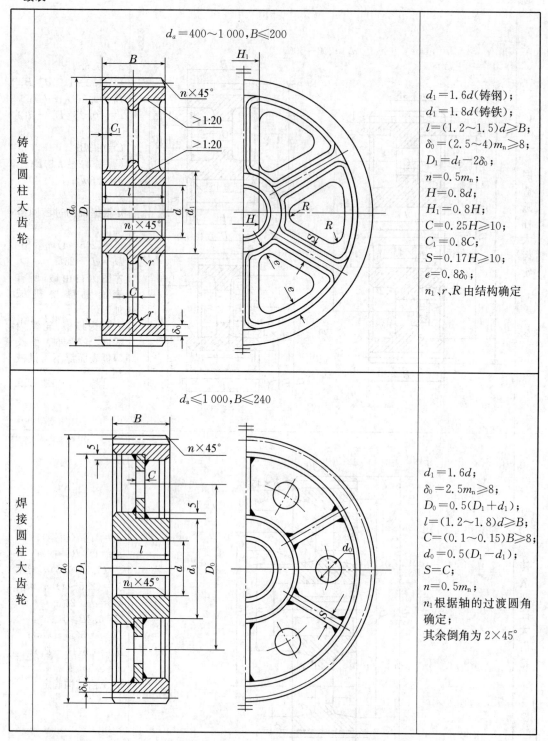

铸造圆柱大齿轮

$d_a = 400 \sim 1\,000, B \leqslant 200$

$d_1 = 1.6d$（铸钢）；
$d_1 = 1.8d$（铸铁）；
$l = (1.2 \sim 1.5)d \geqslant B$；
$\delta_0 = (2.5 \sim 4)m_n \geqslant 8$；
$D_1 = d_f - 2\delta_0$；
$n = 0.5m_n$；
$H = 0.8d$；
$H_1 = 0.8H$；
$C = 0.25H \geqslant 10$；
$C_1 = 0.8C$；
$S = 0.17H \geqslant 10$；
$e = 0.8\delta_0$；
n_1、r、R 由结构确定

焊接圆柱大齿轮

$d_a \leqslant 1\,000, B \leqslant 240$

$d_1 = 1.6d$；
$\delta_0 = 2.5m_n \geqslant 8$；
$D_0 = 0.5(D_1 + d_1)$；
$l = (1.2 \sim 1.8)d \geqslant B$；
$C = (0.1 \sim 0.15)B \geqslant 8$；
$d_0 = 0.5(D_1 - d_1)$；
$S = C$；
$n = 0.5m_n$；
n_1 根据轴的过渡圆角确定；
其余倒角为 $2 \times 45°$

1. 视图选择

齿轮类零件一般用两个视图来表达。主视图上常将齿轮轴线水平放置,并采用全剖或半剖视图;侧视图可用局部视图来反映毂孔和键槽的形状与尺寸。

2. 尺寸标注

对齿轮类零件,因其毂孔和端面是加工、安装和测量的基准,所以齿轮轴线是径向尺寸标注的基准;而端面则是轴向尺寸标注的基准。对有配合或精度要求较高表面的尺寸,还应标注相应的偏差。

3. 形位公差的标注

齿轮形位公差的标注项目有:

(1) 键槽侧面对中心线的对称度公差,按7～9级精度选取标注。

(2) 齿轮端面对轴线端面圆跳动和齿顶圆的径向跳动。

4. 表面粗糙度的标注

齿轮所有表面都应标明粗糙度的数值。标注时可参考表 15-31。

表 15-31　齿轮(蜗轮)加工表面粗糙度荐用值

加工表面		表面粗糙度 $R_a/\mu m$		
		齿轮第Ⅱ公差组精度等级		
		7	8	9
齿轮工作面	$m_n \leqslant 8$ mm	0.8	1.6	3.2
	$m_n > 8$ mm	1.6	3.2	6.3
齿轮的基准孔		0.8～1.6	1.6	3.2
齿轮轴的基准轴颈		0.8	1.6	1.6
与轴肩配合的端面		3.2	3.2	3.2
齿顶圆	作基准	1.6～3.2	3.2	6.3
	不作基准	6.3～12.5		
平键的键槽		3.2(工作面);6.3(非工作面)		
其他加工表面		6.3～12.5		

5. 技术要求

铸造箱体零件工作图上的技术要求主要包括以下内容:

(1) 对表面的清砂和时效处理;

(2) 箱盖与箱座组装后配作定位销孔,并有加工轴承座孔及其外端面的说明;

(3) 图中未注圆角、倒角和铸造斜度的说明。

6. 啮合特性表

齿轮零件工作图上应列出啮合特性表,如图 15-38 所示。啮合特性表中列出齿轮的基本参数(m_n、Z、α_n、β、螺旋线方向等)、精度等级和各相应检验项目公差值等,齿轮检验项目公差值可以参考图 15-38 中的啮合特性表确定。

齿数	Z	81
法面模数	m_n	2.5
法面齿形角	α_n	20°
法面齿顶高系数	h_a^*	1
全齿高	h	5.625
分度圆螺旋角	β	13°47′42″
螺旋线方向		右
精度等级		7 – HK(GB10095—88)
齿圈径向跳动公差	F_r	0.050
公法线长度变动公差	F_w	0.036
齿形公差	f_f	0.013
齿距极限偏差	f_{pt}	±0.016
公法线平均长度	W_K	$73.196_{-0.180}^{-0.120}$
跨齿数	K	10
相啮合齿轮的图号		
中心距及其极限偏差		130±0.0315

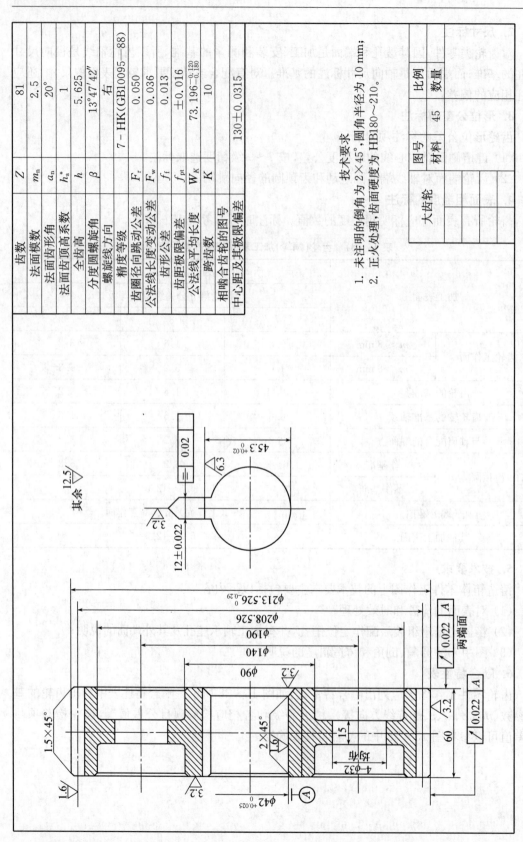

技术要求
1. 未注明的倒角为 2×45°，圆角半径为 10 mm；
2. 正火处理，齿面硬度为 HB180~210。

	比例		
	图号		数量
大齿轮	材料	45	

图 15 – 38　斜齿圆柱齿轮的零件工作图示例

（1）齿轮精度等级

GB 10095—88 对齿轮及齿轮副规定了 12 个精度等级，以 1～12 表示，第 1 级的精度最高，第 12 级的精度最低。齿轮精度包括第Ⅰ、Ⅱ、Ⅲ公差组的精度等级及齿厚偏差，齿轮精度等级应根据传动的用途、使用条件、传动功率、圆周速度以及其他技术条件决定。一般机械制造和通用减速器中常用 7～9 级精度的齿轮。齿轮副中两个齿轮的精度等级一般取成相同，也可以不相同。

齿轮的各项公差分成如表 15－32 所示的三个公差组，根据使用的要求不同，允许各公差组选用不同的精度等级，但同一公差组内的各项公差与极限偏差应保持相同的精度等级，且取成与该公差组相同的精度等级。

表 15－32　齿轮各项公差的分组

公差组	公差与极限偏差项目		误差特性	对传动性能的主要影响
	代号	名称		
Ⅰ	F_i'	切向综合公差	以齿轮一转为周期的误差	传递运动的准确性
	F_p	齿距累积公差		
	F_{pk}	k 个齿距累积公差		
	F_i''	齿向综合公差		
	F_r	齿圈径向跳动公差		
	F_w	公法线长度变动公差		
Ⅱ	f_i'	一齿切向综合公差	在齿轮一周内多次周期地重复出现的误差	传动的平稳性、噪声、振动
	f_i''	一齿径向综合公差		
	f_f	齿形公差		
	f_{pt}	齿距极限偏差		
	f_{pb}	基节极限偏差		
	$F_{f\beta}$	螺旋线波度公差		
Ⅲ	F_β	齿向公差	齿向线的误差	载荷分布的均匀性
	F_b	接触线公差		
	$\pm F_{ps}$	轴向齿距极限偏差		

（2）检验要求

GB 10095—88 中规定了齿轮和齿轮副的检验要求，标准把各公差组的项目分为若干检验组，根据工作要求和生产规模，对于每个齿轮，必须在每个公差组中选一个检验组来检定和验收，另外再选择第四检验组来检定齿轮副的精度和侧隙的大小。对于一般减速器中常用的 7～9 级精度齿轮及齿轮副，推荐的检验项目如表 15－33 所示。

表 15‐33　圆柱齿轮和齿轮传动推荐检验项目(齿轮精度为 7～9 级)

组别		检测项目	对应公差
第Ⅰ公差组		齿圈径向跳动 ΔF_r 和公法线长度变动 ΔF_w	F_r,F_w
第Ⅱ公差组		齿形公差 f_f 与基节极限偏差 f_{pb} 或齿形公差 f_f 与齿距极限偏差 f_{pt}	$\pm f_{pb}$ 与 f_f 或 $\pm f_{pt}$ 与 f_f
第Ⅲ公差组		齿向公差 ΔF_β	F_β
齿轮副		接触斑点	接触斑点
侧隙	齿轮	齿厚极限偏差 ΔE_s 或公法线平均长度偏差 ΔE_{wm}	E_s 可查资料 E_{wm} 由公式算出
	齿轮副	中心距偏差 Δf_a	$\pm f_a$
轮坯精度		齿顶圆直径偏差、基准面的径向跳动和端面跳动	查资料定

注:1. "对应公差"一栏,除注有查资料外,均由表 15‐34 给定。

　　2. 若齿轮副接触斑点的分布位置和大小确有保证时,则可不进行检验。

　　3. 本表不属于 GB 10095—88,仅供参考。

表 15‐34　圆柱齿轮传动有关项目的公差值

公差单位为 μm,其他单位为 mm

组别	精度等级			7			8			9		
	齿轮分度圆直径			≤125	>125 ～400	>400 ～800	≤125	>125 ～400	>400 ～800	≤125	>125 ～400	>400 ～800
Ⅰ	齿圈径向跳动公差 F_r	法向模数	≥1～3.5	36	50	63	45	63	80	71	80	100
			>3.5～6.3	40	56	71	50	71	90	80	100	112
			>6.3～10	45	63	80	56	86	100	90	112	125
	公法线长度变动公差 F_w			28	36	45	40	50	63	56	71	90
Ⅱ	齿距极限偏差 $\pm f_{pt}$	法向模数	≥1～3.5	14	16	18	20	22	25	28	32	36
			>3.5～6.3	18	20	20	25	28	28	36	40	40
			>6.3～10	20	22	25	28	30	32	40	45	50
	基节极限偏差 $\pm f_{pb}$		≥1～3.5	13	14	16	18	20	22	25	30	32
			>3.5～6.3	16	18	18	22	25	25	32	36	36
			>6.3～10	18	20	22	25	30	32	36	40	45
	齿形公差 $\pm f_f$		≥1～3.5	11	13	17	14	18	25	22	28	40
			>3.5～6.3	14	16	20	20	22	28	32	36	45
			>6.3～10	17	19	24	22	28	36	36	45	56
Ⅲ	齿向公差 $\pm F_\beta$	有效齿宽	≤40	11			18			28		
			>40～100	16			25			40		
			>100～160	20			32			50		

续表

组别	精度等级		7			8			9		
	齿轮分度圆直径		≤125	>125~400	>400~800	≤125	>125~400	>400~800	≤125	>125~400	>400~800
齿轮副	接触斑点/%	按齿高不小于	45(35)*			40(30)*			30		
		按齿长不小于	60			50			40		
侧隙	中心距极限偏差±f_a	中心距 ≥50~80	23						37		
		>80~120	27						43.5		
		>120~180	31.5						50		
		>180~250	36						57.5		
		>250~315	40.5						65		

注：1. *处括号内的数值用于轴向重合度 ε_β>0.8 的斜齿轮。

2. "中心距极限偏差±f_a"一栏中的精度等级按第Ⅱ公差组的精度等级取值。

3. 齿轮副实际的最小极限侧隙为

$$j_{nmin} = \mid E_{ss1} + E_{ss2} \mid \cos\alpha_n - f_a \cdot 2\sin\alpha_n - J_n \circ$$

式中，J_n 为齿轮加工误差和安装误差造成侧隙的减小量，且

$$J_n = \sqrt{f_{pb1}^2 + f_{pb2}^2 + (1.25\cos^2\alpha_n + 1)F_\beta^2}$$

（3）齿轮副侧隙

齿轮副的侧隙要求，应根据工作条件用最大极限尺寸 j_{nmax}（或 j_{tmax}）与最小极限侧隙 j_{nmin}（或 j_{tmin}）来规定。侧隙是通过选择适当的中心距偏差±f_a、齿厚极限偏差 E_s（或公法线平均长度偏差 E_{wm}）等来保证的。

标准中规定了 14 种齿厚极限偏差，分别用代号 C,D,E,…,S 等字母表示。每个字母所表示的偏差值是齿距（旧称周节）极限偏差 f_{pt} 的若干整数倍，如表 15-35 所示。

表 15-35　齿厚极限偏差参考值

分度圆直径/mm	偏差名称	Ⅱ组精度 7 法向模数/mm						Ⅱ组精度 8 法向模数/mm					
		≥1~3.5		>3.5~6.3		>6.3~10		≥1~3.5		>3.5~6.3		>6.3~10	
		偏差代号	偏差数值	偏差代号	偏差数值	偏差代号	偏差数值	偏差代号	偏差数值	偏差代号	偏差数值	偏差代号	偏差数值
≤80	E_{ss}	H	-112	G	-108	G	-120	G	-120	F	-10	F	-112
	E_{si}	K	-168	J	-180	J	-120	J	-200	H	-200	H	-244
>80~125	E_{ss}	H	-112	G	-108	G	-120	G	-120	G	-150	F	-11
	E_{si}	K	-168	J	-180	J	-200	J	-200	J	-250	H	-244
>125~180	E_{ss}	H	-128	G	-120	G	-132	G	-132	G	-168	F	-128
	E_{si}	K	-192	J	-200	J	-220	K	-264	J	-280	H	-256

续表

Ⅱ组精度		7						8				
分度圆直径/mm	偏差名称	法向模数/mm						法向模数/mm				
		≥1~3.5		>3.5~6.3		>6.3~10		≥1~3.5		>3.5~6.3		>6.3~10
		偏差代号	偏差数值	偏差代号	偏差数值	偏差代号	偏差数值	偏差代号	偏差数值	偏差代号	偏差数值	偏差代号	偏差数值
>180~250	E_{ss}	H	−128	H	−160	G	−132	H	−176	G	−168	G	−192
	E_{si}	K	−192	K	−240	K	−220	L	−352	J	−280	J	−320
>250~315	E_{ss}	J	−160	H	−160	H	−176	H	−176	G	−168	G	−192
	E_{si}	M	−320	K	−240	K	−264	L	−352	J	−280	J	−320
>315~400	E_{ss}	K	−192	H	−160	H	−176	H	−176	G	−168	G	−192
	E_{si}	M	−320	K	−240	K	−264	L	−352	J	−280	J	−320

注:对外啮合,公法线平均长度的偏差计算式为:

上偏差 $E_{wss}=E_{ss}\cos\alpha-0.72F_r\sin\alpha$;

下偏差 $E_{wsi}=E_{si}\cos\alpha+0.72F_r\sin\alpha$;

公差 $T_{wm}=T_s\cos\alpha-1.44F_r\sin\alpha$。

式中:E_{ss} 为齿厚极限偏差的上偏差;E_{si} 为齿厚极限偏差的下偏差。如齿厚上偏差 E_{ss} 选 G,下偏差 E_{si} 选 J,则齿厚极限偏差用代号 GJ 来表示,其实际公差值为 $T_s=E_{ss}-E_{si}$,在齿轮零件图上应标注齿轮的精度等级和齿厚极限偏差的字母代号。例如:

(1) 齿轮第 Ⅰ 公差组的精度等级为 8 级,第 Ⅱ、Ⅲ 公差组的精度等级为 7 级;齿厚上偏差代号为 G,下偏差代号为 J 时,其标注为

$$8\text{-}7\text{-}7GJ\ GB\ 10095\text{—}88。$$

(2) 若齿轮第 Ⅰ、Ⅱ、Ⅲ 公差组的精度等级相同,如都是 8 级,齿厚上偏差代号为 F,下偏差代号为 G 时,其标注为

$$8\ FG\ GB\ 10095\text{—}88。$$

(3) 齿轮的齿厚极限偏差也可直接用数值表示。如齿轮三个公差组的精度等级同为 7 级,齿厚上偏差为 $-120\ \mu m$,齿厚下偏差为 $-200\ \mu m$,其标注为

$$7\left(\frac{-0.12}{-0.2}\right)GB\ 10095\text{—}88。$$

表 15-36~15-38 列出了公法线的长度及其偏差值,供设计时参考。

表 15-36 公法线长度 W'（$m=1\ \text{mm}, a=20°$） mm

齿轮齿数 Z	跨齿数 K	公法线长度 W'	齿轮齿数 Z	跨齿数 K	公法线长度 W'	齿轮齿数 Z	跨齿数 K	公法线长度 W'	齿轮齿数 Z	跨齿数 K	公法线长度 W'	齿轮齿数 Z	跨齿数 K	公法线长度 W'
11	2	4.582 3	46	6	16.881	81	10	29.179 7	116	13	38.526 2	151	17	50.824 9
12	2	4.596 3	47	6	16.895	82	10	29.193 7	117	14	41.492 4	152	17	50.838 9
13	2	4.610 3	48	6	16.909	83	10	29.207 7	118	14	41.506 4	153	18	53.805 1
14	2	4.624 3	49	6	16.923	84	10	29.221 7	119	14	41.520 4	154	18	53.819 1
15	2	4.638 3	50	6	16.937	85	10	29.235 7	120	14	41.534 4	155	18	53.833 1
16	2	4.652 3	51	6	16.951	86	10	29.249 7	121	14	41.548 4	156	18	53.847 1
17	2	4.666 3	52	6	16.966	87	10	29.263 7	122	14	41.562 4	157	18	53.861 1
18	3	7.632 4	53	6	16.979	88	10	29.277 7	123	14	41.576 4	158	18	53.875 1
19	3	7.646 4	54	7	19.945 2	89	10	29.291 7	124	14	41.590 4	159	18	53.889 1
20	3	7.660 4	55	7	19.959 1	90	11	32.257 9	125	14	41.604 4	160	18	53.903 1
21	3	7.674 4	56	7	19.973 1	91	11	32.271 8	126	15	44.570 6	161	18	53.917 1
22	3	7.688 4	57	7	19.987 1	92	11	32.285 8	127	15	44.584 6	162	19	56.888 8
23	3	7.702 4	58	7	20.001 1	93	11	32.299 8	128	15	44.598 6	163	19	56.897 2
24	3	7.716 5	59	7	20.015 2	94	11	32.313 8	129	15	44.612 6	164	19	56.911 3
25	3	7.730 5	60	7	20.029 2	95	11	32.327 9	130	15	44.626 6	165	19	56.925 3
26	3	7.744 5	61	7	20.043 2	96	11	32.341 9	131	15	44.640 6	166	19	56.989 3
27	4	10.710 6	62	7	20.057 2	97	11	32.355 9	132	15	44.654 6	167	19	56.953 3
28	4	10.720 6	63	8	23.023 3	98	11	32.369 9	133	15	44.668 6	168	19	56.967 3
29	4	10.738 6	64	8	23.037 3	99	12	35.336 1	134	15	44.682 6	169	19	56.981 3
30	4	10.752 6	65	8	23.051 3	100	12	35.350 0	135	16	47.649 0	170	19	56.995 3
31	4	10.766 6	66	8	23.065 3	101	12	35.364 0	136	16	47.662 7	171	20	59.961 5
32	4	10.780 6	67	8	23.079 3	102	12	35.378 0	137	16	47.676 7	172	20	59.975 4
33	4	10.794 6	68	8	23.093 3	103	12	35.392 0	138	16	47.690 7	173	20	59.989 4
34	4	10.808 6	69	8	23.107 3	104	12	35.406 0	139	16	47.704 7	174	20	60.003 4
35	4	10.822 6	70	8	23.121 3	105	12	35.420 0	140	16	47.718 7	175	20	60.017 4
36	5	13.788 8	71	8	23.135 3	106	12	35.434 0	141	16	47.732 7	176	20	60.031 4
37	5	13.802 8	72	9	26.101 5	107	12	35.448 1	142	16	47.746 8	177	20	60.045 5
38	5	13.816 8	73	9	26.115 5	108	13	38.414 2	143	16	47.760 8	178	20	60.059 9
39	5	13.830 8	74	9	26.129 5	109	13	38.428 2	144	17	50.727 0	179	20	60.073 5
40	5	13.844 8	75	9	26.143 5	110	13	38.442 2	145	17	50.740 9	180	21	63.039 7
41	5	13.858 8	76	9	26.157 5	111	13	38.456 2	146	17	50.754 9	181	21	63.053 6
42	5	13.872 8	77	9	26.171 5	112	13	38.470 2	147	17	50.768 9	182	21	63.067 6
43	5	13.386 8	78	9	26.185 5	113	13	38.484 2	148	17	50.782 9	183	21	63.081 6
44	5	13.900 8	79	9	26.199 5	114	13	38.498 2	149	17	50.796 9	184	21	63.095 6
45	6	16.867	80	9	26.213 5	115	13	38.512 2	150	17	50.810 9	185	21	63.109 6

注：1. 对于标准直齿圆柱齿轮，公法线长度 $W=W'm$，其中 W' 为 $m=1\ \text{mm}$ 时的公法线长度，查表。

2. 斜齿轮的公法线长度 W_n 在法面内测量，其值也可按上表确定。但必须根据当量齿数 Z' 查表，Z' 可按下式计算：$Z'=K_\beta Z$。式中，K_β 为与分度圆上齿的螺旋角 β 有关的当量齿数系数，见表 15-37。当量齿数常为非整数，其小数部分 $\Delta Z'$ 所对应的公法线长度 $\Delta W'$ 可查表 15-38，故总的公法线长度为 $W_n=(W'+\Delta W')m_n$，其中，m_n 为法面模数；W' 为与当量齿数 Z' 整数部分相对应的公法线长度，查本表。

3. 本表不属于 GB 10095—88，仅供参考。

表 15‐37　当量齿数系数 K_β($a_n=20°$)

β	K_β	差值	β	K_β	差值	β	K_β	差值	β	K_β	差值
1°	1.000	0.002	9°	1.036	0.009	17°	1.136	0.018	25°	1.323	0.031
2°	1.002	0.002	10°	1.046	0.009	18°	1.154	0.019	26°	1.354	0.034
3°	1.004	0.003	11°	1.054	0.011	19°	1.173	0.021	27°	1.388	0.036
4°	1.007	0.004	12°	1.065	0.012	20°	1.194	0.022	28°	1.424	0.038
5°	1.011	0.005	13°	1.077	0.013	21°	1.216	0.024	29°	1.462	0.042
6°	1.016	0.006	14°	1.090	0.014	22°	1.24	0.026	30°	1.504	0.044
7°	1.022	0.006	15°	1.114	0.015	23°	1.266	0.027	31°	1.548	0.047
8°	1.028	0.008	16°	1.119	0.017	24°	1.293	0.030	32°	1.495	0.051

注:对于 β 为中间值的系数 K_β 和差值可按内插法求出。

表 15‐38　公法线长度的修正值 $\Delta W'$

$\Delta Z'$	0.00	0.01	0.02	0.03	0.04	0.05	0.06	0.07	0.08	0.09
0.0	0.0000	0.0001	0.0003	0.0004	0.0006	0.0007	0.0008	0.0010	0.0011	0.0013
0.1	0.0014	0.0015	0.0017	0.0018	0.0020	0.0021	0.0022	0.0024	0.0025	0.0027
0.2	0.0028	0.0029	0.0031	0.0032	0.0034	0.0035	0.0036	0.0038	0.0039	0.0041
0.3	0.0042	0.0043	0.0045	0.0046	0.0048	0.0049	0.0051	0.0052	0.0053	0.0055
0.4	0.0056	0.0057	0.0059	0.0060	0.0061	0.0063	0.0064	0.0066	0.0067	0.0069
0.5	0.0070	0.0071	0.0073	0.0074	0.0076	0.0077	0.0079	0.0080	0.0081	0.0083
0.6	0.0084	0.0085	0.0087	0.0088	0.0089	0.0091	0.0092	0.0094	0.0095	0.0097
0.7	0.0098	0.0099	0.0101	0.0102	0.0104	0.0105	0.0106	0.0108	0.0109	0.0111
0.8	0.0112	0.0114	0.0115	0.0116	0.0118	0.0119	0.0120	0.0122	0.0123	0.0124
0.9	0.0126	0.0127	0.0129	0.0132	0.013	0.0133	0.0135	0.0136	0.0137	0.0139

注:查取示例:当 $\Delta Z'=0.65$ 时,由上表查得 $\Delta W'=0.0091$。

四、箱体类零件工作图的设计

1. 视图选择

箱体类零件的结构比较复杂,一般需三个基本视图,并借助于局部剖视图、向视图和局部放大图来表示。

2. 尺寸标注

箱体类零件工作图上的尺寸较多,标注应正确选择尺寸标注的基准,进行合理标注。

箱体和箱盖高度方向的尺寸主要以剖分面为基准(箱座高度方向的尺寸还可用底平面作为基准),宽度方向的尺寸以箱体中心线为基准,长度方向的尺寸以轴承座孔的中心线为基准进行标注。

所有配合尺寸都应该标注相应偏差,相邻两轴承座孔的中心距极限偏差取 $\Delta a\approx(0.7\sim$

$0.8)f_a$，f_a 为齿轮副的中心距极限偏差。

3. 形位公差和表面粗糙度的标注

形位公差标注项目如表 15-39 所示，箱体主要加工表面的粗糙度荐用值如表 15-40 所示，供参考。

表 15-39 箱体的形位公差推荐标注项目

箱体部位	标注项目名称		推荐精度	对工作性能的影响
箱体剖分面	形状公差	平面度	7	影响剖分面的密封性
轴承孔座	形状公差	座孔的圆柱度	7	影响配合性能及对中性
	位置公差	座孔中心线间的平行度	6	影响传动件的接触斑点及传动平稳性
		座孔端面对中心线的垂直度	7~8	影响轴承的固定及轴向受载的均匀性
		锥齿轮减速器轴承座孔中心线间的垂直度	7	影响传动平稳性和载荷分布的均匀性
		两座孔中心线的同轴度	6~7	影响减速器的装配及传动载荷的均匀性

表 15-40 箱体主要加工表面的粗糙度荐用值

加工表面		表面粗糙度 $R_a/\mu m$
滚动轴承座孔	内表面	0.8(轴承内径 $D \leqslant 80$)；1.6(轴承内径 $D > 80$)
	外表面	1.6~3.2
箱体剖分面		1.6~3.2(刮削或磨削)
定位销孔		0.8~1.6
其他表面	配合面	3.2~6.3
	非配合面	6.3~12.5

箱体座零件工作图示例如图 15-39 所示。

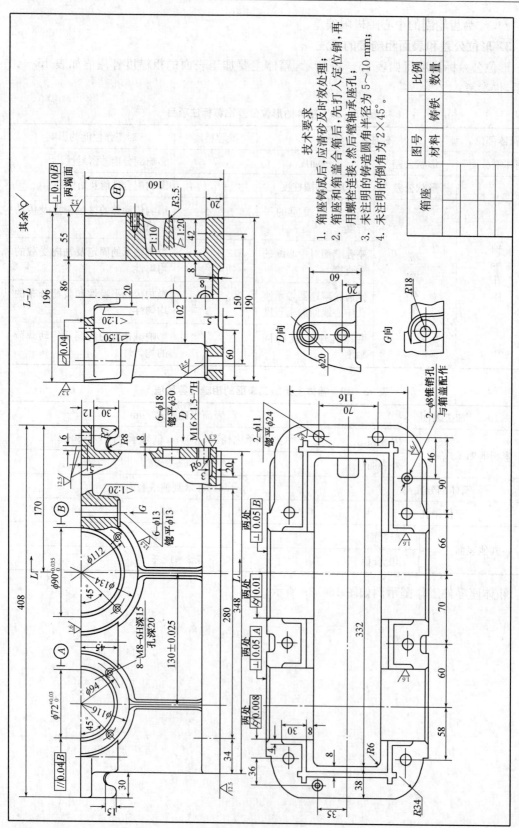

图 15 - 39 箱体座零件工作图

模块七　课程设计中的常见设计错误

在课程设计过程中,有一些设计错误比较常见,现将其列出来,希望能避免再出现类似错误。

1. 轴系结构设计中的错误示例分析

轴系结构设计中的错误示例如表 15-41 所示。

表 15-41　轴系结构设计中的错误示例

错误图例	

错误分析	错误类别	错误代号	说明	错误类别	错误代号	说明
	轴上零件定位问题	1	轴端零件的定位未考虑	轴上零件的定位和固定问题	1	联轴器未周向固定
		2	右轴承未轴向定位		2	套筒高度不够,固定不牢靠
	工艺不合理问题	3	未考虑齿轮的滚齿加工要求		3	齿轮轴向固定不牢靠
		4	轴肩过高,影响轴承拆卸	工艺不合理问题	4	调整环不能压死轴承内圈
		5	精加工面过长,且不利轴承装拆		5	轴承盖定位过紧
		6	无垫片,不能调整轴承间隙		6	轴肩过高,影响轴承拆卸
	润滑与密封问题	7	无挡油环		7	精加工面过长,不利轴承装拆
		8	油沟中的油无法进入轴承	密封问题	8	键槽离轴肩太近,易产生应力集中
		9	透盖中无密封件,且与轴接触		9	透盖中无密封件

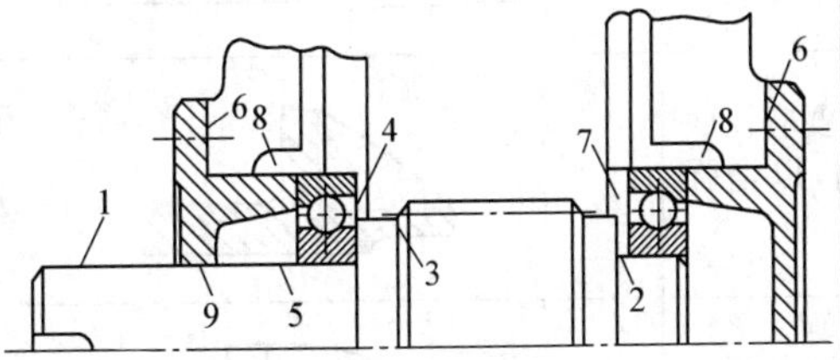

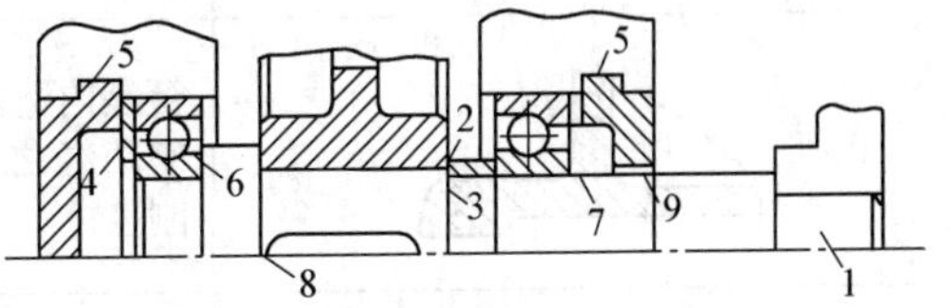

正确图例 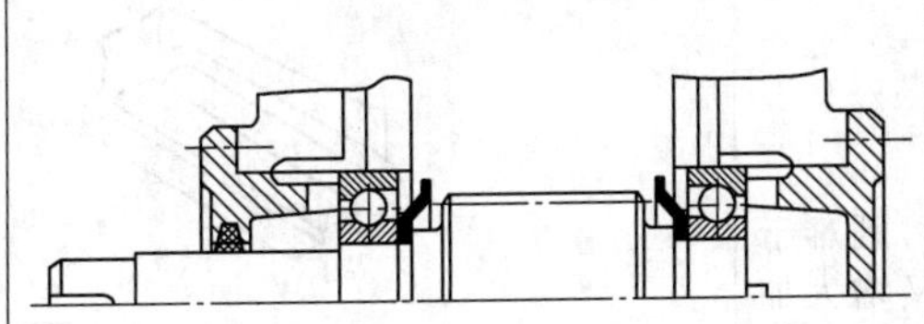 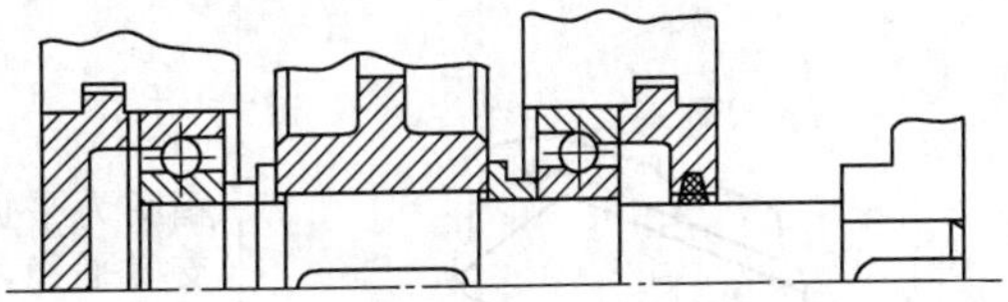	

2. 箱体设计中的错误示例分析

箱体设计中的错误示例如表 15-42 和 15-43 所示。

表 15 - 42　箱体设计中的错误示例(一)

错误图例	错误分析	正确图例
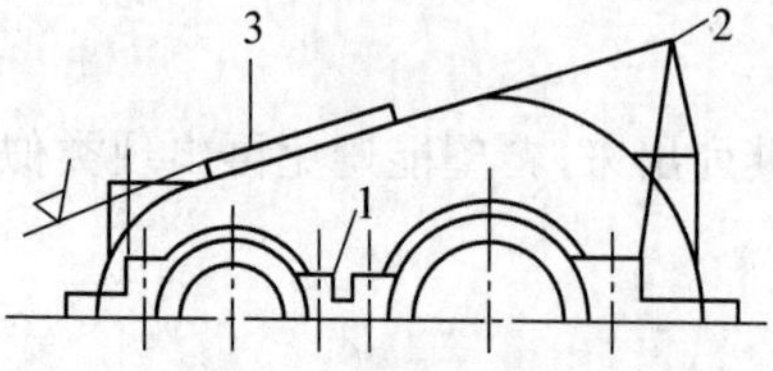	1 处出现狭缝,铸造工艺差; 2 处未考虑拔模斜度; 3 处加工时,刨刀与吊环螺钉座相撞	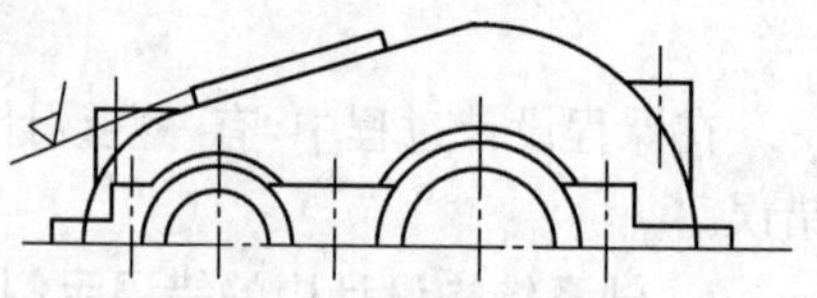
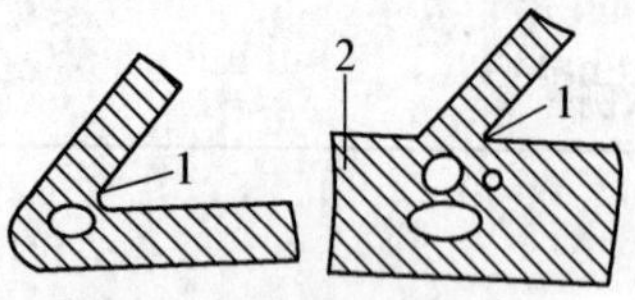	1 处采用锐角过渡; 2 处壁厚不均匀,会造成金属屑积聚,易产生缩孔、裂纹等缺陷	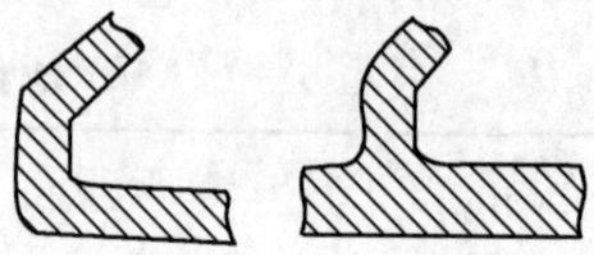
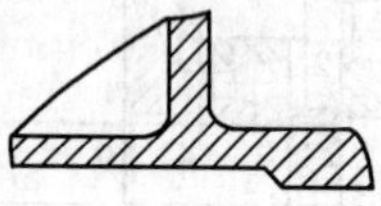	箱座内壁宽度应在底座凸缘之内,以增强刚度	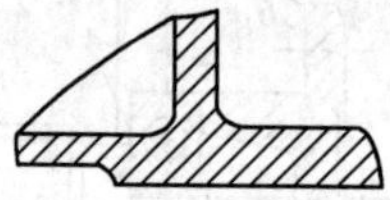
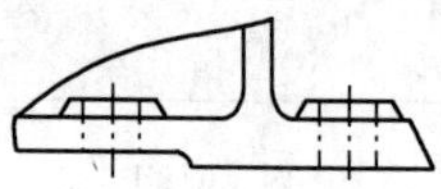	地脚螺栓孔不应悬空	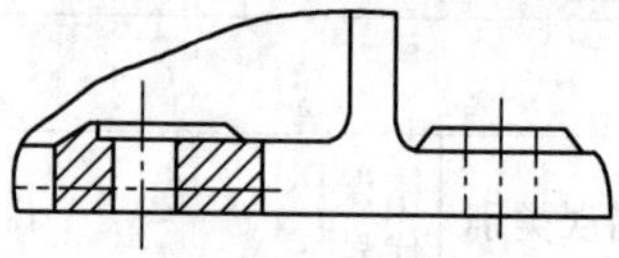
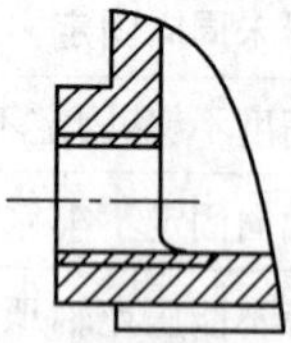	油塞螺孔攻丝时,工艺性差	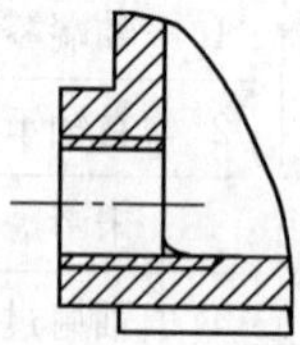
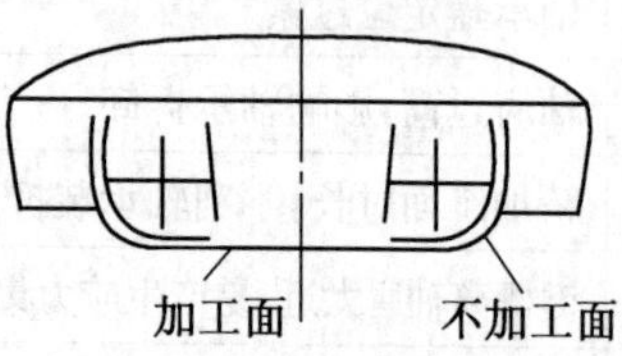	应将加工面与不加工面区分开	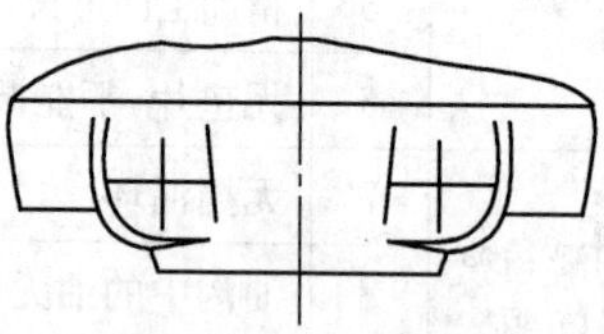
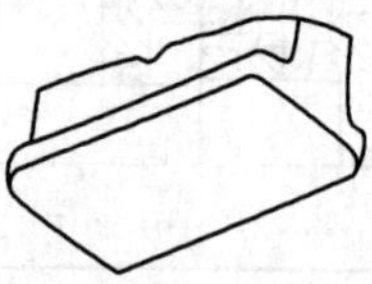	箱底为平面,既难于支撑平稳,又增大加工面积	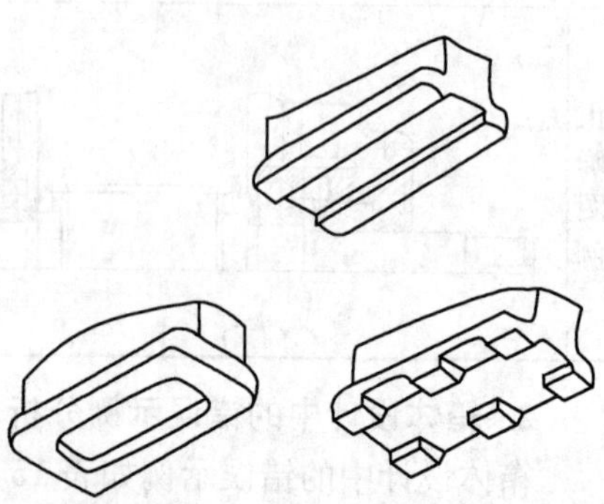

表 15-43　箱体设计中的错误示例(二)

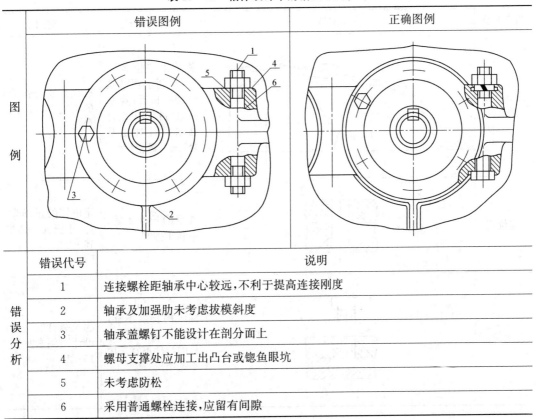

错误代号	说明
1	连接螺栓距轴承中心较远,不利于提高连接刚度
2	轴承及加强肋未考虑拔模斜度
3	轴承盖螺钉不能设计在剖分面上
4	螺母支撑处应加工出凸台或锪鱼眼坑
5	未考虑防松
6	采用普通螺栓连接,应留有间隙

(左栏标注：图例　错误分析)

3. 减速器附件设计中的错误示例分析

减速器附件设计中的错误示例分析如表 15-44 所示。

表 15-44　减速器附件设计中的错误示例

附件名称	错误图例	错误分析	正确图例
油标	最低油面 (a) 圆形油标　　(b) 杆形油标	圆形油标安放位置高,无法显示最低油面;杆形油标(油标尺)位置不妥,油标插入、取出时与箱座的凸缘产生干涉	杆形油标的正确设计图例参见图15-22
放油孔及油塞		放油孔的位置偏高,使箱内的油放不干净;油塞与箱座的结合处未设计密封件	放油孔及油塞的正确设计图例见表15-23

续表

附件名称	错误图例	错误分析	正确图例
窥视孔及视孔盖	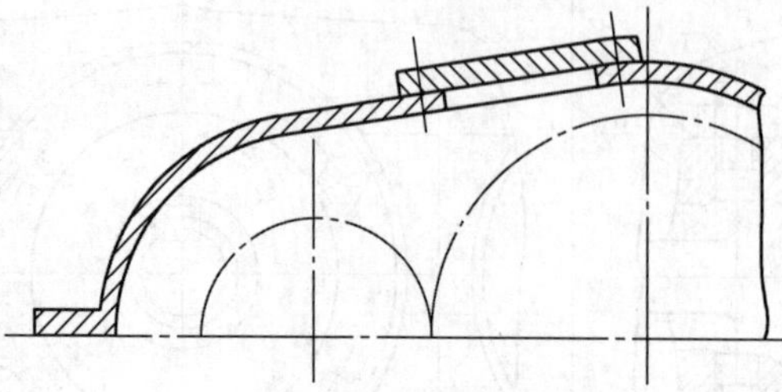	窥视孔的位置偏上,不利于观察啮合区的情况;窥视孔盖与箱盖的结合处未设计加工凸台,未考虑密封	窥视孔及视孔盖的正确设计图例参见表 15-17
定位销	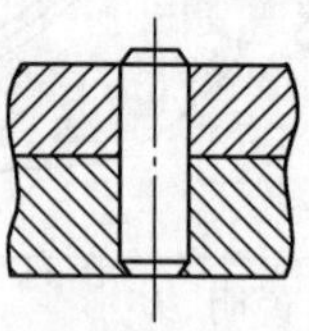	锥销的长度太短,不利于拆卸	定位销的正确设计图例参见图 15-28
起盖螺钉	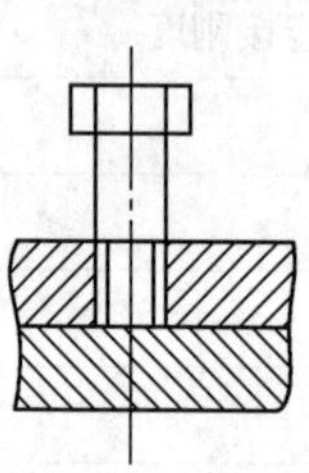	螺纹的长度不够,无法顶起箱盖;螺钉的端部不宜采用平端结构	起盖螺钉的正确设计图例参见图 15-27

4. 减速器装配图常见错误示例分析

减速器装配图常见错误在图 15-40 上标示出来。

错误分析:

1—轴承采用油润滑,但油无法流入导油沟内。

2—窥视孔太小,不便于检查传动件啮合情况,并且没有垫片密封。

3—两端吊钩尺寸不同,并且左端吊钩尺寸太小。

4—油标尺座孔不够倾斜,无法进行加工和装拆。

5—放油螺塞孔端处的机体没有凸起,螺塞与机体之间也没有封油圈,并且螺纹孔长度太短,很容易漏油。

6、12—机体两侧的轴承座孔外端面没有凸起的加工面。

7—垫片孔径太小,轴承盖不能装入。

8—轴肩过高,不能通过轴承的内圈来拆卸轴承。

9、19—轴段太短,有弊无益。

10、16—大小齿轮宽度相同,很难调整两齿轮在全齿宽上啮合,并且大齿轮没有倒角。

11、13—投影交线不对。

14—间距太短,不便拆卸弹性柱销。

15、17—轴与齿轮轮毂的配合段长度相等,套筒不能固定齿轮。

18—机体两凸台相距太近,铸造工艺性不好,造型时易出现尖砂。

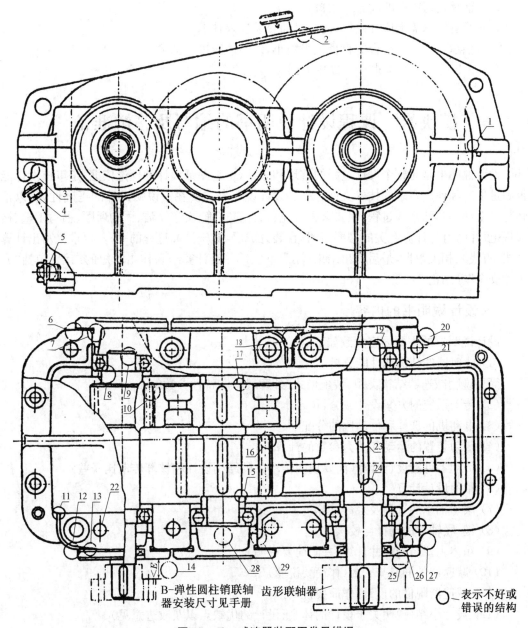

图 15-40 减速器装配图常见错误

20、27—机体凸缘太窄,无法加工凸台的沉头座;连接螺栓头部也不能全部在凸台上,相对应的主视图投影也不对。

21—输油沟的油容易直接流回箱座内,而不能润滑轴承。

22—没有此孔,此处缺少凸台与轴承的相贯线。

23—键的位置紧贴轴肩,加大了轴肩处的应力集中。

24—齿轮轮毂上的键槽。在装配时不易对准轴上的键。

25—齿形联轴器与轴承盖相距太近,不便于拆卸轴承盖螺钉。

26—轴承盖与座孔的配合面太短。

28—所有轴承盖上应开缺口,使润滑油容易进入轴承。

29—轴承盖与座孔配合的直径应当缩小,以便油能进入轴承。

30—未圈出。图中有若干圆缺中心线。

模块八　课程设计说明书的编写及答辩准备

设计说明书是对整个设计过程的整理和总结,也是图纸设计的理论依据,是审核设计能否满足生产和使用要求的技术文件之一。设计说明书主要在于说明设计的正确性,所以不必写出全部运算和修改过程,但要求内容完整、计算正确、文字简洁、语句通顺、书写工整、格式规范,并附有与计算有关的必要简图,且装订成册,对于计算过程的书写,要求先写出计算公式,再代入相关数据,最后得出结果(注明单位),并对计算结果作出简短的结语(包括"合用""安全"等结论)。

一、设计说明书的内容

设计说明书的主要内容大致如下:

(1) 减速器的结构和性能分析

简要说明减速器结构类型、装配形式、外廓尺寸和特性参数等。

(2) 传动系统的方案设计或分析

(3) 电动机的选择和传动比的分配

(4) 传动装置的运动和动力参数的计算

(5) 传动零件的设计计算(简要说明传动件的结构设计和核算传动比误差)

(6) 轴的设计计算

(7) 滚动轴承的选择及寿命计算

(8) 键、联轴器的选择与校核

(9) 箱体主要结构尺寸计算(并附简要说明)

(10) 减速器的润滑与密封(作简要说明)

(11) 减速器附件的设计(作简要说明)

(12) 设计小结(说明关于设计的体会、设计的优缺点以及改进意见)

二、设计说明书的装订

设计说明书采用统一稿纸,装订顺序如下:

(1) 封面

(2) 设计任务书(由教师统一下发)

(3) 目录(包括标题及相应页次)

(4) 设计说明书正文

(5) 参考文献

包括:文献编号[]编著者姓名·书名·出版单位所在地:出版单位,出版年份。

设计说明书格式参考见表 15-45。

表 15-45　设计计算说明书正文示例(16 开纸)

<table>
<tr><td colspan="2" align="center">设计计算内容</td><td align="center">计算及说明</td><td align="center">结果</td></tr>
<tr><td rowspan="9">装订线</td><td>1. 结构形式</td><td>一、减速器的结构与性能介绍
　　本减速器设计为水平剖分、封闭卧式结构。其装配形式如图所示。
　　……</td><td rowspan="3"></td></tr>
<tr><td>2. 外廓尺寸
3. 主要性能</td><td>（画减速器外形示意图,标注外廓尺寸）
　　传递功率 $P=9.6$ kW,主动轴转速 $n_1=800$ r/min,传动比 $i=2$。
　　……</td></tr>
<tr><td>1. 电动机类型的选择</td><td>二、电动机的选择计算
1. 电动机类型的选择
　　根据动力的来源和机器工作的条件,选用 Y 系列三相交流电动机。</td></tr>
<tr><td>2. 电动机功率的选择</td><td>2. 电动机功率的选择
　　计算工作机所需的功率为
$$P_w=\frac{FV}{1\,000\,\eta_w}=\frac{1\,500\times1.1}{1\,000\times0.96}=1.719(\text{kW})$$
　　……</td><td>$P_w=1.719$ kW</td></tr>
<tr><td colspan="2"></td><td></td><td></td></tr>
<tr><td colspan="2"></td><td></td><td></td></tr>
<tr><td colspan="2"></td><td></td><td></td></tr>
<tr><td colspan="2"></td><td></td><td></td></tr>
<tr><td>25</td><td align="center">30</td><td align="center">25</td><td></td></tr>
</table>

三、准备答辩

答辩是课程设计进程中的最后一个环节,旨在通过答辩,督促同学们系统地分析、总结所做的课程设计,以进一步掌握机械设计的设计方法,提高设计能力;同时,也是检查同学们实际掌握机械设计知识的情况,通过指出问题和对设计的评价帮助同学们进一步巩固所学知识;当然,答辩也是对学生课程设计成绩评定的一个重要方面。

为了做好答辩准备,要求同学们对所完成的课程设计做个比较全面的回顾和总结,弄懂设计中的计算、结构等问题,进一步巩固和深化所学知识、提高设计收获,并在此基础上做出自我评价。自我评价后,再开展同学之间的互相评价,之后再进行答辩。

答辩前,还应认真整理、检查全部设计图纸和说明书,并按图 15-41 所示格式折叠好图纸,将图纸和设计说明书装入文件袋。

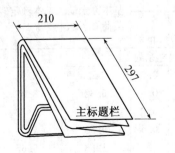
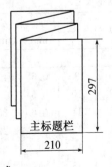

图 15-41　图纸折叠格式

附录 轴承、联轴器及键等标准件的结构及尺寸

附录一 轴承的结构及尺寸

下面列举常用轴承的结构及尺寸,供设计时参考。

1. 深沟球轴承的结构及尺寸(附表 1-1)

附表 1-1 深沟球轴承(GB/T 276—1994 摘录)

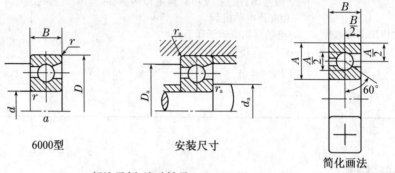

6000型   安装尺寸   简化画法

标注示例:滚动轴承 6210 GB/T 276—1994

F_g/C_{0r}	e	Y	径向当量动载荷	径向当量静载荷
0.014	0.19	2.30		
0.028	0.22	1.99		
0.056	0.26	1.71		
0.084	0.28	1.55	当 $F_a/F_s \leqslant e$,$P=F_r$	$P_{0s}=F_s$
0.11	0.30	1.45		$P=0.6F_s+0.5F_a$
0.17	0.34	1.31	当 $F_a/F_s > e$,$P=0.56F_r+YF_a$	取上列两式计算结果的较大值
0.28	0.38	1.15		
0.42	0.42	1.04		
0.56	0.44	1.00		

轴承代号	基本尺寸				安装尺寸			基本额定动载荷 C_r/kN	基本额定轻载荷 C_{0r}/kN	极限转速/(r·min⁻¹)	
	d	D	B	r_s (min)	d_s (min)	D_s (min)	r_{as} (max)			脂润滑	油润滑
(0)2 尺寸系列											
6200	10	30	9	0.6	15	25	0.6	5.1	2.38	19 000	26 000
6201	12	32	10	0.6	17	27	0.6	6.82	3.05	18 000	24 000
6202	15	35	11	0.6	20	30	0.6	7.65	3.72	17 000	22 000
6203	17	40	12	0.6	22	35	0.6	9.58	4.78	16 000	20 000
6204	20	47	14	1	26	41	1	12.8	6.65	14 000	18 000
6205	25	52	15	1	31	46	1	14	7.88	12 000	16 000

续表

轴承代号	基本尺寸				安装尺寸			基本额定动载荷 C_r/kN	基本额定轻载荷 C_{0r}/kN	极限转速/$(r \cdot min^{-1})$	
	d	D	B	r_s (min)	d_s (min)	D_s (min)	r_{as} (max)			脂润滑	油润滑
(0)2 尺寸系列											
6206	30	62	16	1	36	56	1	19.5	11.5	9 500	13 000
6207	35	72	17	1.1	42	65	1	25.5	15.2	8 500	11 000
6208	40	80	18	1.1	47	73	1	29.5	18	8 000	1 0000
6209	45	85	19	1.1	52	78	1	31.5	20.5	7 000	9 000
6210	50	90	20	1.1	57	83	1	35	23.2	6 700	8 500
6211	55	100	21	1.5	64	91	1.5	43.2	29.2	6 000	7 500
6212	60	110	22	1.5	69	101	1.5	47.8	32.8	5 600	7 000
6213	65	120	23	1.5	74	111	1.5	57.2	40	5 000	6 300
6214	70	125	24	1.5	79	116	1.5	60.8	45	4 800	6 000
6215	75	130	25	1.5	84	121	1.5	66	4.95	4 500	5 600
6216	80	140	26	2	90	130	2	71.5	54.2	4 300	5 300
6217	85	150	28	2	95	140	2	83.2	63.8	4 000	5 000
6218	90	160	30	2	100	150	2	95.8	71.5	3 800	4 800
6219	95	170	32	2.1	107	158	2.1	110	82.8	3 600	4 500
6220	100	180	34	2.1	112	168	2.1	122	92.8	3 400	4 300
(0) 3 尺寸系列											
6300	10	35	11	0.6	15	30	0.6	7.65	3.48	18 000	24 000
6301	12	37	12	1	18	31	1	9.72	5.08	17 000	22 000
6302	15	42	13	1	21	36	1	11.5	5.42	16 000	20 000
6303	17	47	14	1	23	41	1	13.5	6.58	15 000	19 000
6304	20	52	15	1.1	27	45	1	15.8	7.88	13 000	17 000
6305	25	62	17	1.1	32	55	1	22.2	11.5	10 000	14 000
6306	30	72	19	1.1	37	65	2	27	15.2	9 000	12 000
6307	35	80	21	1.5	44	71	1.5	33.2	19.2	8 000	10 000
6308	40	90	23	1.5	49	81	1.5	40.8	24	7 000	9 000
6309	45	100	25	1.5	54	91	1.5	52.8	31.8	6 300	8 000
6310	50	110	27	2	60	100	2	61.8	38	6 000	7 500
6311	55	120	29	2	65	110	2	71.5	44.8	5 300	6 700
6312	60	130	31	2.1	72	118	2.1	81.8	51.8	5 000	6 300
6313	65	140	33	2.1	77	128	2.1	93.8	60.5	4 500	5 600
6314	70	150	35	2.1	82	138	2.1	105	68.0	4 300	5 300
6315	75	160	37	2.1	87	148	2.1	112	76.8	4 000	5 000
6316	80	170	39	2.1	92	158	2.1	122	86.5	3 800	4 800
6317	85	180	41	3	99	166	2.5	132	96.5	3 600	4 500
6318	90	190	43	3	104	176	2.5	145	108	3 400	4 300
6319	95	200	45	3	109	186	2.5	155	122	3 200	4 000
6320	100	215	47	3	114	201	2.5	172	140	2 800	3 600

2. 角接触球轴承的结构及尺寸(附表 1-2)

附表 1-2 角接触球轴承(GB/T 292—1994 摘录)

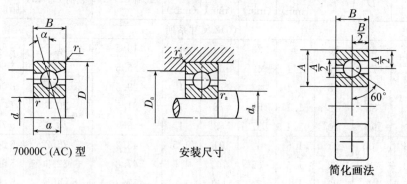

70000C (AC) 型   安装尺寸   简化画法

标注示例:滚动轴承 7210C GB/T 292—1994

iF_a/C_{0r}	e	Y	70000C 型	70000AC 型
0.015	0.38	1.47		
0.029	0.40	1.40	径向当量动载荷	径向当量动载荷
0.058	0.43	1.30	当 $F_a/F_t \leqslant e, P = F_t$	当 $F_a/F_t \leqslant e, P = F_t$
0.087	0.46	1.23	当 $F_a/F_t > e, P = 0.56F_t + YF_a$	当 $F_a/F_t > e, P = 0.56F_t + YF_a$
0.12	0.47	0.19		
0.17	0.50	1.12	径向当量静载荷	径向当量静载荷
0.29	0.55	1.02	$P_{0r} = 0.5F_t + 0.46F_a$	$P_{0t} = 0.5F_t + 0.38F_a$
0.44	0.56	1.00	当 $P_{0t} < F_r$ 取 $P_{0t} = F_t$	当 $P_{0t} < F_t$ 取 $P_{0r} = F_r$
0.58	0.56	1.00		

轴承代号		基本尺寸/mm					安装尺寸/mm			70000C($\alpha=15°$)	基本额定 动载荷 C_r/ kN	基本额定 静载荷 C_{0r}/ kN	70000AC($\alpha=25°$)	基本额定 动载荷 C_r/ kN	基本额定 静载荷 C_{0r}/ kN	极限转速/ (r·min⁻¹)	
		d	D	B	r_s (min)	r_{1s} (min)	d_a (min)	D_a (max)	r_{as}	a/ mm			a/ mm			脂润滑	油润滑
(0)2 系列																	
7200C	7200AC	10	30	9	0.6	0.15	15	25	0.6	7.2	5.82	2.95	9.2	5.58	2.82	18 000	26 000
7201C	7201AC	12	32	10	0.6	0.15	17	27	0.6	8	7.35	3.52	10.2	7.10	3.35	17 000	24 000
7202C	7202AC	15	35	11	0.6	0.15	20	30	0.6	8.9	8.68	4.62	11.4	8.53	4.40	16 000	22 000
2703C	7203AC	17	40	12	0.6	0.3	22	35	0.6	9.9	10.8	5.95	12.8	10.5	5.65	15 000	20 000
7204C	7204AC	20	47	14	1	0.3	26	41	1	11.5	14.5	8.22	14.9	14.0	7.82	13 000	18 000
7205C	7205AC	25	52	15	1	0.3	31	46	1	12.7	16.5	10.5	16.4	15.8	9.88	11 000	16 000
7206C	7206AC	30	62	16	1	0.3	36	56	1	14.2	23.0	15.0	18.7	22.0	14.2	9 000	13 000
7207C	7207AC	35	72	17	1.1	0.6	42	65	1	15.7	50.5	20.0	21	29.0	19.2	8 000	11 000
7208C	7208AC	40	80	18	1.1	0.6	47	73	1	17	36.8	25.8	23	35.2	24.5	7 500	10 000
7209C	7209AC	45	85	19	1.1	0.6	52	78	1	18.2	38.5	28.5	24.7	36.8	27.2	6 700	9 000

续表

轴承代号		基本尺寸/mm					安装尺寸/mm			70000C($\alpha=15°$)			70000AC($\alpha=25°$)			极限转速/ ($r \cdot min^{-1}$)	
											基本额定			基本额定			
		d	D	B	r_s	r_{1s}	d_a (min)	D_a	r_{as}	$a/$ mm	动载荷 $C_r/$ kN	静载荷 $C_{0r}/$ kN	$a/$ mm	动载荷 $C_r/$ kN	静载荷 $C_{0r}/$ kN	脂润滑	油润滑
					(min)			(max)									
(0)2 系列																	
7210C	7210AC	50	90	20	1.1	0.6	57	83	1	19.4	42.8	32.0	26.3	40.8	30.5	6 300	8 500
7211C	7211AC	55	100	21	1.5	0.6	64	91	1.5	20.9	52.8	40.5	28.6	50.5	38.5	5 600	7 500
7212C	7212AC	60	110	22	1.5	0.6	69	101	1.5	22.4	61.0	48.5	30.8	58.2	46.2	5 300	7 000
7213C	7213AC	65	120	23	1.5	0.6	74	111	1.5	24.2	69.8	55.2	33.5	66.5	52.5	4 800	6 300
7214C	7214AC	70	125	24	1.5	0.6	79	116	1.5	25.3	70.2	60.0	35.1	69.2	57.5	4 500	6 000
7215C	7215AC	75	130	25	1.5	0.6	84	121	1.5	26.4	79.2	65.8	36.6	75.2	63.0	4 300	5 600
7216C	7216AC	80	140	26	2	1	90	130	2	27.7	89.5	78.2	38.9	85.0	74.5	4 000	5 300
7217C	7217AC	85	150	28	2	1	95	140	2	29.9	99.8	85	41.6	94.8	81.5	3 800	5 000
7218C	7218AC	90	160	30	2	1	100	150	2	31.7	122	105	44.2	118	100	3 600	4 800
7219C	7219AC	95	170	32	2.1	1.1	107	158	2.1	33.8	135	115	46.9	128	108	3 400	4 500
7220C	7220AC	100	180	34	2.1	1.1	112	168	2.1	35.8	148	128	49.7	142	122	3 200	4 300
(0)3 系列																	
7301C	7301AC	12	37	12	1	0.3	18	31	1	8.6	8.10	5.22	12	8.08	4.88	16 000	22 000
7302C	7302AC	15	42	13	1	0.3	21	36	1	9.6	9.38	5.95	13.5	9.08	5.58	15 000	20 000
7303C	7303AC	17	47	14	1	0.3	23	41	1	10.4	12.8	8.62	14.8	11.5	7.08	14 000	19 000
7304C	7304AC	20	52	15	1.1	0.6	27	45	1	11.3	14.2	9.68	16.8	13.8	9.1	12 000	17 000
7305C	7305AC	25	62	17	1.1	0.6	32	55	1	13.1	21.5	15.8	19.1	20.8	14.8	9 500	14 000
7306C	7306AC	30	72	19	1.1	0.6	37	65	1	15	26.5	19.8	22.2	25.2	18.5	8 500	12 000
7307C	7307AC	35	80	21	1.5	0.6	44	71	1.5	16.6	34.2	26.8	24.5	32.8	24.8	7 500	10 000
7308C	7308AC	40	90	23	1.5	0.6	49	81	1.5	18.5	40.2	32.3	27.6	38.5	30.5	6 700	9 000
7309C	7309AC	45	100	25	1.5	0.6	54	91	1.5	20.2	49.2	39.8	30.2	47.5	37.2	6 000	8 000
7310C	7310AC	50	110	27	2	1	60	100	2	22	53.5	47.2	33	55.5	44.5	5 600	7 500
7311C	7311AC	55	120	29	2	1	65	110	2	23.8	70.5	60.5	35.8	67.2	56.8	5 000	6 700
7312C	7312AC	60	130	31	2.1	1.1	72	118	2.1	25.6	80.5	70.2	38.7	77.8	65.8	4 800	6 300
7313C	7313AC	65	140	33	2.1	1.1	77	128	2.1	27.4	91.5	80.5	41.5	89.8	75.5	4 300	5 600
7314C	7314AC	70	150	35	2.1	1.1	82	128	2.1	29.2	102	91.5	44.3	98.5	86.0	4 000	5 300
7315C	7315AC	75	160	37	2.1	1.1	87	148	2.1	31	112	105	47.2	108	97.0	3 800	5 000
7316C	7316AC	80	170	39	2.1	1.1	92	158	2.1	32.8	122	118	50	118	108	3 600	4 800
7317C	7317AC	85	180	41	3	1.1	99	166	2.5	34.6	132	128	52.8	125	122	3 400	4 500
7318C	7318AC	90	190	43	3	1.1	104	176	2.5	36.4	142	142	55.6	135	135	3 200	4 300
7319C	7319AC	95	500	45	3	1.1	109	186	2.5	38.2	152	158	58.5	145	148	3 000	4 000
7320C	7320AC	100	215	47	3	1.1	114	201	2.5	40.2	162	175	61.9	165	178	2 600	3 600

3. 圆锥滚子轴承的结构及尺寸(附表 1－3)

附表 1－3 圆锥滚子轴承(GB/T 297—1994 摘录)

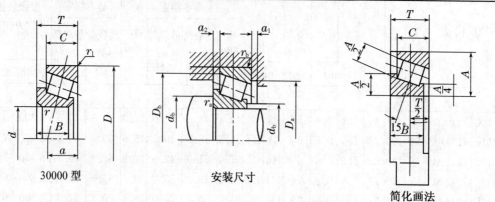

30000 型　　　　　安装尺寸　　　　　简化画法

径向当量动载荷	当 $F_s/F_r \leqslant e$, $P_s = F_t$ 当 $F_a/F_s > e$, $P_r = 0.4F_t + YF_s$
径向当量静载荷	$P_{0t} = F_t$ $P_{0t} = 0.5F_t + Y_0 F_a$ 取上列两式计算结果的较大值

标注示例:滚动轴承 30310 GB/T 297—1994

轴承代号	尺寸/mm								安装尺寸/mm								计算系数			基本额定		极限转速/(r·min⁻¹)	
	d	D	T	B	C	r_s	r_{1s}	a	d_a	d_b	D_a	D_a	D_b	a_1	a_2	r_{as}	r_{bs}	e	Y	Y_0	动载荷 C_r/kN	静载荷 C_{0r}/kN	脂润滑	油润滑
						(min)		≈	(min)	(max)	(min)	(max)	(min)			(max)								
(0)2 系列																								
30323	17	40	13.25	12	11	1	1	9.9	23	23	34	34	37	2	2.5	1	1	0.35	1.7	1	20.8	21.8	9 000	12 000
30204	20	47	15.25	14	12	1	1	11.2	26	27	40	41	43	2	3.5	1	1	0.35	1.7	1	28.2	30.5	8 000	10 000
30325	25	52	16.25	15	13	1	1	12.5	31	31	44	46	48	2	3.5	1	1	0.37	1.6	0.9	32.2	37.0	7 000	9 000
30206	30	62	17.25	16	14	1	1	13.8	36	37	53	56	58	2	3.5	1	1	0.37	1.6	0.9	43.2	50.5	6 000	7 500
30207	35	72	18.28	17	15	1.5	1.5	15.3	42	44	62	65	67	3	3.5	1.5	1.5	0.37	1.6	0.9	54.2	63.5	5 300	6 700
30208	40	80	19.75	18	16	1.5	1.5	16.9	47	49	69	73	75	3	4	1.5	1.5	0.37	1.6	0.9	63.0	74.0	5 000	6 300
30209	45	85	20.75	19	16	1.5	1.5	18.6	52	53	74	78	80	3	5	1.5	1.5	0.4	1.5	0.8	67.8	8 305	4 500	5 600
30210	50	90	21.75	20	17	1.5	1.5	20	57	58	19	83	86	3	5	1.5	1.5	4.42	1.4	0.8	73.25	62.0	4 300	5 300
30211	55	100	22.75	21	18	2	1.5	21	64	64	88	91	95	4	5	2	1.5	0.4	1.5	0.8	90.5	115	3 800	4 800
30212	60	110	23.75	22	19	2	1.5	22.3	69	69	96	101	103	4	5	2	1.5	0.4	1.5	0.8	102	130	3 600	4 500
30213	65	120	24.75	23	20	2	1.5	23.8	74	77	106	111	114	4	5	2	1.5	0.4	1.5	0.8	120	152	3 200	4 000
30214	70	125	26.75	24	21	2	1.5	25.8	79	81	110	116	119	4	5.5	2	1.5	0.42	1.4	0.8	132	175	3 000	3 800
30215	75	130	27.75	25	22	2	1.5	27.4	84	85	115	121	125	4	5.5	2	1.5	0.44	1.4	0.8	138	185	2 800	3 600
30216	80	140	28.75	26	22	2.5	2	28.1	90	90	124	130	133	4	6	2.1	2	0.42	1.4	0.8	160	212	2 600	3 400
30217	85	150	30.5	28	24	2.5	2	30.3	95	96	132	140	142	5	6.5	2.1	2	0.42	1.4	0.8	175	238	2 400	3 200
30218	90	160	32.5	30	26	2.5	2	32.3	100	102	140	150	151	5	6.5	2.1	2	0.42	1.4	1.8	200	270	2 200	3 000
30219	95	170	34.5	32	27	3	2.5	34.2	107	108	149	158	160	5	7.5	2.5	2.1	0.42	1.4	0.8	228	308	2 000	2 800
30220	100	180	37	34	29	3	2.5	36.4	112	114	157	168	169	5	8	2.5	2.1	0.42	1.4	0.8	255	350	1 900	2 600

续表

轴承代号	尺寸/mm								安装尺寸/mm									计算系数			基本额定		极限转速/($r \cdot min^{-1}$)	
	d	D	T	B	C	r_s	r_{1s}	a	d_a	d_b	D_a	D_A	D_b	a_1	a_2	r_{as}	r_{bs}	e	Y	Y_0	动载荷 C_r/kN	静载荷 C_{0r}/kN	脂润滑	油润滑
						(min)	(min)	≈	(min)	(max)	(min)	(max)		(min)		(max)								
(0)3 系列																								
30302	15	42	14.25	13	11	1	1	9.6	21	22	36	36	38	2	3.5	1	1	0.29	2.1	1.2	22.8	21.5	9 000	12 000
30303	17	47	15.25	14	12	1	1	10.4	23	25	40	41	43	3	3.5	1	1	0.29	2.1	1.2	28.2	272	8 500	11 000
30304	20	52	16.25	15	13	1.5	1.5	11.1	27	28	44	45	48	3	3.5	1.5	1.5	0.3	2	1.1	33.0	33.2	7 500	9 500
30305	25	62	18.25	17	15	1.5	1.5	13	32	34	54	58	58	3	3.5	1.5	1.5	0.3	2	1.1	46.8	48.0	6 300	8 000
30306	30	72	20.75	19	16	1.5	1.5	15.3	37	40	62	65	66	3	5	1.5	1.5	0.31	1.9	1.1	59.0	63.0	5 600	7 000
30307	35	80	22.75	21	18	2	1.5	16.8	44	45	70	71	74	3	5	2	1.5	0.31	1.9	1.1	75.2	82.5	5 000	6 300
30308	40	90	25.25	23	20	2	1.5	19.5	49	52	77	81	84	3	5.5	2	1.5	0.35	1.7	1	90.8	108	4 500	5 600
30309	45	100	27.25	25	22	2	1.5	21.3	54	59	86	91	94	3	5.5	2	1.5	0.35	1.7	1	108	130	4 000	5 000
30310	50	110	29.25	27	23	2.5	2	23	60	65	95	100	103	4	6.5	2	1.5	0.35	1.7	1	130	158	3 800	4 800
30311	55	120	31.5	29	25	2.5	2	24.9	65	70	104	110	112	4	6.5	2.5	2	0.35	1.7	1	152	188	3 400	4 300
30312	60	130	33.5	31	26	3	2.5	26.6	72	76	112	118	121	5	7.5	2.5	2.1	0.35	1.7	1	170	210	3 200	4 000
30313	65	140	36	33	28	3	2.5	28.7	77	86	122	128	131	5	8	2.5	2.1	0.35	1.7	1	195	242	2 800	3 600
30314	70	150	38	35	30	3	2.5	30.7	82	89	130	138	141	5	8	2.5	2.1	0.35	1.7	1	218	272	2 600	3 400
30315	75	160	40	37	31	3	2.5	32	87	95	139	148	150	5	9	2.5	2.1	0.35	1.7	1	252	318	2 400	3 200
30316	80	170	42.5	39	33	3	2.5	34.4	92	102	148	158	160	5	9.5	2.5	2.1	0.35	1.7	1	278	352	2 200	2 800
30317	85	180	44.5	41	34	4	3	35.9	99	107	156	166	168	6	10.5	3	2.50	0.35	1.7	1	305	388	2 000	2 800
30318	90	190	46.5	43	36	4	3	37.5	104	113	165	176	178	6	10.5	3	2.50	0.35	1.7	1	342	440	1 900	2 600
30319	95	200	49.5	45	38	4	3	40.1	109	118	172	186	485	6	11.5	3	2.50	0.35	1.7	1	370	478	1 800	2 400
30320	100	215	51.5	47	39	4	3	42.2	114	127	184	201	199	6	12.5	3	2.50	0.35	1.7	1	405	525	1 600	2 000

4. 圆柱滚子轴承的结构及尺寸(附表 1－4)

附表 1－4　圆柱滚子轴承(GB/T 283—1994 摘录)

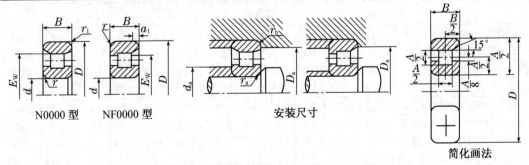

N0000 型　　NF0000 型　　安装尺寸　　简化画法

标注示例:滚动轴承 N216ECB/T 283—1994

径向当量动载荷		径向当量静载荷
$P_r = F_r$	对轴向承载的轴承(NF 型 2、3 系列) $P_r = F_r + 0.3F_a(0 \leqslant F_a/F_r \leqslant 0.12)$ $P_r = 0.94F_r + 0.8F_a(0.12 \leqslant F_a/F_r \leqslant 0.3)$	$P_{0r} = F_r$

续表

轴承代号		尺寸/mm					安装尺寸/mm				基本额定动载荷 C_{0r}/kN		基本额定静载荷 C_{0r}/kN		极限转速/(r·min⁻¹)	
		d	D	B	r_b	r_{1s}	E_w		d_a	D_a	r_{as}	r	N 型	NF 型	N 型	NF 型	脂润滑	油润滑
					(min)		N 型	NE 型	(min)		(max)							
(0)2 系列																		
N204E	NF204	20	47	14	1	0.6	41.5	40	25	42	1	0.6	25.8	12.5	24.0	11.0	12 000	16 000
N205E	NF205	25	52	15	1	0.6	46.5	45	30	47	1	0.6	27.5	14.2	26.8	12.8	10 000	14 000
N206E	NF206	30	62	16	1	0.6	55.5	53.5	36	56	1	0.6	36.0	19.5	35.5	18.2	8 500	11 000
N207E	NF207	35	72	17	1.1	0.6	64	61.8	42	64	1	0.6	46.5	28.5	48.0	28.0	7 500	9 500
N208E	NF208	40	80	18	1.1	1.1	71.5	70	47	72	1	1	51.5	37.5	53.0	38.2	7 000	9 000
N209E	NF209	45	85	19	1.1	1.1	76.5	75	52	77	1	1	58.5	39.8	63.8	41.0	6 300	8 000
N210E	NF210	50	90	20	1.1	1.1	81.5	80.4	57	83	1	1	61.2	43.2	69.2	48.5	6 000	7 500
N211E	NF211	55	100	21	1.5	1.1	90	88.5	64	91	1.5	1	80.2	52.8	95.5	60.2	5 300	6 700
N212E	NF212	60	110	22	1.5	1.5	100	97	69	100	1.5	1.5	89.8	62.8	102	73.5	5 000	6 300
N213E	NF213	65	120	23	1.5	1.5	108.5	105.5	74	108	1.5	1.5	102	73.2	118	87.5	4 500	5 600
N214E	NF214	70	125	24	1.5	1.5	113.5	110.5	79	114	1.5	1.5	112	73.2	135	87.5	4 300	5 300
N215E	NF215	75	130	25	1.5	1.5	118.5	118.5	84	120	1.5	1.5	125	89	155	110	4 000	5 000
N216E	NF216	80	140	26	2	2	127.5	125	90	128	2	2	132	102	165	125	3 800	4 800
N217E	NF217	85	150	28	2	2	136.5	135.5	95	137	2	2	158	115	192	145	3 600	4 500
N218E	NF218	90	160	30	2	2	145	143	100	146	2	2	172	142	215	178	3 400	4 300
N219E	NF219	95	170	32	2.1	2.1	154.5	151.5	107	155	2.1	2.1	208	152	262	190	3 200	4 000
N220E	NF220	100	180	34	2.1	2.1	163	160	112	164	2.1	2.1	235	168	302	212	3 000	3 800
(0)3 系列																		
N304E	NF304	20	52	15	1.1	0.6	45.4	44.5	26.5	47	1	0.6	29.0	18.0	25.5	15.0	11 000	15 000
N305E	NF305	25	62	17	1.1	1.1	54	53	31.5	55	1	1	38.5	25.5	35.8	22.5	9 000	12 000
N306E	NF305	30	72	19	1.1	1.1	62.5	62	37	64	1	1	49.2	33.5	48.2	31.5	8 000	10 000
N307E	MF307	35	80	21	1.5	1.1	70.2	68.2	44	71	1.5	1	62.0	41.0	63.2	39.2	7 000	9 000
N308E	NF308	40	90	23	1.5	1.5	80	77.5	49	80	1.5	1.5	76.8	48.8	77.8	47.5	6 300	8 000
(0)2 系列																		
N309E	NF309	45	100	25	1.5		88.5	86.5	54	89	1.5		93	66.8	98	66.8	5 600	7 000
N310E	NF310	50	110	27	2		97	95	60	98	2		105	76	112	79.5	5 300	6 700
N311E	NF311	55	120	29	2		106.5	104.5	65	107	2		128	97.8	138	105	4 800	6 000
N312E	NF312	60	130	31	2.1		115	113	72	116	2.1		142	118	155	128	4 500	5 600
N313E	NF313	65	140	33	2.1		124.5	121.5	77	125	2.1		170	125	188	135	4 000	5 000
N314E	NF314	70	150	35	2.1		133	130	82	134	2.1		195	145	220	162	3 800	4 800
N315E	NF315	75	160	37	2.1		143	139.5	87	143	2.1		228	165	260	188	3 600	4 500
N316E	NF316	80	170	39	2.1		151	147	92	151	2.1		245	175	282	200	3 400	4 300
N317E	NF317	85	180	41	3		160	156	99	160	2.5		280	212	332	242	3 200	4 000
N318E	NF318	90	190	43	3		169.5	165	104	169	2.5		298	228	348	265	3 000	3 800
N319E	NF319	95	200	45	3		177.5	173.5	109	178	2.5		315	245	380	288	2 800	3 600
N320E	NF320	100	215	47	3		191.5	185.5	114	190	2.5		365	282	425	240	2 600	3 200

附录二 联轴器的结构及尺寸

下表列举常用的弹性套柱销联轴器的结构及尺寸,供设计时参考。

弹性套柱销联轴器的结构及尺寸如附表2-1所示。

附表2-1 弹性套柱销联轴器(GB/T 4323—1994 摘录)

标注示例:

例1 TL6 联轴器 40×112 GB/T 4323—1984

主动端:Y 型轴孔,A 型键槽,$d_1 = 40$ mm,$L = 112$ mm

多动端:Y 型轴孔,A 型键槽,$d_1 = 40$ mm,$L = 112$ mm

例2 TL3 联轴器 $\dfrac{ZC16 \times 30}{JB18 \times 30}$ GB/T 4323—1984

主动端:$d_1 = 16$ mm,Z 型轴孔,$L = 30$ mm,C 型键槽

从动端:$d_1 = 18$ mm,J 型轴孔,$L = 30$ mm,B 型键槽

1、5—半联轴器,2—柱销,3—弹性套,4—挡圈,6—垫圈,7—螺母

型号	额定转矩 T_n/ (N·m)	许用转矩 $[n]$/ (r·min⁻¹) 铁	许用转矩 $[n]$/ (r·min⁻¹) 钢	轴孔直径 $d_1、d_2、d_3$	轴孔长度 Y型 L	轴孔长度 Y型 L_1	轴孔长度 J、J₁、Z型 L	D	D_1	b^* b_1^*	S^*	A	转动惯量 J/ (kg·m²)	许用补偿量 径向 ΔY	许用补偿量 角向 Δa
TL2	16	5 500	7 600	12、14	32	20		80	30	16 10	3	18	0.001	0.2	1°30′
				16、(18)、(19)	42	30	42								
TL3	31.5	4 700	6 300	16、18、19				95	35	23 15	4	35	0.002	0.2	
				20、(22)	52	38	52								
TL4	63	4 200	5 700	20、22、24	52	38	52	106	42	23 15	4	35	0.004		1°30′
				(25)、(28)	62	44	62								
TL5	125	3 600	4 600	25、28				130	56	38 17	5	45	0.011	0.3	
				30、32、(35)	82	60	82								
TL6	250	3 300	3 800	32、35、38				160	71				0.026		1°00′
				40、(42)	112	84	112								

续表

型号	额定转矩 T_n/(N·m)	许用转矩 $[n]$/(r·min⁻¹) 铁	许用转矩 $[n]$/(r·min⁻¹) 钢	轴孔直径 d_1、d_2、d_3	轴孔长度 Y型 L	轴孔长度 J、J₁、Z型 L₁	轴孔长度 Z型 L	D	D₁	b^*/b_1^*	S*	A	转动惯量 J/(kg·m²)	许用补偿量 径向 ΔY	许用补偿量 角向 Δa
TL7	500	2 800	3 600	40、42、45、(48)				190	80				0.06		
TL8	710	2 400	3 000	45、48、50、55、(56)				224	95	48 19	6	65	0.13		
				(60)、(63)	142	107	142								
TL9	1 000	2 100	2 850	50、55、56	112	84	112	250	110				0.2	0.4	
				60、63、(65)、(70)、(71)	142	107	142								
TL10	2 000	1 700	2 300	63、65、70、71、75				315	150	58 22	8	80	0.64		
				80、85、(90)、(95)	172	132	172								
TL11	4 000	1 350	1 800	80、85、90、95				400	190	73 30	10	100	2.06	0.5	0°30′
				100、110	212	167	212								

注：1. 本联轴器能补偿两轴间不大的相对位称，且具有一定的弹性和缓冲性能。工作温度为−20～
+70 ℃。一般用于高速级中、小功率轴系的传动，还可用于经常正反转、启动频繁的场合。

2. 括号内的轴孔直径仅用于钢制联轴器。

3. 带 * 的尺寸，原标准中没有，为参考尺寸。

附录三 普通平键、导向平键和键槽的截面尺寸及公差

下表列举常用的普通平键、导向平键和键槽的截面尺寸及公差，供设计时参考。

普通平键、导向平键和键槽的截面尺寸及公差如附表 3-1 所示。

附表 3-1 普通平键、导向平键和键槽的截面尺寸及公差(摘自 GB 1097—79)

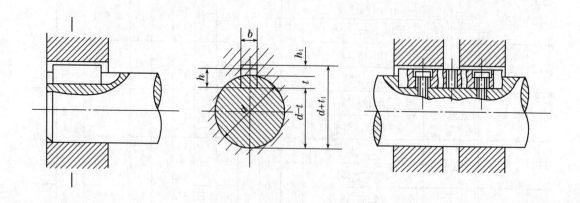

续表

轴	键			键槽										
				宽度 b					深度				半径 r	
				极限偏差					轴 t		毂 t₁			
公称直径 d	b (h9)	h (h11)	L (h14)	较松键连接		一般键连接		较紧键连接	公称尺寸	极限偏差	公称尺寸	极限偏差	最小	最大
				轴 H9	毂 D10	轴 N9	毂 Js9	轴和毂 P9						
>10~12	4	4	8~45	+0.030 / 0	+0.078 / +0.030	0 / −0.036	±0.015	−0.012 / −0.042	2.5	+0.1 / 0	1.8	+0.1 / 0	0.08	0.16
>12~17	5	5	10~56						3.0		2.3			
>17~22	6	6	14~70						3.5		2.8		0.16	0.25
>22~30	8	7	18~90	+0.036 / 0	+0.098 / +0.040	0 / −0.036	±0.018	−0.015 / −0.051	4.0		3.3			
>30~38	10	8	22~110						5.0		3.3			
>38~44	12	8	28~140	+0.043 / 0	+0.120 / +0.050	0 / −0.043	±0.0215	−0.018 / −0.061	5.0		3.3		0.25	0.40
>44~50	14	9	36~160						5.5		3.8			
>50~58	16	10	45~180						6.0	+0.2 / 0	4.3	+0.2 / 0		
>58~65	18	11	50~200						7.0		4.4			
>65~75	20	12	56~220	+0.052 / 0	+0.149 / +0.065	0 / −0.052	±0.026	−0.022 / −0.074	7.5		4.9			
>75~85	22	14	63~250						9.0		5.4		0.40	0.60
>85~95	25	14	70~280						9.0		5.4			
>95~110	28	16	80~320						10.0		6.4			

L 系列	6,8,10,12,14,16,18,20,22,25,28,32,36,40,45,50,56,63,70,80,90,100,110,125,140,160,180,200, 220,250,280,320,360,400,450,500

注:1. 在工作图中,轴槽深用 t 或(d−t)标注,但(d−t)的偏差应取负号;毂槽深用 t₁ 或(d+t₁)标注;轴槽的长度公差用 H14。

2. 较松键连接用于导向平键;一般键连接用于载荷不大的场合;较紧键连接用于载荷较大、有冲击和双向转矩的场合。

3. 轴槽对轴的轴线和轮毂槽对孔的轴线的对称度公差等级,一般按 GB 1184—80 取为 7~9 级。

参考文献

[1] 唐昌松主编. 机械设计基础. 北京:机械工业出版社,2019.

[2] 张建中,周家泽主编. 机械设计基础. 北京:高等教育出版社,2016.

[3] 胡家秀主编. 机械设计基础. 北京:机械工业出版社,2017.

[4] 陈立德,罗卫平主编. 机械设计基础(第五版). 北京:高等教育出版社,2019.

[5] 王玉主编. 机械设计基础. 北京:机械工业出版社,2015.

[6] 杨可桢,程光蕴,李仲生主编. 机械设计基础(第六版). 北京:高等教育出版社,2013.

[7] 奚鹰,李兴华主编. 机械设计基础(第五版). 北京:高等教育出版社,2017.

[8] 张策. 机械原理与机械设计. 北京:机械工业出版社,2004.

[9] 张信群,吕庆洲主编. 机械设计基础. 合肥:中国科学技术大学出版社,2013.

[10] 黄平,徐晓,朱文坚主编. 机械设计基础——理论、方法与标准(第 2 版). 北京:清华大学出版社,2018.

[11] 徐时彬,郭紫贵主编. 机械设计基础,北京:国防工业出版社,2008.

[12] 荣辉,付铁主编. 机械设计基础. 北京:北京理工大学出版社,2018.

[13] 何剑,徐志刚主编. 机械设计基础. 武汉:华中科技大学出版社,2021.

[14] 王雪艳. 机械设计基础. 北京:北京大学出版社,2017.

[15] 杨红,陈利,易传佩主编. 机械设计基础课程设计指导书(第五版). 南京:南京大学出版社,2019.

[16] 濮良贵,陈国定,吴立言主编. 机械设计(第九版). 北京:高等教育出版社,2013.

[17] 向敬忠,宋欣,崔思主编. 机械设计基础课程设计图册. 北京:化学工业出版社,2009.

[18] 李银海,徐振宇,章正伟主编. 机械设计基础. 杭州:浙江大学出版社,2021.

[19] 陈立德主编. 机械设计基础课程设计指导书(第五版). 北京:高等教育出版社,2019.